国家哲学社会科学成果文库
NATIONAL ACHIEVEMENTS LIBRARY
OF PHILOSOPHY AND SOCIAL SCIENCES

俄藏西夏历日文献整理研究

彭向前 著

社会科学文献出版社
SOCIAL SCIENCES ACADEMIC PRESS (CHINA)

作者简介

彭向前　1968年生，河南信阳潢川人，史学博士。现任宁夏大学西夏学研究院副院长，研究员、博士生导师。“国家百千万人才工程”第三层次人员，中国民族古文字研究会常务理事，《西夏学》编委。1998～2004年，在河北大学宋史研究中心攻读历史学硕士、博士学位。2006～2009年，在中国社会科学院民族学与人类学研究所做博士后科研工作。2013年在俄罗斯科学院东方文献研究所做访问学者。2001年至今，在宁夏大学工作。主要从事西夏学和西北民族关系史研究，迄今出版《西夏文〈孟子〉整理研究》《党项西夏名物汇考》等专著4部，在《民族研究》等刊物上发表论文百余篇。主持完成国家社科基金重点项目、教育部人文社会科学重点研究基地重大项目等10余项。

《国家哲学社会科学成果文库》出版说明

为充分发挥哲学社会科学研究优秀成果和优秀人才的示范带动作用，促进我国哲学社会科学繁荣发展，全国哲学社会科学规划领导小组决定自2010年始，设立《国家哲学社会科学成果文库》，每年评审一次。入选成果经过了同行专家严格评审，代表当前相关领域学术研究的前沿水平，体现我国哲学社会科学界的学术创造力，按照“统一标识、统一封面、统一版式、统一标准”的总体要求组织出版。

全国哲学社会科学规划办公室

2011年3月

摘　要

俄藏黑水城出土 Инв.No.8085 历书，现藏俄罗斯科学院东方文献研究所，迄今尚未刊布。该部历书年代跨度，起于夏崇宗元德二年（1120 年）庚子，终于夏襄宗应天二年（1207 年）丁卯，历经西夏崇宗、仁宗、桓宗、襄宗四朝，共计 88 年。这是目前所知中国保存至今历时最长的古历书。因其时间跨度长、内容丰富、装帧形式特殊、夏汉文字杂用、残损漫漶之处比比皆是，整理过程十分艰难。

本书首次指出 Инв.No.8085 历书装帧形式不是蝴蝶装，而是缝缋装。在完成全书年代考订工作后，根据历书中少数完整的单页纸，对残缺部分进行了配补，对 20 个错页做了调整，恢复了该书原来的缝缋装结构，并以示意图的形式把 176 个页面的位置清楚地再现出来，为全书的整理研究工作扫清了巨大障碍。

Инв.No.8085 历书内容十分丰富，不仅涉及朔日、闰月、月大小、二十四节气、二十八宿注历、九曜运行周期等天文历法知识，还涉及纳音五行、八卦游年、男女九宫等术数知识。本书首次向学界披露西夏历日文献中有长期观察行星运行的记录。Инв.No.8085 历书是以表格的形式逐年撰写的，表格中多为数字与地支的组合，是以十二次为背景记载九曜运行情况的。以往学界把十二地支误作纪时系统，亦未注意到其间夹杂着的一些关于描述行星运行的术语“顺”“退”“伏”“见”等，与这一发现失之交臂。Инв.No.8085 历书为我们研究古代天文观测方法乃至今天的行星运行积累了大量宝贵的观察资料，希望能够引起天文历法学界的充分重视。Инв.No.8085 历日文献所记男女九宫的推算方法，与敦煌历日文献相同，与清《钦定协纪辨方书》引《三元经》中的记载不大一致，女宫推算方法相同，男宫则整个提前了一个甲子。本书利用男九宫与年九宫一样同纪年地支有相同的对应关系这一原则，把男女九宫用来验证残历定年，是对残历定年方法的又一拓展。Инв.No.8085 历日文献中的二十八宿注历有两种方式，一加注于每月朔日干支之下，一加注于年干支之下，与“演禽术”有关。二十八宿无论是直日还是直年，都与干支有一定的对应关系，对残历考订大有帮助。八卦配年，位于纪年干支之下，一年一卦，以后天八卦卦序“乾、坎、艮、震、巽、离、坤、兑”为准，与“推人八卦游年法”有关。西夏历日文献中六十甲子纳音，仅简单注明“金、木、水、火、土”。如“金”，不再区分为“海中金”“刀刃金”“白蜡金”“沙中金”“金箔金”“钗钏金”等。西夏的二十四气显然来自中原地区，只是有几个节气、中气的名称小有区别，如西夏人把小满称作“草稠”，把芒种称作“土耕”等，应该是西夏人根据自己对自然界物候的观察而作出的改动。

西夏历日承袭宋历而又有所不同。从夏历与宋历对比上来看，夏历的朔日与宋历或同，或前后相差一日，没有相差两日或两日以上者。夏历的闰月与宋历或同，或前后相差一月，没有与宋历相差两月或两月以上者。夏历的二十四节气之日与宋历或同，或前后相差一两日。北宋姚舜辅编制的著名的《纪元历》，对后世的影响很大。因二者在年代上有重叠，Инв.No.8085 西夏历日文献极有可能是因北宋《纪元历》而增损之。

本书依据历注中的相关内容，结合大量带有明确的西夏文或非西夏文的干支纪年、属相纪年或年号纪年，对 Инв.No.8085 历书中的年代、朔日、闰月、月大小、二十四节气等做了最大程度的复原。在年号纪年方面，根据西夏首领官印题记，纠正了《宋史·夏国传》元德有八年的记载，指出元德九年与正德元年共用丁未年（1127 年）。并制作“西夏历与宋历朔闰对照表（1120—1207 年）”，为全部复原西夏近 200 年的历谱打下了坚实的基础。此举可以极大地提高西夏纪年的精确性，对西夏历史的科学研究具有十分重要的意义。

西夏历日文献研究表明，具有浓郁的民族特色的西夏文化是各民族文化交融的产物，西夏在多元一体的华夏文化的传承与传播过程中做出过重要贡献。西夏历日承袭宋历而来，是西夏对汉族传统文化认同的一种体现。此类文化认同具有重要意义，是中国之所以成为一个历史悠久的、统一的多民族国家的思想基础，也是中华民族凝聚力的内在底蕴。

序　一

史金波

宁夏大学西夏学研究院彭向前教授撰著的《俄藏西夏历日文献整理研究》，被遴选进入《国家哲学社会科学成果文库》，即将出版面世，是西夏学的又一利好消息。向前教授嘱我为序，因我也曾对西夏历法和历书做过一些研究，并对向前的研究有所关注，便欣然接受，略述感悟，聊充为序。

向前教授在此书中研究的对象是百年前出土的西夏文历书。出土的古文书对历史研究的特殊价值，前辈大师如王国维、陈寅恪等已有精辟论列，兹不赘言。对于未纳入“正史”的西夏来说，近代出土文书对西夏历史的构建更具特殊意义。自 1908 年、1909 年在黑水城遗址（在今内蒙古自治区额济纳旗）出土大量西夏文书后，国内宁夏、甘肃、内蒙古一些地区也陆续出土不少西夏文书。这些珍贵古籍不仅多方面补充了西夏历史，而且对中国历史研究做出了显著贡献。其中西夏的历书文献即其中很重要的一类。

中国的史书历来重视历法和历书，《史记》中的“八书”中有《历书》，自《汉书》以降，几乎各史均有《律历志》或《历志》，记录当朝的历法和历书。与西夏同时期的王朝史中，《宋史》有《律历志》17 卷，《辽史》有《历象志》3 卷，《金史》有《历志》2 卷。可见历书和历法在史书中的重要地位。西夏无“正史”，自然缺乏这样系统的《律历志》。在神秘的西夏史中，西夏的历法和历书同样神秘莫测，几乎是一片空白。

世事难料，20 世纪初，埋藏地下近 8 个世纪的一大批西夏文献破土而出，使缺乏资料的西夏研究峰回路转。这批流失到俄国、贮存在圣彼得堡的西夏出土文献逐渐被俄国专家介绍出来。俄国西夏学家戈尔芭乔娃（З.И.Горбачева）和克恰诺夫（Е.И.Кычанов）于 1963 年出版的《西夏文刊本和写本》一书，记录了60种西夏文世俗文献，在第4类“历书、图表”中简单著录了5种西夏文历书，其中包括向前教授重点研究的Инв.No.8085历书。这是第一次披露俄藏文献中有历书，当然由于没有图版，记录简约，我们难以具体了解这类重要西夏历史文化的密码。

陈炳应先生早于1985年在其专著《西夏文物研究》中，对两件西夏残历日做过考证，一为斯坦因（Gertrude Stein）得自黑水城遗址的夏汉合璧历书残片，一为武威下西沟岘发现的汉文历书残片。

20世纪90年代，中国社会科学院民族研究所、上海古籍出版社与存藏黑水城西夏文献的俄罗斯科学院东方文献研究所达成协议，共同整理、出版《俄藏黑水城文献》，使大量珍贵西夏文古籍重见天日，再生性回归。1993年，我们第一次组团到圣彼得堡，主要是整理、拍摄黑水城出土的汉文文献和西夏文世俗文献。其中历书文献也在工作范围。在陆续出版《俄藏黑水城文献》过程中，1999年出版的第10册收入多种历书，但却遗漏了数量最多的Инв.No.8085历书，造成了遗憾。已与上海古籍出版社商量，拟于最后一册中与其他未收入的医书、占卜书等世俗文献一起作为补遗再行刊布。

尽管比较早地知道黑水城出土的文献中有历书，并且1993年就已经有了大部分历书图版，但因当时承担多项研究任务，且对历法和历书专业十分生疏，因此我没有着手研究的计划。

2000年夏季，我们第4次到圣彼得堡整理、拍摄俄藏西夏文文献时，发现了3纸汉文印本残历日，编号为Инв.No.8117（1、2）、Инв.No.5306。历书呈表格状，是具注历日形式，表中各栏内有汉字。我发现这3纸历书有活字版印刷特点，十分惊喜。

我之所以十分看重这几页历书，是由于当时有一个比较突出的学术背景。那些年有的外国学者对中国四大发明之一的印刷术的发明提出质疑，其中包括活字印刷术。为此中国印刷史学界的专家们十分重视，积极回应。由于我们掌握的西夏出土文书中有多种活字印刷品，可以作为中国发明、早期流传活字印刷术的有力证据，因此我也利用比较熟悉国内外西夏文献的条件，参加了这一时期印刷术发明权的讨论。我和本所同事回鹘文专家雅森·吾守尔教授合作出版了专著《中国活字印刷术的发明和早期传播——西夏和回鹘活字印刷术研究》（社会科学文献出版社，2000年），为中国活字印刷术的发明和早期传播提供了新的证据。因此，当我看到俄藏黑水城文献中的这几页活字版历书时，预感到它们可能为中国的活字印刷术提供新的、有特殊价值的资料，便产生了莫大兴趣。

一件文书的断代十分重要，特别是涉及印刷术的发明和传播时间时，更显得突出。很多文书难以确定具体时代，而像历书这类文献本身就带有具体年代标识，可以起到其他文书所没有的断代作用。因此我很希望确定这些历书残页形成的具体时间，这样可以展现其在活字印刷史上的地位和价值。然而这几页历书缺头少尾，残损过甚，没有序，也没有岁首，各页上部被裁失，不但没有年份干支，甚至没有完整的月序，因此其具体年代殊难论断。

当年从俄罗斯回国后，我为了尽快破解这几页历书残页的年代，便努力学习史书中的《律历志》和近现代学者有关历法和历书的著述，恶补有关专业知识。经过一段时间学习，虽有一定进步，但感到历法和历书的知识博大精深，其中的专业术语、天文数字、繁复的表格，都难以解读和掌握。在一知半解的情况下，我求助于中国文物研究所的著名敦煌学家、天文历法专家邓文宽教授。文宽教授十分热情，多次到我家了解西夏历书文献情况，悉心教我有关历书的知识，特别是对不知年份的历书残页怎样利用一些要素推断其具体年份的方法，讲得细致入微，令我一新耳目，受益匪浅。

我利用学到的历法知识反复研究、考证黑水城出土历书 Инв.No.8117 残片，最终确定了其具体时间为西夏光定元年（1211）。我据此发表了第一篇有关西夏历书的论文《黑水城出土活字版汉文历书考》(《文物》2001 年第 10 期)。文中首先根据保留“四月大”的线索，知其为三四月历日，进一步推知四月、五月朔日干支，再依据四月九宫倒推此年正月九宫，根据月九宫和年地支的对应关系，确定地支不出丑、未、辰、戌。再用干支纪月法确定正月干支，根据《五虎遁》可知此年天干应是丙或辛。将已知此年的天干丙、辛和已知的地支丑、未、辰、戌相配，有四干支可供选择：丙戌、丙辰、辛未、辛丑。因黑水城出土文献在宋、元时期，根据可供选择的年干支和前述已知三月、四月、五月的朔日分别是癸丑、壬午、壬子，遍查中国中古时期宋、元 400 年的历日，只有宋嘉定辛未四年（1211）完全合于上述条件。另此残历书其他条件（如所注“蜜”字、二十八宿、物候等）皆与该年相合，更证明年代推断无误。还依据“明”字缺笔，考证此残历书为西夏印本，当定为《西夏光定元年（1211）

辛未岁具注历》。此外，又据多种特征论证这些历书残页是活字印本。这样我们就找到了世界上现存最早的（13 世纪初）汉文活字印刷品，不仅为中国活字印刷史提供了重要资料，也为西夏历书增加了一种汉文活字版类型。这些历书无疑是十分珍贵的文献，不仅有重要学术意义，而且有其他文献难以代替的文物价值。

由于有了研究历书的初步基础，我便陆续对西夏的多种历书进行初步考证、研究，后来发表了《西夏的历法和历书》(《民族语文》2006 年第 4 期）。此论文利用汉文和西夏文资料系统考证西夏历法情况，并分门别类地介绍了西夏的多种历书。（1）刻本西夏文历书，其中主要是反映西夏历书最好水平的 Инв.No.8214《大白高国光定五年乙亥岁御制光明万年注历》。（2）写本西夏文 - 汉文合璧历书，其中重点译介了俄藏 Инв.No.8085 历书，也即向前教授在这部著作中的主要研究对象。我当时指出这部延续 86 年的历书经西夏崇宗、仁宗、桓宗三朝，时间跨度大，是目前所知中国保存至今历时最长的古历书，绝无仅有，十分难得，并介绍了历书的形制和内容。同时指出，从第二个庚申年（1200 年）开始，在朔日干支以下加上了二十八宿注，使历书内容更加丰富和准确。（3）汉文刻本、写本历书，主要是黑水城出土雕版印刷汉文历书残页，编号 TK297，此件经邓文宽教授详加考证，推断其为《宋淳熙九年壬寅岁（1182）具注历》。我又根据残件中“明”字缺笔避讳论证其当是西夏刻印历书，认为应称为《西夏乾祐十三年壬寅岁（1182）具注历》。（4）活字版汉文历书，主要介绍新发现的上述 Инв.No.8117 等活字版残历书。最后总结了西夏历书的特点：西夏历法承袭中原王朝历法，具有很高水平。西夏历书种类多样，内容丰富，在已发现的古代历书中占有很大比重。从时间上差不多接续敦煌历书，前后跨越 170 多年时间，几乎包括整个西夏时期，填补了这一时段的历书实物空缺。这些西夏历书反映出西夏历法赓续宋朝的渊源关系和历书编辑的水平，客观地反映出中原王朝对西夏历法和历书的影响，具有特殊重要的文物价值和学术价值。

那一段时间，我曾多次与文宽教授联系。2007 年他撰文《黑城出土〈西夏皇建元年庚午岁（1210 年）具注历日〉残片考》(《文物》2007 年第 8 期），为西夏历书研究再增色彩。文宽教授还建议我们共同合作将西夏历书研究申报国家自然科学基金，我欣然同意。记得有一次，文宽教授还邀请法国远东学院研究员、敦煌历书研究专家华澜（Alain Arrault）先生来舍下商谈。后因各自都有不少课题任务而终未能落实。

2006 年，中国人民大学国学院院长冯其庸先生向我提出，中国人民大学国学院要培养懂得少数民族古代文字的人才，其中要开西夏文课，代表国学院正式邀我到国学院授西夏文课。我感到义不容辞，欣然接受先生的邀请。2007 年上半年，我正式在中国人民大学开西夏文的选修课。当时就职于宁夏大学西夏学研究院的向前正在中国社会科学院民族学与人类学研究所做博士后科研工作，他和同事杨志高同志也来中国人民大学听讲。当时每周一次课，每课 3 个多学时，共 14 课。向前和志高都系统地听完了我的课程，他们学习认真，成绩优秀。

2009 年，向前以“西夏历法研究”申报了国家社科基金课题，获得批准。我知道后非常高兴，感到向前已承担起西夏历书研究的重任，西夏历书研究后继有人，成果有望。同时也感到向前谆谆然领受一项需要克服很大困难的研究任务，将要啃一块硬骨头，其精神可嘉，任重道远。我抱持期待，鼓励他下功夫做好这一课题。

后来向前为赴俄罗斯圣彼得堡东方文献研究所以访问学者身份访学，集中培训，突击恶补俄语。那时他几次向我讲述学习俄语的困难和所付出的精力。他以四十几岁的年龄，为学业进展和访俄顺利，克服年岁、家庭等种种困难，心无旁骛地刻苦学读，终于过了俄语关。2013 年，他赴俄访问顺利成行。在俄期间，向前披览了存藏在那里的大量西夏文献，其中包括他准备重点研究的Инв.No.8085 历书。他回国后，还特地向我报告了这一收获。

2015 年冬，我收到宁夏社科基金办公室的来函，请我对国家社科基金课题成果《俄藏 Инв.No.8085 西夏历日文献整理研究》进行结项鉴定。尽管是匿名评审，但我一看题目和内容便知是向前的项目。作为一个从事 50 多年西夏研究的专业人员，我深知整理、翻译、研究西夏文文献难度很大，特别是不像佛经那样有现成译文可供参考的世俗文献，难度更大，体味到这项工作的价值和艰辛。当我看完结项文稿时，觉得向前的西夏历书研究已登堂入室，这是一项下了很大功夫、取得很多进展的新成果。我给予此项目以“优秀”等级，并写出了如下鉴定意见：

近代以来，发现了大批西夏文献，推动了西夏研究的发展。新发现的文献中有关于西夏历书的资料，其中 Инв.No.8085 历书文献连续 88 年，为国内历书所仅见，内容丰富，价值很高。该成果在前人的基础上，对此文献进行系统整理研究，成就突出。整理研究此种历书文献既需要有社会科学的知识，还需要有自然科学方面历法的知识，而历法的知识专深，不易学习。作者不畏艰辛，克服困难，掌握了历法的专业知识，完成了这项复杂的任务。这是本成果的明显特色。

该成果对此文献 88 年的历日逐年进行详细考释，有录文、译文和校勘，为国内外的历法研究提供了重要的资料。该成果最后的西夏纪年和朔闰表都很有价值。

这是一部优秀的、填补空白的研究成果，有重要学术价值。特别是其中对此西夏历日中的二十八宿、男女九宫、二十四节气、八卦、观察行星运行记录以及与宋历的关系，都做了深入的探讨，多有创新之处，反映出作者整理基础资料踏踏实实的精神，和开动脑筋、认真思考问题、解决问题的扎实功力，值得提倡。

同时，我在鉴定意见中也提出了一些改进和补充的建议，并在鉴定意见“是否可以公开”栏中，表示可以向作者公开。

向前的这一项目于 2016 年顺利结项。去年，向前又将此告蕆书稿以《俄藏西夏历日文献整理研究》为题申请入选《国家哲学社会科学成果文库》。他请我写推荐意见，我如实地写出了我的认识：

本成果是西夏文文献整理研究的一部高水平重要成果：1. 对这部结构复杂并残损脱落的文献叶序按时序科学排定；2. 在过去发现 86 年历日纪年的基础上，又发现 2 年历日，增加至 88 年，并对西夏计时资料做了详细汇辑，逐年进行考释，有录文、译文和校勘，为国内外的历法研究提供了重要的资料；3. 对西夏历日的特点及其与宋历的承袭关系深入探讨，取得新的认识，西夏历书承袭宋历，体现了中华民族文化的交融；4. 首次论证西夏历日文献中有长期观察行星运行的记录，是非常重要的创新研究。整理研究西夏历书既需要很好的西夏文译释专业水准，又要有比较广博的社会科学知识，还需要有自然科学方面历法的知识。西夏历法研究由我尝试初探，现喜见作者不畏艰辛，克服困难，完成该领域这样一部创获较多、有裨学术的著作，我十分愿意推荐该成果入选《国家哲学社会科学成果文库》。

向前的这部著作分三部分，上篇为导言，分13个专题对西夏历书及相关问题做了详细论述；中篇是俄藏Инв.No.8085历日考释，体量占全书四分之三以上，对88年的历书逐年解读，分图版、录文、校勘、译文、注释诸项；下篇为西夏纪年和朔闰考，包括散见西夏纪年和朔闰辑考，以及西夏历与宋历朔闰对照表两项。

向前的这部著作为当前的西夏研究增添了一项可圈可点的重要成果，值得祝贺！当然，关于西夏历法和历书还有一些文献值得重点介绍和研究，如作为当时“皇历”的Инв.No.8214号刻本历书；一些问题仍待深化研究，特别是西夏历书中有关自然科学领域的问题还需认真探究；有的需要做出补充，如英藏Or. 12380-16（K.K.II.0283.p）历书，采用“七曜日”注历，在星期日下用西夏文加注“蜜”字，别具特色，本书并未提及。

这些年我与向前接触中，感到他学术基础扎实，术业进展明显，对西夏文献解读、语言研究、史实考证诸方面都拳拳于心，有不俗之表现，有良好的治学作风，研究成果亮点频频，堪称西夏研究中青年楷模。现在他担任宁夏大学西夏学研究院的副院长，协助杜建录教授组织推进西夏研究工作，还要完成多种科研项目。比如在我负责的国家社会科学基金特别委托项目“西夏文献文物研究”中，向前承担了子课题《西夏文〈孙子兵法三注〉研究》，也已顺利结项，收获颇丰，即将出版。

目前，西夏研究在各位同行的奋力推动下，热度渐显，形势可喜，硕果累累。然而学无止境，难有穷日，期待着西夏研究同仁清心钻研，拂拭历史尘封，使包括西夏历法在内的西夏研究，不断有新的成果问世，为推动西夏学科发展做出新的贡献。

2018年3月10日

于北京南十里居寓所

序　二

邓文宽

在世界四大文明古国中，中国当之无愧地占有一席之地。而在中华文明的悠久历史长河中，农耕文明则书写了主要篇章。随着农耕文明的产生与传递，历日和历日文化又成为其不可或缺的伴奏音。后世随着王权的建立和强化，官府又将颁历权垄断于王朝手中，历日颁行区域便成为朝廷统治权的标志之一。于是乎，具有鲜明政治色彩的历日和历日文化，一代代地传承了下来，所谓“颁正朔，易服色”是也。笼统地说，这种传承大约已有几千年的历史。

然而，实用历本自身又具有一种不可移易的特征，即“时效性”。一般来说，皇家每年要在头年岁末颁布即将到来的次年全年的历日。换言之，历本用于指导农业生产和民众生活的有效性只有一年。除夕爆竹一响，当年的历本就变成“老黄历”了，第二天就要用上新的历本，与“一元肇始，万象更新”相一致。如此一来，手头那本过了时的老黄历自然就不再被重视，而且随着岁月的迁转流移，日渐成为多余之物，人们也就弃之如敝履。就是在这样的集体无意识中，那些曾经在中华古史上承载过皇家权力、农事指导、生活指南的每年一份的古代历本，其绝大多数都被扔进垃圾堆里去了，人们也并不觉得这有什么可惜。直至清末，人们所能见到的传世最早历本，居然是《南宋宝祐四年丙辰岁（1256 年）会天万年具注历日》！这样的欠缺，对史学工作者来说应该是多么大的遗憾。

不过，百余年来，情况已获改观。随着考古学的引入和发展，地不爱宝，那些由于千奇百怪的原因而沉睡于古墓葬、废井窖、佛教石窟、废物堆等地的古代实用历本，一部分又得以重新面世，虽然多数已是断烂朝报，面目完整者很少。大致说来，有这样几批重要发现：在西北秦汉简牍中发现了六七十份，多为汉代之物；在敦煌石窟中发现了六十余份，既有北魏之历，又多为唐中叶至宋初历本；在吐鲁番古墓中发现了几份古历，为高昌国至唐前期之物；在内蒙古额济纳旗黑城发现了三十余份宋及西夏和元代之历；近几十年又从南方一些古墓中发现了几份秦末历本。这些在学者眼里堪称崭新的旧材料，为历史学和天文历法史研究提供了新的资料渊薮，极具吸引力。经过几代学人的努力，确也取得了十分可观的成绩。

但是，在既往的研究中，却出现了一项巨大的遗漏——藏在俄罗斯科学院东方文献研究所的Инв.No.8085号历日，未曾引起相关学者的足够重视，成了漏网之鱼，而且是一条大鱼。我只能自嘲地说："老虎们都睡着了。"这是一份出土于黑城、连续书写达八十八年（1120—1207年）之久的历日汇编，在出土历日里堪称首屈一指，而且是西夏文和汉文合璧历日，具有极大的研究价值。尽管早在1963年苏联学者们就作了披露，也尽管早在1978年相关内容就已被译为汉文刊布过，但就是未能引起重视。当然，也不是所有的"虎"都睡着了。有一只后长起来的"新虎"——彭向前，就没有睡着，而是睁大眼睛，死死盯住这份弥足珍贵、极富研究价值的西夏历日不放。单就这一点而言，他是独具只眼的。

选到了重要的研究课题，并不等于它就可以自化为学术成果。为掌握研究的主动权，彭向前作了巨大投入。为了这个项目，他在人到中年之后，参加了两期俄文强化班，为去俄罗斯圣彼得堡做研究铺路。为了这个项目，他参透并且熟练地掌握了中国古代的书籍装帧方法之一——缝缋装，进而将原已散乱又由不明就里的整理者搞错编次的文本，重新做了正确编排，为研究工作扫清了路障。还是为了这个项目，他在做过博士后之后，又自补了大量古代天文历法知识，几乎是重新学习了一门学问……他的这些付出，是多数常人难以企及的，也是让人望而生畏的。但是，他却做到了，这也正是其过人之处。

人无痴情固然很难从事学术研究，但光有痴情却依然不够。因为若缺少"执着"精神，则不易取得突破性的学术成就。这种"执着"，用一句大白话来说，就是要有像牛一样的犟劲，或曰锲而不舍的精神，不把问题彻底究明决不罢休。彭向前就是这样一位既有痴情，又具"执着"精神的学术从业者，同眼前这份沉甸甸的收获成正比，也让我由衷地为之首肯并喝彩。胡适之先生曾说："要怎么收获，先那么栽。"信哉，斯言！至于该书在学术方面的独见与创获，胜义迭出，有兴趣的读者可以通过阅读去逐一领略，恕我不再饶舌。

任重道远。不过我相信，凭着向前对学术事业的挚爱和他在正确道路上的勇猛精进，他还会有重要成果面世。这是可以期待的。

是为序。

2018 年 3 月 17 日

于北京半亩园居

目　录

Contents

上　篇

导　言

西夏古历日主要出土于黑水城遗址（今属内蒙古额济纳旗）。1908—1909年、1914年，俄国人科兹洛夫（Козлов）和英国人斯坦因（Stein）相继在此掘获大批西夏文献，其中包括十余件至为珍贵的西夏古历日，分藏于俄罗斯科学院东方文献研究所和英国国家图书馆。此外，1972年在甘肃武威小西沟岘发现的西夏文献中也有一纸历书残片，现藏武威市博物馆。

迄今出土的西夏古历日在已发现的古代历书中占有很大比重，内容丰富，种类多样，有西夏文历书，有汉文历书，还有夏汉合璧历书；有手写本历书，有刻本历书，还有活字本历书（是目前最早的有确切年代的汉文活字印刷品）[①]；有每月一行、每年一页的年历，也有每日一行、具注历日的月历。跨越时间长，前后多达百余年，更有Инв.No.8085历日历经四朝、连续88年，这在已知的中国历书中绝无仅有。

一　西夏古历日研究概况

西夏古历日文献不仅涉及朔日、月大小、二十四节气、闰月、二十八宿直宿、九曜运行周期等天文历法知识，还涉及纳音五行、八卦游年、男女九宫等术数知识，在总结西夏历日中的编排规则，归纳西夏历法的特点，复原西夏近200年的历谱，编制西夏朔闰表，促进西夏纪年研究，乃至研究古代天文观测方法等方面，具有特殊的、不可替代的文献学价值。

---

① 史金波:《黑水城出土活字版汉文历书考》,《文物》2001年第10期。

最早刊布西夏古历日者，是供职于英国国家图书馆的格林斯蒂德（Grinstead），他于1961年在《英国博物馆季刊》24卷刊布了一件夏汉合璧历日①，之后俄国西夏学专家戈尔芭乔娃（З.И.Горбачева）、克恰诺夫（Е.И.Кычанов）于1963年在《西夏文写本和刊本》一书中对数件西夏历日作了叙录。② 最早对西夏历日进行研究的是陈炳应先生，他于1985年在其专著《西夏文物研究》中，对两件西夏历日的年代作了考定。③ 史金波先生将研究范围进一步扩大，他于2000年第四次赴俄整理黑水城文献时，在佛经裱褙页面中又发现数件西夏历日残片，2006年撰文《西夏的历法和历书》，这是一篇对西夏历法研究具有概论性质的论文。④ 稍后敦煌历日研究专家邓文宽先生也涉足这一领域，2007年撰文《黑城出土〈西夏皇建元年庚午岁具注历日〉残片考》。⑤ 在整理和研究西夏历日方面，中外学人走过了漫长而艰苦的道路，他们的不懈努力，为进一步研究西夏历法打下了坚实的基础。

已有研究不足之处有以下三个方面。第一，在资料的利用上不够充分。目前国内外馆藏西夏文献多已刊布问世，从而为研究西夏历法、复原西夏近200年的历谱提供了前所未有的契机。业已出版的西夏文献巨著如俄藏、中国藏、英藏、法藏以及《中国藏黑水城汉文文献》等，收录内容十分丰富，除许多佛经外，还包括历日、题记、占卜辞、欠款单、会款单、账册、户籍文书、告牒、告状案、审案状、辞书、字典以及钱币、印章、碑刻等等，其中大量文献带有明确的西夏文或非西夏文的干支纪年、属相纪年或年号纪年，甚至有些题款年月日俱全，少量文献还带有日干支，连所在月朔日也能推导出来。尤其是出土于黑水城等地的西夏古历日，标有年干支、月大小和朔日以及二十四节气等，前后跨越百余年。然而以往的研究囿于“专文”的形式，加以受时代的限制，使得大量宝贵的纪年资料和跨越百余年的西夏历日在研究中尚未发挥或充分发挥其应有的作用。第二，没有对西夏古历日进行系统整理。以往的研究多对西夏历日残片进行定年、定名研究，只是出于行文的需要，才对原貌作必要

---

① Grinstead, “Tangut Fragments in the British Museum,” *The British Museum Quarterly* 24 (1961):3-4.

② З.И.Горбачева и Е.И.Кычанов. *Тангутские рукописи и ксилографы*, Москва：Издательство восточной литературы, 1963.

③ 陈炳应：《西夏文物研究》，宁夏人民出版社1985年版。

④ 史金波：《西夏的历法和历书》，《民族语文》2006年第4期。

⑤ 邓文宽：《黑城出土〈西夏皇建元年庚午岁具注历日〉残片考》，《文物》2007年第8期。

的描述。按原行款逐一对西夏历日进行录文、译释等整理工作亟待进行。尤其是西夏历法研究在资料构成上的主体部分 Инв.No.8085 历日文献，甚至尚未得到刊布。第三，没有把西夏历法研究和西夏纪年研究结合起来，尚无人开展对西夏历谱的复原工作，进而编制西夏朔闰表。对那些缺失历日记载的年份，除了运用必要的历法知识排出历谱，更重要的是要运用史料对所排历谱进行检验。此前学界虽也对大量的、散见各处的西夏文或非西夏文的纪年资料做过一些收集工作，但对复原历谱而言，远远不够。

西夏古历日概览

帝王纪年	干支纪年	公元纪年	现存内容	编号	图版出处	研究状况
夏崇宗元德二年至夏襄宗应天二年	庚子至丁卯	1120—1207 年	夏汉合璧历书，年历。缝缋装。此历书经西夏崇宗、仁宗、桓宗、襄宗四朝，连续 88 年，是目前所知中国保存至今历时最长的古历书，在中国古代史上绝无仅有	Инв.No. 8085	俄藏，尚未刊布	详下
夏崇宗正德三年、大德元年	己酉、乙卯	1129 年、1135 年	夏汉合璧年历，内容较完整。右上角有干支纪年“己酉”、该年二十八宿的直宿“柳”、八卦中的“乾”。因属缝缋装的缘故，两面分属两年，右半叶属夏崇宗正德三年上半年，左半叶属夏崇宗大德元年下半年。应该将其分别编号为 Инв.No.5282-1、Инв.No.5282-2	Инв.No. 5282	《俄藏黑水城文献》第十册，第139页，上海古籍出版社 1999 年版	З.И.Горбачева и Е.И.Кычанов. *Тангутские рукописи и ксилографы*, Москва: Издательство восточной литературы, 1963。史金波:《西夏的历法和历书》,《民族语文》2006 年第 4 期。均把两面误作同一年的内容
夏崇宗正德七年	癸丑	1133 年	右上角为西夏文纪年干支“癸丑”、该年二十八宿的直宿“轸”、八卦中的“巽”、男女九宫“男九女三”。残存正月、二月朔日	Or.12380-2058	《英藏黑水城文献》第二册，第316页，上海古籍出版社 2005 年版	

续表

帝王纪年	干支纪年	公元纪年	现存内容	编号	图版出处	研究状况
夏仁宗人庆二年	乙丑	1145年	残存七月至十二月日历，记有闰十一月	G21·028［15541］	《中国藏西夏文献》第十六册，第274页，甘肃人民出版社、敦煌文艺出版社2006年版	陈炳应:《西夏文物研究》，宁夏人民出版社1985年版，第314—323页
夏仁宗乾祐二年	辛卯	1171年	残存部分载有月序、该月朔日干支、大小月、二十八宿、二十四节气	Or.12380-3947	《英藏黑水城文献》第五册，第357页，上海古籍出版社2010年版	陈炳应先生误订为西夏天授礼法延祚十年（1047年）历书。彭向前、李晓玉《一件黑水城出土夏汉合璧历日考释》，《西夏学》（第四辑），宁夏人民出版社2009年版
夏仁宗乾祐十三年	壬寅	1182年	残存正月、四月和五月的历日。历书“明”字缺笔，避西夏太宗德明的名讳	TK297	《俄藏黑水城文献》第四册，第385页，上海古籍出版社1997年版	邓文宽:《黑城出土〈宋淳熙九年壬寅岁（1182）具注历日〉考》，《敦煌吐鲁番天文历法研究》，甘肃教育出版社2002年版。史金波:《西夏的历法和历书》，《民族语文》2006年第4期
夏襄宗皇建元年	庚午	1210年	残存两天历日的内容，从上到下依次是：日序，纪日干支，该干支的纳音，该日所注的建除和二十八宿	Or.12380-818 斯坦因第三次中亚考古发掘原始编号K.K.Ⅱ.0292（j）	沙知、吴芳思《斯坦因第三次中亚考古所获汉文文献（非佛经部分）》（上册），第316页，上海辞书出版社2005年版	邓文宽:《黑城出土〈西夏皇建元年庚午岁（1210年）具注历日〉残片考》，《文物》2007年第8期）

续表

帝王纪年	干支纪年	公元纪年	现存内容	编号	图版出处	研究状况
夏神宗遵顼光定元年	辛未	1211年	内容较完整	Инв.No. 5469	《俄藏黑水城文献》第六册，第316页，上海古籍出版社2000年版	
夏神宗光定元年	辛未	1211年	残存“四月大”、朔日干支、月九宫、二十八宿、物候等。“明”字缺笔避讳	Инв.No. 8117（1、2）	《俄藏黑水城文献》第六册，第326页，上海古籍出版社2000年版	邓文宽先生定为《宋嘉定四年辛未岁（1211年）具注历日》，史金波考为西夏历日，并指出该件是目前已发现的有确切年代的最早的汉文活字印刷品。见《黑水城出土活字版汉文历书考》，《文物》2001年第10期
夏神宗光定四年至十一年	甲戌至辛巳	1214—1221年	卷子式夏汉合璧历书，月历，以熟练的西夏文草书书写	Инв.No. 7926、8214	《俄藏黑水城文献》第十册，第143—147页，上海古籍出版社1999年版	史金波:《西夏的历法和历书》，《民族语文》2006年第4期。《黑水城出土活字版汉文历书考》《文物》2001年第10期
待考	庚申		左部残，每年一页的历书，右上角有干支纪年“庚申”。下用西夏文加注二十八宿的直宿“箕”、八卦中的“震”、男女九宫“男二女一”。以熟练的西夏文草书书写	Инв.No. 5868	《俄藏黑水城文献》第十册，第142页，上海古籍出版社1999年版	
待考	戊午		每年一页的历书，右上角有干支纪年“戊午”。历书上面表头被裁去，没有月大小、每月朔日、二十四节气、二十八宿注历等	Инв.No. 647	《俄藏黑水城文献》第十册，第141页，上海古籍出版社1999年版	

本表不包括无干支纪年的历书残片。

二 Инв.No.8085 西夏历日文献研究现状

Инв.No.8085 西夏历日，迄今尚未刊布。该件是所有西夏历日文献中时间跨度最长者，历经西夏崇宗、仁宗、桓宗、襄宗四朝，连续 88 年，是目前所知中国保存至今历时最长的古历书，在中国古代史上绝无仅有，是西夏历法研究在资料构成上的主体部分。

由于该部历书年代跨度长，迄今出土的十余件西夏古历日中，另有 5 件皆与之在年代上有重叠，它们分别是俄藏 TK297、Инв.No.5282，英藏 Or.12380-3947、Or.12380-2058，中国藏 G21・028［15541］。可以这样说，Инв.No.8085 是一部富含学术价值而又充满谜团的古代文献，相信任何一位学者，都会为在自己的学术生涯中能够遇见这样一部文献而感到庆幸。

Инв.No.8085 西夏历日，初次著录见戈尔芭乔娃、克恰诺夫于 1963 年合著的《西夏文写本和刊本》，编号为 Инв.No.8085。书中称：

> 无名称，历书，登录号 8085。写本，蝴蝶装，页面 16×10.8 厘米，文面 13×8.5 厘米，7 行，有隔线，行 16 字。页码未确定，175 面。保存极坏。此历书编排同№ 5282（本目录№ 40）。主要用汉文，间用西夏文书写。①

此后一直无人问津，直到四十余年后的 2006 年，史金波先生在《西夏的历法和历书》一文中首次对该件西夏历日作了初步研究。该文指出：俄罗斯所藏黑水城出土文献有西夏文、汉文合璧历书，为表格式。每年一表占一页，分左右两面，右上角有该年的干支。其中 Инв.No.8085 号历时最长，从庚子年至西夏第二个乙丑年，共 86 年的历书，即从西夏元德二年（1120 年）至天庆十二年（1205 年），中缺戊午年历书，又有 Инв.No.647 号残页，正为戊午年历书，补上所缺。此历书经西夏崇宗、仁宗、桓宗三朝，时间跨度大。该件历书

① З.И.Горбачева и Е.И.Кычанов. *Тангутские рукописи и ксилографы*, Москва：Издательство восточной литературы, 1963.

前几页和最后几页有不同程度的残缺，此外还有一些残片。每一表中每月占一竖行，各行分为上下很多横格，自上而下为月序、该月朔日干支、日、木、火、土、金、水、罗睺、月孛、紫炁等九曜与该月时日的纳音等对照关系。文中并首次指出：这是目前所知中国保存至今历时最长的古历书。根据一般历书当年用过即成无用的废纸的特点，现在能见到连续 86 年的中古时期的历书，十分难得。[①] 但不知什么原因，已经出版的《俄藏黑水城文献》并未收录该件文献，令人遗憾。直到 2013 年，笔者利用出国做访问学者科研工作的机会，始在俄罗斯科学院东方文献研究所“绿厅”阅览室一睹该件历日文书的庐山真面目。

Инв.No.8085 文书被整理者装在一个不大的白色硬纸盒里，上书 Танг.44，Инв.8085（175л.+56фр.），即该件文书有 175 面（实为 176 面），另有 56 个残片。打开盒子，除历日文书本身外，还可发现一片印本文献，整理者用俄文注明 Обложка низа，意思是“下面的封皮”，显然与历日文献一道出土。考察发现为《天盛改旧新定律令》第十三“派大小巡检门”中的一段文字。

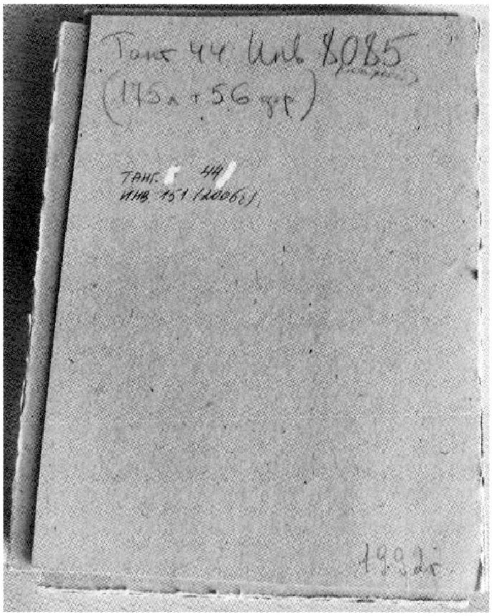

Инв.No.8085 历书包装盒

① 史金波:《西夏的历法和历书》,《民族语文》2006 年第 4 期。

在俄访学期间，写出《俄藏 Инв.No.8085 西夏历日目验记》[①] 一文，回国后又相继发表《出土历日文献考证四题》[②] 和《西夏历日文献中关于长期观察行星运行的记录》[③]。这些文章指出以下内容。（1）其装帧形式不是蝴蝶装，而是缝缋装。（2）连续 88 年，而非 86 年。余两年残存信息较少，经笔者考察为丙寅年（1206 年）、丁卯年（1207 年）。即该件历书从夏崇宗元德二年（1120 年）庚子延续到夏襄宗应天二年（1207 年）丁卯，历经西夏崇宗、仁宗、桓宗、襄宗四朝，共计 88 年。（3）戊午年历书不缺，文书中有两个戊午年历书，其中之一因与丁未年历书互倒，使人误以为缺本年历书。（4）表中填写的那些数字与地支的组合，并非以往学界所认为是用来表示九曜与该月日、时的关系的，实则是以十二次为背景，记载九曜运行情况的。

这部历书的整理过程十分艰难。（1）此历书跨度长，连续 88 年，共 176 面，是保存至今历时最长的古代历书，在中国古代史上绝无仅有。（2）为缝缋装，这是古代一种常见的写本装帧形式。因岁久装订线断绝，历书散开，页面错乱，上半年和下半年多不连贯，很难找到原来的顺序。顺便指出，整理者因不明原书的结构，对页码的标注是从后往前倒着编排的，更是乱上加乱。（3）不少年份缺失岁首，且无完整月序，另有五六十个残片有待拼补，内容过于庞杂。（4）为夏汉合璧历书。因是手写，西夏字不规范，汉字多俗写，极难辨识。为使之得到全面而彻底的整理，笔者耗费了大量的时间和精力。

三　Инв.No.8085 缝缋装结构复原

Инв.No.8085 历书装帧形式不是蝴蝶装，而是缝缋装。缝缋装是古代手抄本的一种装祯形式。缝缋装的出现，对于世界书籍装帧形式的发展有着十分重要的意义，在中国古代书籍向册页制转变的过程中起着承前启后的作用，只是今人已经淡忘了它的存在。

---

① 彭向前：《俄藏 Инв.No.8085 西夏历日目验记》，载杜建录主编《西夏学》（第九辑），上海古籍出版社 2014 年版。

② 彭向前：《几件黑水城出土残历日新考》，《中国科技史杂志》2015 年第 2 期。

③ 彭向前：《西夏历日文献中关于长期观察行星运行的记录》，载杜建录主编《西夏学》（第十一辑），上海古籍出版社 2015 年版。

所谓缝缋装，顾名思义，缝，就是用针线连缀；缋，原是指成匹布或帛的头和尾，在这里，当指纸张的折缝处。制作顺序，先把单页纸左右、上下或上下、左右对折，即一折为四。再将若干折叠好的单页沿折缝处订成叠（线装书订线的方法则主要是缠绕书背）。因只能单面书写，岁久册页散乱后，打开折叠过的单页纸张，会让人迷惑不解。虽然同处一纸，但（1）书叶之间有字头相对者，（2）文字内容多不连贯（缝缋装中只有一摞折叠单页中最里面的两面内容是连贯的），很难找到原来的顺序。《墨庄漫录》转载王洙的话云："作书册粘叶为上，久脱烂。苟不逸去，寻其次第足可抄录。屡得逸书，以此获全。若缝缋，岁久断绝，即难次序。初得董氏《繁露》数册，错乱颠倒。伏读岁余，寻绎缀次，方稍完复，乃缝缋之弊也。"[①] 可见宋人早就对缝缋装深感头痛。

以本文献为例，以下 4 面共处一纸，左 2 面字头朝右，右 2 面字头朝左，两两相对。但左下的 110 面与左上的 97 面内容不连贯，分属两年，110 面为夏仁宗天盛六年甲戌（1154 年）上半年，97 面为夏仁宗天盛十二年庚辰（1160 年）下半年。右上的 96 面与右下的 111 面内容不连贯，分属两年，111 面为夏仁宗天盛五年

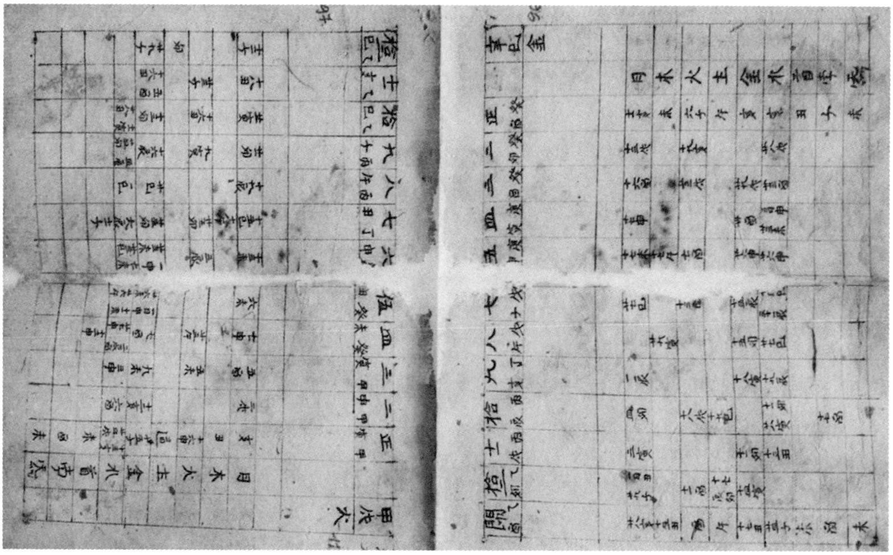

缝缋装单页实物图

① （宋）张邦基:《墨庄漫录》，孔凡礼点校，中华书局 2002 年版，第 129 页。

癸酉（1153 年）下半年，96 面为夏仁宗天盛十三年辛巳（1161 年）上半年。

这里需要说明的是，笔者所引页码均为原整理者所加。整理者因不明原书的结构，误以为“书耳”部位出现的一组数字具备页码的含义，依此为序，对全书页码作了编排，导致页码顺序与年代顺序相反。

要是不了解缝缋装，很容易把不相关的两面误作同一年的内容，那将会给研究带来巨大的障碍。如《西夏古历日概览表》中所引 Инв.No.5282 文献，两面分属两年，右半叶属夏崇宗正德三年己酉（1129 年）上半年，左半叶属夏崇宗大德元年乙卯（1135 年）下半年。

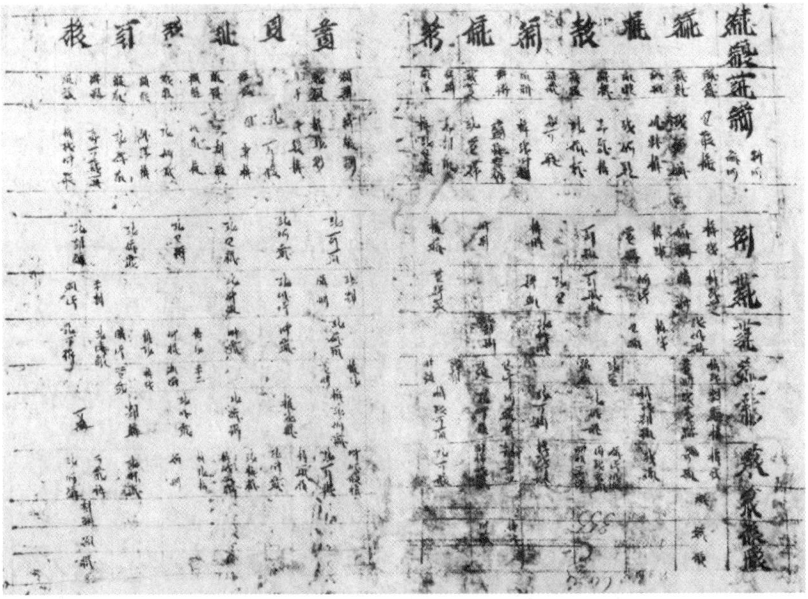

Инв.No.5282 西夏历日文献

此前学界把两面误作同一年的内容，定为夏崇宗正德三年己酉（1129 年）历日。宋历建炎三年己酉（1129 年）闰八月，Инв.No.5282 左半叶虽然为下半年内容，并无闰月。通观夏历，其闰月与宋历或同，或前后相差一月，没有与宋历相差两月或两月以上者。尽管有如此巨大的差异，但二者又千真万确地共处一纸，一度让笔者困惑不已。直到去俄罗斯科学院东方文献研究所访学，看见 Инв.No.8085 历日文献原件，才恍然大悟，个中原因是由缝缋装造成的。

在书册散乱而又没有页码的情况下，再加上不了解书中的内容，阅读者肯定会感到茫然无绪，无所适从。所幸 Инв.No.8085 中有少数单页纸还是完整的，为我们了解缝缋装提供了实物形式。又作为历日文献，全书内容以年代为序，在完成全书年代考订工作后，我们就有把握对残缺部分进行配补，以恢复该书原来的结构。

从本书看，一般是把一张单页左右、上下，或上下、左右对折为四面，偶尔有半张对折为两面的，五六个单页组成一叠，数叠粘连成一册。下面为该书单页示意，以“叠”为单位，每叠纸按由外向内的顺序排列，页码仍旧。括号内为笔者根据历算知识调整后的页码。

Инв.No.8085 缝缋装结构示意

	第一叠	
第一纸	166 面，1126 年上	缺
	167 面，1125 年下	缺
第二纸	168 面，1125 年上	缺
	169 面，1124 年下	缺
第三纸	170 面，1124 年上	缺
	171 面，1123 年下	缺
第四纸	172 面，1123 年上	缺
	173 面，1122 年下	178 面，1120 年上
第五纸	174 面，1122 年上	177 面，1120 年下
	175 面，1121 年下	176 面，1121 年上

	第二叠	
第一纸	142 面（164 面），1138 年上	165 面，1126 年下
	143 面（163 面），1137 年下	164 面（142 面），1127 年上
第二纸	144 面，1137 年上	163 面（143 面），1127 年下
	145 面，1136 年下	162 面，1128 年上
第三纸	146 面，1136 年上	161 面，1128 年下
	147 面，1135 年下	160 面，1129 年上
第四纸	148 面，1135 年上	159 面，1129 年下
	149 面，1134 年下	158 面，1130 年上
第五纸	150 面，1134 年上	157 面，1130 年下
	151 面，1133 年下	156 面，1131 年上
第六纸	152 面，1133 年上	155 面，1131 年下
	153 面，1132 年下	154 面，1132 年上

	第三叠	
第一纸	116 面，1151 年上	141 面，1138 年下
	117 面，1150 年下	140 面，1139 年上
第二纸	118 面，1150 年上	139 面，1139 年下
	119 面，1149 年下	138 面，1140 年上
第三纸	120 面，1149 年上	137 面，1140 年下
	121 面，1148 年下	136 面，1141 年上
第四纸	122 面，1148 年上	135 面，1141 年下
	123 面，1147 年下	134 面，1142 年上
第五纸	124 面，1147 年上	133 面，1142 年下
	125 面，1146 年下	132 面，1143 年上
第六纸	126 面，1146 年上	131 面，1143 年下
	127 面，1145 年下	130 面，1144 年上
第七纸	128 面，1145 年上	129 面，1144 年下
	注：第七纸原为半张，对折为二面	

	第四叠	
第一纸	92 面，1163 年上	115 面，1151 年下
	93 面，1162 年下	114 面，1152 年上
第二纸	94 面，1162 年上	113 面，1152 年下
	95 面，1161 年下	112 面，1153 年上
第三纸	96 面，1161 年上	111 面，1153 年下
	97 面，1160 年下	110 面，1154 年上
第四纸	98 面，1160 年上	109 面，1154 年下
	99 面，1159 年下	108 面，1155 年上
第五纸	100 面，1159 年上	107 面，1155 年下
	101 面，1158 年下	106 面，1156 年上
第六纸	102 面，1158 年上	105 面，1156 年下
	103 面，1157 年下	104 面，1157 年上

	第五叠	
第一纸	68 面，1175 年上	91 面，1163 年下
	69 面，1174 年下	90 面，1164 年上
第二纸	70 面，1174 年上	89 面，1164 年下
	71 面，1173 年下	88 面，1165 年上
第三纸	72 面，1173 年上	87 面，1165 年下
	73 面，1172 年下	86 面，1166 年上
第四纸	74 面，1172 年上	85 面，1166 年下
	75 面，1171 年下	84 面，1167 年上
第五纸	76 面，1171 年上	83 面，1167 年下
	77 面，1170 年下	82 面，1168 年上
第六纸	78 面，1170 年上	81 面，1168 年下
	79 面，1169 年下	80 面，1169 年上

	第六叠	
第一纸	48 面，1185 年上	67 面，1175 年下
	49 面，1184 年下	66 面，1176 年上
第二纸	50 面，1184 年上	65 面，1176 年下
	51 面，1183 年下	64 面，1177 年上
第三纸	52 面，1183 年上	63 面，1177 年下
	53 面，1182 年下	62 面，1178 年上
第四纸	54 面，1182 年上	61 面，1178 年下
	55 面，1181 年下	60 面，1179 年上
第五纸	56 面，1181 年上	59 面，1179 年下
	57 面，1180 年下	58 面，1180 年上

	第七叠	
第一纸	28 面，1195 年上	47 面（41 面），1185 年下
	29 面，1194 年下	46 面，1186 年上
第二纸	30 面，1194 年上	45 面（47 面），1186 年下
	31 面，1193 年下	44 面，1187 年上
第三纸	32 面，1193 年上	43 面（45 面），1187 年下
	33 面，1192 年下	42 面，1188 年上
第四纸	34 面，1192 年上	41 面（43 面），1188 年下
	35 面，1191 年下	40 面，1189 年上
第五纸	36 面，1191 年上	39 面，1189 年下
	37 面，1190 年下	38 面，1190 年上

	第八叠	
第一纸	8 面（6 面），1205 年上	27 面，1195 年下
	9 面（7 面），1204 年下	26 面，1196 年上
第二纸	10 面（8 面），1204 年上	25 面，1196 年下
	11 面（9 面），1203 年下	24 面，1197 年上
第三纸	12 面（10 面），1203 年上	23 面，1197 年下
	13 面（12 面），1202 年下	22 面，1198 年上
第四纸	14 面（13 面），1202 年上	21 面，1198 年下
	15 面，1201 年下	20 面，1199 年上
第五纸	16 面，1201 年上	19 面，1199 年下
	17 面，1200 年下	18 面，1200 年上

	第九叠	
第一纸	缺	7 面（5 面），1205 年下
	缺	6 面（14 面），1206 年上
第二纸	缺	5 面（3 面），1206 年下
	缺	4 面（11 面），1207 年上
第三纸	缺	3 面（4 面），1207 年下
	缺	缺
第四纸	缺	缺
	缺	缺
第五纸	缺	缺
	缺	缺

如果读者感兴趣，就可以按照上列表格，把单页纸两次对折，一分为四，一般五六纸一叠，最多七纸一叠，共计九叠，标出相应的页面数，这样就可以清楚地再现 Инв.No.8085 历日文献缝缋装结构了。

笔者复原的 Инв.No.8085 缝缋装结构，也可以从原文献装订线所在页次中得到印证。Инв.No.8085 历书包装盒里，还有一小团细线，被包在纸内，线上缀有 5 个小纸片，上书 Нити середины，即“中间的线”，指装订线，并标明发现时所在页次。现存装订线所在页次分别在 57 面、58 面之间，79 面、80 面之间，103 面、104 面之间。根据“Инв.No.8085 缝缋装结构示意”，57 面、58 面是第六叠折叠单页中最里面的两面，79 面、80 面是第五叠折叠单页中最

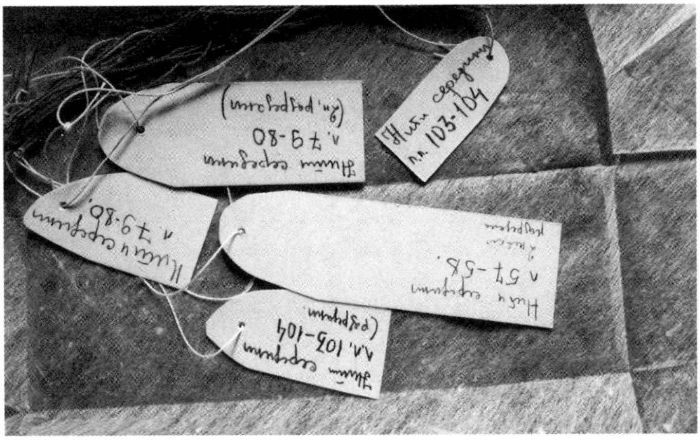

Инв.No.8085 历书装订线

里面的两面，103 面、104 面是第四叠折叠单页中最里面的两面。这三个折缝处，正是每叠单页装订线所在的位置。感谢文献整理者在当初整理工作中的严谨细致，其所观察到的蛛丝马迹都可以让后来的研究者从中受到启发。

顺便指出，每叠的用纸不会太多，太多则书口就会显得参差不齐，影响美观。“一般五六纸一叠，最多七纸一叠”，这个特征很重要，可据以大致推出一叠历日的最大年代跨度。以七纸一叠为例，一纸涉及 4 个半年，一共有 28 个半年，即 14 年。考虑到本叠有可能是从某一年的下半年开始的，多跨一个年头，也不会超过 15 年。这样就为我们大致划出一个年代范围，供考订本叠残历的年代时加以参考。上引 Инв.No.5282 文献，用西夏文草书写就，难以辨识。右半叶有纪年干支“己酉”，结合一月到六月的朔日，不难判断系夏崇宗正德三年己酉（1129 年）上半年历日。左半叶仅能识别七月到十二月的朔日“七月大，朔日壬申；八月小，朔日壬寅；九月小，朔日辛未；十月大，朔日庚子；十一月小，朔日庚午；腊月大，朔日己亥”，定年困难。根据缝缋装结构特征，我们以 1129 年为中轴，上下不超过 15 年，很快就在宋历中查出宋高宗绍兴五年乙卯（1135 年）与之相符。[①] 进而识别出二十八宿直日、二十四节气、九曜运行概况，回环互证，考定其属夏崇宗大德元年乙卯（1135 年）下半年历日无疑。

---

① 陈垣：《二十史朔闰表》，中华书局 1999 年版，第 135 页。

总之，结合全书年代考订工作，根据历书中少数完整的单页纸，笔者对残缺部分进行了配补，对20个错页做了调整，恢复了该书原来的缝缋装结构：一般把一张单页上下、左右或左右、上下对折为四面，偶尔也有半张对折为二面的，五六个单页组成一叠，最后将数叠粘连成一册，残存九叠，并以表格把176个页面的位置清楚地再现出来，为全书的整理研究工作扫清了巨大障碍。

四 “书耳”部位出现的数字和干支的含义

原整理者为何不按照年代先后而偏要采用倒序的方式编排页码，这实际上是对原书的一种误解，与“书耳”部分出现的一组数字有关。

原书没有页码，但在部分页面上确实出现一组数字。这组数字共有十个，出现在右上角，在边栏之外，相当于“书耳”的地方，由小到大，断断续续，按升序排列。

“书耳”数字表

“书耳”上出现的数字	纪年	原整理者标注的页码
一[1]	夏仁宗乾祐二十四年癸丑（1193年）	32面
二十二[2]	夏仁宗乾祐三年壬辰（1172年）	72面
二十四	夏仁宗乾祐元年庚寅（1170年）	78面
二十六	夏仁宗天盛二十年戊子（1168年）	82面
二十七	夏仁宗天盛十九年丁亥（1167年）	84面
三十八	夏仁宗天盛八年丙子（1156年）	106面
五十一	夏仁宗大庆四年癸亥（1143年）	132面
五十五[3]	夏崇宗大德五年己未（1139年）	140面
六十二	夏崇宗正德六年壬子（1132年）	154面
六十三	夏崇宗正德五年辛亥（1131年）	156面
七十四	夏崇宗元德二年庚子（1120年）	178面

注:[1]数字“一”，原缺。按本组数字的顺序往上追溯，本年历表框右上角应该标出数字“一”，故补。

[2]数字“二十二”，原标在夏仁宗乾祐四年癸巳（1173年），误。夏仁宗天盛二十年（1168年）戊子历日标注“二十六”、夏仁宗乾祐元年（1170年）庚寅历日标注“二十四”，按此推算，“二十二”应标在夏仁宗乾祐三年（1172年）壬辰历日。

[3]数字“五十五”，原标在夏崇宗大德四年戊午（1138年），误。其上夏崇宗正德六年壬子（1132年）历日表框外右上角有数字“六十二”，其下夏仁宗大庆四年癸亥（1143年）历日表框外右上角有数字“五十一”，都表明“五十五”当标在夏崇宗大德五年己未（1139年）历日。

按：综观整部历书，标出数字的年代都具有特殊性，要么是子年或亥年，以表明十二地支循环起迄；要么是老皇帝驾崩、新皇帝继位之年；要么是戡乱改元之年。基于此，我们认为“五十五”“二十二”本身不误，意味着当年有重要事件发生，其中“五十五”有仁孝在位五十五年之义（详下）。

这组数字：“二十二、二十四、二十六、二十七、三十八、五十一、五十五、六十二、六十三、七十四”，在原整理者心目中显然具有书籍页码的含义，故此按照这个顺序对全书叶面重新做了编号，以面为单位，从 1 到 178。此举殊为不当，不仅页码顺序与年代顺序相反，而且由于二者的起始部分各异，导致数字“一”出现在第 32 面。实际上，把这组数字理解为页码，是一种误解。

我们注意到“书耳”部位除标有汉文数字外，有时还有用西夏文加注的干支纪年。

“书耳”干支表

“书耳”上出现的干支	纪年	原整理者标注的页码
[illegible]（甲子）	夏仁宗人庆元年（1144 年）	130 面
[illegible]（甲戌）	夏仁宗天盛六年（1154 年）	110 面
[illegible]（甲申）	夏仁宗天盛十六年（1164 年）	90 面
[illegible]（甲午）	夏仁宗乾祐五年（1174 年）	70 面
[illegible]（甲辰）	夏仁宗乾祐十五年（1184 年）	50 面
[illegible]（甲寅）	夏桓宗天庆元年（1194 年）	30 面

从“书耳”干支表中，一眼就可以看出，从夏仁宗人庆元年（1144 年）起，到夏桓宗天庆元年（1194 年）止，每一个天干循环开始，即在“书耳”部位用西夏文注明年干支，依次是：甲子、甲戌、甲申、甲午、甲辰、甲寅。[①] 受此启发，我们可以考虑“书耳”数字表所列，是否也是对天干地支循环的一种反映呢？乍一看，其中的内容似乎杂乱无章，但如果排除部分年代，就可以显示出其规律性。以下是经过删减后的“书耳”数字简表：

① 夏桓宗天庆十一年（1204 年）历日，是否在表框外右上角用西夏文注“甲子”二字，因原件缺损，不得而知。

"书耳"数字简表

"书耳"上出现的数字	纪年	原整理者标注的页码
二十六	夏仁宗天盛二十年戊子（1168年）	82面
二十七	夏仁宗天盛十九年丁亥（1167年）	84面
三十八	夏仁宗天盛八年丙子（1156年）	106面
五十一	夏仁宗大庆四年癸亥（1143年）	132面
六十二	夏崇宗正德六年壬子（1132年）	154面
六十三	夏崇宗正德五年辛亥（1131年）	156面
七十四	夏崇宗元德二年庚子（1120年）	178面

这样，我们可以清楚地看出，标有数字的年代要么是子年，要么是亥年，即该组数字是用来表明十二地支循环起迄的。恰可以验证我们上文受"书耳"干支表启发而所做的猜测。那么如何解释"书耳"数字表中那几个与子年或亥年无关的年头呢？熟悉西夏历史的人，不难发现，这几年在西夏历史上都有重大事件发生：

（五十五）夏崇宗大德五年己未（1139年）。该年夏崇宗乾顺卒，子仁孝即位，是为仁宗。

（二十四）夏仁宗乾祐元年庚寅（1170年）。该年五月，仁孝被迫分国之西南路及灵州、罗庞岭与得敬自为国，国号楚。并遣使赴金，为得敬求封册，金主不许。八月，得敬求封不得，将为变。仁孝恃金为助，以计讨杀得敬，尽诛其族党。并改元乾祐。

（二十二）夏仁宗乾祐三年壬辰（1172年）。不详。

（一）夏仁宗乾祐二十四年癸丑（1193年）。该年夏仁宗仁孝去世，其子夏桓宗纯祐继位。

上举看似有些"例外"的年代，其特殊性在于都与发生在夏仁宗头上的重大历史事件有关，唯乾祐三年（1172年）之事，待考。① 至于这组数字为何要把仁孝去世之年作为开头，并倒着往上推，尚不可索解。但有一点可以考定，这组数字并不具备页码的含义。整理者不能拘泥于"书耳"部位出现的数

① 该年史载金主谓其臣曰："夏国以珠玉易我丝帛，是以无用易有用也。"令罢兰州、保安两处榷场。仁孝请复，不允。但上引诸事皆与仁孝本人有关，如即位、平叛、改元、去世等，恐请复榷场之事，不足以当之。

字，而应该按年代顺序为全书编排页码，这才符合常识性。

总之，通观全书，结合西夏历史背景，我们可以明白“书耳”部位出现的数字和干支的含义，有两层：一表明天干或地支的循环，二为发生过重大历史事件的年代。这样设计，应该是出于查阅、推算方便的需要。

五 Инв.No.8085 历日汉字俗体字

出土文献中往往俗字盈篇，草体字比比皆是，为阅读带来很大障碍。Инв. No.8085 历日文献中汉字、西夏字并用，汉字有不少是俗体字。个别字难以识别，录以存疑。

Инв.No.8085 历日汉字俗体字表

俗体字	正体字	出处	页码	备注
	井?	夏仁宗乾祐三年（1172 年）木星正月栏	74 面	或为二十八宿之“井”宿
	未?	夏桓宗天庆四年（1197 年）火星五月栏	24 面	汉字俗体。疑为十二地支中的“未”字
	未?	夏桓宗天庆四年（1197 年）水星四月栏	24 面	汉字俗体。疑为十二地支中的“未”字
	土	右部表头九曜中的“土”星	176 面	在“土”字上增加一点
	土	右部表头九曜中的“土”星	170 面	在“土”字上增加一点
	见	夏仁宗乾祐三年（1172 年）土星十一月栏	73 面	
	卯	上部表头第一行二月“己卯”	170 面	
	辛	右上角年干支“辛丑”	176 面	
	迟	夏仁宗天盛八年（1156 年）木星正月栏	106 面	
	闰	上部表头第一行闰三月	170 面	门框里有个“大”，表示闰月为大月
	闰	上部表头第一行闰八月	159 面	门框里有个“小”，表示闰月为小月

续表

俗体字	正体字	出处	页码	备注
	退	夏崇宗元德五年（1123 年）土星十二月栏	171 面	
	退	夏崇宗大德二年（1136）金星三月栏	146 面	
	退	夏仁宗天盛八年（1156 年）土星十二月栏	105 面	“退”字省去走之旁，受同类术语影响类化换旁所致
	退	夏仁宗天盛八年（1156 年）金星十二月栏	105 面	“退”字省去走之旁，受同类术语影响类化换旁所致
	顺	夏仁宗天盛七年（1155 年）火星十二月栏	107 面	以“顺”字左偏旁代替，与“川”字同形。俗体字形成途径之一，就是省略构件
	顺	夏仁宗乾祐二年（1171 年）金星二月栏中	76 面	以“顺”字左偏旁代替，与“川”字同形，又在“川”的基础上草写而成
	顺	夏仁宗乾祐五年（1174 年）火星十二月栏	69 面	以“顺”字左偏旁代替，与“川”字同形，又在“川”的基础上草写而成
	留	夏崇宗正德八年（1134 年）水星三月栏	150 面	
	留	夏崇宗大德二年（1136）金星二月栏	146 面	
	留	夏仁宗天盛七年（1155 年）土星十二月栏	107 面	“留”字增加走之旁，受同类术语影响类化换旁所致
	留	夏仁宗天盛八年（1156 年）水星十月栏	105 面	
	留	夏仁宗天盛十九年（1167 年）土星四月栏	84 面	
	疾	夏仁宗天盛八年（1156 年）木星七月栏	105 面	
	递	夏崇宗元德五年（1123 年）土星正月栏	172 面	释行均《龙龛手镜》卷四《入声》“辵部第十六”
	递	夏崇宗元德七年（1125 年）木星十二月栏	167 面	释行均《龙龛手镜》卷四《入声》“辵部第十六”
	递	夏崇宗正德二年（1128 年）火星正月栏	162 面	释行均《龙龛手镜》卷四《入声》“辵部第十六”

续表

俗体字	正体字	出处	页码	备注
	递	夏仁宗天盛六年（1154）土星正月栏	110 面	释行均《龙龛手镜》卷四《入声》“辵部第十六”
	寅	夏仁宗大庆四年（1143 年）水星九月栏“廿三人”	131 面	用笔画简单的“人”代替笔画较多的“寅”。可能是为了省事而只写了“寅”的最后两笔
	壹	夏仁宗人庆四年（1147 年）上部表头月序	124 面	
	叁	夏仁宗人庆四年（1147 年）上部表头月序	124 面	
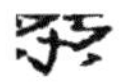	柒	夏仁宗人庆四年（1147 年）上部表头月序	123 面	

关于俗体字形成的基本途径，张涌泉先生归纳为八个方面：

（一）增加构件。分增加偏旁、增加笔画两种。

（二）省略构件。分省略偏旁、省略某些“不重要”的部分、省略或合并相同或相近部分、符号代替四种。

（三）改换构件。分改换表意的偏旁、改换表音的偏旁两种。

（四）书写变易。分传承差异、草书楷化、传写讹变三种。

（五）构件易位。

（六）整体创造。

（七）音近更代。

（八）合文。[①]

这些类型，在Инв.No.8085历日汉字俗体字表中也有所反映。如汉字“土”字加点，在古代行书中常如此作，可以算是常见的俗体字，属增加笔画。再如用“人”代“寅”，当属于省略构件。“人”字在中古的音韵地位：“如邻切，开口三等平声真韵日母。”“寅”字在中古的音韵地位：“翼真切，开口三等平声真韵以母。”[②] 日母和以母这两个声母，按切韵音系是不能通转的。在

① 张涌泉:《敦煌俗字研究》，上海教育出版社 1996 年版，第 212—250 页。

② 汉字音韵地位出自丁声树编《古今字音对照手册》，科学出版社 1958 年版。

宋代西北方音中，日母的拟音为 *ʑ，以母开口拟音为 *j，[①] 虽然二者发音部位相近，但找不到可以通转的例子。西夏历日文献中用“人”代“寅”的做法，聂鸿音先生推测，应该是为了省事而只写了“寅”的最后两笔。再如“顺”字，用左偏旁代替，形同“川”字，属省略构件。考虑到“顺”本从川得声，古音相近，亦属于音近更代。至于“留”字增加走之旁，“退”字省略走之旁，则是受同类术语影响类化换旁所致。最有趣的是“闰”字，这个字是个会意字，《说文解字》云：“余分之月，五岁再闰，告朔之礼，天子居宗庙，闰月居门中。从王在门中。”[②] 书写人改换表意的偏旁“王”，闰月为大就以“大”字代替，闰月为小就写作“小”字代替，这样不仅可以知道本月是闰月，还知道这个闰月的大小，显然是在从事历法活动实践中匠心独运而创造出来的。

由于本历书用字有限，把“顺”省写作“川”，以“人”代“寅”，都不会造成理解上的歧义。在更大范围内，这样做可就行不通了。也就是说，俗体字的出现往往受特定环境的限制，超出这个特定环境，某些写法就不会得到承认，也就不可能在社会上传播开来。这一点也增加了俗体字的识别难度，一些俗体字在俗体字字典里是查不到的，必须熟悉相关专业，从上下文语义中去求索。

六 西夏历日文献中的二十八宿

Инв.No.8085 历日文献中有 8 个年头，用西夏文加注二十八宿，始于夏桓宗天庆七年（1200 年），终于夏襄宗应天二年（1207 年）。二十八宿注历有两种用途，一种用以直日，一种用以直年。

（一）二十八宿直日

于每月朔日干支之下，用西夏文加注二十八宿的直宿。在残历考证的过程中，二十八宿直日对我们的帮助主要有两个方面，一是可以确定每月的朔日和大小；二是可以利用星期对比对求出的某月朔日加以验证，在朔日、节气对比

① 龚煌城：《十二世纪末汉语的西北方音（声母部分）》，《西夏语言文字研究论集》，民族出版社 2005 年版，第 514、518 页。

② 许慎：《说文解字》卷 1“王部”。

有一两日之差的情况下，也可以利用星期对比对求出的年代加以验证。

我们先交代二十八宿注历同“七曜日”注历的对应关系。“七曜日”注历，学界认为大约从唐中期开始由西方传入的，星期日称作“蜜”。更精确的说法是来自“中亚”，因为这个词是从粟特语借来的（mir，太阳）。[①]“七曜日”的排列次序为日、月、火、水、木、金、土。二十八宿注历，已知者最早为唐僖宗乾符四年（877 年）历日。[②] 二十八宿从“角”宿开始，“角”为东方七宿（角、亢、氐、房、心、尾、箕）之首，而古代阴阳家又将东方与“木”相配（“东方甲、乙木”），即“角”宿必与七曜日的“木”相对应。七曜日是 7 天一周期，二十八宿是 28 天一周期，28 是 7 的整 4 倍。于是，二十八宿注历同“七曜日”注历之间便形成了下列固定的对应关系。

二十八宿注历同“七曜日”注历对应关系

七曜日	木	金	土	日	月	火	水
二十八宿	角（[illegible]）	亢（[illegible]）	氐（[illegible]）	房（[illegible]）	心（[illegible]）	尾（[illegible]）	箕（[illegible]）
	斗（[illegible]）	牛（[illegible]）	女（[illegible]）	虚（[illegible]）	危（[illegible]）	室（[illegible]）	壁（[illegible]）
	奎（[illegible]）	娄（[illegible]）	胃（[illegible]）	昴（[illegible]）	毕（[illegible]）	觜（[illegible]）	参（[illegible]）
	井（[illegible]）	鬼（[illegible]）	柳（[illegible]）	星（[illegible]）	张（[illegible]）	翼（[illegible]）	轸（[illegible]）

由上表可见，历日上凡注房、虚、昴、星四宿的日子均为“日曜日”，亦即星期日，当时称作“蜜”。[③]

夏桓宗天庆八年（1201 年）年历上部表头月大小和每月朔日有缺失，但在第三行有关于每月朔日直宿的西夏文较为完整的记载，仅缺五月朔日庚戌的直宿，这为我们补出本年缺失的月大小和每月朔日提供了可能。为便于论述，先给出该年历完整的表头部分，其中括号中的字为笔者所补，西夏文二十八宿的汉译一并给出。

① 聂鸿音：《粟特语对音资料和唐代汉语西北方言》，《语言研究》2006 年第 2 期。

② 邓文宽：《两篇敦煌具注历日残文新考》，饶宗颐主编《敦煌吐鲁番研究》第 13 卷，上海古籍出版社 2013 年版，第 200 页。

③ 邓文宽：《黑城出土〈西夏皇建元年庚午岁（1210 年）具注历日〉残片考》，《文物》2007 年第 8 期。

夏桓宗天庆八年（1201 年）年历表头

十二	十一	十	九	八	七	六	五	四	三	二	正
大	小	[大]	[大]	[大]	[小]	[大]	[小]	[大]	[小]	小	[大]
丁丑	戊申	[戊寅]	[戊申]	[戊寅]	[己酉]	[己卯]	[庚戌]	[庚辰]	辛[亥]	壬午	壬子
[illegible]斗	[illegible]箕	[illegible]心	[illegible]氐	[illegible]角	[illegible]轸	[illegible]张	[[illegible]星]	[illegible]鬼	[illegible]井	[illegible]参	[illegible]毕

以四月朔日庚辰为例。已知三月朔在辛亥，直宿为井，而四月朔日的直宿为鬼，又由井到鬼，共跨 30 日，则三月必为小月，四月朔日必为庚辰。余依次类推。那么，五月朔在庚戌，直宿“[illegible]（星）”，又是如何确定的呢？我们可以做一个反推，据二十八宿注历同“七曜日”注历对应关系表，注星宿的日子为星期日。即如果本年五月的朔日庚戌直宿为“星”，则该日必为星期天。查《二十史朔闰表》宋宁宗嘉泰元年，夏桓宗天庆八年五月朔日庚戌，为公历 1201 年 6 月 3 日，再查书后所附“日曜表四”中的第一年，果为星期天，[①] 与之相符。

夏桓宗天庆十一年（1204 年）上部表头第一列纪年干支“甲子”原为西夏文，其中的“[illegible]（甲）”字，据残存字形补。本年每月节气分布虽然与宋历相同，具体日期却有所不同。据残存日期，其中二月“十四春分，廿八清明”，与宋历“十二丙午春分，廿七辛酉清明”不符。三月栏“十三谷雨”，与宋历“十四丁丑谷雨”不符。十二月栏“廿三大寒”，与宋历同（本年每月皆与宋历朔同）。[②] 那么这个纪年干支补得是否正确？我们可以利用星期对比来加以验证。本年四月小，朔甲午，直宿为“星”，当是星期日。查《二十史朔闰表》夏桓宗天庆十一年四月一日，为公历 1204 年 5 月 2 日，再查书后所附“日曜表四”中的第四年，果为星期天，[③] 与之相符。

二十八宿直日与日干支有一定的对应关系，等同于二十八宿直年与年干支之间的对应关系，参见下文“演禽表”。明白这种关系，可以用来验证上述结论。查“演禽表”，可以看出干支庚戌对应的二十八宿有“角、心、牛、室、胃、参、星”，甲午对应的二十八宿有“室、胃、参、星、角、心、牛”，果真皆含有“星”宿。

（二）二十八宿直年

于纪年干支之下，用西夏文加注二十八宿的直宿。二十八宿直年与年干支

① 陈垣：《二十史朔闰表》，中华书局 1999 年版，第 235 页。
② 张培瑜：《三千五百年历日天象》，河南教育出版社 1990 年版，第 296 页。
③ 陈垣：《二十史朔闰表》，中华书局 1999 年版，第 236 页。

有一定的对应关系。

二十八宿直年与“演禽术”有关。演禽术是一种星象推命的古老术数。以阴阳五行及二十八种禽兽与天上的二十八宿配生出二十八种星禽，即“角木蛟、亢金龙、氐土貉、房日兔、心月狐、尾火虎、箕水豹、斗木獬、牛金牛、女土蝠、虚日鼠、危月燕、室火猪、壁水㺄、奎木狼、娄金狗、胃土雉、昴日鸡、毕月乌、觜火猴、参水猿、井木犴、鬼金羊、柳土獐、星日马、张月鹿、翼火蛇、轸水蚓”。[①] 据以推算人的命运吉凶。宋释文莹《湘山野录》载：司天监王处讷为僧赞宁推命，称宁“命孤薄不佳，三命、星禽、晷禄、壬遁俱无寿贵之处”[②]。可见星禽推命在古代曾一度流行。

二十八宿直年来源于二十八宿配日。《御定星历考原》记载：“按日有六十，宿有二十八,四百二十日而一周。四百二十者，以六十与二十八俱可以度尽也。故有七元之说：一元甲子日起虚，以子象鼠而虚为日鼠也，二元甲子起奎，三元甲子起毕，四元甲子起鬼，五元甲子起翼，六元甲子起氐，七元甲子起箕。至七元尽而甲子又起虚，周而复始。但一元起于何年月日，则不可得而考矣。”[③] 为计算年禽，专门有一个口诀：

七元禽星会者稀，虚奎毕鬼翼氐箕，
须将甲子从头起，年年相续报君知。

也就是说，二十八宿直年与年干支有一定的对应关系。请看“演禽表”：

演禽表

序号	纪年	一元	二元	三元	四元	五元	六元	七元
1	甲子	虚	奎	毕	鬼	翼	氐	箕
2	乙丑	危	娄	觜	柳	轸	房	斗
3	丙寅	室	胃	参	星	角	心	牛
4	丁卯	壁	昴	井	张	亢	尾	女
5	戊辰	奎	毕	鬼	翼	氐	箕	虚

① 《演禽通纂》卷上《二十八宿名例》。

② （宋）释文莹:《湘山野录》卷下。

③ 《御定星历考原》卷5《二十八宿配日》。

续表

序号	纪年	一元	二元	三元	四元	五元	六元	七元
6	己巳	娄	觜	柳	轸	房	斗	危
7	庚午	胃	参	星	角	心	牛	室
8	辛未	昴	井	张	亢	尾	女	壁
9	壬申	毕	鬼	翼	氐	箕	虚	奎
10	癸酉	觜	柳	轸	房	斗	危	娄
11	甲戌	参	星	角	心	牛	室	胃
12	乙亥	井	张	亢	尾	女	壁	昴
13	丙子	鬼	翼	氐	箕	虚	奎	毕
14	丁丑	柳	轸	房	斗	危	娄	觜
15	戊寅	星	角	心	牛	室	胃	参
16	己卯	张	亢	尾	女	壁	昴	井
17	庚辰	翼	氐	箕	虚	奎	毕	鬼
18	辛巳	轸	房	斗	危	娄	觜	柳
19	壬午	角	心	牛	室	胃	参	星
20	癸未	亢	尾	女	壁	昴	井	张
21	甲申	氐	箕	虚	奎	毕	鬼	翼
22	乙酉	房	斗	危	娄	觜	柳	轸
23	丙戌	心	牛	室	胃	参	星	角
24	丁亥	尾	女	壁	昴	井	张	亢
25	戊子	箕	虚	奎	毕	鬼	翼	氐
26	己丑	斗	危	娄	觜	柳	轸	房
27	庚寅	牛	室	胃	参	星	角	心
28	辛卯	女	壁	昴	井	张	亢	尾
29	壬辰	虚	奎	毕	鬼	翼	氐	箕
30	癸巳	危	娄	觜	柳	轸	房	斗
31	甲午	室	胃	参	星	角	心	牛
32	乙未	壁	昴	井	张	亢	尾	女
33	丙申	奎	毕	鬼	翼	氐	箕	虚
34	丁酉	娄	觜	柳	轸	房	斗	危
35	戊戌	胃	参	星	角	心	牛	室
36	己亥	昴	井	张	亢	尾	女	壁
37	庚子	毕	鬼	翼	氐	箕	虚	奎
38	辛丑	觜	柳	轸	房	斗	危	娄
39	壬寅	参	星	角	心	牛	室	胃

续表

序号	纪年	一元	二元	三元	四元	五元	六元	七元
40	癸卯	井	张	亢	尾	女	壁	昴
41	甲辰	鬼	翼	氐	箕	虚	奎	毕
42	乙巳	柳	轸	房	斗	危	娄	觜
43	丙午	星	角	心	牛	室	胃	参
44	丁未	张	亢	尾	女	壁	昴	井
45	戊申	翼	氐	箕	虚	奎	毕	鬼
46	己酉	轸	房	斗	危	娄	觜	柳
47	庚戌	角	心	牛	室	胃	参	星
48	辛亥	亢	尾	女	壁	昴	井	张
49	壬子	氐	箕	虚	奎	毕	鬼	翼
50	癸丑	房	斗	危	娄	觜	柳	轸
51	甲寅	心	牛	室	胃	参	星	角
52	乙卯	尾	女	壁	昴	井	张	亢
53	丙辰	箕	虚	奎	毕	鬼	翼	氐
54	丁巳	斗	危	娄	觜	柳	轸	房
55	戊午	牛	室	胃	参	星	角	心
56	己未	女	壁	昴	井	张	亢	尾
57	庚申	虚	奎	毕	鬼	翼	氐	箕
58	辛酉	危	娄	觜	柳	轸	房	斗
59	壬戌	室	胃	参	星	角	心	牛
60	癸亥	壁	昴	井	张	亢	尾	女

如夏桓宗天庆十三年（1206年）年历，干支纪年缺，幸有西夏文二十八宿直年，写作“𗵒（胃）”。本书二十八宿直年始于夏桓宗天庆七年庚申（1200年），直宿为虚，而本年历直宿则为胃，由虚到胃跨7年，恰为1206年丙寅。演禽术“二元甲子起奎”，丙寅年恰为胃宿直年，可以互证。

总之，历书中的二十八宿，无论是直日还是直年，都与干支有一定的对应关系，对残历考订大有帮助。

七 西夏历日文献中的男女九宫

男女九宫与“吕才合婚法”有关。合婚之说起源于唐代。随着西方异族大量进入中原，他们中向唐王室及大臣们求婚的人很多，于是唐太宗命吕才编造“合婚法”，意在减少与他们的通婚，故又称为“减蛮经”。

Инв.No.8085 历日文献在右部表头第二行有时标有男女九宫，此类年历共计 25 年，包括：夏崇宗元德二年（1120 年）至夏崇宗元德三年（1121 年），夏崇宗元德六年（1124 年）至夏仁宗人庆元年（1144 年），夏桓宗天庆十三年（1206 年）至夏襄宗应天二年（1207 年）。

男女九宫和年九宫都是从九宫衍化而来的。[①] 马王堆帛书表明，九宫最晚产生于汉代。九宫共有九幅图，其中五宫图形为基本图形，布局为“二四为肩，六八为足，左三右七，戴九履一,五居中央”。

五宫图形

4	9	2
3	5	7
8	1	6

换成八卦表示，即坎一、坤二、震三、巽四、中五、乾六、兑七、艮八、离九。

巽	离	坤
震	中	兑
艮	坎	乾

此法见《俄藏黑水城文献》第 5 册，称为“九宫法”：“坎一宫、坤二宫、震三宫、巽四宫、中五宫、乾六宫、兑七宫、艮八宫、离九宫。”[②]

① 参见邓文宽：《敦煌古历丛识》，《敦煌吐鲁番天文历法研究》，甘肃教育出版社 2002 年版，第 105—108 页。

② 俄罗斯科学院东方研究所圣彼得堡分所、中国社会科学院民族研究所、上海古籍出版社：《俄藏黑水城文献》第 5 册，上海古籍出版社 1999 年版，第 121 页。

唐代又开始用颜色代替数字，即一白，二黑，三碧，四绿，五黄，六白，七赤，八白，九紫。

绿	紫	黑
碧	黄	赤
白	白	白

“五居中央”的五宫图形为基本图形，下面将每格的数字依次加一，即可得其余八宫图形。

一宫图形

9	5	7
8	1	3
4	6	2

二宫图形

1	6	8
9	2	4
5	7	3

三宫图形

2	7	9
1	3	5
6	8	4

四宫图形

3	8	1
2	4	6
7	9	5

六宫图形

5	1	3
4	6	8
9	2	7

七宫图形

6	2	4
5	7	9
1	3	8

八宫图形

7	3	5
6	8	1
2	4	9

九宫图形

8	4	6
7	9	2
3	5	1

九宫图形在历书中是如何使用的呢？先看所谓“三元甲子年”。三元甲子规定，以隋仁寿四年（604 年）甲子配一宫，次年（605 年）起，以“九、八、七、六、五、四、三、二、一”的次序配入九宫，反复无穷。因 9 与 60 的最小公倍数是 180，合三个甲子，分别称为“上元”“中元”“下元”。

隋仁寿四年甲子岁（604 年）为上元之始，664 年为中元之始，724 年为下元之始，784 年又为上元之始，以此循环不绝。见“三元甲子首年表”：

三元甲子首年表

上元	中元	下元
604	664	724
784	844	904
964	1024	1084
1144	1204	1264
1324	1384	1444
1504	1564	1624
1684	1744	1804
1864	1924	1984

历书中年九宫的起算点，以隋仁寿四年上元甲子（604 年）为坎一，之后以“九、八、七、六、五、四、三、二、一”的次序倒转，依次下排。掌握了这个规律，我们就可在历史年表上添注该年的九宫（仅为该年的中宫数字）。年九宫同纪年地支有固定的对应关系，这在残历定年中可以给我们提供有价值的信息。见“年九宫与纪年地支对应关系”表：

年九宫与纪年地支对应关系

年九宫（中宫）	对应年地支
一、四、七	子、卯、午、酉（仲年）
二、五、八	巳、亥、寅、申（孟年）
三、六、九	丑、未、辰、戌（季年）

中国古代男女命宫的推算方法，并不一致。我们先来看清《钦定协纪辨方书》引《三元经》中的记载：

九宫建宅，男命上元甲子起坎一，中元甲子起巽四，下元甲子起兑七，逆行九宫。女命上元甲子起中五，中元甲子起坤二，下元甲子起艮八，顺行九宫。[①]

如表：

《三元经》三元甲子男女命宫起点

三元	上元	中元	下元
男宫起点	一	四	七
女宫起点	五	二	八

但是，Инв.No.8085 历日文献所记男女九宫的推算方法与之有所不同。（1）上元甲子男女九宫起点。夏仁宗人庆元年（1144 年）为上元甲子起点，该年男起七宫，女起五宫。（2）下元甲子男女九宫起点。夏崇宗元德七年（1125 年）属下元年，该年男起八宫，女起四宫。从此往上推，可得 1084 年下元甲子为男起四宫，女起八宫。（3）中元甲子男女九宫起点。夏襄宗应天二年（1207 年）属中元年，该年男起七宫，女起五宫。从此往上推，可得 1204 年中元甲子为男起一宫，女起二宫。

Инв.No.8085 历日文献三元甲子男女命宫起点

三元	上元	中元	下元
男宫起点	七	一	四
女宫起点	五	二	八

可见，与《三元经》相比较，女宫推算方法相同，男宫则整个提前一个甲子。无独有偶，邓文宽先生在敦煌历日文献中发现，男女九宫的推算方法也是如此，[②] 转引如下：

---

① 《钦定协纪辨方书》卷 35《男女九宫》。

② 邓文宽：《敦煌古历丛识》，《敦煌吐鲁番天文历法研究》，甘肃教育出版社 2002 年版，第 114—115 页。

（1）P.6《唐乾符四年丁酉岁（877 年）具注历日》中的《六十甲子宫宿法》记载：唐兴元元年（784 年）为上元甲子，男起七宫，女起五宫；会昌四年（844 年）为中元甲子，男起一宫，女起二宫；再往下排，唐天复四年（904 年）下元甲子为男起四宫，女起八宫。

（2）S.612《宋太平兴国三年（978 年）应天具注历日》之《六十相属宫宿法》云："一岁戊寅土，太平兴国三年，男二宫，女一宫。"

（3）S.1473《宋太平兴国七年壬午岁（982 年）具注历日》序云："今年生男起七宫，女起五宫。"

（4）P.3403《宋雍熙三年丙戌岁（986 年）具注历日》序云："今年生男起三宫，女起九宫"。

若以太平兴国三年（978 年）"男起二宫"为起点，逆行九宫，则太平兴国七年适得"男起七宫"，雍熙三年适得"男起三宫"；若以太平兴国三年"女起一宫"为起点，顺行九宫，则太平兴国七年适得"女起五宫"，雍熙三年适得"女起九宫"。再以太平兴国三年"男二宫，女一宫"反推回去，则乾德二年（964 年）上元甲子为男七宫，女五宫；再往上推，可得唐天复四年（904 年）下元甲子男四宫，女八宫；唐会昌四年（844 年）中元甲子为男一宫，女二宫。总之，敦煌出土的唐、宋历日文献表明，其男女九宫的排列方法与西夏历日文献完全一致，二者女宫推算方法皆与《三元经》相同，男宫皆比《三元经》所载提前一个甲子。

敦煌、西夏男宫提前一个甲子示意表

男宫	1	4	7	1	4	7	1	4	7
女宫	5	2	8	5	2	8	5	2	8

我们可以模仿《三元经》中的记载，把敦煌、西夏男女命宫的推算方法用文字表述为：

> 九宫建宅，男命上元甲子起兑七，中元甲子起坎一，下元甲子起巽四，逆行九宫。女命上元甲子起中五，中元甲子起坤二，下元甲子起艮八，顺行九宫。

出土历日文献与《三元经》在男女九宫排列方法上的差异，究竟是何种原因造成的，有待研究。

由上面的叙述可知，男九宫与年九宫在算法上都是“逆行九宫”。虽然敦煌、西夏男宫提前了一个甲子，但不改变男九宫同纪年地支之间固定的对应关系。男九宫同纪年地支之间对应关系相当于年九宫同纪年地支之间对应关系。

男九宫同纪年地支对应关系

男九宫（中宫）	对应年地支
一、四、七	子、卯、午、酉（仲年）
二、五、八	巳、亥、寅、申（孟年）
三、六、九	丑、未、辰、戌（季年）

也就是说男女九宫的记载对确定年干支有一定的帮助。如夏襄宗应天二年（1207 年）年历，干支纪年缺，幸有西夏文二十八宿直年，写作“𗏁（昴）”。本书二十八宿直年始于夏桓宗天庆七年庚申（1200 年），直宿为虚，而本年历直宿为昴，由虚到昴跨 8 年，恰为 1207 年丁卯。演禽术“二元甲子起奎”，丁卯年恰为昴宿直年，可以互证。此外，我们还可以利用男女九宫的记载进一步对之加以验证。夏襄宗应天二年（1207 年）男起七宫，也就是说当年的年九宫也为七宫。据“年九宫同纪年地支对应关系”表，年九宫为一、四、七者，对应年地支必不出子、卯、午、酉。利用二十八宿直年的记载求得本年为丁卯年，有“卯”字，与之相符。

关于残历定年的方法，邓文宽、席泽宗先生作过专门总结，方法有七：（1）有明确纪年，一望即知；（2）由年九宫决定年干支；（3）由月九宫求年地支；（4）由月天干求年天干；（5）朔闰对比；（6）星期对比；（7）利用年神方位定年干支。[①] 随着研究的深入，又有一些新的方法不断被总结出来，如利用“建除十二客”可知残历所在月份，利用二十四节气对残历定年加以验证，利用行星位置注历对古代历日文献进行定年。此外，还应包括利用男九宫的算法与年九宫相一致，把男女九宫用来验证残历定年。实际上，在对残历进行定年的过程中，单独依靠某种方法难以奏效，往往需要对若干个方法加以综合运用。

① 邓文宽、席泽宗：《敦煌残历定年》，《中国历史博物馆馆刊》1989 年第 12 期。

总之，Инв.No.8085历日文献所记男女九宫的推算方法，与敦煌历日文献相同，与清《钦定协纪辨方书》引《三元经》中的记载不大一致，女宫推算方法相同，男宫则整个提前了一个甲子。本书利用男九宫与年九宫一样同纪年地支有相同的对应关系这一原则，把男女九宫用来验证残历定年，是对残历定年方法的又一拓展。

八　西夏历日文献中的二十四气

二十四节气分别标志着太阳在一周年运动中的24个大体固定的位置，是对太阳周年运动位置的一种特殊的描述形式，又能较好地反映一年中寒暑、雨旱、日照长短等变化的规律，它们不但具有重要的天文意义，而且对农业生产有着重大的指导作用。

远在春秋时期，中国古代先贤就定出仲春、仲夏、仲秋和仲冬等4个节气，以后不断地改进和完善，到秦汉年间，二十四节气已完全确立。汉武帝太初改历，正式把二十四节气纳入历法，此后二十四节气一直是我国传统历注的重要内容之一。

起源于黄河流域的二十四节气，逐步推广到全国各地，也深深地影响着古代中国境内的少数民族。如在黑水城出土西夏汉文文献和西夏文文献中都有关于二十四节气的记载。西夏汉文文献显示，以往“节气简称气”的说法是错误的。二十四节气原本称作“二十四气”，下分十二节与十二中。《俄藏黑水城文献》第5册有这方面的记载，转录如下。①

二十四气

立春正月节，雨水正月终（中）。

[惊蛰]二月节，[春分二月]中。

清明三月节，谷雨三月中。

立夏四月节，小满四月中。

① 俄罗斯科学院东方研究所圣彼得堡分所、中国社会科学院民族研究所、上海古籍出版社：《俄藏黑水城文献》第5册，上海古籍出版社1999年版，第121—122页。

芒种五月节，夏至五月中。
小暑六月节，大暑六月中。
立秋七月节，秋处（处暑）七月中。
白露八月节，秋分八月中。
寒露月九节，霜降九月中。
立冬十月节，小雪十月中。
大雪十一月节，冬至十一月中。
小寒［十］二月节，大寒［十］二月中。

也就是说气有“节气”和“中气”之分。远古先民认为宇宙万物都充满着气，气为生命之本，更是万物运动的源泉。天有天气，地有地气，四时寒暑也各有不同的风气。随着季节的变化，尽管天气的冷热可以为人们明显地感知，但地气的萌动与变化却不易为人觉察，于是至少在8000年前，我们的先人就学会了以候鸟骨骼制成的律管候气。正是基于对这种以地气验时的认识，古人自然地将记录时间的节令称为“气”。为与一年十二月为基础的历法体系相适应，气由最初的4个（二分二至），发展到十二个，每月有一“节气”与一“中气”。黑水城出土文献“二十四气”表明，宋元时期仍然有“节气”与“中气”之分。后世所谓“节”为月之始，“气”的最后一日为月之终（这里指星命月），统称为二十四“节气”，恐失本义。也就是说，所谓“节气”一词，“古今词义”发生了转移，现在说的“节气”相当于最初的“气”。这种转移由来已久，最迟在南宋就已经发生了。南宋人陈著《本堂集》有诗曰：“二十四节气，来自混元前。老息他无分，新阳例有缘。从教寒又暑，惯得海为田。此理须看破，何妨日当年。”① 这里出现了“二十四节气”的提法，表明其时已经将“节气”混同于“气”了。

西夏时期的历书中，也采用二十四节气注历，保存着一套完整的夏译二十四节气名称。俄藏Инв.No.8085历日文献中有6个年头加注“二十四节气”。（1）如夏崇宗元德二年（1120年）上部表头第二行正月栏有数字

① 陈著：《本堂集》卷11《次韵王得淦长至》，文渊阁《四库全书》第1185册，上海古籍出版社1987年版，第56页。

“十四”，二月栏有数字“十五”，前者为正月中气“雨水”之日，后者为二月中气“春分”之日。（2）夏桓宗天庆四年（1197 年）上部表头第二行正月栏有“十一立春”，“立春”为西夏文，意思是正月十一为立春节气。十二月栏“二十立春”，“立春”为西夏文，意思是本年十二月二十为立春节气。（3）夏桓宗天庆十一年（1204 年）至夏襄宗应天二年（1207 年），此四年分别用西夏文注明全年的二十四节气，有残缺。史金波先生从俄藏黑水城文献 Инв.No.7926、Инв.No.8214 中辑得一整套夏译“二十四节气”的名称，与本历书一致，转录如下表。[①]

夏汉对照二十四气表

月份	节气（节）		中气（中）	
正月	立春	[illegible]（春立）	雨水	[illegible]（水雨）
二月	惊蛰	[illegible]（虫惊）	春分	[illegible]
三月	清明	[illegible]（离丁）	谷雨	[illegible]（稻雨）
四月	立夏	[illegible]（夏立）	小满	[illegible]（草稠）
五月	芒种	[illegible]（土耕）	夏至	[illegible]（夏季）
六月	小暑	[illegible]（微热）	大暑	[illegible]（大热）
七月	立秋	[illegible]（秋立）	处暑	[illegible]（小热）
八月	白露	[illegible]（露冷）	秋分	[illegible]
九月	寒露	[illegible]（寒霜）	霜降	[illegible]（霜白）
十月	立冬	[illegible]（冬立）	小雪	[illegible]（雪小）
十一月	大雪	[illegible]（雪大）	冬至	[illegible]（冬季）
十二月	小寒	[illegible]	大寒	[illegible]

从上表中可以看出，西夏的二十四节气显然来自中原地区，只是有几个节气的名称小有区别，如惊蛰，指春雷乍动，惊醒了蛰伏在土中冬眠的动物，西夏人称作“[illegible]（虫惊）”。清明，指气清景明，万物皆显，西夏人称作“[illegible]（离丁）”，二字皆与火有关，有明亮的意思。小满，意思是麦类等夏熟作物籽粒开始饱满，西夏人称作“[illegible]（草稠）”。芒种，“芒，是指有芒作物的收获，北方最常见的就是小麦；“种”指的是谷黍类作物的播种。芒种是一个既包含收获，又包含播种的节气，西夏人称作“[illegible]（土耕）”，只保留了播

① 史金波：《西夏文教程》，社会科学文献出版社 2013 年版，第 172 页。

种的含义。白露，西夏人称作“[illegible]（露冷）”，即冷露。寒露，西夏人则称“[illegible]（寒霜）”。霜降，西夏人称作“[illegible]（霜白）”，即白霜，等等。

在二十四节气中，反映四季变化的节气有立春、春分、立夏、夏至、立秋、秋分、立冬、冬至8个节气；反映温度变化的有小暑、大暑、处暑、小寒、大寒5个节气；反映天气现象的有雨水、谷雨、白露、寒露、霜降、小雪、大雪7个节气；反映物候现象的则有惊蛰、清明、小满、芒种4个节气。西夏人对二十四节气的改称，多集中在天气现象和物候现象方面。天气现象中的“白露、寒露、霜降”三个节气，都表示水汽凝结现象，西夏人分别改作“[illegible]（露冷）”“[illegible]（寒霜）”“[illegible]（霜白）”，意在更好地反映气候从凉爽到寒冷的发展过程。尤其是对反映物候现象的四个节气“惊蛰、清明、小满、芒种”全部做了改动。刻写于西夏乾祐十六年（1185年）的西夏文诗集《月月乐诗》，[①] 对河西地区一年十二个月的天气现象和物候现象做了仔细描述。从中不难发现上述改动与《月月乐诗》中的内容多有相符之处。[②] 如二月里“冬日寒冰春融化，种种入藏物已出”，与之相应，西夏人把惊蛰改作“[illegible]（虫惊）”。三月里“东方山上鹃啼催植树，鹃啼树茂日光明”，与之相应，西夏人把清明改作“[illegible]（离丁）”。四月里“夏季来临草木稠”，与之相应，西夏人把小满改作“[illegible]（草稠）”。此外，西夏人把芒种称作“土耕”，只保留了播种的含义而舍弃了收获的含义，这是因为农历五月银川平原春小麦尚未成熟的缘故。上述改动，是西夏人根据自己对自然界的观察和理解，因地制宜而对二十四节气加以发展的反映。尤其是把小满改作“草稠”，使西夏的二十四节气带有明显的游牧民族风格。

研究表明夏宋历日之间，二十四节气具体日期之差要大于朔日之差。夏历的朔日与宋历或同，或前后相差一日，没有相差两日或两日以上者，详见下篇Инв.No.8085历日朔闰考部分。夏历的二十四节气之日与宋历或同，或前后相差一两日，详见中篇逐年历日的注释部分。这里选取俄藏Инв.No.8085历书中的夏桓宗天庆十二年（1205年）乙丑年历，略做说明（原有的西夏文已做了

① 俄罗斯科学院东方研究所圣彼得堡分所、中国社会科学院民族研究所、上海古籍出版社：《俄藏黑水城文献》第10册，上海古籍出版社1999年版，第271—274页。

② 文中所引《月月乐诗》译文，均出自聂鸿音《关于西夏文〈月月乐诗〉》，《固原师专学报》2002年第5期。

翻译，为表述方便，西夏文二十四节气直接用汉文二十四节气名称表示，括号中的汉字是根据历法知识推理出来的，□代表模糊不辨的字或无法推理的缺字）。

西夏天庆十二年（1205 年）残历上半年

［六］ ［小］ ［丁亥］	［五］ ［小］ ［戊午］	［四］ ［大］ ［戊子］	［三］ ［大］ ［戊午］	［二］ ［大］ ［戊子］	［正］ ［小］ ［己未］	［乙］丑
□□［小暑］ □□［大暑］	□□［芒种］ □□［夏至］	□立夏 □□［小满］	□清明 ［廿］五谷雨	□惊蛰 □□春分	八立春 □□雨水	
［昴］	胃	奎	室	虚	女	
	廿九未	卅申	廿九酉	廿五戌	廿三亥	［日］
		廿九酉			戌	木
			廿七午			火
					□戌 廿二□	土
					□丑 □子	金
						水
						首
						［孛］
						炁

西夏天庆十二年（1205 年）残历下半年

［十二］ ［大］ ［癸丑］	［十一］ ［大］ ［癸未］	［十］ ［小］ ［甲寅］	［闰］ ［大］ ［甲申］	［九］ ［小］ ［乙卯］	［八］ ［小］ ［丙戌］	［七］ ［大］ ［丙辰］
五大寒 十八立春	□冬至 ［十］九小寒	□小雪 □□大雪	□□立冬	□□［寒露］ □□霜降	□□［白露］ □□［秋分］	□□［立秋］ □□［处暑］
轸	张	星	鬼	井	参	［毕］
□子	六丑	九寅	九卯	六辰	三巳	
五子		廿八丑	廿一寅	十卯		
十四亥	□子	五寅 十六丑				
五丑						

在二十四节气分布方面，上部表头第二行三月栏“□五谷雨”，宋历则为“廿五壬午谷雨”[①]。夏宋历日节气对比上，大致相同，如果有差别，也仅在一两日之内。“五”前的缺字要么是“十”，要么是“廿”，参照宋历“廿五谷雨”，只能补“廿”字。上部表头第二行十一月栏“□九小寒”，宋历则为“十九辛丑小寒”。同理，可补缺字“十”。夏历闰九月，只有一个节气“立冬”，那么中气“霜降”肯定被移到上一个月，即夏历九月有“寒露”和“霜降”。从宋历来看，第十个月“初一甲申霜降”，只需一日之差，“霜降”就分布在第九个月。从而导致宋历闰八月，而夏历闰九月。夏宋历日该年二十四节气分布方面的差异，见下表：

1025 年夏宋历日二十四节气比对表

夏桓宗天庆十二年		宋宁宗开禧元年		二历相差
正月小	八立春，□□雨水	正月大	初八丙寅立春，廿三辛巳雨水	
二月大	□惊蛰，□□春分	二月小	初八丙申惊蛰，廿三辛亥春分	
三月大	□清明，［廿］五谷雨	三月大	初十丁卯清明，廿五壬午谷雨	
四月大	□立夏，□□［小满］	四月小	初十丁酉立夏，廿五壬子小满	
五月小	□□［芒种］，□□［夏至］	五月大	十二戊辰芒种，廿七癸未夏至	
六月小	□□［小暑］，□□［大暑］	六月小	十二戊戌小暑，廿七癸丑大暑	
七月大	□□［立秋］，□□［处暑］	七月大	十三戊辰立秋，廿九甲申处暑	
八月小	□□［白露］，□□［秋分］	八月小	十四己亥白露，廿九甲寅秋分	
九月小	□□［寒露］，□□霜降	闰八月小	十五己巳寒露	夏历多中气霜降
闰九月大	□□立冬	九月大	初一甲申霜降，十七庚子立冬	夏历只有立冬，缺中气
十月小	□小雪，□□大雪	十月小	初二乙卯小雪，十七庚午大雪	
十一大	□冬至，［十］九小寒	十一大	初三乙酉冬至，十九辛丑小寒	
十二大	五大寒，十八立春	十二大	初四丙辰大寒，十九辛未立春	夏历大寒晚一天，立春早一天

由上表可以看出，双方在本年第九个月和第十个月的节气排布上有别。在第九个月，夏历有“寒露、霜降”，宋历只有“寒露”，缺中气。在第十个月，夏历只有“立冬”，缺中气，宋历有“霜降、立冬”。这样导致夏历闰九月，宋历则闰八月。此外，据残存日期，夏历十二月“五大寒、十八立春”，与宋

① 张培瑜：《三千五百年历日天象》，河南教育出版社 1990 年版，第 296 页。

历“初四丙辰大寒，十九辛未立春”不一致，“大寒”晚一天，立春早一天。

西夏历日中有些年历虽然没有涉及二十四节气，但闰月情况也透露出一些节气排布的信息。如夏崇宗大德元年（1135年），本年西夏闰正月，宋历则闰二月。宋历二月三十甲辰为春分，夏历应该是把春分放在了本年第三个月的朔日乙巳（宋历和夏历差别不大，朔日或节气一般只差一两天）。这样本年第二个月只有节气惊蛰而没有中气了，根据“无中置闰”的法则，因其在正月之后，所以要闰正月。

二十四节气是中国古代农业文明的结晶，具有很高的农业历史文化研究价值。西夏王朝建立后，随着封建生产关系的调整和发展，其社会经济基础到西夏社会中期，也逐渐由以畜牧业为主发展到半农半牧，农牧并重。二十四节气引入西夏历日文献，正是农业在西夏社会得到发展的体现。

二十四节气对西夏社会生活的影响是多面的，如冬至在西夏既是节气又是节日。据《隆平集》记载："其俗旧止重冬至，自曩霄僭窃，乃更以四孟朔及其生辰相庆贺。"[①] 又据《西夏书事》记载，西夏于冬至行大朝会礼，“令蕃宰相押班，百官以次序列朝谒、舞蹈、行三拜礼。”[②] 宁夏拜寺沟方塔出土西夏汉文佚名诗集中有《冬至》一首：

变泰微微复一阳，从兹万物日时长。
淳推河汉珠星灿，桓论天衢璧月光。
帝室庆朝宾大殿，豪门贺寿拥高堂。
舅姑履袜争新献，鲁史书祥耀典章。[③]

其中“帝室庆朝宾大殿”，可以印证《西夏书事》所载不谬。此诗为我们展示了一幅生动的民俗画，从中可以看出，西夏冬至这一天十分热闹，皇室要举行规模宏大的朝会活动，大会文武百官。豪门大族则举家团聚，大摆酒宴，

① 曾巩：《隆平集》卷二十，文渊阁《四库全书》，第371册，上海古籍出版社1987年版，第198页。

② 吴广成著，龚世俊、胡玉冰、陈广恩、许怀然校证《西夏书事》卷十三，甘肃文化出版社1995年版，第152页。

③ 宁夏文物考古研究所：《拜寺沟西夏方塔》，文物出版社2005年版，第272页。“淳推河汉珠星灿”的“淳”字，原录文识为“得”，误。“淳”在这里指唐代的占星家李淳风。

为高堂父母祈福求寿。沿用汉族的习惯，儿媳在冬至要向公婆献履贡袜，表示长久履祥纳福，等等。

八字算命术离不开二十四节气，而西夏也流行测八字，这方面的文献有俄藏黑水城出土 Инв.No.5022《谨算》[①] 和中国藏黑水城出土 M21·005［F220:W2］《西夏乾祐二十四年（公元 1193）生男命造》[②]。八字算命术在求出月干支的时候，就得了解命主出生当年的二十四节气排布情况，这是因为星命家的“月”不是从本月朔日算起的，而是从二十四节气中的“节”算起的。以 Инв.No.5022《谨算》为例，文献记载命主九月十七生，属虎，生辰八字为“年庚寅木，月丙戌土，日甲午金，时戊辰木”，占卜时此人三十七岁。这里面就暗含有该年节气分布的情况。命主出生的九月十七日，如果在九月节“寒露”前，就用八月的干支乙酉；如果在十月节“立冬”后，就得用十月的干支丁亥。文中“月丙戌土”，用的是九月的干支丙戌，表明九月十七日一定在该年的“寒露”后“立冬”前。这两件文献也可以看作西夏利用二十四节气的例证。

具有浓郁民族特色的西夏文化是多民族文化交融的产物，西夏的二十四节气就是一个显例。西夏的二十四节气来自中原地区，是对汉族传统文化认同的一种体现。西夏在原有基础上因时因地对二十四节气加以发展和利用，为传统二十四节气增添了新的内容。

2016 年 11 月 30 日，中国申报的“二十四节气”被批准列入联合国教科文组织人类非物质文化遗产代表作名录。“二十四节气”沿用时间之长，覆盖地域之广，堪称世界文明史上的一朵奇葩，列入“名录”，当之无愧。

九　西夏历日文献中的八卦

Инв.No.8085 历日文献中载有八卦配年，位于右部表头纪年干支之下，一年一卦，以后天八卦卦序“乾、坎、艮、震、巽、离、坤、兑”为准，循环往复，用西夏文书写。此法见《俄藏黑水城文献》第 5 册汉文文献，称为《八卦

① 俄罗斯科学院东方研究所圣彼得堡分所、中国社会科学院民族研究所、上海古籍出版社:《俄藏黑水城文献》第 10 册，上海古籍出版社 1999 年版，第 175—188 页。

② 宁夏大学西夏学研究院、中国国家图书馆、甘肃省古籍文献整理编译中心:《中国藏西夏文献》第 17 册，甘肃人民出版社、敦煌文艺出版社 2006 年版，第 154 页。

法》，与《月将法》《九宫法》《二十四气》《六十甲子歌》等与历书有关的文献书写在一起，[①] 表明当时流行以后天八卦统配历法的做法。

Инв.No.8085 中此类年历有 23 年：（1）夏崇宗元德六年（1124 年）至夏仁宗人庆元年（1144 年）；（2）夏桓宗天庆十三年（1206 年）至夏襄宗应天二年（1207 年）。此类标注在其他历日文献中也有所体现。如俄藏 Инв.No.5282“夏崇宗正德三年（1129）己酉历日”残件右上角标八卦中的“乾”，英藏 Or.12380-2058“夏崇宗正德七年（1133）癸丑历日”右上角标八卦中的“巽”，均与 Инв.No.8085 历书相符。兹把 Инв.No.8085 中一个循环的配置情况（1129—1136 年）列表如下：

八卦配年表（1129—1136 年）

八卦		干支纪年	帝王纪年
西夏文	汉文		
[illegible]	乾	己酉	夏崇宗正德三年（1129 年）
[illegible]	坎	庚戌	夏崇宗正德四年（1130 年）
[illegible]	艮	辛亥	夏崇宗正德五年（1131 年）
[illegible]	震	壬子	夏崇宗正德六年（1132 年）
[illegible]	巽	癸丑	夏崇宗正德七年（1133 年）
[illegible]	离	甲寅	夏崇宗正德八年（1134 年）
[illegible]	坤	乙卯	夏崇宗大德元年（1135 年）
[illegible]	兑	丙辰	夏崇宗大德二年（1136 年）

这种八卦配年，不见于敦煌出土历日文献，不见于藏历，亦为黑水城出土半页 X37“绍圣元年（1094 年）刻本历书”所无，[②] 一度让笔者困惑不已。后从敦煌占卜类文献中受到启发，推测此应与古代推算禄命的一种方法“推人游年八卦法”有关。

游年八卦法有“大游年”和“小游年”之分，前者用于看风水，后者用于推人禄命。关于“推人游年八卦法”，即“小游年”，敦煌文献中主要有七件，

① 俄罗斯科学院东方研究所圣彼得堡分所、中国社会科学院民族研究所、上海古籍出版社：《俄藏黑水城文献》第 5 册，上海古籍出版社 1999 年版，第 121 页。

② 俄罗斯科学院东方研究所圣彼得堡分所、中国社会科学院民族研究所、上海古籍出版社：《俄藏黑水城文献》第 6 册，上海古籍出版社 1999 年版，第 328 页。

编号分别为 P.2830、P.2842v、P.3066、P.3602v、S.5772、S.6164、Дx.02800、Дx.03183，其中 P.2830 首写“推人游年八卦图”，P.3602 尾题“孟遇禄命一部”，其余均无相应题写。陈于柱先生主张将此类文献统称为《推人游年八卦图（法）》，并结合隋人萧吉《五行大义》中的记载，对之做了简要论述。[①]“游年八卦法”禄命推算过程久已失传，这里我们只能搞清楚其所遵守的一些规则。

其一，“推人游年八卦法”中年龄与八卦的对应关系。何谓“游年”？萧吉在《五行大义》中，因游年与五行相配，对之专门做了解释：

> 游年凡有三名，而为二别。三名者，一游年，二行年，三年立。游年之名，皆以运动不住为义，以其随岁行游，不定一所也。年立即是行年，立者，是住立为义，以其今年立于北辰也。就人而论，常行不息，故谓曰行。就岁而论，今之一岁，年住于此，故谓之立。二别者，游年从八卦而数，年立从六甲而行。[②]

可见，这里的游年就是把人的年龄用八卦的形式动态地表示出来。人的年龄与八卦的对应关系是这样确立的：

> 游年者，男一岁，数从离起，左行八卦，则二在坤，三则在兑，四则在乾，五则在坎，六则在艮，七则在震，八则在巽。巽不受八，进而就离，离则是八，坤即九，兑即十。以次而数，一若至坤，坤不受一，还退就离，故至十数，皆在正方也。女年一，从坎右行，亦如离法，艮不受八，乾不受一，皆皈于坎。[③]

根据这段文字，陈于柱先生在前揭论文中正确指出，游年年岁不仅有男女之别，而且还存在诸如“巽不受八，进而就离，离则是八”“一若至坤，坤不

① 陈于柱:《敦煌写本〈禄命书·推人游年八卦图（法）〉研究》,《天水师范学院学报》2008 年第 6 期。

② 刘国忠:《〈五行大义〉研究》，辽宁教育出版社 1999 年版，第 288 页。

③ 刘国忠:《〈五行大义〉研究》，辽宁教育出版社 1999 年版，第 289 页。

受一，还退就离”的特殊性，绝非仅是以“八”为差的简单计数。但是由于“巽不受八”“坤不受一”的记载过于简略，不大好理解，他并没有打算具体构建年龄与八卦的对应关系。魏静先生在这方面做过尝试，对敦煌推人游年八卦书中与八卦对应的若干数字进行全面搜集，纠正了今人一些错误的录文。但由于原文书作者部分推算有误，前后内容有出入，歧异主要集中在四十几岁和八十几岁上，与“巽不受八”“坤不受一”的记载不能一一互相验证。作者并未给出决定正误的断语，同样未能达到目的。① 笔者在上述研究的基础上，经过反复推敲，确立起“推人游年八卦法”中年龄与八卦的对应关系。以男一岁为离的标准，设定最高年龄为120岁②，列表如下：

“推人游年八卦法”中年龄与八卦对应关系表（男一岁为离）

离	坤	兑	乾	坎	艮	震	巽
1	2	3	4	5	6	7	
8	9	10	11	12	13	14	15
16	17	18	19	20	21	22	23
24	25	26	27	28	29	30	31
32	33	34	35	36	37	38	39
40、41	42	43	44	45	46	47	
48	49	50	51	52	53	54	55
56	57	58	59	60	61	62	63
64	65	66	67	68	69	70	71
72	73	74	75	76	77	78	79
80、81	82	83	84	85	86	87	
88	89	90	91	92	93	94	95
96	97	98	99	100	101	102	103
104	105	106	107	108	109	110	111
112	113	114	115	116	117	118	119
120							

① 魏静：《敦煌占卜文书中有关游年八卦部分的几个问题》，《敦煌学辑刊》2008年第2期。

② 敦煌《推人游年八卦图（法）》设定的最高年龄为120岁。无独有偶，道教文献《赤松子中诫经》载：“人生堕地，天赐其寿四万三千八百日，都为一百二十岁，一年主一岁，故人受命皆合一百二十岁。”敦煌佛教疑伪经P.2558《佛说七千佛神符益算经》同样强调“受符以后寿命延长，七千佛神符护命，愿受一百二十岁”。可见中古道教、佛教及占卜术数对寿命上限的认识具有一致性，皆为120岁。参见陈于柱《敦煌写本〈禄命书·推人游年八卦图（法）〉研究》，《天水师范学院学报》2008年第6期。

此表很好地体现出“巽不受八，进而就离”“坤不受一，还退就离”的排布规则。为什么在确立年龄与八卦的对应关系时，要在以“八”为差的基础上做出上述调整？萧吉在《五行大义》中这样记载：“所以巽不受八，坤不受一者，坤巽依位，并夹离宫，巽是阳位，有进义而无终义，八是卦之终数，故不受之，前以付离。坤是阴位，阴有退而无进，退则须灭减，不敢当其阳始之数，故退让就离。”

根据“推人游年八卦法”中年龄与八卦对应关系表，可以订正敦煌游年八卦书中数字方面出现的多处错讹，以坎卦对应的数字为例。

敦煌推人游年八卦书中坎卦对应数字表

坎卦	S.6164	廿六
	P.2830	五、十二、廿、廿八、卅六、卌四、（残）、一百、一百八、一百一十六
	Дx.02800+Дx.03183	五、十二、廿、廿八、卅六、卌五
	P.2842v	五、十二、廿、廿八、卅六、卌五、五十二、六十、六十八、七十六、八十四、九十二

S.6164中的“廿六”或为“廿八”之形误。P.2830中的“卌四”为“卌五”之误。残缺部分当补“五十二、六十、六十八、七十六、八十五、九十二”等六个数字。P.2842v中的“八十四”为“八十五”之误。其余七卦，此不赘述。

顺便指出，“推人游年八卦法”中年龄与八卦的对应关系，曾出现在日本医书《医心方》中，称为“八卦法”，出自《发命书》。但由于当时学界并不了解推人八卦游年的算法，校注者不仅没有纠正在传抄过程中出现的数字脱讹，还擅自以“八”为差，增添了一些数字。以离卦为例：“离：年一、八、十六、二十四、三十二、四十、四十一、四十八、五十六、六十四、七十二、八十一、八十八、九十六、百四、百十二、百二十。”校注者在“四十”后注曰“循上下文例，此二字疑衍”，对“八十一”前脱漏“八十”二字则置之不理。再以巽卦为例：“巽：年八、十五、廿三、卅一、卅九、四十八、五十五、六十三、七十一、七十九、八十八、九十五、百三、百十一、百十九。”数字“八、四十八、八十八”均为校注者误以为原书脱漏而补入，违背了“巽不受八”“坤不受一”的推算原则。[①] 该书再版时，当据以订补。

① 〔日〕月波康赖撰，高文铸等校注：《医心方》，华夏出版社1996年版，第79—80页。

其二，游年卦共有七种变化，用来预示各种吉凶。游年八卦任意一卦的卦体发生爻变，即可衍生出别的卦，共有七种衍生关系，每一种皆有专称。对此萧吉在《五行大义》中也做了阐述。

游年所至之卦，因三变之，一变为祸害，再变为绝命，三变为生气。生气则吉，祸害、绝命则凶。吉则可就其方，凶则宜避其所。祸害者，以其相克害也，如乾初九甲子水变成巽，巽初六辛丑土，是飞辰来克伏辰也；坎初六戊寅木变成兑，兑初九丁巳火，是飞伏相害也。绝命者，以其卦体被克制也，如震变为兑，金克木也；艮变为巽，木克土也。生气者，以其相生同体也，如乾变成兑，体同金也；震变成离，木生火也。

此段文字与“纳甲筮法”有关。所谓“纳甲”，系指将甲、乙、丙、丁、戊、己、庚、辛、壬、癸十天干分纳于八卦之中，而举天干之首“甲”以概其余，故名之为“纳甲”。在纳甲筮法中，不仅以十天干纳于八卦之中，十二地支亦纳于八卦之中。在游年卦卦体发生爻变的基础上，根据卦中地支所属五行、本宫卦所属五行的生克情况，萧吉在这里仅指出游年卦中的三种变化，“一变为祸害，再变为绝命，三变为生气”。除此三种变化外，敦煌文献显示，还有“天医”“福德”“游魂”等。实际上，通过以本宫卦象的三爻分别与其他七个宫位卦象的三爻之间的对应，一共可以得出七种变化。据《钦定协纪辨方书》记载，小游年变卦与大游年变卦不同，只变上爻是生气，变上中爻是天医，只变下爻是五鬼，变中下爻是福德，变上下爻是游魂，只变中爻是绝命，三爻全变是绝体。[①] 值得注意的是，《五行大义》和敦煌文献所载小游年变卦，又与《钦定协纪辨方书》有所不同。

占卜者就是根据这些变化关系来判断吉凶的，敦煌推人游年八卦书中对此有具体的记载。以 P.2830 的离卦为例：

游年在离，南方，其年之中，与姓姚、侯、吕、董交通吉。其年病者，与东北神愿不赛，所以□□□□□舌。

祸害在艮，东北方，若有寡男子并小儿来时，大凶，为□。

绝命在乾，西北方，乾为老公，忌九月戌日，不宜向西北方吊问

① 《钦定协纪辨方书》卷 2《大游年变卦》。

□西北修造，亦有□鬼，修灶不次，故使□病（后缺）

生气在震，正东，□取青衣师看病，青药□□乾转大吉□以铁二斤悬在西北角上，离神姓马〔字〕处仲（后缺）

游年吉凶所涵盖的内容十分丰富，从现存敦煌文献来看，包括交往、出行、修造、疾病、医疗等等。

在对古代推算禄命的一种方法"游年八卦法"有所了解后，我们推测西夏历日文献中的八卦配年，与敦煌推人游年八卦法有关。其一，敦煌文献与西夏文献在时间上前后衔接，在内容上往往有继承关系。其二，敦煌推人游年八卦书与西夏历日文献中的八卦，皆以后天八卦卦序"乾、坎、艮、震、巽、离、坤、兑"为准，具有"随岁行游"的特征。其三，"推人游年八卦法"在日本医书《医心方》中，被称为"八卦法"。俄藏黑水城出土与历书有关的汉文文献中，罗列后天八卦卦名，题名亦为《八卦法》。号称"小游年"的"推人游年八卦法"长期不为世人所知，如果上述推论不谬，把黑水城文献与敦煌文献中的相关记载结合起来，将有助于我们复原古代较为流行的游年禄命信仰。

八卦配年与干支纪年存在某种关系，这种排布规律对残历定年有一定的帮助。如夏襄宗应天二年（1207 年）年历的考证过程中，就用到了"八卦配年"。我们先利用二十八宿直年、八卦配年、年九宫等，可以求得该年为夏襄宗应天二年丁卯年历。又残历八卦配年为坤，本书八卦配年始于夏崇宗元德六年甲辰（1124 年）震卦，一年一卦，以后天八卦卦序为准"乾、坎、艮、震、巽、离、坤、兑"。由 1124 年到 1207 年，共跨 84 年，恰以坤卦配年，可以佐证。

十　西夏历日文献中六十甲子纳音

Инв.No.8085 历日文献中，纪年干支下注有纳音，皆为汉字。始于夏崇宗正德六年（1132 年）壬子"木"，终于夏桓宗天庆六年（1199 年）己未"火"，共计 68 年。

"六十甲子纳音"是一种从先秦经历朝历代传承至今的择时术之说，其内容自沈括在《梦溪笔谈》中详细阐释以后，元代陶宗仪在其笔记体著作《南村辍耕录》的"纳音条"中，完整概括了"六十甲子纳音"的内容。俄藏黑水城出土

TK322《六十四卦图歌》，卷尾即附有卜筮者常用的《六十甲子纳音歌》："甲子乙丑海中金，丙寅丁卯炉中火，戊辰己巳大林木，庚午辛未路旁土，壬申癸酉刀刃金，甲戌乙亥山头火，丙子丁丑涧下水，戊寅己卯城头土，庚辰辛巳白蜡金，壬午癸未杨柳木，甲申乙酉井泉水，丙戌丁亥屋上土，戊子己丑霹雳火，庚寅辛卯松柏木，壬辰癸巳长流水，甲午乙未沙石金，丙申丁酉山下火，戊戌己亥平地木，庚子辛丑壁上土，壬寅癸卯金箔金，甲辰乙巳点灯火，丙午丁未天河水，戊申己酉大驿土，庚戌辛亥钗钏金，壬子癸丑桑柘木，甲寅乙卯大溪水，丙辰丁巳沙中土，戊午己未天上火，庚申辛酉石榴木，壬戌癸亥大海水。"①

六十甲子纳音表

甲子 乙丑	海中金	丙子 丁丑	涧下水	戊子 己丑	霹雳火	庚子 辛丑	壁上土	壬子 癸丑	桑柘木
丙寅 丁卯	炉中火	戊寅 己卯	城头土	庚寅 辛卯	松柏木	壬寅 癸卯	金箔金	甲寅 乙卯	大溪水
戊辰 己巳	大林木	庚辰 辛巳	白蜡金	壬辰 癸巳	长流水	甲辰 乙巳	点灯火	丙辰 丁巳	沙中土
庚午 辛未	路旁土	壬午 癸未	杨柳木	甲午 乙未	沙石金	丙午 丁未	天河水	戊午 己未	天上火
壬申 癸酉	刀刃金	甲申 乙酉	井泉水	丙申 丁酉	山下火	戊申 己酉	大驿土	庚申 辛酉	石榴木
甲戌 乙亥	山头火	丙戌 丁亥	屋上土	戊戌 己亥	平地木	庚戌 辛亥	钗钏金	壬戌 癸亥	大海水

Инв.No.8085 历日文献中，仅注明"金、木、水、火、土"。如"木"，不再区分为"大林木""杨柳木""松柏木""平地木""桑柘木""石榴木"等等。纳音与纪年干支有对应关系，因此对残历定年也有一定的帮助。如 Инв.No.8085 历书从夏崇宗正德六年（1132 年）壬子开始标注纪年干支的纳音，本年于右部表头第一列靠近纪年干支下写有"木"字，木分六种："戊辰己巳大林木，壬午癸未杨柳木，庚寅辛卯松柏木，戊戌己亥平地木，壬子癸丑桑柘

① 俄罗斯科学院东方研究所圣彼得堡分所、中国社会科学院民族研究所、上海古籍出版社：《俄藏黑水城文献》第 5 册，上海古籍出版社 1999 年版，第 79—80 页。彭向前：《黑水城出土汉文写本〈六十四卦图歌〉初探》，《西夏研究》2010 年第 2 期。

木，庚申辛酉石榴木。”其中“壬子癸丑桑柘木”对应的干支有“壬子”，与本年历纪年干支相符。

十一 Инв.No.8085现存叶数错乱情况及历书年代跨度

从原件用铅笔标出的页数及反复涂改的痕迹来看，自从Инв.No.8085文献入藏俄罗斯科学院东方文献研究所后，不止一个整理者试图厘清这部历书的叶面顺序。但由于不了解该书的装帧形式，缺乏必要的天文历法和术数知识，要想彻底了解每张书页所在的位置，谈何容易。

在复原Инв.No.8085历日文献缝缋装结构之后，全书叶面自然也就不难厘清了。全书今存176面，即从第3面开始，到第178面结束。第1、2面，不知何故，遍寻不着。里面有不少错页，表列如下（笔者在这些错页后括注了根据历算知识调整后的正确页码）：

Инв.No.8085错页一览表

面数	年数
164面（142面）	1127年上
163面（143面）	1127年下
143面（163面）	1137年下
142面（164面）	1138年上
47面（41面）	1185年下
45面（47面）	1186年下
43面（45面）	1187年下
41面（43面）	1188年下
14面（13面）	1202年上
13面（12面）	1202年下
12面（10面）	1203年上
11面（9面）	1203年下
10面（8面）	1204年上
9面（7面）	1204年下
8面（6面）	1205年上
7面（5面）	1205年下
6面（14面）	1206年上
5面（3面）	1206年下
4面（11面）	1207年上
3面（4面）	1207年下

全书176面，共有20个错页，对这些叶面做出正确的调整，需要综合运用多种残历定年手段，涉及朔日、月大小、二十四节气、闰月、二十八宿直宿、九曜运行周期等天文历法知识，还涉及纳音五行、八卦游年、男女九宫等。调整后的一个重大发现就是该部历书连续88年，历经西夏崇宗、仁宗、桓宗、襄宗四朝，而非此前所认为的连续86年，历经西夏崇宗、仁宗、桓宗三朝。

余两年残存信息较少，经笔者考察为夏桓宗天庆十三年（1206年）丙寅、夏襄宗应天二年（1207年）丁卯。

夏桓宗天庆十三年（1206年）丙寅年历六月以前右半部分，整理者标注页码14，左半部分标注页码3。年历残损严重，上部表头第一行月序、月大小，以及每月朔日均缺，且无朔日直宿。上半年可以捕捉到的有价值的信息有：（1）纪年干支中的西夏文“𘒣（寅）”；（2）二十八宿直年为“𗹼（胃）”；（3）八卦配年为“𘓁（离）”。演禽术“二元甲子起奎”，丙寅年恰为胃宿直年，与纪年干支残存的“𘒣（寅）”字相符。本书二十八宿直年始于夏桓宗天庆七年（1200年），直宿为虚，而本年历直宿则为胃，由虚到胃跨7年，恰为1206年。本书八卦配年始于夏崇宗元德六年甲辰（1124年）震卦，一年一卦，以后天八卦卦序“乾、坎、艮、震、巽、离、坤、兑”为准。由1124年到1206年，共跨83年，恰以离卦配年。总之，干支纪年、二十八宿直年、八卦配年等可以回环互证，本年与宋宁宗开禧二年（1206年）丙寅相符，[①] 该年对应于夏桓宗天庆十三年。下半年可以捕捉到的有价值的信息为上部表头第二行残留的二十四节气，十一月“□□冬至、□□小寒”和十二月“□五大寒、□□立春”。查宋宁宗开禧二年（1206年）节气排布情况，十一月“十四辛卯冬至，廿九丙午小寒”，十二月“十五辛酉大寒，三十丙子立春”，[②] 残历所载此两月二十四节气分布与之相符。十二月大寒的日期残留数字“五”，亦与宋历“十五辛酉大寒”相符（但因夏历十二月失朔，不能确定“十五大寒”与宋历“十五辛酉大寒”是否为同一天），故把第3面与第14面相配，勘定为夏桓宗天庆十三年（1206年）丙寅年历。

① 陈垣：《二十史朔闰表》，中华书局1999年版，第142页。

② 张培瑜：《三千五百年历日天象》，河南教育出版社1990年版，第296页。

夏襄宗应天二年（1207年）丁卯六月以前右半部分，整理者标注页码11，左半部分标注页码4。年历残损严重，纪年干支、月序、月大小，以及每月朔日均缺。上半年可以捕捉到的有价值的信息有:（1）二十八宿直年“昴（[illegible]）”;（2）八卦配年“坤（[illegible]）”;（3）男女九宫，男起七宫，女起五宫;（4）二十八宿直日，正月朔日为“[illegible]（觜）”。演禽术“二元甲子起奎”，丁卯年恰为昴宿直年。本书二十八宿直年始于夏桓宗天庆七年（1200年），直宿为虚，而本年历直宿则为昴，由虚到昴跨8年，恰为1207年。本书八卦配年始于夏崇宗元德六年甲辰（1124年）震卦，一年一卦，以后天八卦卦序“乾、坎、艮、震、巽、离、坤、兑”为准。由1124年到1207年，共跨84年，恰以坤卦配年。我们还可以用男女九宫的记载对求出的年干支加以验证。夏襄宗应天二年（1207年）男起七宫，也就是说当年的年九宫也为七宫。据“年九宫同纪年地支对应关系”表，年九宫为一、四、七者，对应年地支必不出子、卯、午、酉。利用二十八宿直年的记载求得本年为丁卯年，有“卯”字，与之相符。总之，二十八宿直年、八卦配年、年九宫等可以回环互证，本年与宋宁宗开禧三年（1207年）丁卯相符，[①] 该年对应于夏襄宗应天二年（1207年）。下半年可以捕捉到的有价值的信息为上部表头第二行残留的二十四节气，十一月“□大雪、廿三冬至”和十二月“十小寒、□□大寒”。查宋宁宗开禧三年（1207年）节气排布十一月“初九辛巳大雪，廿四丙申冬至”，十二月“初十辛亥小寒，廿五丙寅大寒”，[②] 残历节气排布与之相符，但具体日期有异。已知夏历十一月朔在壬申，则二十三日为甲午，比宋历“廿四丙申冬至”早两天。夏历十二月朔在辛丑，十日为庚戌，比宋历“初十辛亥小寒”早一天。在辽宋西夏金时期，各政权之间的朔日、节气不尽相同，早一两天或晚一两天是常见的事。故把第4面与第11面相配，勘定为夏襄宗应天二年（1207年）丁卯年历。

经过笔者的这番考证，就把该件历书的年代跨度又往前延伸了两年，起于夏崇宗元德二年（1120年）庚子，终于夏襄宗应天二年（1207年）丁卯，历经西夏崇宗、仁宗、桓宗、襄宗四朝，共计88年。其余残历的定年，请读者参考中篇逐年历日的注释部分，兹不赘述。

---

① 陈垣:《二十史朔闰表》，中华书局1999年版，第142页。

② 张培瑜:《三千五百年历日天象》，河南教育出版社1990年版，第296页。

十二 西夏历日文献中关于长期观察行星运行的记录

Инв.No.8085 西夏历日文献是以表格的形式撰写的，右部表头自上而下为日、木、火、土、金、水、罗（罗睺）、孛（月孛）、炁（紫炁）九曜，上部表头自右而左为一年十二个月的月序。各曜占一横行，逐月以竖线隔开，网格中多为数字与地支的组合，时而写西夏文，时而写汉文。这些数字与地支的组合，以往学界或避而不谈，或认为是用来表示日、木、火、土、金、水、罗、孛、炁九曜与该月日、时的关系的，即把十二地支当作纪时系统，实际上这种看法是错误的，这里的十二地支并不代表十二个时辰，而是代表周天的十二个等分，即十二次，是十二次的地支表示法。也就是说，表格中数字与地支的组合，是用来记载九曜运行情况的。

先介绍十二次。中国古代为了观测日、月、五星的位置和运动，把周天按照由西向东的方向依次划分为星纪、玄枵等十二个部分，称为十二次。十二次还与岁星纪年有关。岁星即木星，木星自西向东运动，大约每 12 年一周天，每年行经一次，于是就用其所在星次来纪年，故木星又被称为“岁星”。但是木星运行周期并不是整十二年，用实际岁星的位置来纪年就不准确，自不会符合创始者的初衷。[①] 于是古人为了纪年方便，还按照与十二次相反的方向，把周天分为“十二辰”，并想象出一个与岁星运行方向相反的“太岁”（又称岁阴、太阴），在天上自东向西运行，速度均匀地每年移行一辰，分别与十二地支“子、丑、寅、卯、辰、巳、午、未、申、酉、戌、亥”相对应。这种纪年法就叫“太岁纪年法”。请看下表：

十二次与十二辰

序号	1	2	3	4	5	6	7	8	9	10	11	12
十二次（由西向东）	星纪	玄枵	诹訾	降娄	大梁	实沈	鹑首	鹑火	鹑尾	寿星	大火	析木
十二辰（由东向西）	丑	子	亥	戌	酉	申	未	午	巳	辰	卯	寅

① 张闻玉：《古代天王历法讲座》，广西师范大学出版社 2008 年版，第 33 页。

这样一来，十二次虽然每次都有自己的名称，但又常用十二地支来表示。上面提到的西夏历日文献中的十二地支，指的就是十二次。关于十二次的地支表示法，读者可参考敦煌本 S.3326 号《全天星图》说明文字。①

Инв.No.8085 西夏历日文献表中所列，非九曜与该月时日的对照关系，而是九曜的运行周期情况。试以 Инв.No.8085 中较为完整的夏仁宗乾祐七年（1176 年）丙申历书为例。

夏仁宗乾祐七年（1176 年）历日

拾二 壬申	拾一 壬寅	拾 壬申	九 癸卯	八 癸酉	七 甲辰	六 甲戌	五 乙巳	四 丙子	三 丙午	二 丁丑	正 丁未		丙申
													火
十二 子	十五丑	十八 寅	十八 卯	十六辰	十二 巳	十一 午	十未	九申	八酉	四戌	二亥	日	
	十三寅	十八 夕伏	廿二 夕伏				五留				六卯留	木	
廿二 辰			廿七 巳	三午		十七 未	四申		廿一酉	七戌	亥	火	
	卅留				十留				十五见	六伏	酉	土	
十六 子	二寅 廿四丑	九卯	十三 辰	十六巳	廿午	十五 未	廿八 申	廿五酉	十七留	二酉 十五 退戌	戌	金	
十一 子	八寅 廿二丑	三退 卯	廿寅	十一辰 廿八卯	廿二 巳	八未 卅午	十三 午	十一申 廿五未	六戌 廿六酉	八反 亥	十八戌	水	
戌											戌	首	
					廿八 寅				三酉		卯	孛	
											戌	炁	

由于其出土年代大致范围已定，不出 11—13 世纪，根据表格中提供的信息，借助中国史历日工具书，可以把该件历书年代确定下来。右上角“丙

① 邓文宽：《敦煌天文历法文献辑校》，江苏古籍出版社 1996 年版，第 58—92 页。

申”为干支纪年，上表头十二个月下的干支“丁未、丁丑、丙午、丙子、乙巳、甲戌、甲辰、癸酉、癸卯、壬申、壬寅、壬申”，则为每月的朔日。查陈垣《二十史朔闰表》，在 11—13 世纪范围内，纪年干支和十二个月每月的朔日，与之相同者为宋淳熙三年（1176 年），① 即西夏仁宗仁孝乾祐七年。

表格中数字与地支的组合，如日曜七月栏中的“十二巳”，不是说太阳在该年七月与十二日巳时有某种关系，而是说太阳在本年七月十二日躔巳，即进入十二次的“鹑尾”部分。金星四月栏中的“廿五酉”不是说金星在该年四月与二十五日酉时有某种关系，而是说金星在本年四月二十五日躔酉，即进入十二次的“大梁”部分。余以此类推。

关于行星的运行情况，分为内行星（金、水）和外行星（火、木、土等）两种。② 就内行星来说，上合以后出现在太阳东边，表现为夕始见。此时在天空中顺行，由快到慢，离太阳越来越远。过了东大距以后不久，经过留转变为逆行，过下合以后表现为晨始见，再逆行一段，经过留又表现为顺行，由慢到快，过西大距以至上合，周而复始。在星空背景上所走的轨迹如图所示，呈柳叶状。

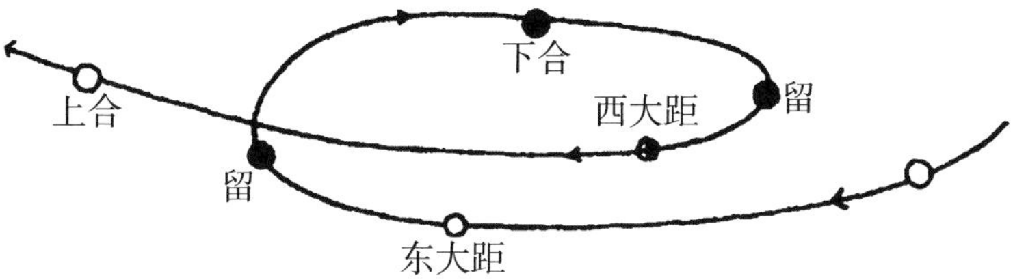

内行星运行轨迹图

和内行星不同，外行星在合以后，不是出现在太阳的东边，而是在西边，表现为晨始见。因为外行星的线速度比太阳小，虽然仍是顺行，离太阳却越来越远，结果它在星空所走的轨迹如图所示，呈“之”字形。其先后次序是：合—西方照—留—冲—留—东方照—合。

---

① 陈垣：《二十史朔闰表》，中华书局 1999 年版，第 139 页。

② 张闻玉：《古代天王历法讲座》，广西师范大学出版社 2008 年版，第 100—102 页。

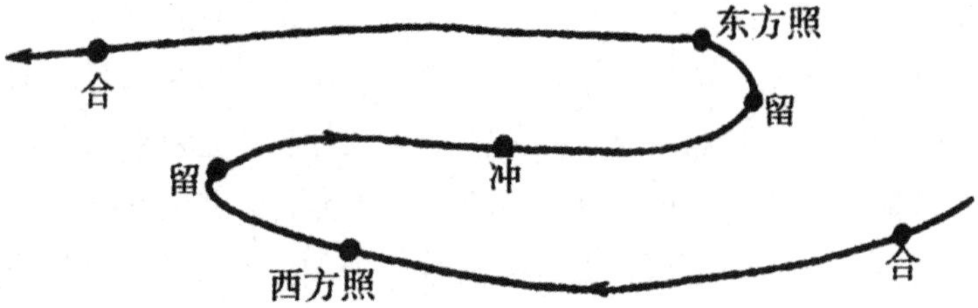

外行星运行轨迹图

夏仁宗乾祐七年（1176 年）年历中对行星视运动状况的描述，兹以内行星中的水星为例，根据表格所载，该年水星在正月十八日躔戌；二月初八退回亥次；三月初六再次躔戌，本月二十六日躔酉；四月十一日躔申，本月二十五日躔未；五月十三日躔午；六月初八退回未次，本月三十日再次躔午；七月二十二日躔巳；八月十一日躔辰，本月二十八日躔卯；九月二十日躔寅；十月初三退回卯次；十一月初八再次躔寅，本月二十二日躔丑；十二月十一日躔子。

再看外行星木星，每 12 年一周天，每年行经一次。所以表格中木星正月初六停留在卯次，五月初五仍然停留在卯次，九月二十二傍晚开始隐没，十月十八傍晚仍然处于隐没状态，十一月十三才躔寅。亦即木星本年行经大火，用岁星纪年的说法，就是所谓“岁在卯”。

行星在天球上的视运动非常复杂，除了快慢变化以外，还有其他种种奇怪的“举动”，古人为此用特定的一套术语来加以描述。这些术语同样为西夏历日文献所继承，只不过以往西夏学界未曾注意到。这些术语分别用汉文和西夏文书写，汉字多采用俗体字，难以辨识。其中个别术语则不见于传统记载。西夏文术语，此前因没有在汉文史籍中找到相关词语的出处，则难以翻译。为便于研究，这里有必要对 Инв.No.8085 历日中关于描述行星相对太阳视运动的术语及其出处加以搜集整理，特制作“描述行星相对太阳视运动的汉文术语表”和“描述行星相对太阳视运动的西夏文术语表”，并对这些术语略做解释。

描述行星相对太阳视运动的汉文术语

术语	九曜	躔次	时间
夕伏	木星		夏仁宗乾祐七年（1176 年）九月廿二
	木星		夏仁宗乾祐七年（1176 年）十月十八

续表

术语	九曜	躔次	时间
反	水星	人（寅）	夏仁宗天盛六年（1154 年）十一月十四
	水星	午	夏仁宗天盛七年（1155 年）七月十一
	水星	卯	夏仁宗天盛八年（1156 年）十月
	水星		夏仁宗天盛十九年（1167 年）十一月七
	火星	酉	夏仁宗乾祐元年（1170 年）十月廿一
	水星	子	夏仁宗乾祐二年（1171 年）正月
	水星	未	夏仁宗乾祐二年（1171 年）六月七
	水星	辰	夏仁宗乾祐二年（1171 年）九月十五
	水星	丑	夏仁宗乾祐四年（1173 年）正月四
	水星	亥	夏仁宗乾祐七年（1176 年）二月八
见	土星		夏仁宗乾祐三年（1172 年）三月六
	土星		夏仁宗乾祐三年（1172 年）十一月廿六
伏	水星		夏仁宗天盛七年（1155 年）十二月二十
	火星		夏仁宗天盛八年（1156 年）闰十月十
	土星		夏仁宗天盛八年（1156 年）八月九
	水星		夏仁宗天盛十一年（1159 年）六月廿七
	木星		夏仁宗乾祐元年（1170 年）四月十六
	土星		夏仁宗乾祐三年（1172 年）正月廿六
	土星		夏仁宗乾祐三年（1172 年）二月
	金星		夏仁宗乾祐三年（1172 年）三月
	水星		夏仁宗乾祐三年（1172 年）五月九
	金星		夏仁宗乾祐六年（1175 年）四月廿三
	土星		夏仁宗乾祐七年（1176 年）二月六
合	土星	人（寅）	夏仁宗乾祐三年（1172 年）二月十六
	金星		夏仁宗乾祐三年（1172 年）三月十五
迟	火星		夏仁宗天盛八年（1156 年）正月廿
退	土星	午	夏崇宗元德五年（1123 年）十二月
	土星		夏仁宗天盛八年（1156 年）十二月廿九
	金星		夏仁宗天盛八年（1156 年）十二月七
	火星		夏仁宗天盛九年（1157 年）十一月十三
	火星		夏仁宗天盛十八年（1166 年）五月十四
	土星		夏仁宗天盛十八年（1166 年）四月十四
	木星		夏仁宗天盛十九年（1167 年）七月六
	土星		夏仁宗天盛十九年（1167 年）五月七
	土星	丑	夏仁宗天盛十九年（1167 年）七月

续表

术语	九曜	躔次	时间
退	金星	人（寅）	夏仁宗天盛二十年（1168 年）三月十一
	火星		夏仁宗乾祐元年（1170 年）八月十四
	木星		夏仁宗乾祐三年（1172 年）正月五
	火星		夏仁宗乾祐三年（1172 年）十一月十五
	土星		夏仁宗乾祐三年（1172 年）七月六
	水星		夏仁宗乾祐三年（1172 年）五月
	木星		夏仁宗乾祐四年（1173 年）正月十
	金星		夏仁宗乾祐四年（1173 年）正月九
	水星		夏仁宗乾祐四年（1173 年）三月廿一
	土星		夏仁宗乾祐五年（1174 年）九月十八
	金星		夏仁宗乾祐五年（1174 年）七月十八
	金星	戌	夏仁宗乾祐七年（1176 年）二月十五
	水星	卯	夏仁宗乾祐七年（1176 年）十月三
顺	火星		夏仁宗天盛七年（1155 年）十二月廿三
	土星		夏仁宗天盛七年（1155 年）四月廿一
	土星		夏仁宗天盛八年（1156 年）五月十六
	土星		夏仁宗天盛八年（1156 年）闰十月十四
	土星		夏仁宗天盛十八年（1166 年）九月五
	木星	子	夏仁宗天盛十九年（1167 年）正月九
	木星		夏仁宗天盛十九年（1167 年）八月廿八
	土星		夏仁宗天盛十九年（1167 年）三月二
	木星		夏仁宗天盛十九年（1167 年）八月廿八
	水星		夏仁宗天盛二十年（1168 年）三月廿
	金星		夏仁宗乾祐二年（1171 年）二月廿一
	土星		夏仁宗乾祐三年（1172 年）十一月
	木星		夏仁宗乾祐四年（1173 年）二月廿二
	火星		夏仁宗乾祐四年（1173 年）正月廿四
	金星		夏仁宗乾祐四年（1173 年）闰正月九
	水星		夏仁宗乾祐四年（1173 年）四月十三
	土星		夏仁宗乾祐五年（1174 年）十二月十六
	水星		夏仁宗乾祐五年（1174 年）八月九
留	水星		夏崇宗正德八年（1134 年）三月廿九
	金星		夏崇宗大德二年（1136 年）二月廿八
	金星		夏崇宗大德二年（1136 年）三月廿二
	土星		夏仁宗天盛六年（1154 年）土星十月廿一

续表

术语	九曜	躔次	时间
留	木星		夏仁宗天盛七年（1155 年）四月十六日
	火星		夏仁宗天盛七年（1155 年）三月十四
	火星		夏仁宗天盛七年（1155 年）十二月十二
	土星		夏仁宗天盛七年（1155 年）五月五
	土星		夏仁宗天盛七年（1155 年）十二月廿五
	金星		夏仁宗天盛七年（1155 年）三月八
	土星		夏仁宗天盛八年（1156 年）四月九
	土星		夏仁宗天盛八年（1156 年）十一月十二
	水星		夏仁宗天盛八年（1156 年）十月十二
	火星		夏仁宗天盛九年（1157 年）十一月三日
	火星		夏仁宗天盛十八年（1166 年）四月八
	土星		夏仁宗天盛十八年（1166 年）七月廿八
	木星		夏仁宗天盛十九年（1167 年）五月四
	土星		夏仁宗天盛十九年（1167 年）四月一
	土星		夏仁宗天盛二十年（1168 年）八月十四
	水星		夏仁宗天盛二十年（1168 年）十一月十六
	水星		夏仁宗天盛二十一年（1169 年）六月廿八
	木星		夏仁宗乾祐元年（1170 年）十一月廿七
	土星		夏仁宗乾祐元年（1170 年）九月一
	木星		夏仁宗乾祐三年（1172 年）十月廿九
	土星		夏仁宗乾祐三年（1172 年）五月卅
	土星		夏仁宗乾祐三年（1172 年）十月廿
	金星		夏仁宗乾祐三年（1172 年）十二月廿二
	水星		夏仁宗乾祐三年（1172 年）正月廿一
	水星		夏仁宗乾祐三年（1172 年）四月廿六
	水星		夏仁宗乾祐三年（1172 年）九月廿
	木星		夏仁宗乾祐四年（1173 年）闰正月廿八
	金星		夏仁宗乾祐四年（1173 年）闰正月二
	水星		夏仁宗乾祐四年（1173 年）三月十九
	木星	未	夏仁宗乾祐五年（1174 年）十二月廿四
	水星		夏仁宗乾祐五年（1174 年）七月十二
	木星	卯	夏仁宗乾祐七年（1176 年）正月六
	木星		夏仁宗乾祐七年（1176 年）五月五
	土星		夏仁宗乾祐七年（1176 年）七月十
	土星		夏仁宗乾祐七年（1176 年）十一月卅
	金星		夏仁宗乾祐七年（1176 年）三月七

续表

术语	九曜	躔次	时间
疾	火星		夏仁宗天盛八年（1156 年）七月四
递	土星		夏崇宗元德五年（1123 年）正月
	木星	午	夏崇宗元德七年（1125 年）十二月
	火星	午	夏崇宗正德二年（1128 年）正月
	土星		夏仁宗天盛六年（1154 年）土星正月
	木星		夏仁宗天盛七年（1155 年）五月十
	火星		夏仁宗天盛八年（1156 年）五月十六
	土星	亥	夏仁宗乾祐三年（1172 年）八月廿五

描述行星相对太阳视运动的西夏文术语表

术语	九曜	躔次	时间
[illegible]（留）	日曜	戌	夏桓宗天庆十一年（1204 年）正月
	日曜	卯	夏桓宗天庆十一年（1204 年）二月
	日曜	辰	夏桓宗天庆十一年（1204 年）四月
	日曜	酉	夏桓宗天庆十一年（1204 年）七月
	日曜	未	夏桓宗天庆十一年（1204 年）八月
	金星	酉	夏桓宗天庆十一年（1204 年）三月
[illegible]（反）	水星	辰	夏桓宗天庆十一年（1204 年）九月十六
[illegible]（顺）	土星		夏桓宗天庆四年（1197 年）四月九
	金星		夏桓宗天庆四年（1197 年）正月十九
	水星		夏桓宗天庆四年（1197 年）二月廿
	水星		夏桓宗天庆十年（1203 年）十月八
[illegible]（退）	土星		夏桓宗天庆四年（1197 年）五月十五
	水星		夏桓宗天庆四年（1197 年）正月廿八
	水星	寅	夏桓宗天庆七年（1200 年）十一月十五
	水星		夏桓宗天庆十年（1203 年）九月十二

上述描述行星相对太阳视运动的术语，大多在汉文史籍中出现过。《宋史·律历七》记载五行运行状况如下：

> 《大衍》曰："木星之行与诸星稍异：商、周之际，率一百二十年而超一次；至战国之时，其行寖急；逮中平之后，八十四年而超一次，自此之

后，以为常率。”其行也，初与日合，一十八日行四度，乃晨见东方。而顺行一百八日，计行二十二度强，而留二十七日。乃退行四十六日半，退行五度强，与日相望。旋日而退，又四十六日半，退五度强，复留二十七日。而顺行一百八日，行十八度强，乃夕伏西方。又十八日，行四度，复与日合。

火星之行：初与日合，七十日行五十二度，乃晨见东方。而顺行二百八十日，计行二百一十六度半弱，而留十一日。乃退行二十九日，退九度，与日相望。旋日而退，又二十九日，退九度，复留十一日。而顺行二百八十日，行一百六十四度半弱，而夕伏西方。又七十日，行五十二度，复与日合。

土星之行：初与日合，二十一日行二度半，乃晨见东方。顺行八十四日，计行九度半强，而留三十五日。乃退行四十九日，退三度半，与日相望。乃旋日而退，又四十九日，退三度少，复留三十五日。又顺行八十四日，行七度强，而夕伏西方。又二十一日，行二度半，复与日合。

金星之行：初与日合，五十八日半行四十九度太，而夕见西方。乃顺行二百三十一日，计行二百五十一度半，而留七日。乃退行九日，退四度半，而夕伏西方。又六日半，退四度太，与日再合。又六日半，退四度太，而晨见东方。又退九日，逆行四度半，而复留七日。而复顺行二百三十一日，行二百五十一度半，乃晨伏东方。又三十八日半，行四十九度太，复与日会。

水星之行：初与日合，十五日行三十三度，乃夕见西方。而顺行三十日，计行六十六度，而留三日，乃夕伏西方。而退十日，退八度，与日再合。又退十日，退八度，乃晨见东方，而复留三日。又顺行三十三日，行三十三度，而晨伏东方。又十五日，行三十三度。与日复会。[①]

这里涉及的行星视运动术语有合、见、伏、顺、留、退，见分晨见、夕见，伏分晨伏、夕伏。西夏历日中多出疾、迟、反、递。下面对这些词语略加

① 《宋史》卷74《律历志第二十七》。

解释：①

合——当距角∠PES＝0°，即行星、太阳和地球处在一条直线上，并且行星和太阳又在同一方向时叫“合”。“合”的前后，行星与太阳同时出现，无法看到，“合”只能由推算求得。

见——指行星隐没后又重新出现。

伏——行星掩蔽在太阳的光辉之下，有一段时间我们是看不到的，历法中称行星在这段时间的视运动状态为“伏”。

顺——指行星在天空星座的背景上自西往东走，与“退”相对。

留——指行星在一段时间内移动缓慢，好像静止似的。

退——行星在天空星座的背景上自西往东走，叫顺行；反之，叫逆行，即“退”，与“顺”相对。

疾——指行星运行速度加快，与“迟”字相对。

迟——指行星运行速度减慢，与“疾”字相对。

反——指行星在视运动退行阶段，退回此前经历的十二次中的某一次。

递——相当于“冲”。从“始见”到“冲”，每日日出之前都可以在东方的天空中看到行星，因此这个时段被称为“晨见”；从“冲”到“始伏”，每日日落之后都可以在西边的天空中看到行星，所以这个时段被称为“夕见”。盖“递”有“更代”义，用以指外行星由晨见到夕见的转变。

在西夏历日文献中，像这样详细记录九曜运行周期状况的，除Инв.No.8085外，还有好几件，如俄藏Инв.No.647、Инв.No.5282，英藏Or.12380-2058、Or.12380-3947，武威市博物馆藏小西沟岘发现的历书残片中国藏G21·028［15541］等等。但以Инв.No.8085跨度最长，连续88年。这么长时间关于天体运行不间断的记载，是需要几代人通力合作来完成的。西夏历日文献除历法方面的价值外，还为我们研究古代天文观测方法乃至今天的行星运行积累了大量的数据，提供了一批宝贵的观察资料，希望能够引起学界的

① 曲安京：《中国古代的行星运动理论》，《自然科学史研究》2006年第1期。

注意。术业有专攻，如何通过计算，挖掘这批数据背后所蕴藏的历学价值，已非我所能，只好把这项任务留给天文历法研究者了。

十三 西夏历日与宋历的关系

西夏 Инв.No.8085 历日显然承袭宋历而来。黑水城出土半叶 X37 绍圣元年（1094 年）刻本历书，[①] 无论从格式上还是从内容上，二者都惊人地相似。X37 绍圣元年历书也是年历，每月一行，每年一叶，以表格的形式撰写的，右部表头自上而下为日、木、火、土、金、水、罗（罗睺）、孛（月孛）、炁（紫炁）九曜，上部表头第一行自右而左为一年十二个月的月序，并注明月大小和每月的朔日。第二行为二十八宿每月朔日直宿，第三行为每月二十四节气。右上角有干支纪年和与“演禽术”有关的二十八宿直年。表格中填写的内容多为数字与地支的组合，是以十二次为背景记载九曜运行情况的。Инв.No.8085 历日与之相比，简直如出一辙。

有趣的是，Инв.No.8085 所用汉字俗体字也可以佐证上述结论。如前文提到的“闰”字，书写人改换表意的偏旁“王”，闰月为大就以“大”字代替，闰月为小就写作“小”字代替，这样不仅可以知道本月是闰月，还知道这个闰月的大小，显然是汉族地区的知识分子在从事历法活动实践中匠心独运而创造出来的，西夏人则继承了这种写法。

但西夏历日并非原封不动地照搬宋历，也有相异之处，主要有以下三个方面。

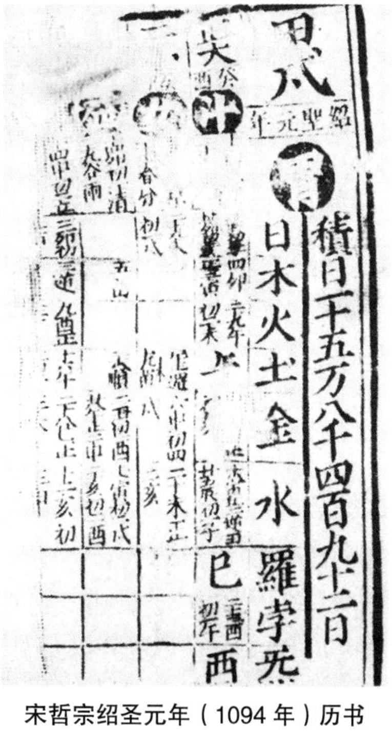

宋哲宗绍圣元年（1094 年）历书

① 俄罗斯科学院东方研究所圣彼得堡分所、中国社会科学院民族研究所、上海古籍出版社：《俄藏黑水城文献》第 6 册，上海古籍出版社 1999 年版，第 328 页。

（1）为了符合本地域实际情况而对宋历做出的调整，表现在朔闰有别，二十四节气分布有别。在朔闰方面的差别，例见“1025 年夏宋历日朔闰比对表”。

1025 年夏宋历日朔闰比对表

夏桓宗天庆十二年		宋宁宗开禧元年		二历相差
月大小	朔日	月大小	朔日	
正月小	己未	正月大	己未	朔同
二月大	戊子	二月小	己丑	夏历朔早一日
三月大	戊午	三月大	戊午	朔同
四月大	戊子	四月小	戊子	朔同
五月小	戊午	五月大	丁巳	夏历朔晚一日
六月小	丁亥	六月小	丁亥	朔同
七月大	丙辰	七月大	丙辰	朔同
八月小	丙戌	八月小	丙戌	朔同
九月小	乙卯	闰八月小	乙卯	朔同
闰九月大	甲申	九月大	甲申	朔同，夏历闰晚一月
十月小	甲寅	十月小	甲寅	朔同
十一大	癸未	十一大	癸未	朔同
十二大	癸丑	十二大	癸丑	朔同

可以看出，由于该年西夏历日二月的朔日“戊子”比宋历“己丑”早一天，五月的朔日“戊午”比宋历“丁巳”晚一天。这样导致夏历正月为小月，宋历为大月；夏历二月为大月，宋历为小月；夏历四月为大月，宋历为小月；夏历五月为小月，宋历为大月。余皆相同。本年夏历闰九月，宋历则闰八月。

在二十四节气分布方面的差异，详见本篇“西夏历日文献中的二十四气”部分。由“1025 年夏宋历日二十四节气比对表”中可以看出，双方在本年第九个月和第十个月的节气排布上有别。在第九个月，夏历有“寒露、霜降”，宋历只有“寒露”，缺中气。在第十个月，夏历只有“立冬”，缺中气，宋历有“霜降、立冬”。这样导致夏历闰九月，宋历则闰八月。此外，据残存日期，夏历十二月“五大寒、十八立春”，与宋历“初四丙辰大寒，十九辛未立春”不一致，“大寒”晚一天，立春早一天。至于西夏人把小满称作“草稠”，把芒种称作“土耕”等等，应该是西夏人根据自己对自然界物候观察的实际情况而做出的改动。

关于朔闰、节气上的差别，在辽宋西夏金时期各政权之间，早一天或晚一天是常见的事。如北宋苏颂“使契丹，遇冬至，其国历后宋一日。北人问孰为是，颂曰：‘历家算术小异，迟速不同，如亥时节气交，犹是今夕，若逾数刻，则属子时，为明日矣。或先或后，各从其历可也。’北人以为然。使还以奏，神宗嘉曰：‘朕尝思之，此最难处，卿所对殊善。’”① 再如南宋孝宗淳熙五年（1178 年），“金遣使来朝贺会庆节，妄称其国历九月庚寅晦为己丑晦。接伴使、检详丘密辨之，使者辞穷，于是朝廷益重历事”，② 即金历早宋一日。

敦煌历日也有这种情况。从敦煌历日与中原历日对比上来看，敦煌历的朔日与中原历或同，或前后相差一至两日，其中相差两日者极少，没有相差三日或三日以上者。敦煌历的闰月与中原历或同，或前后相差一月，没有与中原历相差两月以上者。③ 相比之下，夏历的朔日与宋历或同，或前后相差一日，没有相差两日或两日以上者。夏历的闰月与宋历或同，或前后相差一月，没有与宋历相差两月或两月以上者，夏历的二十四气之日与宋历或同，或前后相差一两日。可见夏历与宋历之差比敦煌历与中原历之差更小，这是因为西夏政权的核心地区，在地理上比唐代的敦煌地区更靠近中原的缘故。

（2）出于政治斗争上的需要而造成的某些差别，如西夏的岁首问题。所谓西夏“以十二月为岁首”，即是把政治因素强加在历法上的产物。④ 据《宋会要》记载，西夏王朝确曾“以十二月为岁首”：“（宋绍圣三年，即夏天祐民安七年）十二月十四日，枢密院言：诏闻西人最重年节与寒食，兼以十二月为岁首，多是诸监军及首领会聚之时，若乘此不备之际，可以密选将佐，团结兵马，乘伺机便出界掩击。”⑤ 关于西夏王朝“以十二月为岁首”的记载，仅此一见，会不会是宋人的道听途说？

中国古代往往把“五德”与“三正”相提并论，称“五德更始，三正迭兴”，并据以序德运、改正朔、易服色。

---

① 《宋史》卷 99《苏颂传》。
② 《宋史》卷 82《律历十五》。
③ 刘永明：《散见敦煌历朔闰辑考》，《敦煌研究》2002 年第 6 期。
④ 彭向前：《试论西夏“以十二月为岁首”》，《兰州学刊》2009 年第 12 期。
⑤ 《宋会要》兵二十八之四十二。

王者受命，必徙居处，改正朔，易服色，殊徽号，变牺牲，异器械，明受之于天，不受之于人。夏以斗建寅之月为正，平旦为朔，法物见，色尚黑。殷以斗建丑之月为正，鸡鸣为朔，法物牙，色尚白。周以斗建子之月为正，夜半为朔，法物萌，色尚赤。[①]

逮乎夏后氏，王以水德，色尚黑，易而玄端玄裳，故收而祭，燕衣而养老。又诸侯以天子燕衣为视朝之正服。有殷氏，以金符德，色尚白，易而练衣缟裳，故冔而祭，缟衣而养老。及周有天下，以为火王，色尚赤，宜乎以赤为养，乃白冕而祭，玄衣而养老。[②]

由此可知，德运、服色、三正是一一相配的，例如：国家以十二月（建丑之月）为岁首，政权属性必为金德，且色当尚白。

根据“五德终始说”和“三正论”，顺藤摸瓜，可以找到更多有关西夏“以十二月为岁首”的佐证，彻底打消我们的疑虑。请看下面关于西夏政权的属性的记载：“年末腊日。国属金，土日，君出射猎，备诸食。星影升。准备供奉天神，赏赐官宰风药。”[③]“五德终始说”认为年末腊日要视国家的属性而定。历史上的晋朝为金德，《宋书》中有关于晋朝腊日的记载：“晋武帝泰始元年，有司奏王者祖气而奉其（事）终，晋于五行之次，应尚金。金生于巳，事于酉，终于丑，宜祖以酉日，腊以丑日，改《景初历》为《泰始历》。奏可。”[④]是故西夏文类书《圣立义海》在“腊月之名义”讲到西夏的年末腊日的时候，明确地提到西夏政权的属性“国属金”。

至于西夏的尚白，《宋史·夏国传》载元昊“既袭封，明号令，以兵法勒诸部。始衣白窄衫毡冠红里，冠顶后垂红结绶，自号‘嵬名吾祖’”。出土于内蒙古额济纳旗黑水城的一幅人物画，原画已遗失，仅存照片，现藏俄罗斯艾尔米塔什博物馆，被定名为《西夏国王肖像》。图片中央是一位身材魁伟的帝王，身穿白色圆领窄袖长袍。[⑤]西夏皇帝特意衣白，应该与西夏以金德自居

① 何休撰，陆德明音义：《春秋公羊传注疏》卷1。

② 王恽：《秋涧集》卷45《服色考》。

③ 克恰诺夫、李范文、罗矛昆：《圣立义海》，宁夏人民出版社1995年版，第55页。

④ 《宋书》卷12《律历志中》。

⑤ 萨莫秀克：《西夏艺术作品中的肖像研究及历史》，《国家图书馆学刊》（西夏研究专号），2002年，第188页。

而崇尚白色有关。

顺便提及西夏国名“白高国”，在西夏的诸种称谓中，最令人困惑的莫过于此了。西夏文写作“[illegible]（白高国）”，音译为“邦面令”。① 对“白高”这个词的解释，可谓众说纷纭。② 依据“五德终始说”理论，笔者以为“白高”意即以白为高，色当尚白。自诩为“金德”的西夏政权崇尚白色，进而以色尚称国，国名“白高”，是顺理成章的事。元代西夏文献中有把“白高”冠在“大夏”的前面，一起组成国名“白高大夏国”的记载，见于西夏文《金光明最胜王经》题记，西夏文顺序与汉文顺序相同。此与以火德自居的宋王朝又号称“炎宋”同出一辙。

由上述可见，有关西夏德运、岁首、习俗尚白的记载，虽然较为简略，但可以回环互证，从而表明如同秦以后的历代封建统治者一样，西夏统治者也接受了传统的“五德终始说”和“三正论”，为这个雄踞西陲的王朝罩上一件神秘的“德运”外衣。而受其在五德中的行序金德的影响，西夏王朝确曾以十二月为岁首。

需要指出的是，岁首并不等于正月，前者为史官纪年，后者为历官纪年，以往对“三正论”的理解，混淆了二者之间的区别，是错误的。周洪谟《周正辩》云：“岁首云者，言改元始于此月，是以此月为正朔，非以此月为正月也。”又云：“正朔者，十二朔之首，史官纪年之所始也。正月者，十二月之首，历官纪年之所始也。”③ 如秦始皇统一中国后，以水德自居，虽然以建亥之月（即夏历的十月）为岁首，但并不改十月为正月（秦避讳称端月），不改正月为四月，春夏秋冬和月份的搭配完全与寅正相同，表明利于农事的寅正已深入人心。西夏的“以十二月为岁首”也是如此，所以我们想在西夏历日文献上找到这方面的证据，无异于缘木求鱼。史官纪年与历官纪年根本就不是一回事。西夏王朝“以十二月为岁首”，不是要反映昼夜交替、寒来暑往等自然规律，是受其在五德中的行序金德影响的，是出于政治考虑而人为的。

---

① 叶梦得：《石林燕语》卷 8。

② 李华瑞：《二十世纪党项拓跋部族属与西夏国名研究》，杜建录主编《二十世纪西夏学》，宁夏人民出版社 2004 年版，第 8—24 页。

③ 唐顺之：《稗编》卷 15。

（3）受吐蕃文化影响而导致的某些差异，主要表现在一些天文历法术语上。西夏文《孟子》译本1908—1909年出土于黑水城遗址（今属内蒙古额济纳旗），现藏俄罗斯科学院东方文献研究所，编号Инв.No.6738。全书十四卷，存卷四到卷六。原书照片收入《俄藏黑水城文献》第11册。[①]《孟子》卷四《公孙丑章句下》："古之君子，其过也，如日月之食。"此句西夏文译作："[illegible]。"（第13叶第4行）直译为："古世君子，过者，日月食如。"显然[illegible]对译"日月之食"的"食"。《夏汉字典》认为这两个字都有"蚀"意，[②] 古代"日月之食"的"食"又写作"蚀"。实际上，这是基于文字对译而产生的一种误解。[illegible]的字面意思是"罗睺掩"，二字合在一起，才表达"日月之食"的"食"这一概念。

译文中的"[illegible]"，这里指"罗睺"，如《掌中珠》"罗睺星"写作[illegible]。[③] 中国很早就有天狗吃日月的传说，而认为日食、月食与罗睺有关，则源自印度传说。罗睺偷喝圣液，被日神和月神发现，告诉天神毗湿奴，毗湿奴砍下罗睺的头。但此时圣液已在罗睺体内发生作用，使其得以永恒不灭。自此罗睺的头以及他的身体（计都），即成为日神和月神的仇敌，经常吞噬太阳和月亮，从而引起日食和月食。[④] 罗睺（Rāhu）一词的梵文意思正是"抓捕者"。西夏字"[illegible]"字的字形构造和字义解说如下："[illegible]：[illegible]，[illegible]。"意思是"后左蔽下：背后，彼非此方眼前"，[⑤] 当有"遮掩"之义。总之，[illegible]二字合在一起，字面意思是"罗睺掩"，用以对译"日月之食"的"食"。有趣的是，藏文的日食和月食分别写作ཉི་འཛིན（nyi vdzin）和ཟླ་འཛིན（zla vdzin），字面义分别为"日擒"和"月擒"，其中འཛིན（vdzin）有"擒着、掌握、执持"义。西夏文"[illegible]（日月罗睺掩）"在构词理据上与之相同，

① 俄罗斯科学院东方研究所圣彼得堡分所、中国社会科学院民族研究所、上海古籍出版社：《俄藏黑水城文献》第11册，上海古籍出版社1999年版。

② 李范文：《夏汉字典》，中国社会科学出版社2008年版，第27页、第389页。

③ 黄振华、聂鸿音、史金波：《番汉合时掌中珠》，宁夏人民出版社1989年版，第17页。

④ Willy Hartner, "The Pseudoplanetary Nodes of the Moon's Orbit in Hindu and Islamic Iconographies," *Oriens-Occidens* I (1968), pp. 349-404.

⑤ 韩小忙：《〈同音文海宝韵合编〉整理与研究》，中国社会科学出版社2008年版，第524页。作者认为从字形构造解说看，该字为形声字，从后，gjị声（按[illegible]字音gjị），汉语"背后"义。"遮掩"义当为该字的引申义。

皆本于印度传说。

再如历日文献右部表头九曜中的罗睺（Rāhu），黑水城出土宋绍圣元年（1094 年）历日中写作“罗”，西夏历日汉文则写作“首”。两种译法皆源于上述印度传说，指罗睺的头，但前者为音译，后者为意译。聂鸿音先生曾撰文指出，西夏文佛经译本所用的术语至少有汉语和藏语两个不同的来源和两种不同的借用方式：西夏人在翻译汉本佛经时使用的术语大都是从汉语音译来的，而在翻译藏本佛经时使用的术语大都是从藏语意译来的，可分别称之为“汉式词”和“藏式词”。[①] 如梵语 Bodhisattva，汉语音译为“菩提萨埵”，简称菩萨；藏语意译为 བྱང་ཆུབ་སེམས་དཔའ，其中 བྱང 义为“清净”，ཆུབ 义为“圆满”，བྱང་ཆུབ 合在一起，对译“菩提”。སེམས 义为“心”，དཔའ 义为“勇”。བྱང་ཆུབ་སེམས་དཔའ 字面意义是“勇敢地追求菩提的汉子”。西夏人也采用了意译，译作“[illegible][illegible][illegible][illegible]”，字面意义是“净觉勇识”，显然源自藏语，是个“藏式词”。同理，我们认为西夏人把 Rāhu（罗睺）意译为“首”，区别于汉语的音译“罗”，也是受了藏文的影响。

总之，用“[illegible][illegible]（罗睺掩）”翻译“日月之食”的“食”，把 Rāhu（罗睺）意译为“首”，都表明西夏由于佛教盛行，在天文历法方面，也深受佛教发源地印度的影响。古代文明跨地区传播，由于受交通等条件的限制，输入国都是通过近邻间接获取的。上述影响不是直接的，乃是以吐蕃为跳板实现的。印度天文历法在西夏的影响，值得学界注意。[②]

西夏历日承袭宋历而又有所不同，与当时的历史背景是分不开的。先看北宋与西夏的关系。我们知道，在古代，颁赐历法、宣布正朔是拥有上天赋予的治权的一种象征，而接受正朔就是承认王朝的统治权，是臣服的象征。历法颁赐是北宋治权实现的重要标志，接受或拒绝宋的颁历是西夏承认或否认宋统治权力及衡量宋夏关系的一个重要指标。[③] 史载宋朝屡有对夏颁历或拒绝颁历之举，见“宋对西夏的颁历活动表”。

---

① 聂鸿音：《西夏的佛教术语》，《宁夏社会科学》2005 年第 6 期。

② 彭向前：《胡语考释四则》，《青海民族大学学报》2012 年第 3 期。

③ 韦兵：《星占、历法与宋夏关系》，《四川大学学报》2007 年第 4 期。

宋对西夏的颁历活动

历书名称	时间	史料	出处
仪天历	宋真宗景德四年（1007年）	张崇贵言："准诏赐赵德明冬服及仪天历，令延州遣牙校赍往。比闻德明葺道路馆舍以俟使命，若遣牙校，似失所望。"	《续资治通鉴长编》卷67景德四年冬十月庚申
	宋真宗乾兴元年（1022）	遣阁门祗候赐冬服及颁《仪天具注历》。	《宋史》卷485《夏国传上》
崇天历[1]	宋仁宗庆历五年（1045）	始颁历于夏国。	《续资治通鉴长编》卷157庆历五年十月辛未
明天历[2]	宋英宗治平元年（1064年）	王者握枢凝命，推动授时，以考阴阳之端，以明政治之始。眷遐绥于藩土，嘉夙奉于王正。适履上辰，更颁密度。今赐治平二年历日一卷，至可领也。	《华阳集》卷18《赐夏国主历日诏》
奉元历[3]	宋神宗元丰八年（1085年）	诏："夏国遣使进奉，其以新历赐之。"	《续资治通鉴长编》卷360元丰八年冬十月丁丑
	宋哲宗元祐二年（1087年）	诏新历勿颁夏国，以乾顺谢封册及贺坤成节使未至故也。	《续资治通鉴长编》卷406元祐二年十月丙申
	宋哲宗元祐四年（1089年）	诏夏国主：迎日推策，校疏密于一周；钦象授时，纪便程于四序。眷言侯服，作我翰垣，爰锡小正之书，俾兴嗣岁之务，布宣于下，共袭其祥。今赐卿元祐五年历日一卷，至可领也。故兹诏示，想宜知悉。冬寒，比平安好否，书指不多及。	《苏魏公文集》卷26《赐夏国主历日诏》
观天历[4]	宋哲宗绍圣四年（1097年）	诏罢赐夏国历日。	《续资治通鉴长编》卷490绍圣四年八月丙申
	宋哲宗元符三年（1100年）	诏夏国主：朕始承天命，恭授人时；眷言西陲，世禀正朔。乃前嗣岁，诞布新书，俾我远民，咸归一统，尚遵时令，益楙政经。今赐元符四年历日一卷，至可领也。故兹诏示，想宜知悉。冬寒，比平安否，书指不多及。	《宋大诏令集》卷236《赐夏国主并南平王李乾德历日诏》
纪元历[5]	宋高宗绍兴元年（1131年）	诏："夏国历日，自今更不颁赐。"为系敌国故也。	《建炎以来系年要录》卷46绍兴元年八月壬辰

注：1.宋仁宗天圣元年（1023年）八月，历成，赐号《崇天历》，由晏殊作序，颁行天下。《崇天历》为宋代行用时间最长的历法。关于宋代历书名称的考察，参见滕艳辉、袁学义《宋代历法沿革》，《咸阳师范学院学报》2012年第4期。

2.治平二年（1065年）改用《明天历》。

3.熙宁八年（1075年）闰四月壬寅，卫朴所造新历成，由知制诰沈括上之，赐名《奉元历》。

4.宋哲宗元祐七年（1192年），《奉元历》被皇居卿的《观天历》所代替。

5.崇宁五年（1106年）五月丁未，颁《纪元历》，这是北宋行用的最后一部历法。绍兴五年（1135年）始代之以《统元历》。

西夏王朝对宋朝颁历之举的看法是矛盾的。一方面把它看作是强加在自己头上的屈辱行为而加以拒绝。西夏僻处西北一隅，前期与辽和北宋，后期与金和南宋对峙，虽曰鼎足三分，但辽、宋、金皆视西夏王朝为藩属国。西夏王朝只是关起门来做皇帝，始终也未能取得与大国平起平坐的地位。为了在国内和民族政权之间塑造“大夏”政权的正统形象，西夏王朝在多方面为之付出了长期不懈的努力。元昊称帝后，为了标榜他本人血液里流淌着做皇帝的基因，不惜高攀冒任，以曾经建立北魏的鲜卑拓跋后裔自居。同时为了表明新生的“大夏”政权的合法性，利用“五德终始说”理论，以大唐王朝的“土德”为续统，宣称国家属性为“金”。在中国古代，一个政权如果接受了另一个政权所颁行的历法，就意味着臣服于该政权。所以《西夏书事》称元昊“自为历日，行于国中”是可信的，此与上述措施相配合，皆为元昊称帝建国活动的组成部分。其继承者出于政治上的考虑，自然也不会再接受北宋王朝的颁历，只是在情非得已的情况下，才表面上予以认同。北宋灭亡后，夏金达成合议，西夏以事宋之礼事金，金继承辽对西夏的外交政策，这时西夏趁机彻底摆脱了接受对立政权的颁历之举。所以我们在史籍中找不到任何金对西夏颁赐历法的记载，尽管双方关系稳定，使节往来频繁不断。但在另一方面，西夏又离不开对宋历的借鉴。宋代先进文明，当然包括历算技术，对周边民族政权的影响是不以人的主观意志为转移的。宋朝的颁历成为西夏获得宋历的来源，即便宋代拒绝颁历，或在金灭北宋后，夏与南宋的关系因地理上的阻隔几乎中断，西夏也一定会想办法寻找间接获得宋历的其他渠道。实际上，西夏历与宋历在朔闰、节气上稍有差异，乃同中之异，正表明西夏王朝所使用的历本是根据中原汉族历法编制而成的。

再看西夏与吐蕃的关系。党项族原居住在今青海省东部、四川省西北部广袤的草原和山地间，与吐蕃壤地相接，二者在语言文化、风俗习惯上关系十分密切。西夏王朝建立后，前期流行汉传佛教，中期开始汉藏并行，开创了藏族之外的民族接受藏传佛教的先例。除了完成汉文大藏经的翻译，西夏还翻译了不少藏传佛教典籍，在法会上诵经时同时使用藏文、西夏文、汉文佛经，藏文经典被排在首位。一批吐蕃高僧进入西夏境内，有些受封为帝师，拥有极高的宗教地位。在这种背景下，西夏天文历法以吐蕃为跳板受到了印度的某些影响，从而呈现出与宋历有别的特色，也是顺理成章的。

那么Инв.No.8085西夏历书有可能承袭哪一部宋历而来？该件时间跨度为1120—1207年，与北宋《纪元历》实行的年代有重叠之处。《纪元历》的编制者姚舜辅，为我国著名的历法大家，具有深厚的天文学基础和数学才能，在中国历法史上多有创造。该历宋徽宗崇宁五年（1106年）颁行，一直沿用到宋高宗绍兴五年（1135年），对后世的影响很大。金代的《大明历》，据《金史·历志》的说法，就是借鉴了北宋的《纪元历》：金太宗天会五年（1127年），“司天杨级始造《大明历》，十五年春正月朔，始颁行之。其法，以三亿八千三百七十六万八千六百五十七为历元，五千二百三十为日法。然其所本，不能详究，或曰因宋《纪元历》而增损之也”。金《大明历》直到金世宗大定二十一年（1181年），始为赵知微历所代替。[①] 南宋的历法家在制定新历时，大多依据《纪元历》，在检验新历精度时，也大多参照《纪元历》作为比较的标准。元代的《授时历》中很多天文观测方法和计算方法也都来自《纪元历》，或者从《纪元历》得到启发而加以发展。Инв.No.8085西夏历日文献因北宋《纪元历》而增损之，有很大的可能。期待与天文历法研究者合作，借助理科中的研究手段，通过大量数据运算以搞清西夏历法的历理和历数等，从而对西夏历日与宋历的关系做出最具说服力的阐明。

西夏历日文献研究表明，具有浓郁的民族特色的西夏文化是各民族文化交融的产物，西夏在多元一体的华夏文化的传承与传播过程中做出过重要贡献。西夏历日承袭宋历而来，也是西夏对汉族传统文化认同的一种体现，这种文化认同具有重要意义，是中国之所以成为一个历史悠久的、统一的多民族国家的思想基础，也是中华民族凝聚力的内在底蕴。

---

① 《金史》卷21《历志上》。

中　篇

俄藏 Инв.No. 8085 历日考释

简要说明：

（一）考释以年历为单位，一年一节。原书无标题，聊为增补。

（二）考释分三部分：图版、录文和译文。

（三）录文严格按照原表格的形式，仅文字按现在的阅读习惯改为从左至右、横排。录文下面有校勘，主要交代页面拼配，处理文字上的脱讹衍倒等，推补的文字一律用方括号标出。指出同一年的其他残历。

（四）译文下面有注释。年历没有西夏文，无需翻译者，注释置于校勘后。注释部分运用朔日、闰月、月大小、二十四节气、二十八宿注历、九曜运行等天文历法知识，运用纳音五行、八卦配年、男女九宫等术数知识，并结合其他相关文献，对年历所在的年代进行考订或验证，并对年历作最大程度的复原。

（五）年号纪年仿陈垣《二十史朔闰表》“脚齐头不齐”法，即凡在年中改元者，不书其元年，而书其二年，睹二年即知有元年，而前元之末年，不至被抹杀也。

一 夏崇宗元德二年（1120年）庚子历日

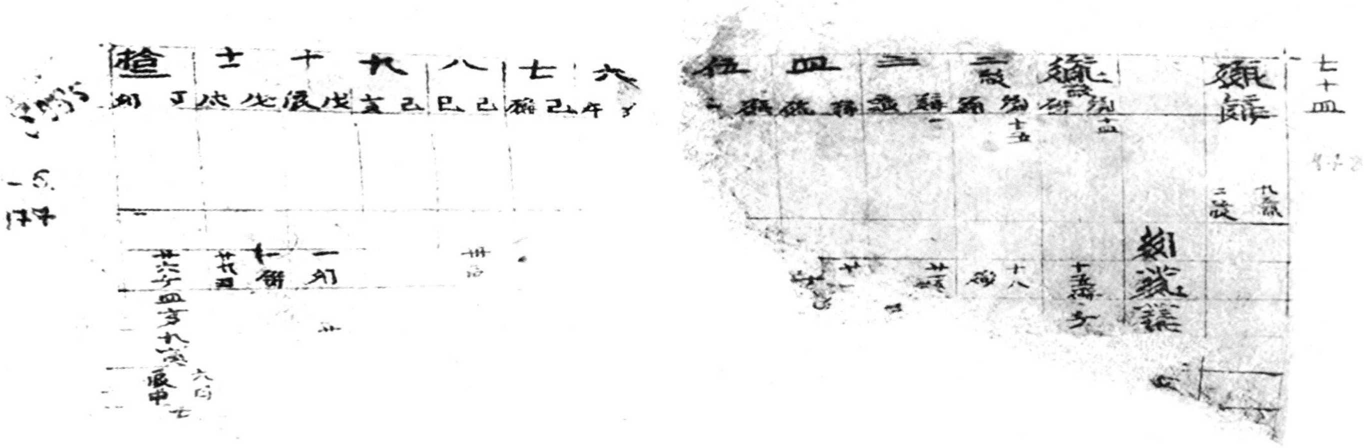

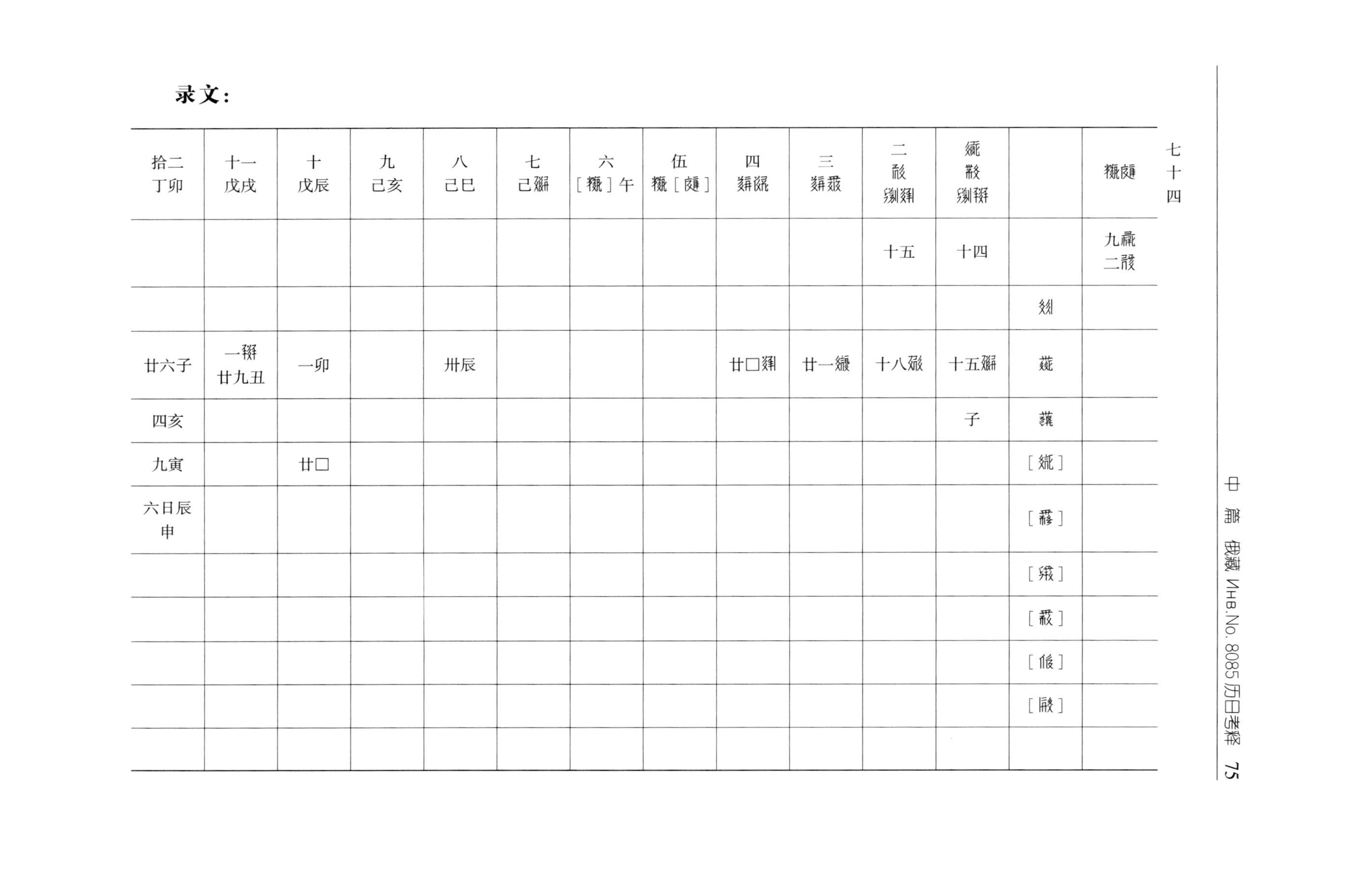

录文:

七十四

拾二 丁卯	十一 戊戌	十 戊辰	九 己亥	八 己巳	七 己[illegible]	六 ［[illegible]］午	伍 [illegible]［[illegible]］	四 [illegible][illegible]	三 [illegible][illegible]	二 [illegible] [illegible][illegible]	[illegible] [illegible] [illegible][illegible]		[illegible][illegible]
										十五	十四		九[illegible] 二[illegible]
												[illegible]	
廿六子	一[illegible] 廿九丑	一卯		卅辰				廿□[illegible]	廿一[illegible]	十八[illegible]	十五[illegible]	[illegible]	
四亥											子	[illegible]	
九寅		廿□										［[illegible]］	
六日辰 申												［[illegible]］	
												［[illegible]］	
												［[illegible]］	
												［[illegible]］	
												［[illegible]］	

校勘：

①本表由两页组成，五月以前右半部分，整理者标注页码 178，左半部分标注页码 177。

②上部表头第一行五月朔日“𗹦𗏁（庚子）”的“𗏁（子）”，六月朔日“𗹦（庚）午”的“𗹦（庚）”，据西夏字残存字形和《二十史朔闰表》补。[①]

③右部表头第二列“𗼃（日）、𗍳（木）、𗋅（火）”等位置有误，应依次下降一行。其余六曜“𗔇（土）、𗉅（金）、𗋐（水）、𗋊（首）、𗀔（孛）、𗖵（炁）”，据同类文献补。

① 陈垣：《二十史朔闰表》，中华书局 1999 年版，第 133 页。

译文:

七十四

拾二 丁卯	十一 戊戌	十 戊辰	九 己亥	八 己巳	七 己亥	六 ［庚］午	伍 庚［子］	四 辛未	三 辛丑	二 小 壬申	正 大 壬寅		庚子
										十五	十四		九女 二男
廿六子	一寅 廿九丑	一卯		卅辰				廿□申	廿一酉	十八戌	十五亥	日	
四亥											子	木	
九寅		廿□										火	
六日辰 申												［土］	
												［金］	
												［水］	
												［首］	
												［孛］	
												［炁］	

注释：

①右部表头第一列“庚子”为纪年干支。

②右部表头第一列“九女、二男”，为男女九宫，具体含义为“今年生女起九宫，男起二宫”。但本年历中男女九宫的记载是错误的。男九宫与年九宫一样，同纪年地支有相同的对应关系。如果男九宫为二、五、八，对应年地支当不出巳、亥、寅、申，本年的年地支为子，与之不符合，知其必误。唐宋时期男女九宫的推算方法与清《钦定协纪辨方书》引《三元经》所载有所不同。在现存敦煌历日中，上元甲子为男七宫，女五宫；中元甲子为男一宫，女二宫；下元甲子为男四宫，女八宫。[①] 两相比较，女宫推算方法相同，男宫则整个提前了一个甲子。夏崇宗元德二年（1120 年）属下元。从 1084 年进入下元年，当年男起四宫，女起八宫，以男逆女顺运行，可推得 1120 年是男四宫，女八宫。据此可以判断本年历中男女九宫的记载“二男、九女”是错误的，当改为“四男、八女”。下文次年即夏崇宗元德三年辛丑（1121 年）历日文献记载“男三宫，女九宫”可证。又男九宫为一、四、七，对应年地支不出子、卯、午、酉，“子”恰在其中，亦可佐证。

③右部表头第二列为“日、木、火、土、金、水、首、孛、炁”等九曜名称。

④上部表头第一行自右而左为一年十二个月的月序、月大小以及本年各月的朔日干支“壬寅、壬申、辛丑、辛未、庚子、庚午、己亥、己巳、己亥、戊辰、戊戌、丁卯”。

⑤上部表头第二行“十四”为正月中气“雨水”之日，“十五”为二月中气“春分”之日。因正月、二月与宋历朔同，节气之日亦与宋历“十四乙卯雨水”、十五丙戌春分”同。[②]

⑥根据纪年干支、每月的朔日、二十四节气，只有宋徽宗宣和二年庚子（1120 年）与之相符。该年系夏崇宗元德二年。

---

① 邓文宽：《敦煌古历丛识》，《敦煌学辑刊》1989 年第 1 期。后收入氏著《敦煌吐鲁番天文历法研究》，甘肃教育出版社 2002 年版，第 115 页。

② 陈垣：《二十史朔闰表》，中华书局 1999 年版，第 133 页。张培瑜：《三千五百年历日天象》，河南教育出版社 1990 年版，第 282 页。

⑦表格中数字与地支的组合，以往学界误认为是用来表示九曜与该月之日、时的关系的，实则是以十二次为背景，记载九曜运行情况的。

⑧表框外右上角有数字“七十四”，下一处数字为“六十三”，出现在夏崇宗正德五年辛亥（1131 年）。二者之间的跨度正好为十二地支的一个循环。整理者误把数字当作页码，导致整本书的页码是从后往前标的，与年代顺序相反。

二 夏崇宗元德三年（1121年）辛丑历日

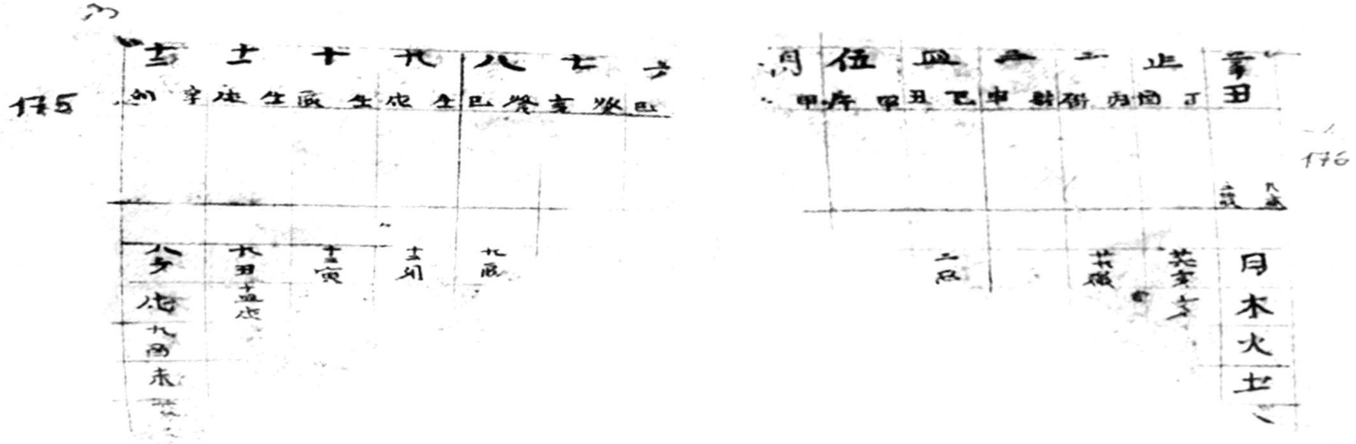

录文：

十二 辛卯	十一 壬戌	十 壬辰	九 壬戌	八 癸巳	七 癸亥	六 ［癸］巳	闰 甲［子］	伍 甲午	四 乙丑	三 髎申	二 丙豣	正 丁酉	辛丑
													九龣 三諔
八子	九丑	十二寅	十二卯	九辰					二酉		廿九豯	廿六亥	日
戌	十四戌											亥	木
九酉													火
未													土
													金

校勘：

①本表由两页组成，闰五月以前右半部分，整理者标注页码176，左半部分标注页码175。

②上部表头第一行闰五月朔日“甲子”的“子”，六月朔日“癸巳”的“癸”，据残存字形和《二十史朔闰表》补。[①]

① 陈垣:《二十史朔闰表》，中华书局1999年版，第134页。

译文:

十二 辛卯	十一 壬戌	十 壬辰	九 壬戌	八 癸巳	七 癸亥	六 ［癸］巳	闰 甲［子］	伍 甲午	四 乙丑	三 丙申	二 丙寅	正 丁酉	辛丑
													九女 三男
八子	九丑	十二寅	十二卯	九辰					二酉		廿九戌	廿六亥	日
戌	十四戌											亥	木
九酉													火
未													土
													金

注释：

①右部表头第一列“辛丑”为纪年干支。

②右部表头第一列“九女、三男”，为男女九宫，具体含义为“今年生女起九宫，男起三宫”。

③上部表头第一行“闰”，表示本年闰五月。

④上部表头第一行有本年各月的朔日干支“丁酉、丙寅、丙申、乙丑、甲午、甲子、癸巳、癸亥、癸巳、壬戌、壬辰、壬戌、辛卯”。

⑤根据纪年干支、每月的朔日和闰五月，查《二十史朔闰表》，只有宋徽宗宣和三年辛丑（1121 年）与之相符。[①] 该年系夏崇宗元德三年。我们可以根据本年历中男女九宫的记载对求出的残历年代加以验证。在现存敦煌历日中，上元甲子为男七宫，女五宫；中元甲子为男一宫，女二宫；下元甲子为男四宫，女八宫。[②] 夏崇宗元德三年（1121 年）属下元年。从 1084 年进入下元年，当年男起四宫，女起八宫，以男逆女顺运行，可推得 1121 年是男三宫，女九宫，恰与本年历记载相符。又男九宫与年九宫一样，同纪年地支有相同的对应关系，男九宫为三、六、九，对应年地支不出丑、未、辰、戌，本年历纪年干支为辛丑，“丑”恰在其中。

① 陈垣:《二十史朔闰表》，中华书局 1999 年版，第 134 页。

② 邓文宽:《敦煌古历丛识》,《敦煌学辑刊》1989 年第 1 期。后收入氏著《敦煌吐鲁番天文历法研究》，甘肃教育出版社 2002 年版，第 115 页。

三 夏崇宗元德四年（1122年）壬寅历日

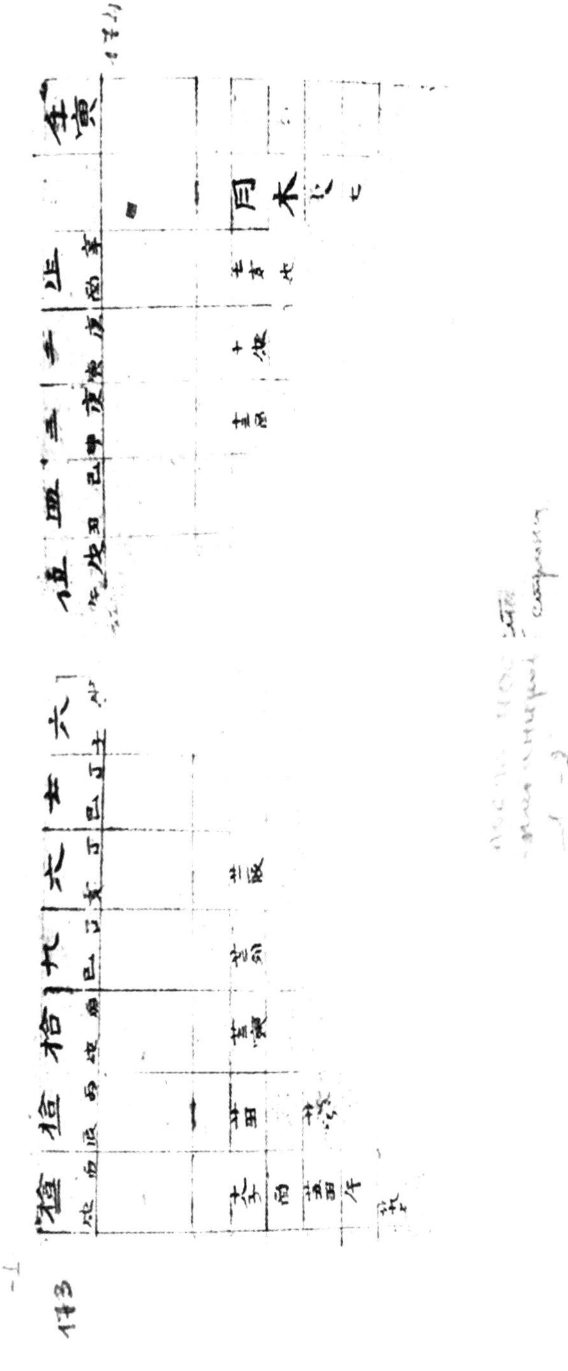

录文：

拾二 丙戌	拾一 丙辰	拾 丙戌	九 丁巳	八 丁亥	七 丁巳	六 ［戊］子	伍 戊［午］	四 己丑	三 庚申	二 庚寅	正 辛酉		壬寅
十八子	廿丑	廿三寅	廿三卯	廿一辰					十三酉	十戌	七亥	日	
酉											戌	木	
廿五丑	廿寅											火	
午												土	
廿九子													

校勘：

①本表由两页组成，五月以前右半部分，整理者标注页码 174，左半部分标注页码 173。

②上部表头第一行五月朔日“戊午”的“午”，六月朔日“戊子”的“戊”，据残存字形和《二十史朔闰表》推补。[①]

③上部表头第一行八月的“八”，原误作“六”，径改。

注释：

①右部表头第一列“壬寅”为纪年干支。

②上部表头第一行有本年各月的朔日干支“辛酉、庚寅、庚申、己丑、戊午、戊子、丁巳、丁亥、丁巳、丙戌、丙辰、丙戌”。

③根据纪年干支、每月的朔日，查《二十史朔闰表》，只有宋徽宗宣和四年壬寅（1122 年）与之相符。[②]该年系夏崇宗元德四年。

---

① 陈垣：《二十史朔闰表》，中华书局 1999 年版，第 134 页。

② 陈垣：《二十史朔闰表》，中华书局 1999 年版，第 134 页。

四 夏崇宗元德五年（1123年）癸卯历日

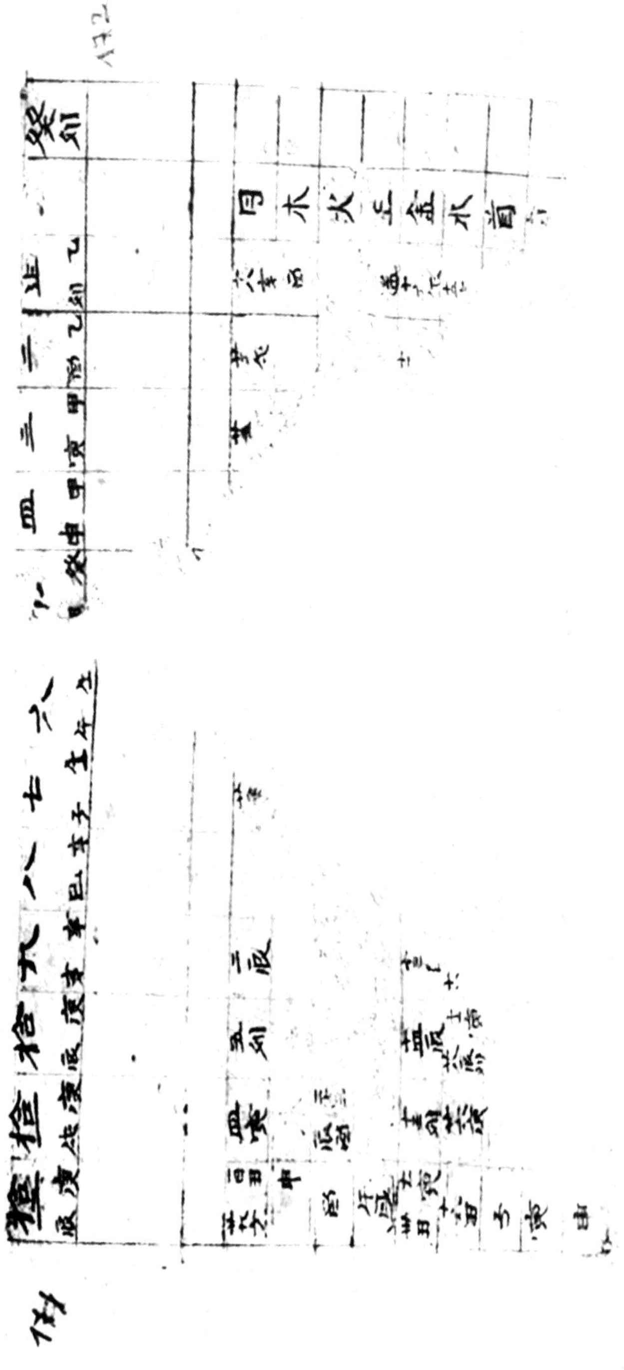

录文：

拾二 庚辰	拾一 庚戌	拾 庚辰	九 辛亥	八 辛巳	七 壬子	六 壬午	伍 癸［丑］	四 甲申	三 甲寅	二 乙酉	正 乙卯		癸卯
一日丑 廿九子	四寅	五卯	二辰		廿巳				廿五	廿二戌	十八亥	日	
申											酉	木	
酉	二十三 辰 酉											火	
午 退											递	土	
七寅 卅丑	十三卯	十四辰	十三□							十□□	十六□	金	
十六丑	廿六寅	十一寅 廿八辰 卯	十□□								十二□	水	
子												首	
寅												孛	
申												［炁］	

校勘：

①本表由两页组成，五月以前右半部分，整理者标注页码 172，左半部分标注页码 171。

②上部表头第一行五月朔日“癸丑”的“丑”，据残存字形和《二十史朔闰表》补。[①]

注释：

①右部表头第一列“癸卯”为纪年干支。

②上部表头第一行有本年各月的朔日干支“乙卯、乙酉、甲寅、甲申、癸丑、壬午、壬子、辛巳、辛亥、庚辰、庚戌、庚辰”。

③根据纪年干支、每月的朔日，查《二十史朔闰表》，只有宋徽宗宣和五年癸卯（1123 年）与之相符。[②]该年系夏崇宗元德五年。

④土星正月栏中的遆字，系“递”字的俗写[③]，为描述行星视运动的术语，不见于传统文献记载。推求其含义，晨留后，行星开始由西向东逆行，速度渐快，至最快的地方，称为“冲”，此时地球正好介于行星与太阳之间。表格中的“递”字，即相当于“冲”。从“始见”到“冲”，每日日出之前都可以在东方的天空中看到行星，因此这个时段被称为“晨见”；从“冲”到“始伏”，每日日落之后都可以在西边的天空中看到行星，所以这个时段被称为“夕见”。“递”有“更代”义，故用以指外行星由晨见到夕见的转变。命名的角度不同，但所指行星的运行阶段则一。

⑤土星十二月栏中的“退”字，为中国古代描述行星视运动的术语。行星在天空星座的背景上自西往东走，叫顺行；反之，叫逆行，表格中写作“退”。

---

① 陈垣:《二十史朔闰表》，中华书局 1999 年版，第 134 页。

② 陈垣:《二十史朔闰表》，中华书局 1999 年版，第 134 页。

③ （辽）释行均:《龙龛手镜》卷四《入声》“辵部第十六”，中华书局 1982 年版，第 491 页。

五 夏崇宗元德六年（1124年）甲辰历日

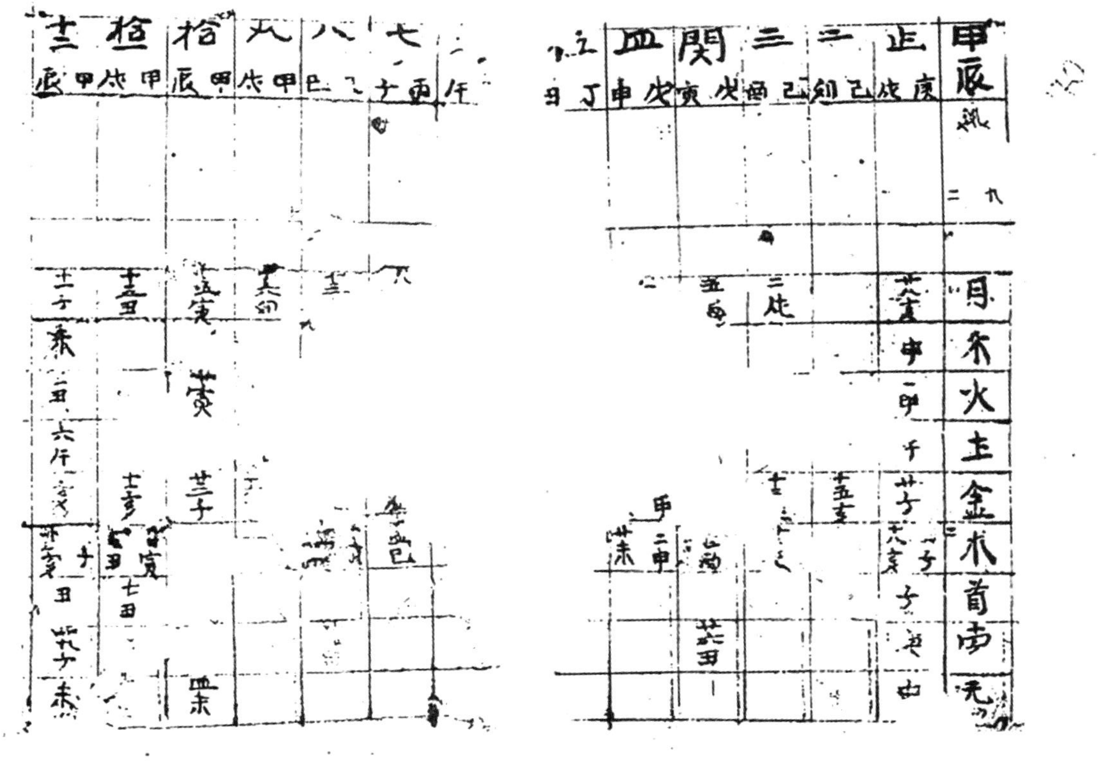

录文：

拾二 甲辰	拾一 甲戌	拾 甲辰	九 甲戌	八 乙巳	七 丙子	六 ［丙］午	伍 丁丑	四 戊申	闰 戊寅	三 己酉	二 己卯	正 庚戌	甲辰
													䋤 九 二
十一子	十三丑	五寅	六卯	十三□					五酉	二戌		廿八亥	日
未												申	木
一丑		廿寅										一申	火
六午												子	土
亥	十一亥	廿三子						□申 □□		十二戌	十五亥	廿子	金
□子 廿□亥	□丑	□寅			四巳			二申 廿未	□酉	十□戌		□子 十八亥	水
丑	七丑											子	首
廿九子									廿六丑			庚	孛
未		四未										申	炁

校勘：

①本表由两页组成，五月以前右半部分，整理者标注页码 170，左半部分标注页码 169。

②上部表头第一行六月朔日“丙午”的“丙”，据残存地支和《二十史朔闰表》补。[①]

---

① 陈垣：《二十史朔闰表》，中华书局 1999 年版，第 134 页。

译文：

拾二 甲辰	拾一 甲戌	拾 甲辰	九 甲戌	八 乙巳	七 丙子	六 [丙]午	伍 丁丑	四 戊申	闰 戊寅	三 己酉	二 己卯	正 庚戌	甲辰
													震 九 二
十一子	十三丑	五寅	六卯	十三□					五酉	二戌		廿八亥	日
未												申	木
一丑		廿寅										一申	火
六午												子	土
亥	十一亥	廿三子						□申 □□		十二戌	十五亥	廿子	金
□子 廿□亥	□丑	□寅			四巳			二申 廿未	□酉	十□戌		□子 十八亥	水
丑	七丑											子	首
廿九子									廿六丑			庚	孛
未		四未										申	炁

注释：

①右部表头第一列“甲辰”为纪年干支。

②上部表头第一行有本年各月的朔日干支“庚戌、己卯、己酉、戊寅、戊申、丁丑、丙午、丙子、乙巳、甲戌、甲辰、甲戌、甲辰”。

③上部表头第一行“闰”，表示本年闰三月。

④根据纪年干支、每月的朔日，闰三月，查《二十史朔闰表》，只有宋徽宗宣和六年甲辰（1124 年）与之相符。[1] 该年系夏崇宗元德六年。

⑤右部表头第一列“震”，为八卦之一。按：从本年开始，以八卦配年，一年一卦，以后天八卦卦序为准“乾、坎、艮、震、巽、离、坤、兑”。本年震为第四卦。

⑥右部表头第一列“九、二”为男女命宫，其中“二”实为“三”之误，其具体含义为“今年生男起九宫，女起三宫”。按：此处并没有注明男女，如果根据夏崇宗元德二年（1120 年）和元德三年（1121 年）历日内容，记载男女命宫时顺序为先女后男。但结合本年以后年历之记载，根据“男逆女顺”运行规则，可以推知其顺序相反，为先男后女。即夏崇宗元德六年（1124 年）以后，关于男女命宫的记载，一路下去，都是先男后女。此前夏崇宗元德二年（1120 年）和元德三年（1121 年）历日中，在记载男女命宫时，与此体例不符，故分别注明“[illegible]（女）、[illegible]（男）”，以免引起混淆。又次年即夏崇宗元德七年（1125 年）男女命宫为“八、四”，女宫顺行，由 1 到 9 排列，可反推本年女宫数为 3，即原女宫数“二”当改为“三”。又男九宫与年九宫一样，同纪年地支有相同的对应关系，男九宫为三、六、九，对应年地支不出丑、未、辰、戌，“辰”恰在其中。

① 陈垣：《二十史朔闰表》，中华书局 1999 年版，第 134 页。

六 夏崇宗元德七年（1125年）乙巳历日

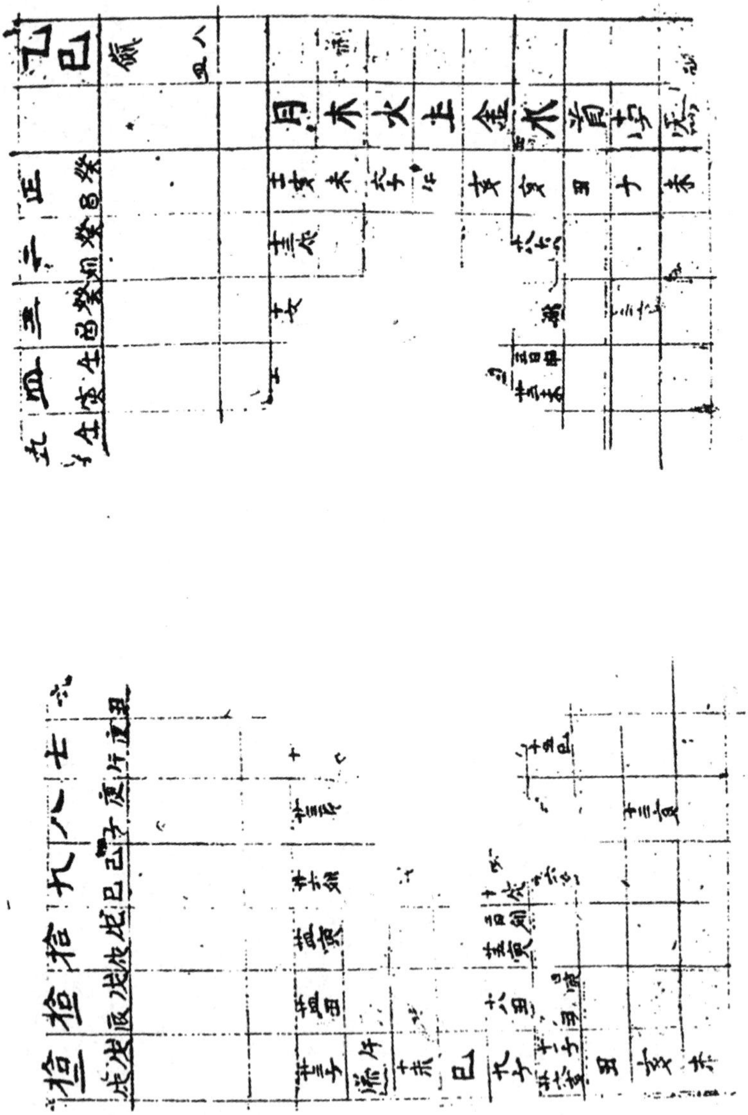

录文：

拾二 戊戌	拾一 戊辰	拾 戊戌	九 己巳	八 庚子	七 庚午	六 ［辛］丑	伍 壬［申］	四 壬寅	三 癸酉	二 癸卯	正 癸酉		乙巳
													[illegible] 八 四
廿三子	廿四丑	廿四寅	廿六卯	廿三辰	十□□			十□□	十六□	十三戌	十一亥	日	
午递											未	木	
十未											六子	火	
巳											午	土	
九子	十八丑	二日卯 廿五寅	□□ 十戌					酉			亥	金	
十一子 廿六亥	□寅 □丑		十六卯		十五巳			三日申 廿三未		廿八戌	亥	水	
丑											丑	首	
亥				十三亥							子	孛	
未											未	炁	

校勘：

①本表由两页组成，五月以前右半部分，整理者标注页码168，左半部分标注页码167。

②上部表头第一行五月朔日“壬申”的“申”，六月朔日“辛丑”的“辛”，据残存天干、地支和《二十史朔闰表》补。[①]

① 陈垣：《二十史朔闰表》，中华书局1999年版，第134页。

译文:

拾二 戊戌	拾一 戊辰	拾 戊戌	九 己巳	八 庚子	七 庚午	六 [辛]丑	伍 壬[申]	四 壬寅	三 癸酉	二 癸卯	正 癸酉		乙巳
													巽 八 四
廿三子	廿四丑	廿四寅	廿六卯	廿三辰	十□□			十□□	十六□	十三戌	十一亥	日	
午递											未	木	
十未											六子	火	
巳											午	土	
九子	十八丑	二日卯 廿五寅	□□ 十戌					酉			亥	金	
十一子 廿六亥	□寅 □丑		十六卯		十五巳			三日申 廿三未		廿八戌	亥	水	
丑											丑	首	
亥				十三亥							子	孛	
未											未	炁	

注释：

①右部表头第一列“乙巳”为纪年干支。

②上部表头第一行有本年各月的朔日干支“癸酉、癸卯、癸酉、壬寅、壬申、辛丑、庚午、庚子、己巳、戊戌、戊辰、戊戌”。

③根据纪年干支、每月的朔日，查《二十史朔闰表》，只有宋徽宗宣和七年乙巳（1125 年）与之相符。[①] 该年系夏崇宗元德七年。

④右部表头第一列“巽”，为后天八卦中的第五卦。

⑤右部表头第一列“八、四”为男女命宫，其具体含义为“今年生男起八宫，女起四宫”。

⑥我们可以根据本年历中男女九宫的记载对求出的残历年代加以验证。在现存敦煌历日中，上元甲子为男七宫，女五宫；中元甲子为男一宫，女二宫；下元甲子为男四宫，女八宫。[②] 夏崇宗元德七年（1125 年）属下元。从 1084 年进入下元年，当年男起四宫，女起八宫，以男逆女顺运行，可推得 1125 年是男八宫、女四宫，恰与本年历记载相符。又男九宫与年九宫一样，同纪年地支有相同的对应关系，男九宫为二、五、八，对应年地支不出巳、亥、寅、申，本年历纪年干支为乙巳，“巳”恰在其中。

⑦木星十二月栏的“递”，相当于中国古代描述行星视运动的术语“冲”。从“始见”到“冲”，每日日出之前都可以在东方的天空中看到行星，因此这个时段被称为“晨见”；从“冲”到“始伏”，每日日落之后都可以在西边的天空中看到行星，所以这个时段被称为“夕见”。盖“递”有“更代”义，故用以指外行星由晨见到夕见的转变。

---

① 陈垣：《二十史朔闰表》，中华书局 1999 年版，第 134 页。

② 邓文宽：《敦煌古历丛识》，《敦煌学辑刊》1989 年第 1 期。后收入氏著《敦煌吐鲁番天文历法研究》，甘肃教育出版社 2002 年版，第 115 页。

七 夏崇宗元德八年（1126年）丙午历日

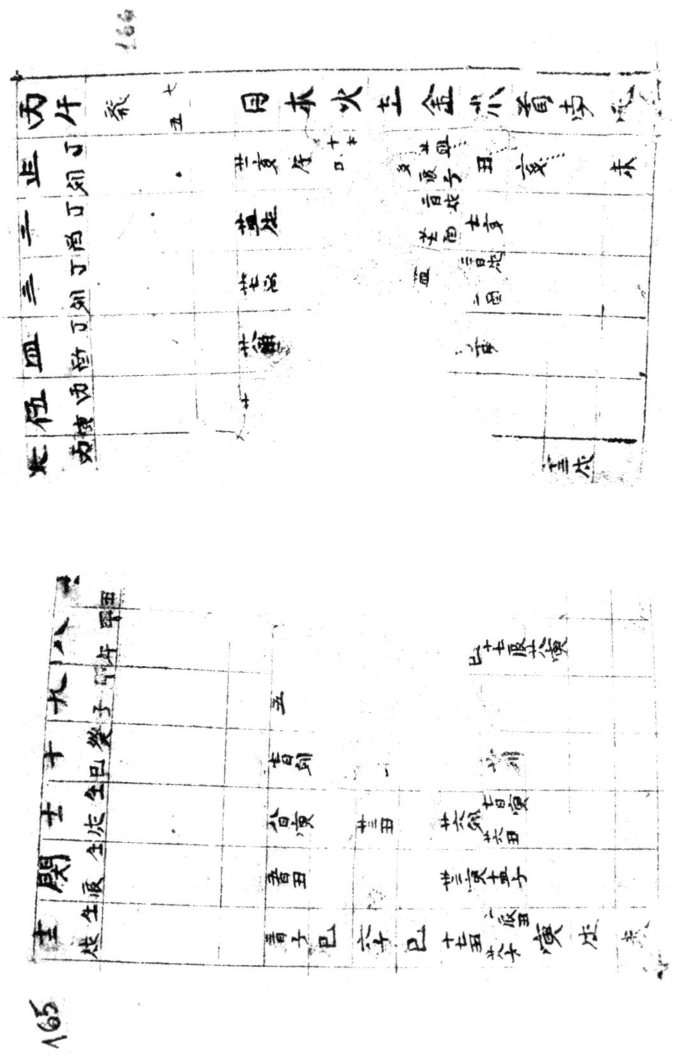

录文：

十二 壬戌	闰 壬辰	十一 壬戌	十 癸巳	九 甲子	八 甲午	七 ［乙］丑	六 丙［申］	伍 丙寅	四 丁酉	三 丁卯	二 丁酉	正 丁卯	丙午
													鬲 七 五
三日子	五日丑	八日寅	七日卯	五				廿□□	廿八申	廿七酉	廿四戌	廿一亥	日
巳												午	木
六子		廿三丑										十□ □	火
巳													土
十七丑	卅三寅	廿六卯			□巳					廿四□	二日戌 廿七酉	亥	金
□辰 丑 廿八子	十四子	七日寅 廿六丑	廿卯		十七辰				□寅	三日戌 □酉	七亥	廿四辰 子	水
寅					廿八寅							丑	首
戌							十三戌					亥	孛
未												未	炁

校勘：

①本表由两页组成，六月以前右半部分，整理者标注页码 166，左半部分标注页码 165。

②上部表头第一行六月朔日“丙申”的“申”，七月朔日“乙丑”的“乙”，据残存天干、地支和《二十史朔闰表》补。[①]

③土星正月栏的“亥”、金星正月栏的“廿四辰、子”、水星正月栏的“丑”、首曜正月栏的“亥”，右下角皆画有虚线指向下一行，表示文字有倒误。此四处内容依次下移一行。

① 陈垣：《二十史朔闰表》，中华书局 1999 年版，第 134 页。

译文：

十二 壬戌	闰 壬辰	十一 壬戌	十 癸巳	九 甲子	八 甲午	七 ［乙］丑	六 丙［申］	伍 丙寅	四 丁酉	三 丁卯	二 丁酉	正 丁卯	丙午
													离 七 五
三日子	五日丑	八日寅	七日卯	五				廿□□	廿八申	廿七酉	廿四戌	廿一亥	日
巳												午	木
六子		廿三丑										十□ □	火
巳													土
十七丑	卅三寅	廿六卯			□巳					廿四□	二日戌 廿七酉	亥	金
□辰 丑 廿八子	十四子	七日寅 廿六丑	廿卯		十七辰				□寅	三日戌 □酉	七亥	廿四辰 子	水
寅					廿八寅							丑	首
戌							十三戌					亥	孛
未												未	炁

注释：

①右部表头第一列“丙午”为纪年干支。

②上部表头第一行有本年各月的朔日干支“丁卯、丁酉、丁卯、丁酉、丙寅、丙申、乙丑、甲午、甲子、癸巳、壬戌、壬辰、壬戌”。

③根据纪年干支、每月的朔日，闰十一月，查《二十史朔闰表》，宋徽宗靖康元年丙午（1126年）与之相符。[①] 该年系夏崇宗元德八年。

④右部表头第一列“离”，为后天八卦中的第六卦。

⑤右部表头第一列“七、五”为男女命宫，其具体含义为“今年生男起七宫，女起五宫”。

① 陈垣：《二十史朔闰表》，中华书局1999年版，第134页。

八　夏崇宗正德元年（1127年）丁未历日

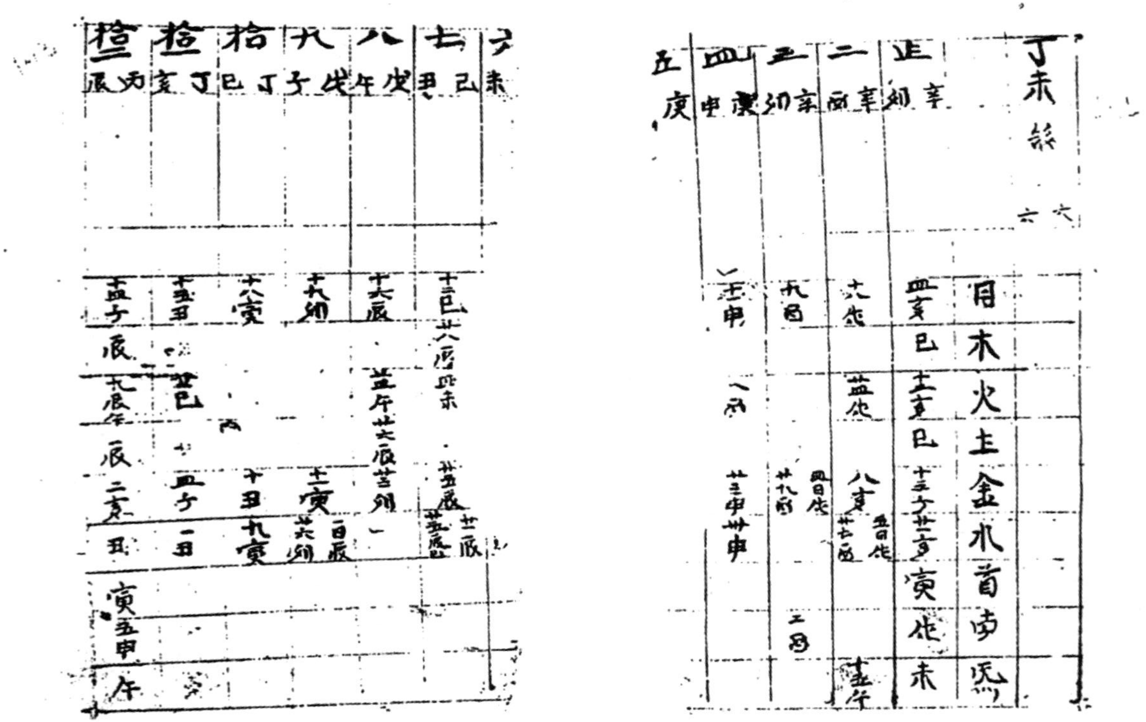

录文：

拾二 丙辰	拾一 丁亥	拾 丁巳	九 戊子	八 戊午	七 己丑	六 ［己］未	伍 庚［寅］	四 庚申	三 辛卯	二 辛酉	正 辛卯		丁未
													設 六 六
十四子	十五丑	十八寅	十九卯	十六辰	十二巳			十一申	九酉	十八戌	四亥	日	
辰					廿八辰						巳	木	
九辰 午	廿一巳			廿四午	四未			八酉		廿四戌	十二亥	火	
辰				廿六辰							巳	土	
二亥	四子	十丑	十一寅	廿三卯	廿五辰			廿三申	四日戌 廿九酉	八亥	十三子	金	
丑	一丑	九寅	一日辰 廿六卯		廿一辰 廿五辰 巳			卅申		五日戌 廿七酉	廿一亥	水	
寅											寅	首	
五申									二酉		戌	孛	
午										十五午	未	炁	

校勘：

①本表由两页组成，五月以前右半部分，整理者标注页码 142，左半部分标注页码 143。按：此处原有错页，整理者误把 142 页的夏崇宗正德元年丁未（1127 年）上半年与 141 页的夏崇宗大德四年戊午（1138 年）下半年拼在一起，置于夏崇宗大德五年己未（1139 年）之后。误把 143 页的夏崇宗正德元年丁未（1127 年）与 144 页的夏崇宗大德三年丁巳（1137 年）上半年拼在一起，置于夏崇宗大德二年丙辰（1136 年）之后。

②上部表头第一行五月朔日“庚寅”的“寅”，六月朔日“己未”的“己”，据残存天干、地支和《二十史朔闰表》补。[①]

① 陈垣：《二十史朔闰表》，中华书局 1999 年版，第 134 页。

译文：

拾二 丙辰	拾一 丁亥	拾 丁巳	九 戊子	八 戊午	七 己丑	六 [己]未	伍 庚[寅]	四 庚申	三 辛卯	二 辛酉	正 辛卯		丁未
													坤 六 六
十四子	十五丑	十八寅	十九卯	十六辰	十二巳			十一申	九酉	十八戌	四亥	日	
辰					廿八辰						巳	木	
九辰 午	廿一巳			廿四午	四未			八酉		廿四戌	十二亥	火	
辰				廿六辰							巳	土	
二亥	四子	十丑	十一寅	廿三卯	廿五辰			廿三申	四日戌 廿九酉	八亥	十三子	金	
丑	一丑	九寅	一日辰 廿六卯		廿一辰 廿五辰 巳			卅申		五日戌 廿七酉	廿一亥	水	
寅											寅	首	
五申									二酉		戌	孛	
午										十五午	未	炁	

注释：

①右部表头第一列“丁未”为纪年干支。资料显示，元德共有九年，元德九年与正德元年共用丁未年。

②上部表头第一行有本年各月的朔日干支“辛卯、辛酉、辛卯、庚申、庚寅、己未、己丑、戊午、戊子、丁巳、丁亥、丙辰”。

③根据纪年干支、每月的朔日，查《二十史朔闰表》，宋徽宗靖康二年丁未（1127 年）与之相符。[①] 该年系夏崇宗正德元年。

④右部表头第一列“坤”，为八卦之一。上一年八卦配年为“离”，本年为“坤”，符合后天八卦的顺序“乾、坎、艮、震、巽、离、坤、兑”。

⑤右部表头第一列“六、六”为男女命宫，其具体含义为“今年生男起六宫，女起六宫”。在现存敦煌历日中，上元甲子为男七宫，女五宫；中元甲子为男一宫，女二宫；下元甲子为男四宫，女八宫。[②] 夏崇宗正德元年（1127 年）属下元。从 1084 年进入下元年，即该年男起四宫，女起八宫，以男逆女顺运行，可推得 1127 年是男六宫、女六宫，恰与本年历记载相符。男九宫为三、六、九，对应年地支不出丑、未、辰、戌，“未”恰在其中。

---

① 陈垣：《二十史朔闰表》，中华书局 1999 年版，第 134 页。

② 邓文宽：《敦煌古历丛识》，《敦煌学辑刊》1989 年第 1 期。后收入氏著《敦煌吐鲁番天文历法研究》，甘肃教育出版社 2002 年版，第 115 页。

九 夏崇宗正德二年（1128年）戊申历日

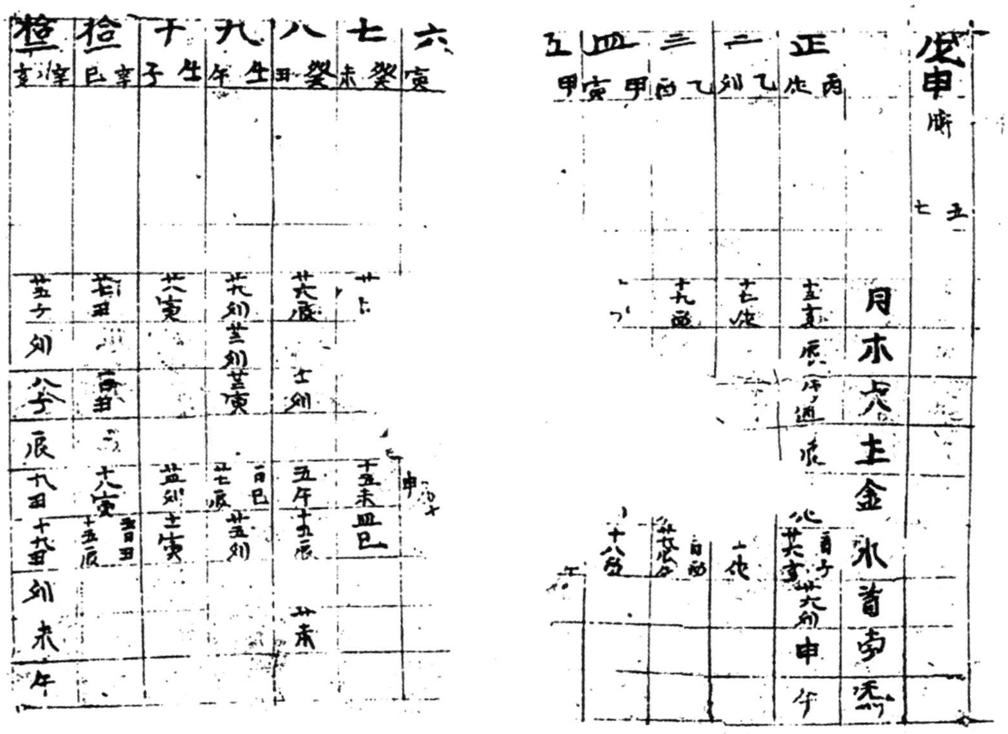

录文：

拾二 辛亥	拾一 辛巳	十 壬子	九 壬午	八 癸丑	七 癸未	六 寅［甲］	伍 甲［申］	四 甲寅	三 乙酉	二 乙卯	正 丙戌		戊申
													[illegible] 五 七
廿五子	廿七丑	廿八寅	廿九卯	廿六辰	廿巳		十□申		十九酉	十七戌	十三亥	日	
卯			廿三卯								辰	木	
八子	一日丑		廿三寅	十一卯							午 递	火	
辰											辰	土	
九丑	十八寅	廿四卯	一日巳 廿七辰	五午	十五未	□□ 申					□戌	金	
十九丑	五日丑 十五辰	十一寅	廿五卯	十五辰	四巳	十□		十八 酉	□日酉 廿九辰 戌	□戌	三日子 廿六亥	水	
卯											廿六卯	首	
未				廿未							申	孛	
午											午	炁	

校勘：

①本表由两页组成，五月以前右半部分，整理者标注页码 162，左半部分标注页码 161。

②上部表头第一行五月朔日“甲申”的“申”，六月朔日“甲寅”的“甲”，据残存天干、地支和《二十史朔闰表》补。[①]

① 陈垣:《二十史朔闰表》，中华书局 1999 年版，第 134 页。

译文：

拾二 辛亥	拾一 辛巳	十 壬子	九 壬午	八 癸丑	七 癸未	六 寅［甲］	伍 甲［申］	四 甲寅	三 乙酉	二 乙卯	正 丙戌		戊申
													兑 五 七
廿五子	廿七丑	廿八寅	廿九卯	廿六辰	廿巳		十□申		十九酉	十七戌	十三亥	日	
卯			廿三卯								辰	木	
八子	一日丑		廿三寅	十一卯							午 递	火	
辰											辰	土	
九丑	十八寅	廿四卯	一日巳 廿七辰	五午	十五未	□□ 申					□戌	金	
十九丑	五日丑 十五辰	十一寅	廿五卯	十五辰	四巳	十□		十八酉	□日酉 廿九辰 戌	□戌	三日子 廿六亥	水	
卯											廿六卯	首	
未				廿未							申	孛	
午											午	炁	

注释：

①右部表头第一列“戊申”为纪年干支。

②上部表头第一行有本年各月的朔日干支“丙戌、乙卯、乙酉、甲寅、甲申、甲寅、癸未、癸丑、壬午、壬子、辛巳、辛亥”。

③根据纪年干支、每月的朔日，查《二十史朔闰表》，宋高宗建炎二年戊申（1128年）与之相符。[①] 该年系夏崇宗正德二年。

④右部表头第一列“兑”，为后天八卦“乾、坎、艮、震、巽、离、坤、兑”中的第八卦。至此，一个循环结束。

⑤右部表头第一列“五、七”为男女命宫，其具体含义为“今年生男起五宫，女起七宫”。男九宫为二、五、八，对应年地支不出巳、亥、寅、申，“申”恰在其中。

⑥火星正月栏中的“递”字，相当于中国古代描述行星视运动的术语“冲”。从“始见”到“冲”，每日日出之前都可以在东方的天空中看到行星，因此这个时段被称为“晨见”；从“冲”到“始伏”，每日日落之后都可以在西边的天空中看到行星，所以这个时段被称为“夕见”。“递”有“更代”义，用以指外行星由晨见到夕见的转变。

---

① 陈垣《二十史朔闰表》，中华书局1999年版，第134页。

十 夏崇宗正德三年（1129年）己酉历日

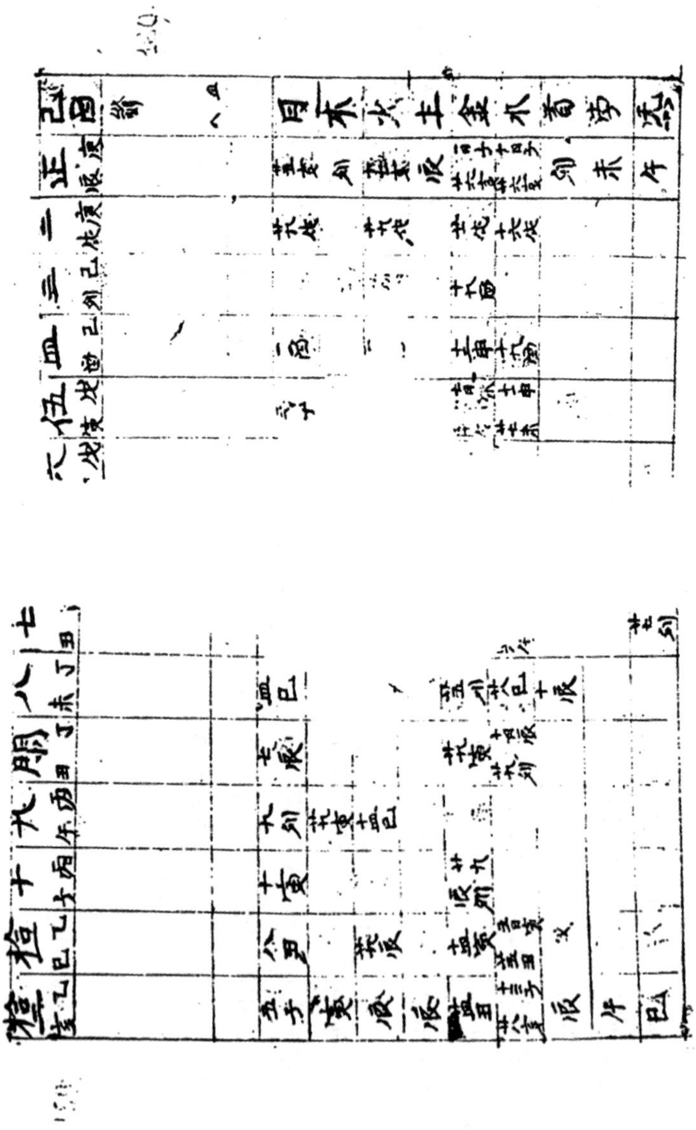

录文：

拾二 乙亥	拾一 乙巳	十 丙子	九 丙午	闰 丁丑	八 丁未	七 ［丁］丑	六 戊［申］	伍 戊寅	四 己酉	三 己卯	二 庚戌	正 庚辰	己酉
													谿 四 八
五子	八丑	十寅	九卯	七辰	四巳			三申	一酉		廿九戌	廿五亥	日
寅			廿九寅									卯	木
辰	廿九辰		十四巳								廿九戌	十七亥	火
辰												辰	土
廿四丑	十四寅	廿九辰 卯		廿九寅	廿五卯			七日未	十二申	十九酉	廿一戌	一日子 廿六亥	金
十三子 廿八亥	五日寅 廿五丑			十日辰 廿九卯	廿八巳	□六午		十一申 廿七未	十九酉		十六戌	十日子 廿六亥	水
辰					十辰							卯	首
午												未	孛
巳						廿七卯						午	炁

校勘：

①本表由两页组成，六月以前右半部分，整理者标注页码 160，左半部分标注页码 159。

②上部表头第一行六月朔日“戊申”的“申”，七月朔日“丁丑”的“丁”，据残存天干、地支和同年 Инв.No.5282 西夏文草书残历右半叶，并参考《二十史朔闰表》宋代纪年补。[①]

① 陈垣：《二十史朔闰表》，中华书局 1999 年版，第 134 页。

译文：

拾二 乙亥	拾一 乙巳	十 丙子	九 丙午	闰 丁丑	八 丁未	七 ［丁］丑	六 戊［申］	伍 戊寅	四 己酉	三 己卯	二 庚戌	正 庚辰	己酉
													乾 四 八
五子	八丑	十寅	九卯	七辰	四巳			三申	一酉		廿九戌	廿五亥	日
寅			廿九寅									卯	木
辰	廿九辰		十四巳								廿九戌	十七亥	火
辰												辰	土
廿四丑	十四寅	廿九辰 卯		廿九寅	廿五卯			七日未	十二申	十九酉	廿一戌	一日子 廿六亥	金
十三子 廿八亥	五日寅 廿五丑			十日辰 廿九卯	廿八巳	□六午		十一申 廿七未	十九酉		十六戌	十日子 廿六亥	水
辰					十辰							卯	首
午												未	孛
巳						廿七卯						午	炁

注释：

①右部表头第一列“己酉”为纪年干支。

②上部表头第一行有本年各月的朔日干支“庚辰、庚戌、己卯、己酉、戊寅、戊申、丁丑、丁未、丁丑、丙午、丙子、乙巳、乙亥”。其中四月的朔日己酉比宋历戊申晚了一天。

③根据纪年干支、每月的朔日，闰八月，查《二十史朔闰表》，宋高宗建炎三年己酉（1129年）与之相符。[①] 该年系夏崇宗正德三年。

④右部表头第一列“乾”，为后天八卦“乾、坎、艮、震、巽、离、坤、兑”第一卦。由此按开始新一轮循环。

⑤右部表头第一列“四、八”为男女命宫，其具体含义为“今年生男起四宫，女起八宫”。男九宫为一、四、七，对应年地支不出子、卯、午、酉，“酉”恰在其中。

① 陈垣：《二十史朔闰表》，中华书局1999年版，第134页。

十一 夏崇宗正德四年（1130 年）庚戌历日

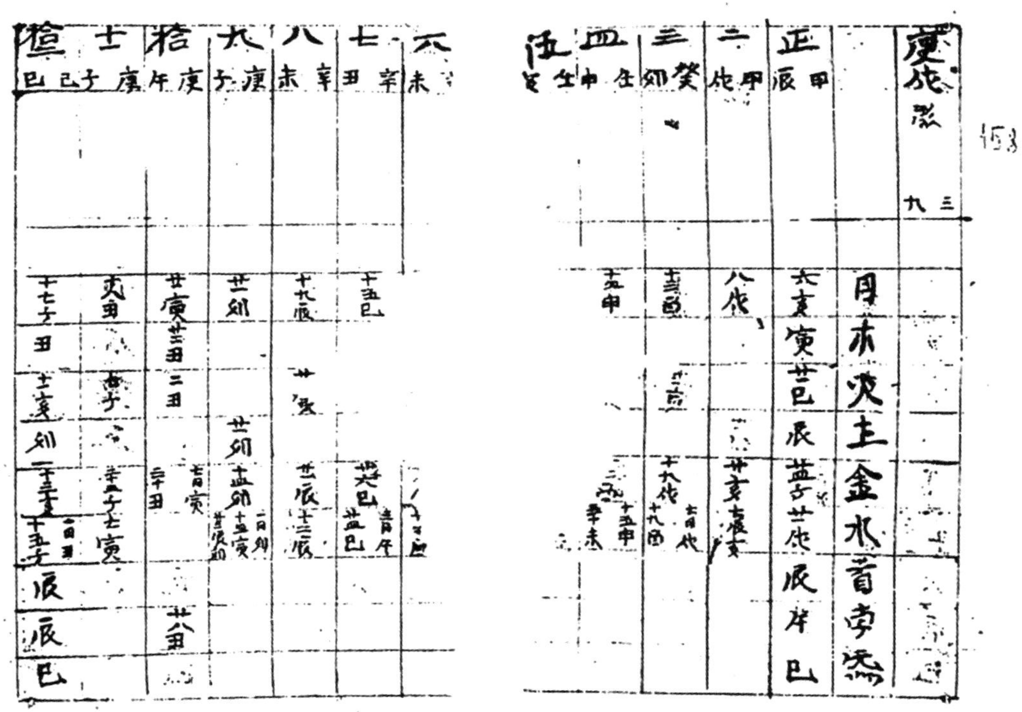

录文：

拾二 己巳	十一 庚子	拾 庚午	九 庚子	八 辛未	七 辛丑	六 ［辛］未	伍 壬寅	四 壬申	三 癸卯	二 甲戌	正 甲辰		庚戌
													繖 三 九
十七子	十八丑	廿一寅	廿一卯	十九辰	十五巳			十四申	十三酉	八戌	六亥	日	
丑		廿二丑									寅	木	
十一亥	七子	二丑		廿寅					廿二寅		廿一巳	火	
卯			廿一卯								辰	土	
十三亥	二十三 子	七日寅 三十丑	十四卯	廿一辰	廿六巳			十二酉	十九戌	廿亥	廿四子	金	
一日丑 十五子	七寅		一日卯 十四寅 廿三辰 卯	十二辰	三日午 廿四巳	十二酉		十五申 三十未	七日戌 十九酉	七辰 亥	廿一戌	水	
辰											辰	首	
辰		廿八丑									午	孛	
巳											巳	炁	

校勘：

①本表由两页组成，五月以前右半部分，整理者标注页码 158，左半部分标注页码 157。

②上部表头第一行六月朔日“辛未”的“辛”，据残存地支和《二十史朔闰表》补。[1]

① 陈垣：《二十史朔闰表》，中华书局 1999 年版，第 134 页。

译文：

拾二 己巳	十一 庚子	拾 庚午	九 庚子	八 辛未	七 辛丑	六 [辛]未	伍 壬寅	四 壬申	三 癸卯	二 甲戌	正 甲辰		庚戌
													坎 三 九
十七子	十八丑	廿一寅	廿一卯	十九辰	十五巳			十四申	十三酉	八戌	六亥	日	
丑		廿二丑									寅	木	
十一亥	七子	二丑		廿寅					廿二寅		廿一巳	火	
卯			廿一卯								辰	土	
十三亥	二十三 子	七日寅 三十丑	十四卯	廿一辰	廿六巳			十二酉	十九戌	廿亥	廿四子	金	
一日丑 十五子	七寅		一日卯 十四寅 廿三辰 卯	十二辰	三日午 廿四巳	十二酉		十五申 三十未	七日戌 十九酉	七辰 亥	廿一戌	水	
辰											辰	首	
辰		廿八丑									午	孛	
巳											巳	炁	

注释：

①右部表头第一列“庚戌”为纪年干支。

②上部表头第一行有本年各月的朔日干支“甲辰、甲戌、癸卯、壬申、壬寅、辛未、辛丑、辛未、庚子、庚午、庚子、己巳”。

③根据纪年干支、每月的朔日，查《二十史朔闰表》，宋高宗建炎四年庚戌（1130 年）与之相符。[①] 该年系夏崇宗正德四年。

④右部表头第一列“坎”，为后天八卦中的第二卦。

⑤右部表头第一列“三、九”为男女命宫，其具体含义为“今年生男起三宫，女起九宫”。又男九宫与年九宫一样，同纪年地支有相同的对应关系，男九宫为三、六、九，对应年地支不出丑、未、辰、戌，本年历纪年干支为庚戌，“戌”恰在其中。

---

① 陈垣：《二十史朔闰表》，中华书局 1999 年版，第 134 页。

十二　夏崇宗正德五年（1131 年）辛亥历日

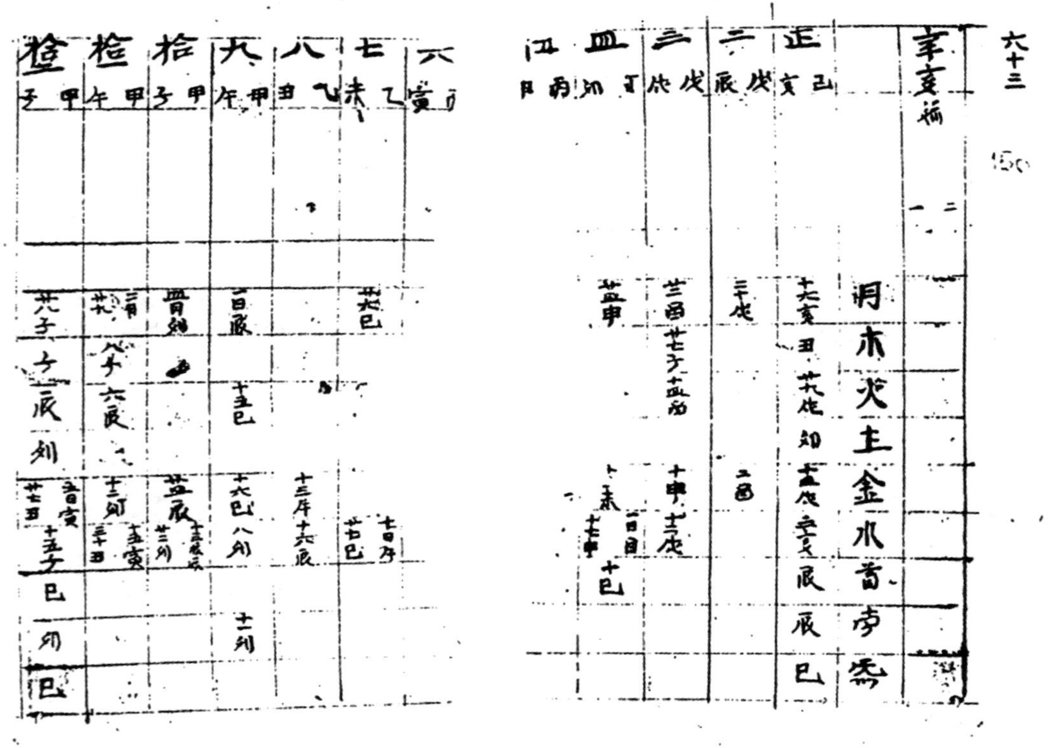

录文：

拾二 甲子	拾一 甲午	拾 甲子	九 甲午	八 乙丑	七 乙未	六 ［丙］寅	伍 丙［申］	四 丁卯	三 戊戌	二 戊辰	正 己亥		辛亥
													絧 二 一
廿八子	二日寅 廿九丑	四日卯	一日辰		廿六巳			廿四申	廿二酉	二十戌	十六亥	日	
子	八子								廿七子		丑	木	
辰	六辰		十五巳						十四酉		廿九戌	火	
卯											卯	土	
五日寅 廿七丑	十二卯	廿四辰	十六巳	十三午				十二未	十申	二酉	十四戌	金	
十五子	十五寅 三十丑	十三辰 辰 廿二卯	八卯	十六辰	七日午 廿七巳			一日酉 十七申	十二戌		三亥	水	
巳								十巳			辰	首	
卯			十一卯								辰	孛	
巳											巳	炁	

六十三

校勘：

①本表由两页组成，五月以前右半部分，整理者标注页码 156，左半部分标注页码 155。

②上部表头第一行五月朔日“丙申”的“申”，六月朔日“丙寅”的“寅”，据残存天干、地支和《二十史朔闰表》补。[①]

① 陈垣：《二十史朔闰表》，中华书局 1999 年版，第 135 页。

译文：

六十三

拾二 甲子	拾一 甲午	拾 甲子	九 甲午	八 乙丑	七 乙未	六 ［丙］寅	伍 丙［申］	四 丁卯	三 戊戌	二 戊辰	正 己亥		辛亥
													艮 二 一
廿八子	二日寅 廿九丑	四日卯	一日辰		廿六巳			廿四申	廿二酉	二十戌	十六亥	日	
子	八子								廿七子		丑	木	
辰	六辰		十五巳						十四酉		廿九戌	火	
卯											卯	土	
五日寅 廿七丑	十二卯	廿四辰	十六巳	十三午				十二未	十申	二酉	十四戌	金	
十五子	十五寅 三十丑	十三辰 辰 廿二卯	八卯	十六辰	七日午 廿七巳			一日酉 十七申	十二戌		三亥	水	
巳								十巳			辰	首	
卯			十一卯								辰	孛	
巳											巳	炁	

注释：

①右部表头第一列“辛亥”为纪年干支。

②上部表头第一行有本年各月的朔日干支“己亥、戊辰、戊戌、丁卯、丙申、丙寅、乙未、乙丑、甲午、甲子、甲午、甲子”。

③根据纪年干支、每月的朔日，查《二十史朔闰表》，宋高宗绍兴元年辛亥（1131 年）与之相符。[①] 该年系夏崇宗正德五年。

④右部表头第一列“艮”，为后天八卦中的第三卦。

⑤右部表头第一列“二、一”为男女命宫，其具体含义为“今年生男起二宫，女起一宫”。男九宫为二、五、八，对应年地支不出巳、亥、寅、申，“亥”恰在其中。

⑥表框外右上角有数字“六十三”，上一处数字为“七十四”。由庚子年（夏崇宗元德二年，1120 年）到辛亥年（夏崇宗正德五年，1131 年），正好为十二地支的一个循环。

① 陈垣:《二十史朔闰表》，中华书局 1999 年版，第 135 页。

十三 夏崇宗正德六年（1132年）壬子历日

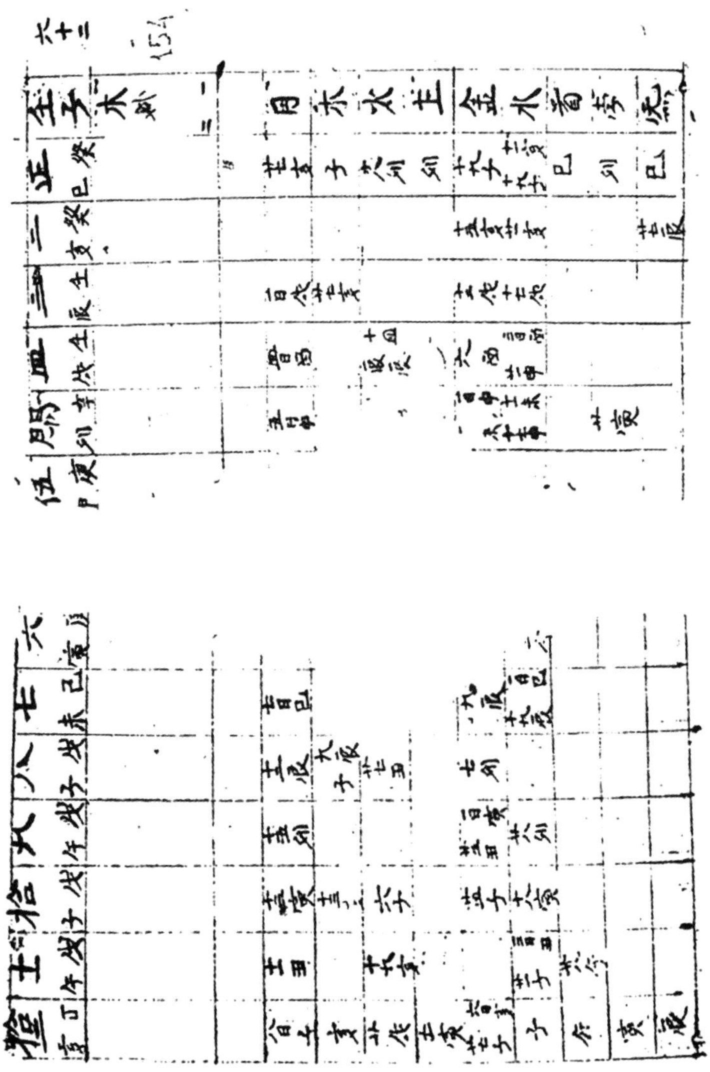

录文：

六十二

拾二 丁亥	十一 戊午	拾 戊子	九 戊午	八 戊子	七 己未	六 ［庚］寅	伍 庚［申］	闰 辛卯	四 壬戌	三 壬辰	二 癸亥	正 癸巳	壬子
													木 綠 一 二
八日子	十一丑	十三寅	十五卯	十二辰	七日巳			五日申	四日酉	一日戌		廿七亥	日
亥		十三亥		九辰 子						廿七亥		子	木
廿戌	十九亥	六子		廿七丑					十四辰 辰			十八卯	火
七寅								一日申 □未	六酉			卯	土
六日亥 廿七子		廿四子	一日寅 廿五丑	七卯	九辰			十一未 十七申	三日酉 廿一申	十二戌	十五亥	十九子	金
子	三日丑 廿一子	十八寅	廿八卯		一日巳 十九辰	□午				十七戌	廿一亥	十一亥 十九子	水
午	廿八午											巳	首
寅								廿寅				卯	孛
辰											廿七辰	巳	炁

校勘：

①本表由两页组成，五月以前右半部分，整理者标注页码154，左半部分标注页码153。

②上部表头第一行五月朔日“庚申”的“申”，六月朔日“庚寅”的“庚”，据残存天干、地支和《二十史朔闰表》宋代纪年补。[①]

① 陈垣：《二十史朔闰表》，中华书局1999年版，第135页。

译文：

六十二

拾二 丁亥	十一 戊午	拾 戊子	九 戊午	八 戊子	七 己未	六 ［庚］寅	伍 庚［申］	闰 辛卯	四 壬戌	三 壬辰	二 癸亥	正 癸巳	壬子
													木 震 一 二
八日子	十一丑	十三寅	十五卯	十二辰	七日巳			五日申	四日酉	一日戌		廿七亥	日
亥		十三亥		九辰 子						廿七亥		子	木
廿戌	十九亥	六子		廿七丑					十四辰 辰			十八卯	火
七寅								一日申 □未	六酉			卯	土
六日亥 廿七子		廿四子	一日寅 廿五丑	七卯	九辰			十一未 十七申	三日酉 廿一申	十二戌	十五亥	十九子	金
子	三日丑 廿一子	十八寅	廿八卯		一日巳 十九辰	□午				十七戌	廿一亥	十一亥 十九子	水
午	廿八午											巳	首
寅								廿寅				卯	孛
辰											廿七辰	巳	炁

注释：

①右部表头第一列“壬子”为纪年干支。

②上部表头第一行有本年各月的朔日干支“癸巳、癸亥、壬辰、壬戌、辛卯、庚申、庚寅、己未、戊子、戊午、戊子、戊午、丁亥”。

③根据纪年干支、每月的朔日，闰四月，查《二十史朔闰表》，宋高宗绍兴二年壬子（1132 年）与之相符。[①] 该年系夏崇宗正德六年。

④右部表头第一列第一个“木”，为六十甲子五行纳音。按：从本年开始标注纪年干支的纳音。据《六十甲子纳音歌》“壬子癸丑桑柘木”，对应的干支有“壬子”，与本年历纪年干支相符。

⑤右部表头第一列“震”，为后天八卦中的第四卦。

⑥右部表头第一列“一、二”为男女命宫，其具体含义为“今年生男起一宫，女起二宫”。男九宫为一、四、七，对应年地支不出子、卯、午、酉，本年纪年干支为“壬子”，“子”恰在其中。

⑦表框外右上角有数字“六十二”，开始十二地支的一个新循环，即从壬子年（夏崇宗正德六年，1132 年）到癸亥年（夏仁宗大庆四年，1143 年）。上一个循环为从庚子年（夏崇宗元德二年，1120 年）到辛亥年（夏崇宗正德五年，1131 年）。

---

① 陈垣《二十史朔闰表》，中华书局 1999 年版，第 135 页。

十四　夏崇宗正德七年（1133年）癸丑历日

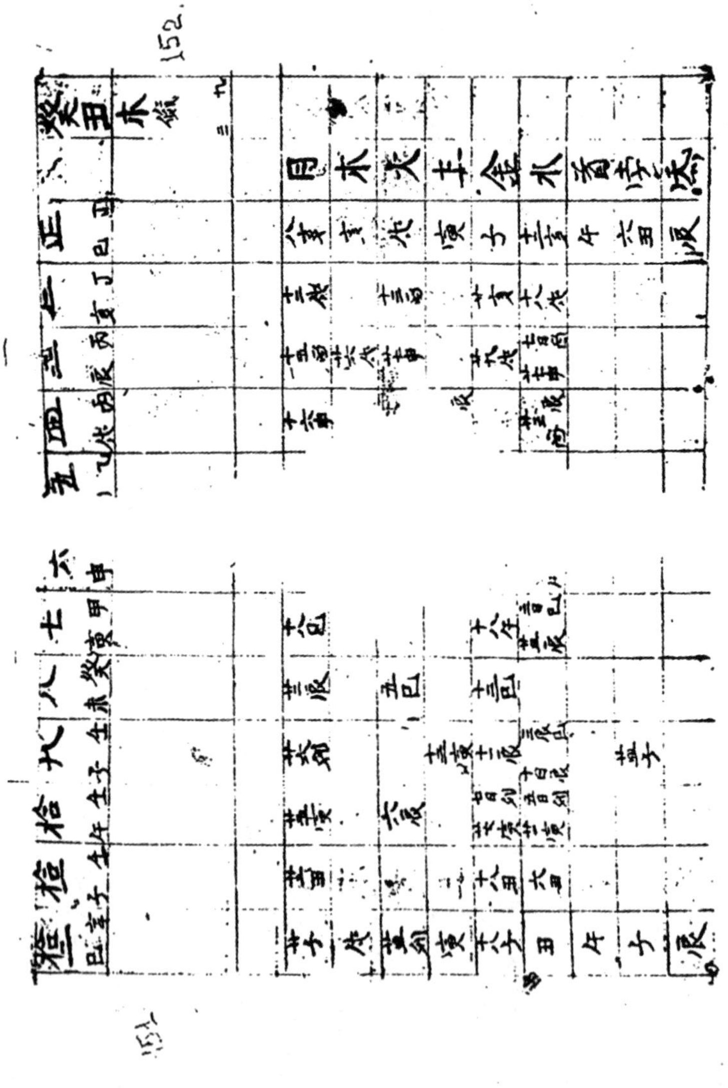

录文：

拾二 辛巳	拾一 壬子	拾 壬午	九 壬子	八 癸未	七 甲寅	六 ［甲］申	伍 乙［卯］	四 丙戌	三 丙辰	二 丁亥	正 丁巳		癸丑
													木 㑀 九 三
廿子	廿二丑	廿五寅	廿六卯	廿二辰	十八巳			十六申	十五酉	十二戌	八亥	日	
戌									廿六戌		亥	木	
廿四卯		六辰		五巳					廿七申	十三酉	戌	火	
寅			十三寅					□辰			寅	土	
十八子	十八丑	七日卯 廿七寅	十一辰	十三巳	十八午				廿九戌	廿亥	子	金	
丑	六丑	五日卯 廿一寅	三辰 巳 十日辰		三日巳 廿四辰	□午		廿三辰 酉	七日酉 廿七申	十八戌	十二亥	水	
午											午	首	
子			廿四子								六丑	孛	
辰											辰	炁	

校勘：

①本表由两页组成，五月以前右半部分，整理者标注页码 152，左半部分标注页码 151。

②上部表头第一行五月朔日“乙卯”的“卯”，六月朔日“甲申”的“甲”，据残存天干、地支和《二十史朔闰表》补。[①]

① 陈垣:《二十史朔闰表》，中华书局 1999 年版，第 135 页。

译文：

拾二 辛巳	拾一 壬子	拾 壬午	九 壬子	八 癸未	七 甲寅	六 [甲]申	伍 乙[卯]	四 丙戌	三 丙辰	二 丁亥	正 丁巳		癸丑
													木 巽 九 三
廿子	廿二丑	廿五寅	廿六卯	廿二辰	十八巳			十六申	十五酉	十二戌	八亥	日	
戌									廿六戌		亥	木	
廿四卯		六辰		五巳					廿七申	十三酉	戌	火	
寅			十三寅					□辰			寅	土	
十八子	十八丑	七日卯 廿七寅	十一辰	十三巳	十八午				廿九戌	廿亥	子	金	
丑	六丑	五日卯 廿一寅	三辰 巳 十日辰		三日巳 廿四辰	□午		廿三辰 酉	七日酉 廿七申	十八戌	十二亥	水	
午											午	首	
子			廿四子								六丑	孛	
辰											辰	炁	

注释：

①右部表头第一列“癸丑”为纪年干支。

②上部表头第一行有本年各月的朔日干支“丁巳、丁亥、丙辰、丙戌、乙卯、甲申、甲寅、癸未、壬子、壬午、壬子、辛巳”。

③根据纪年干支、每月的朔日，查《二十史朔闰表》，宋高宗绍兴三年癸丑（1133 年）与之相符。[①] 该年系夏崇宗正德七年。

④右部表头第一列第一个“木”，为六十甲子纳音。据《六十甲子纳音歌》“壬子癸丑桑柘木”，对应的干支有“癸丑”，与本年历纪年干支相符。

⑤右部表头第一列“巽”，为后天八卦中的第五卦。

⑥右部表头第一列“九、三”为男女命宫，其具体含义为“今年生男起九宫，女起三宫”。又男九宫与年九宫一样，同纪年地支有相同的对应关系，年九宫为三、六、九，对应年地支不出丑、未、辰、戌，本年历纪年干支为癸丑，“丑”恰在其中。

① 陈垣：《二十史朔闰表》，中华书局 1999 年版，第 135 页。

十五 夏崇宗正德八年（1134年）甲寅历日

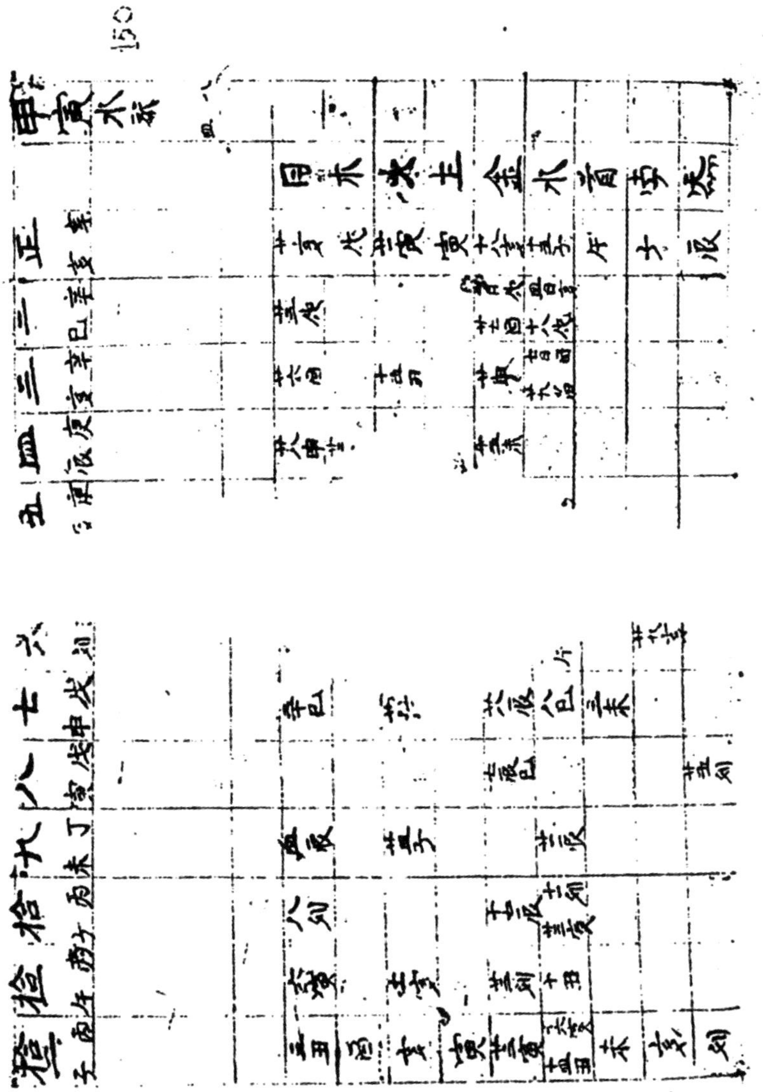

录文：

拾二 丙子	拾一 丙午	拾 丙子	九 丁未	八 戊寅	七 戊申	六 ［己］卯	伍 庚［戌］	四 庚辰	三 辛亥	二 辛巳	正 辛亥		甲寅
													水 毦 八 四
三丑	六寅	八卯	四辰		三十巳			廿八申	廿六酉	廿三戌	廿亥	日	
酉								廿二□			戌	木	
亥	十一亥		廿四子		廿四□				十五丑		廿一寅	火	
寅											寅	土	
廿三寅	廿三卯	十七辰		七辰 巳	廿八辰			十五未	廿申	一日戌 廿七酉	十八亥	金	
十六寅 十四丑	十丑	十一卯 廿三寅	廿一辰		八巳	□□ □午			七日酉 廿九留	四日亥 十八戌	十五子	水	
未					三未						午	首	
亥						廿九亥					子	孛	
卯				廿五卯							辰	炁	

校勘：

①本表由两页组成，五月以前右半部分，整理者标注页码 150，左半部分标注页码 149。

②上部表头第一行五月朔日“庚戌”的“戌”，六月朔日“己卯”的“己”，据残存天干、地支和《二十史朔闰表》补。[①]

① 陈垣：《二十史朔闰表》，中华书局 1999 年版，第 135 页。

译文：

拾二 丙子	拾一 丙午	拾 丙子	九 丁未	八 戊寅	七 戊申	六 ［己］卯	伍 庚［戌］	四 庚辰	三 辛亥	二 辛巳	正 辛亥		甲寅
													水 离 八 四
三丑	六寅	八卯	四辰		三十巳			廿八申	廿六酉	廿三戌	廿亥	日	
酉								廿二□			戌	木	
亥	十一亥		廿四子		廿四□				十五丑		廿一寅	火	
寅											寅	土	
廿三寅	廿三卯	十七辰		七辰 巳	廿八辰			十五未	廿申	一日戌 廿七酉	十八亥	金	
十六寅 十四丑	十丑	十一卯 廿三寅	廿一辰		八巳	□□ □午			七日酉 廿九留	四日亥 十八戌	十五子	水	
未					三未						午	首	
亥						廿九亥					子	孛	
卯				廿五卯							辰	炁	

注释：

①右部表头第一列“甲寅”为纪年干支。

②上部表头第一行有本年各月的朔日干支“辛亥、辛巳、辛亥、庚辰、庚戌、己卯、戊申、戊寅、丁未、丙子、丙午、丙子”。其中十二月的朔日“丙子”，较宋历“乙亥”晚了一天。

③根据纪年干支、每月的朔日，查《二十史朔闰表》，宋高宗绍兴四年甲寅（1134 年）与之相符。[①] 该年系夏崇宗正德八年。

④右部表头第一列第一个“水”，为六十甲子的纳音。据《六十甲子纳音歌》“甲寅乙卯大溪水”，对应的干支有“甲寅”，与本年历纪年干支相符。

⑤右部表头第一列“离”，为后天八卦中的第六卦。

⑥右部表头第一列“八、四”为男女命宫，其具体含义为“今年生男起八宫，女起四宫”。男九宫为二、五、八，对应年地支不出巳、亥、寅、申，“寅”恰在其中。

⑦水星三月栏中的“留”字，为中国古代描述行星视运动的术语。指行星在一段时间内移动缓慢，好像静止似的。

① 陈垣《二十史朔闰表》，中华书局 1999 年版，第 135 页。

十六 夏崇宗大德元年（1135年）乙卯历日

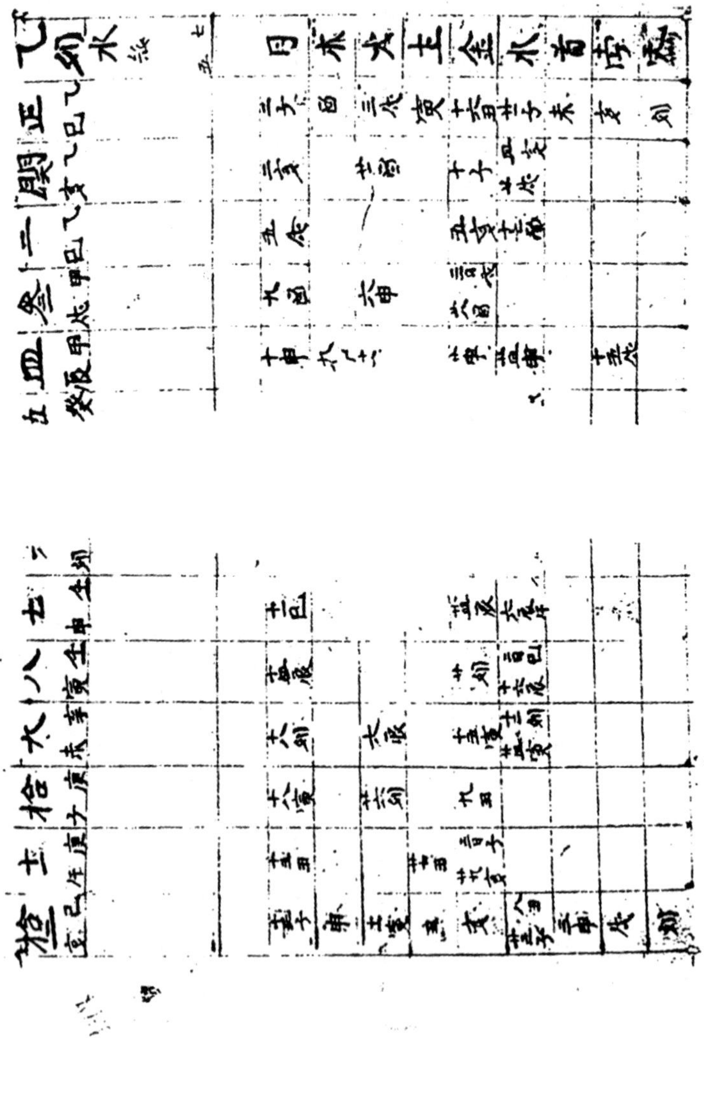

录文：

拾二 己亥	十一 庚午	拾 庚子	九 辛未	八 壬寅	七 壬申	六 ［癸］卯	伍 癸［酉］	四 甲辰	叁 甲戌	二 乙巳	闰 乙亥	正 乙巳	乙卯
													水 該 七 五
十三子	十五丑	十八寅	十八卯	十四辰	十一巳			十申	九酉	五戌	二亥	二子	日
申								九申				酉	木
十一寅		廿六卯	六辰					十□	六申		廿一酉	三戌	火
丑	廿七丑											寅	土
亥	三日子 廿九亥	九丑	十五寅	廿卯	廿四辰			廿申	三日戌 廿八酉	五亥	十子	十六丑	金
八丑 廿三子			十二卯 廿四寅	二日巳 十六辰	六辰 午		□未	廿四申		十七酉	四亥 廿戌	廿一子	水
三申												未	首
戌								十五戌				亥	孛
卯												卯	炁

校勘：

①本表由两页组成，五月以前右半部分，整理者标注页码 148，左半部分标注页码 147。

②上部表头第一行五月朔日“癸酉”的“酉”字缺。据《二十史朔闰表》，宋历本月朔日为甲戌，[①] 天干“癸”字表明，西夏历日提前了一天，故补“酉”字。六月朔日“癸卯”的“癸”，据残存地支和《二十史朔闰表》补。[②]

③ Инв.No.5282 西夏文草书残历左半叶下半年，与本年历为同一年残历。

① 陈垣:《二十史朔闰表》，中华书局 1999 年版，第 135 页。

② 陈垣:《二十史朔闰表》，中华书局 1999 年版，第 135 页。

译文：

拾二 己亥	十一 庚午	拾 庚子	九 辛未	八 壬寅	七 壬申	六 ［癸］卯	伍 癸［酉］	四 甲辰	叁 甲戌	二 乙巳	闰 乙亥	正 乙巳	乙卯
													水 坤 七 五
十三子	十五丑	十八寅	十八卯	十四辰	十一巳			十申	九酉	五戌	二亥	二子	日
申								九申				酉	木
十一寅		廿六卯	六辰					十□	六申		廿一酉	三戌	火
丑	廿七丑											寅	土
亥	三日子 廿九亥	九丑	十五寅	廿卯	廿四辰			廿申	三日戌 廿八酉	五亥	十子	十六丑	金
八丑 廿三子			十二卯 廿四寅	二日巳 十六辰	六辰 午		□未	廿四申		十七酉	四亥 廿戌	廿一子	水
三申												未	首
戌								十五戌				亥	孛
卯												卯	炁

注释：

①右部表头第一列“乙卯”为纪年干支。

②上部表头第一行有本年各月的朔日干支“乙巳、乙亥、乙巳、甲戌、甲辰、癸酉、癸卯、壬申、壬寅、辛未、庚子、庚午、己亥”。其中五月的朔日“癸酉”，较宋历“甲戌”提前了一天。

③根据纪年干支、每月的朔日，查《二十史朔闰表》，宋高宗绍兴五年乙卯（1135 年）与之相符。① 该年系夏崇宗大德元年。

④本年宋历闰二月，西夏则闰正月。宋历二月三十甲辰为春分，夏历应该是把春分放在了本年第三个月的朔日乙巳（宋历和夏历差别不大，朔日或节气一般只差一两天）。这样本年第二个月就没有中气了，根据“无中置闰”的法则，因其在正月之后，所以要闰正月。闰正月不多见。

⑤右部表头第一列第一个“水”，为六十甲子的纳音。据《六十甲子纳音歌》“甲寅乙卯大溪水”，对应的干支有“乙卯”，与本年历纪年干支相符。

⑥右部表头第一列“坤”，为后天八卦中的第七卦。

⑦右部表头第一列“七、五”为男女命宫，其具体含义为“今年生男起七宫，女起五宫”。男九宫为一、四、七，对应年地支不出子、卯、午、酉，“卯”恰在其中。

---

① 陈垣：《二十史朔闰表》，中华书局 1999 年版，第 135 页。

十七 夏崇宗大德二年（1136年）丙辰历日

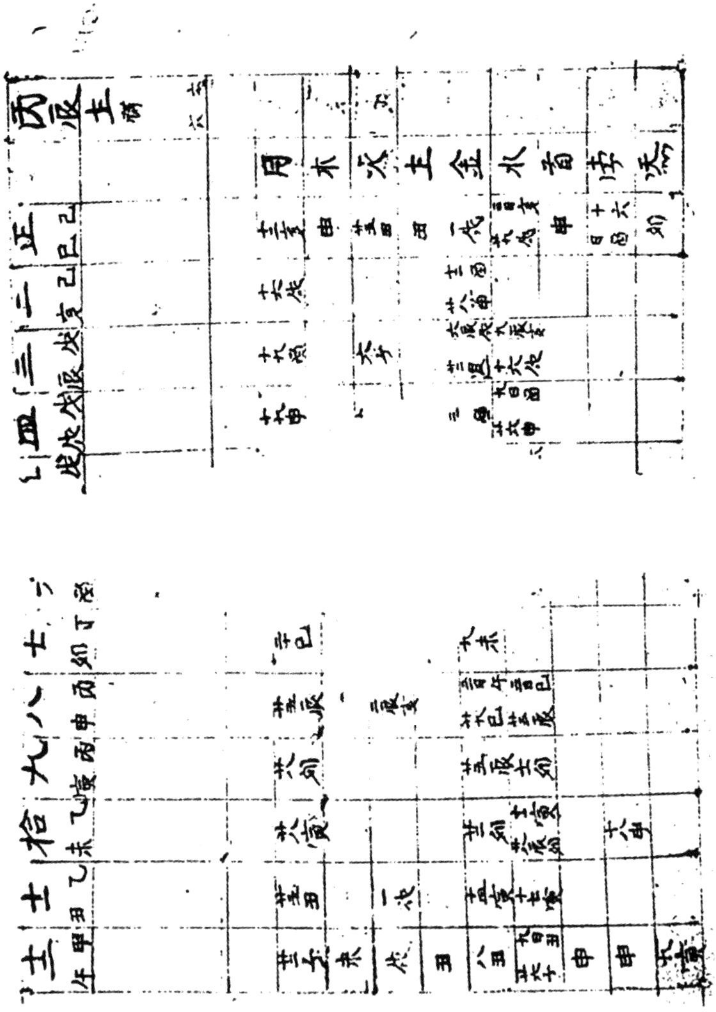

录文：

十二 甲午	十一 乙丑	拾 乙未	九 丙寅	八 丙申	七 丁卯	六 ［丁］酉	伍 戊［辰］	四 戊戌	三 戊辰	二 己亥	正 己巳		丙辰
													土 胕 六 六
廿二子	廿五丑	廿八寅	廿八卯	廿五辰	二十巳			十九申	十九酉	十六戌	十二亥	日	
未											申	木	
戌	一戌			二辰 亥					六子		廿五丑	火	
丑											丑	土	
八丑	十四寅	廿二卯	廿五辰	三日午 廿九巳	九未			三酉	六辰 戌 廿二退	十二酉 廿八留	一戌	金	
九日丑 廿六子	十七寅	十一寅 廿八辰 卯	十一卯	三日巳 廿三辰				九日酉 廿六申	九辰 亥 十六戌		三日亥 廿九戌	水	
申											申	首	
申		十八申									十六日 酉	孛	
九寅											卯	炁	

校勘：

①本表由两页组成，五月以前右半部分，整理者标注页码 146，左半部分标注页码 145。

②上部表头第一行五月朔日“戊辰”的“辰”，六月朔日“丁酉”的“丁”，据残存天干、地支和《二十史朔闰表》补。[①]

① 陈垣：《二十史朔闰表》，中华书局 1999 年版，第 135 页。

译文：

十二 甲午	十一 乙丑	拾 乙未	九 丙寅	八 丙申	七 丁卯	六 ［丁］酉	伍 戊［辰］	四 戊戌	三 戊辰	二 己亥	正 己巳		丙辰
													土 兑 六 六
廿二子	廿五丑	廿八寅	廿八卯	廿五辰	二十巳			十九申	十九酉	十六戌	十二亥	日	
未											申	木	
戌	一戌			二辰 亥					六子		廿五丑	火	
丑											丑	土	
八丑	十四寅	廿二卯	廿五辰	三日午 廿九巳	九未			三酉	六辰 戌 廿二退	十二酉 廿八留	一戌	金	
九日丑 廿六子	十七寅	十一寅 廿八辰 卯	十一卯	三日巳 廿三辰				九日酉 廿六申	九辰 亥 十六戌		三日亥 廿九戌	水	
申											申	首	
申		十八申									十六日 酉	孛	
九寅											卯	炁	

注释：

①右部表头第一列“丙辰”为纪年干支。

②上部表头第一行有本年各月的朔日干支“己巳、己亥、戊辰、戊戌、戊辰、丁酉、丁卯、丙申、丙寅、乙未、乙丑、甲午”。

③根据纪年干支、每月的朔日，查《二十史朔闰表》，宋高宗绍兴六年丙辰（1136 年）与之相符。[①] 该年系夏崇宗大德二年。

④右部表头第一列第一个“土”，为六十甲子的纳音。据《六十甲子纳音歌》“丙辰丁巳沙中土”，对应的干支有“丙辰”，与本年历纪年干支相符。

⑤右部表头第一列“兑”，为后天八卦中的第八卦。至此，后天八卦“乾、坎、艮、震、巽、离、坤、兑”一个循环结束。

⑥右部表头第一列“六、六”为男女命宫，其具体含义为“今年生男起六宫，女起六宫”。男九宫为三、六、九，对应年地支不出丑、未、辰、戌，“辰”恰在其中。

⑦金星二月栏中的“留”字，为中国古代描述行星视运动的术语。指行星在一段时间内移动缓慢，好像静止似的。

⑧金星三月栏中的“退”字，为中国古代描述行星视运动的术语。行星在天空星座的背景上自西往东走，叫顺行；反之，叫逆行。表格中写作“退”。

① 陈垣：《二十史朔闰表》，中华书局 1999 年版，第 135 页。

十八 夏崇宗大德三年（1137年）丁巳历日

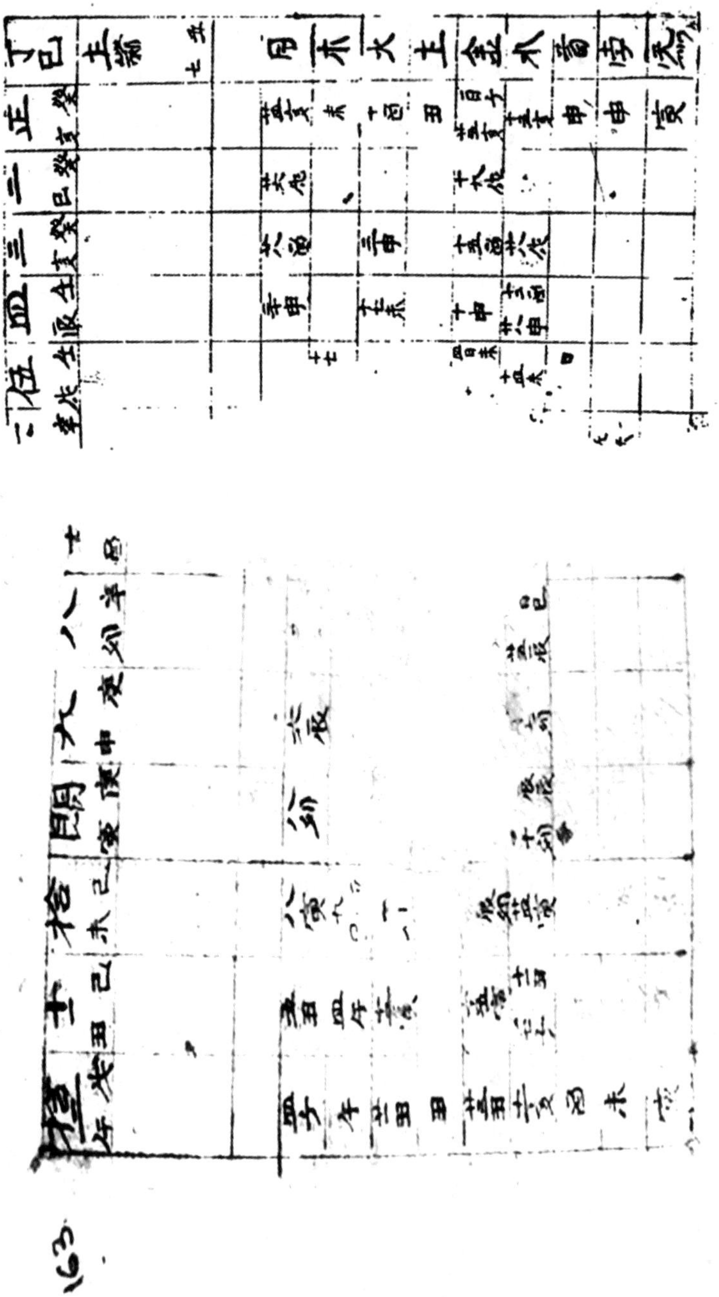

录文：

拾二 戊午	十一 己丑	拾 己未	闰 庚寅	九 庚申	八 辛卯	七 ［辛］酉	六 辛［卯］	伍 壬戌	四 壬辰	三 癸亥	二 癸巳	正 癸亥	丁巳
													土 谿 五 七
四子	五丑	八寅	八卯	六辰	二巳				三十申	廿八酉	廿六戌	廿四亥	日
午	四午	九辰 巳						十七				未	木
廿一丑	十二寅	□卯							十七未	三申		十酉	火
丑												丑	土
廿三丑	十五寅	□辰 卯						四日未	十申	十五酉	十九戌	一日子 廿五亥	金
十一亥	十一丑 十七子	廿四寅	□辰 辰 □十卯	十七卯	□日巳 廿五辰			十四未	十二酉 廿八申	廿八戌		十五亥	水
酉												申	首
未							□未					申	孛
寅												寅	炁

校勘：

①本表由两页组成，六月以前右半部分，整理者标注页码 144，左半部分标注页码 163。按：此处原有错页。整理者误把夏崇宗大德三年丁巳,1137 年上半年（144 页）与夏崇宗正德元年丁未,1127 年下半年（143 页）拼在一起。误把夏崇宗大德三年丁巳,1137 年下半年（163 页）与夏崇宗大德四年戊午,1138 年上半年（164 页）拼在一起。

②上部表头第一行六月朔日“辛卯”的“卯”，七月朔日“辛酉”的“辛”，据残存天干、地支和《二十史朔闰表》补。[①]

① 陈垣:《二十史朔闰表》，中华书局 1999 年版，第 135 页。

译文：

拾二 戊午	十一 己丑	拾 己未	闰 庚寅	九 庚申	八 辛卯	七 ［辛］酉	六 辛［卯］	伍 壬戌	.四 壬辰	三 癸亥	二 癸巳	正 癸亥	丁巳
													土 乾 五 七
四子	五丑	八寅	八卯	六辰	二巳				三十申	廿八酉	廿六戌	廿四亥	日
午	四午	九辰 巳						十七				未	木
廿一丑	十二寅	□卯							十七未	三申		十酉	火
丑												丑	土
廿三丑	十五寅	□辰 卯						四日未	十申	十五酉	十九戌	一日子 廿五亥	金
十一亥	十一丑 十七子	廿四寅	□辰 辰 □十卯	十七卯	□日巳 廿五辰			十四未	十二酉 廿八申	廿八戌		十五亥	水
酉												申	首
未							□未					申	孛
寅												寅	炁

注释：

①右部表头第一列“丁巳”为纪年干支。

②上部表头第一行有本年各月的朔日干支“癸亥、癸巳、癸亥、壬辰、壬戌、辛卯、辛酉、辛卯、庚申、庚寅、己未、己丑、戊午”。

③根据纪年干支、每月的朔日，查《二十史朔闰表》，宋高宗绍兴七年丁巳（1137 年）与之相符。[①] 该年系夏崇宗大德三年。

④本年宋历闰十月，西夏则闰九月。宋历十月廿九戊午小雪，夏历应该是把小雪放在了本年第十一个月的朔日己未（宋历和夏历差别不大，朔日或节气一般只差一两天）。这样本年第十个月就没有中气了，根据“无中置闰”的法则，因其在九月之后，所以要闰九月。

⑤右部表头第一列第一个“土”，为六十甲子的纳音。据《六十甲子纳音歌》“丙辰丁巳沙中土”，对应的干支有“丁巳”，与本年历纪年干支相符。

⑥右部表头第一列“乾”，为后天八卦“乾、坎、艮、震、巽、离、坤、兑”中的第一卦。由此，开始下一个循环。

⑦右部表头第一列“五、七”为男女命宫，其具体含义为“今年生男起五宫，女起七宫”。男九宫为二、五、八，对应年地支不出巳、亥、寅、申，“巳”恰在其中。

---

① 陈垣：《二十史朔闰表》，中华书局 1999 年版，第 135 页。

十九 夏崇宗大德四年（1138年）戊午历日

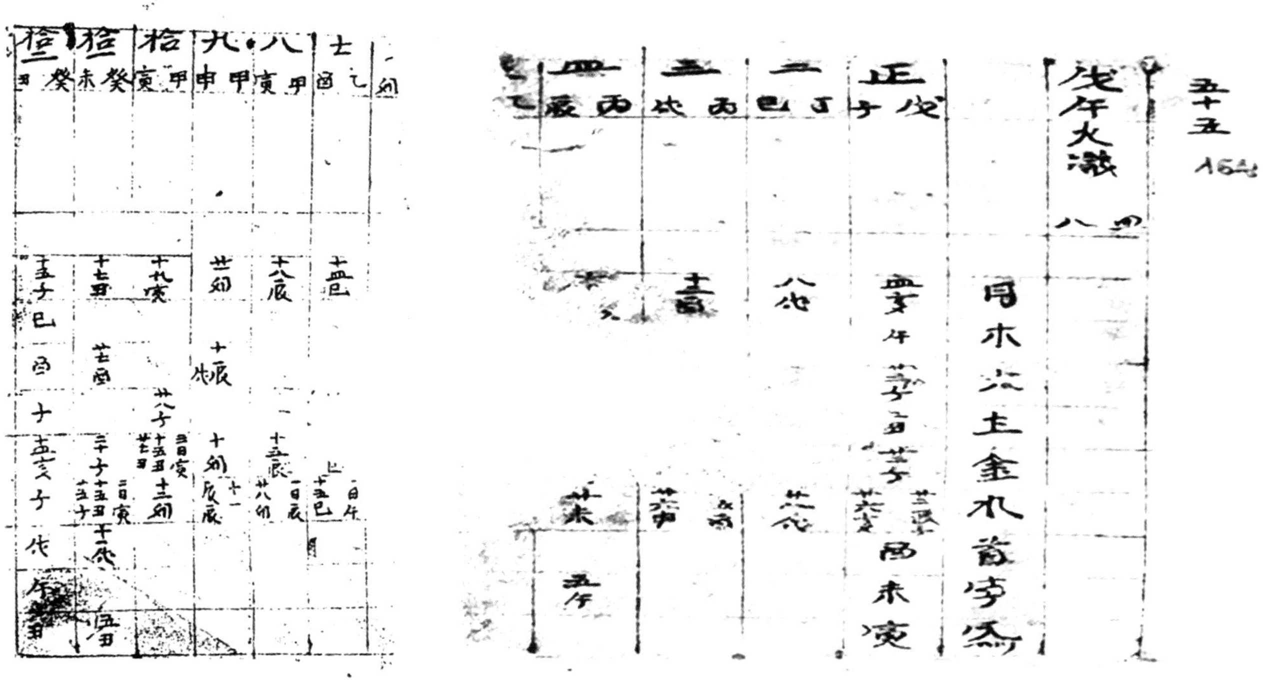

录文：

五十五

拾二 癸丑	拾一 癸未	拾 甲寅	九 甲申	八 甲寅	七 乙酉	六 ［乙］卯	伍 乙［酉］	四 丙辰	三 丙戌	二 丁巳	正 戊子		戊午
													火 繖 四 八
十五子	十七丑	十九寅	廿一卯	十八辰	十四巳				十二酉	八戌	四亥	日	
巳											午	木	
酉	廿七酉		十辰 戌								廿三子	火	
子		廿八子									二丑	土	
十四亥	二十子	三日寅 十五丑 廿七丑	十卯	十五辰							廿二子	金	
子	二日寅 十五丑 廿五子	十二卯	十一辰 辰	一日辰 廿八卯	一日午 十五巳			廿未	十五酉 廿六申	廿一戌	廿二辰 子 廿六亥	水	
戌	十一戌										酉	首	
午								五午			未	孛	
丑	五丑										寅	炁	

校勘：

①本表由两页组成，五月以前右半部分，整理者标注页码 164，左半部分标注页码 141。按：此处原有错页。整理者误把夏崇宗大德三年丁巳，1137 年上半年（144 页）与夏崇宗正德元年丁未，1127 年下半年（143 页）拼在一起。误把夏崇宗大德三年丁巳，1137 年下半年（163 页）与夏崇宗大德四年戊午，1138 年上半年（164 页）拼在一起。

②上部表头第一行五月朔日“乙酉”的“酉”，六月朔日“乙卯”的“乙”，据残存天干、地支和《二十史朔闰表》补。[①]

③表框外右上角有数字“五十五”，不当标在本年，当标在下一年夏崇宗大德五年（1139 年）己未。本年为夏崇宗大德四年戊午（1138 年），其上夏崇宗正德六年（1132 年）壬子历日表框外右上角有数字“六十二”，其下夏仁宗大庆四年（1143 年）癸亥历日表框外右上角有数字“五十一”，都表明本年当作“五十六”，夏崇宗大德五年（1139 年）己未当作“五十五”。综观整部历书，标出数字的年代都具有特殊性，要么是子年或亥年，以表明十二地支循环起迄；要么是老皇帝驾崩、新皇帝继位之年；要么是帝王改元之年。而夏崇宗大德五年（1139 年）己未，正是夏崇宗乾顺驾崩，其子嵬名仁孝即位之年。因此“五十五”这个数字不错，有仁孝在位五十五年之义。

① 陈垣：《二十史朔闰表》，中华书局 1999 年版，第 135 页。

译文：

拾二 癸丑	拾一 癸未	拾 甲寅	九 甲申	八 甲寅	七 乙酉	六 ［乙］卯	伍 乙［酉］	四 丙辰	三 丙戌	二 丁巳	正 戊子		戊午
													火 坎 四 八
十五子	十七丑	十九寅	廿一卯	十八辰	十四巳				十二酉	八戌	四亥	日	
巳											午	木	
酉	廿七酉		十辰 戌								廿三子	火	
子		廿八子									二丑	土	
十四亥	二十子	三日寅 十五丑 廿七丑	十卯	十五辰							廿二子	金	
子	二日寅 十五丑 廿五子	十二卯	十一辰 辰	一日辰 廿八卯	一日午 十五巳			廿未	十五酉 廿六申	廿一戌	廿二辰 子 廿六亥	水	
戌	十一戌										酉	首	
午								五午			未	孛	
丑	五丑										寅	炁	

注释：

①右部表头第一列“戊午”为纪年干支。

②上部表头第一行有本年各月的朔日干支“戊子、丁巳、丙戌、丙辰、乙酉、乙卯、乙酉、甲寅、甲申、甲寅、癸未、癸丑”。

③根据纪年干支、每月的朔日，查《二十史朔闰表》，宋高宗绍兴八年戊午（1138 年）与之相符。[①] 该年系夏崇宗大德四年。

④右部表头第一列第一个“火”，为六十甲子的纳音。据《六十甲子纳音歌》“戊午己未天上火”，对应的干支有“戊午”，与本年历纪年干支相符。

⑤右部表头第一列“坎”，为后天八卦第二卦。

⑥右部表头第一列“四、八”为男女命宫，其具体含义为“今年生男起四宫，女起八宫”。男九宫为一、四、七，对应年地支不出子、卯、午、酉，“午”恰在其中。

---

① 陈垣:《二十史朔闰表》，中华书局 1999 年版，第 135 页。

二十 夏崇宗大德五年（1139年）己未历日

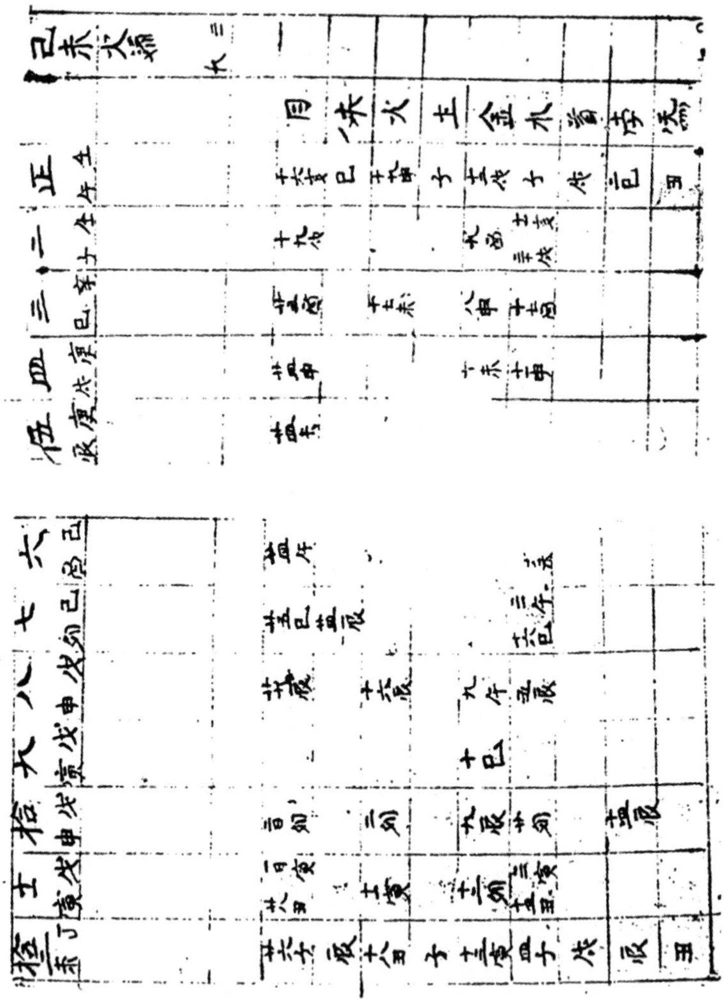

录文：

拾二 丁未	十一 戊寅	拾 戊申	九 戊寅	八 戊申	七 己卯	六 己酉	伍 庚辰	四 庚戌	三 辛巳	二 壬子	正 壬午		己未
													火 絧 三 九
廿六子	一日寅 廿八丑	二日卯		廿九辰	廿五巳	廿四午	廿四未	廿四申	廿三酉	十九戌	十六亥	日	
辰					廿四辰						巳	木	
十八丑	十一寅	二卯		十六辰					十七未		十九申	火	
子											子	土	
十三寅	十二卯	九辰	十巳	九午				十未	八申	九酉	十二戌	金	
四子	三寅 十四丑	廿卯		五辰	三午 十六巳	□六未		十一申	十七酉	十一亥 二十戌	子	水	
戌											戌	首	
辰		十四辰									二巳	孛	
丑											丑	炁	

校勘：

本表由两页组成，五月以前右半部分，整理者标注页码140，左半部分标注页码139。

译文：

拾二 丁未	十一 戊寅	拾 戊申	九 戊寅	八 戊申	七 己卯	六 己酉	伍 庚辰	四 庚戌	三 辛巳	二 壬子	正 壬午		己未
													火 艮 三 九
廿六子	一日寅 廿八丑	二日卯		廿九辰	廿五巳	廿四午	廿四未	廿四申	廿三酉	十九戌	十六亥	日	
辰					廿四辰						巳	木	
十八丑	十一寅	二卯		十六辰					十七未		十九申	火	
子											子	土	
十三寅	十二卯	九辰	十巳	九午				十未	八申	九酉	十二戌	金	
四子	三寅 十四丑	廿卯		五辰	三午 十六巳	□六未		十一申	十七酉	十一亥 二十戌	子	水	
戌											戌	首	
辰		十四辰									二巳	孛	
丑											丑	炁	

注释：

①右部表头第一列“己未”为纪年干支。

②上部表头第一行有本年各月的朔日干支“壬午、壬子、辛巳、庚戌、庚辰、己酉、己卯、戊申、戊寅、戊申、戊寅、丁未”。

③根据纪年干支、每月的朔日，查《二十史朔闰表》，宋高宗绍兴九年己未（1139年）与之相符。[①] 该年系夏崇宗大德五年。

④右部表头第一列第一个“火”，为六十甲子的纳音。据《六十甲子纳音歌》“戊午己未天上火”，对应的干支有“己未”，与本年历纪年干支相符。

⑤右部表头第一列“艮”，为后天八卦第三卦。

⑥右部表头第一列“三、九”为男女命宫，其具体含义为“今年生男起三宫，女起九宫”。又男九宫与年九宫一样，同纪年地支有相同的对应关系，男九宫为三、六、九，对应年地支不出丑、未、辰、戌，本年历纪年干支为己未，“未”恰在其中。

① 陈垣：《二十史朔闰表》，中华书局1999年版，第135页。

二十一　夏仁宗大庆元年（1140 年）庚申历日

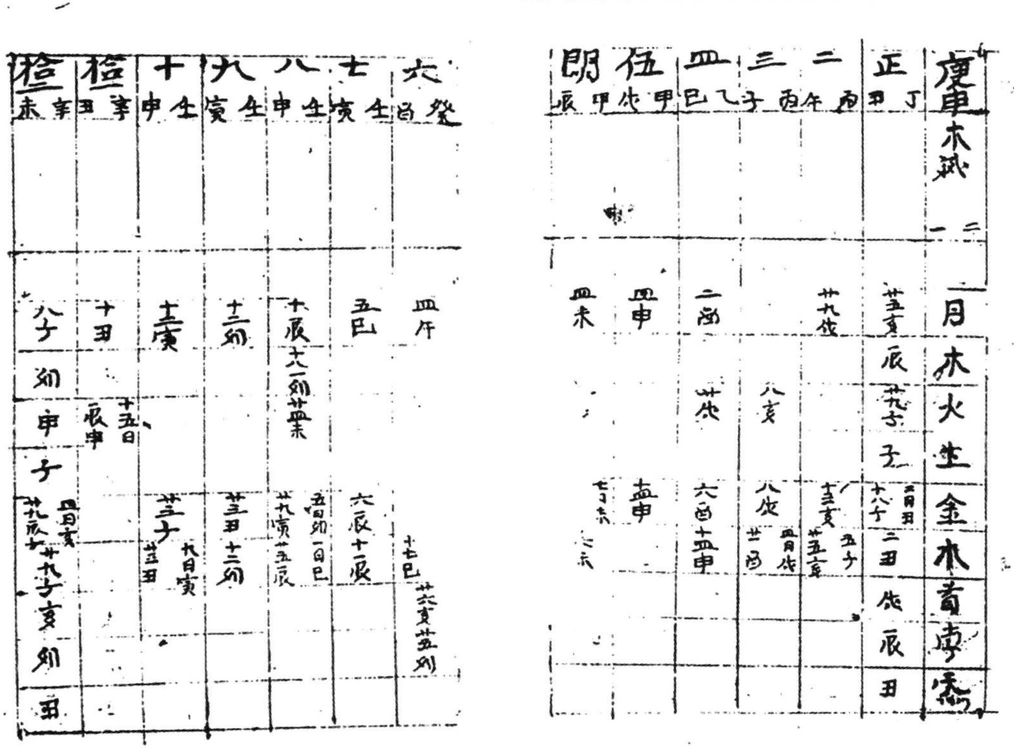

录文：

拾二 辛未	拾一 辛丑	十 壬申	九 壬寅	八 壬申	七 壬寅	六 癸酉	闰 甲辰	伍 甲戌	四 乙巳	三 丙子	二 丙午	正 丁丑	庚申
													木 緻 二 一
八子	十丑	十二寅	十二卯	十辰	五巳	四午	四未	四申	二酉		廿九戌	廿五亥	日
卯				十八一 卯								辰	木
申	十五日 辰 申			廿四未					廿戌	八亥		廿九子	火
子												子	土
四日亥 廿九辰 子		廿三子	廿三丑	五日卯 廿九寅	六辰		七日未 □□	十四申	六酉	八戌	十三亥	二日丑 十八子	金
廿九子		九日寅 廿三丑	十二卯	一日巳 廿五辰	十辰	十七巳	十七未		十四申	四日戌 廿一酉	五子 廿五亥	二丑	水
亥						廿六亥						戌	首
卯						廿六卯						辰	孛
丑												丑	炁

校勘：

①本表由两页组成，闰五月以前右半部分，整理者标注页码 138，左半部分标注页码 137。

②木星八月栏“十八一卯”，“一”字衍。

译文：

拾二 辛未	拾一 辛丑	十 壬申	九 壬寅	八 壬申	七 壬寅	六 癸酉	闰 甲辰	伍 甲戌	四 乙巳	三 丙子	二 丙午	正 丁丑	庚申
													木 震 二 一
八子	十丑	十二寅	十二卯	十辰	五巳	四午	四未	四申	二酉		廿九戌	廿五亥	日
卯				十八卯								辰	木
申	十五日 辰 申			廿四未					廿戌	八亥		廿九子	火
子												子	土
四日亥 廿九辰 子		廿三子	廿三丑	五日卯 廿九寅	六辰		七日未 □□	十四申	六酉	八戌	十三亥	二日丑 十八子	金
廿九子		九日寅 廿三丑	十二卯	一日巳 廿五辰	十辰	十七巳	十七未		十四申	四日戌 廿一酉	五子 廿五亥	二丑	水
亥						廿六亥						戌	首
卯						廿六卯						辰	孛
丑												丑	炁

注释：

①右部表头第一列“庚申”为纪年干支。

②上部表头第一行有本年各月的朔日干支“丁丑、丙午、丙子、乙巳、甲戌、甲辰、癸酉、壬寅、壬申、壬寅、壬申、辛丑、辛未”。其中七月的朔日壬寅比宋历癸卯早了一天。

③根据纪年干支、每月的朔日，查《二十史朔闰表》，宋高宗绍兴十年庚申（1140年）与之相符。[①] 该年系夏仁宗大庆元年。

④本年宋历闰六月，西夏则闰五月。宋历六月廿九壬申大暑，夏历应该是把大暑放在了本年第七个月的朔日癸酉（宋历和夏历差别不大，朔日或节气一般只差一两天）。这样本年第六个月就没有中气了，根据“无中置闰”的法则，因其在五月之后，所以要闰五月。

⑤右部表头第一列第一个“木”，为六十甲子的纳音。据《六十甲子纳音歌》“庚申辛酉石榴木”，对应的干支有“庚申”，与本年历纪年干支相符。

⑥右部表头第一列“震”，为后天八卦第四卦。

⑦右部表头第一列“二、一”为男女命宫，其具体含义为“今年生男起二宫，女起一宫”。男九宫为二、五、八，对应年地支不出巳、亥、寅、申，“申”恰在其中。

① 陈垣：《二十史朔闰表》，中华书局1999年版，第135页。

二十二 夏仁宗大庆二年（1141年）辛酉历日

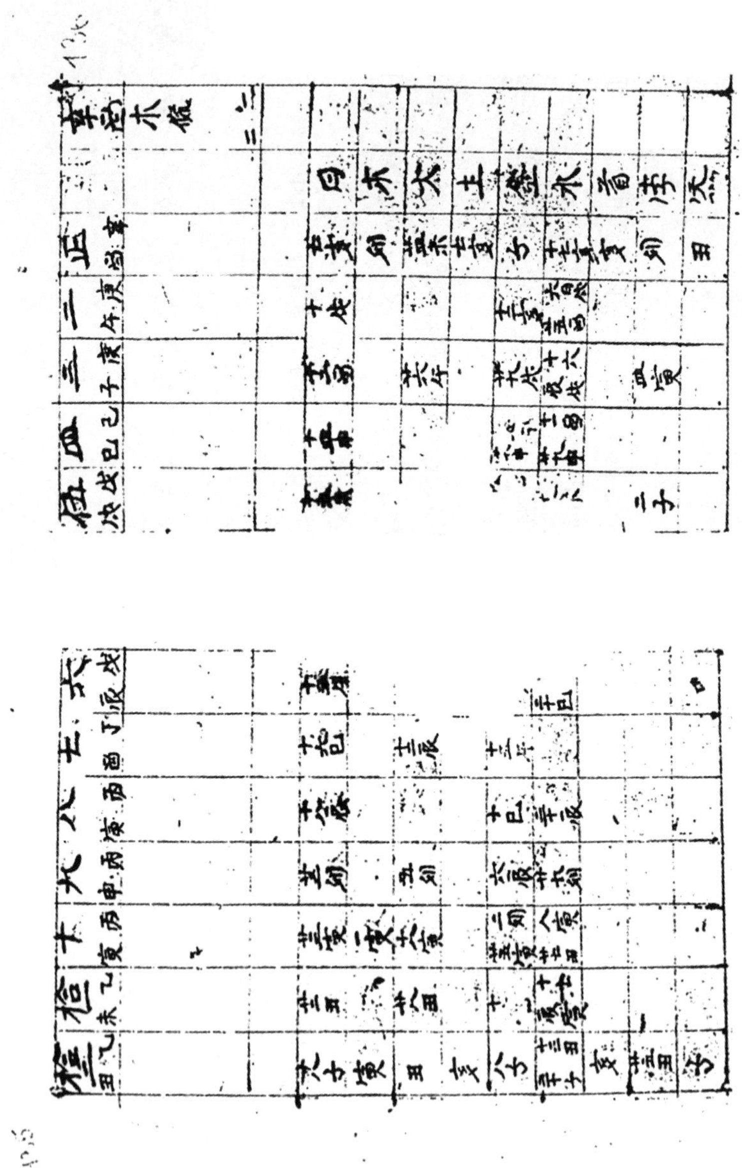

录文:

拾二 乙丑	拾一 乙未	十 丙寅	九 丙申	八 丙寅	七 丁酉	六 戊辰	伍 戊戌	四 己巳	三 庚子	二 庚午	正 辛酉		辛酉
													木 瓬 一 二
十八子	廿二丑	廿三寅	廿三卯	十八辰	十六巳	十五午	十五未	十四申	十二酉	十戌	七亥	日	
寅		一寅									卯	木	
丑	廿八丑	十八寅	五卯		十二辰				廿六午		廿四未	火	
亥											七亥	土	
八子	十□丑	二卯 廿五寅	六辰	十巳	十五午			廿九申	廿九戌	十二亥	子	金	
十三丑 三十子	十七辰 寅	八寅 廿七丑	廿九卯	三十辰		二十巳 □□	□未	十一酉 廿九申	十六辰 戌	六日戌 廿五酉	十七亥	水	
亥											亥	首	
廿五丑							二子		四寅		卯	孛	
子											丑	炁	

校勘：

①本表由两页组成，五月以前右半部分，整理者标注页码 136，左半部分标注页码 135。

②正月朔日“辛酉”的“酉”，当为“丑”之误。二月朔日为庚午，从正月朔日到二月朔日，如果正月大则为 31 天，如果正月小则为 30 天。从辛酉到庚午则为 10 天，从辛丑到庚午则为 30 天，以此可知“辛酉”为笔误，当改作辛丑。

译文：

拾二 乙丑	拾一 乙未	十 丙寅	九 丙申	八 丙寅	七 丁酉	六 戊辰	伍 戊戌	四 己巳	三 庚子	二 庚午	正 辛丑		辛酉
													木 巽 一 二
十八子	廿二丑	廿三寅	廿三卯	十八辰	十六巳	十五午	十五未	十四申	十二酉	十戌	七亥	日	
寅		一寅									卯	木	
丑	廿八丑	十八寅	五卯		十二辰				廿六午		廿四未	火	
亥											七亥	土	
八子	十□丑	二卯 廿五寅	六辰	十巳	十五午			廿九申	廿九戌	十二亥	子	金	
十三丑 三十子	十七辰 寅	八寅 廿七丑	廿九卯	三十辰		二十巳 □□	□未	十一酉 廿九申	十六辰 戌	六日戌 廿五酉	十七亥	水	
亥											亥	首	
廿五丑							二子		四寅		卯	孛	
子											丑	炁	

注释：

①右部表头第一列“辛酉”为纪年干支。

②上部表头第一行有本年各月的朔日干支“辛丑、庚午、庚子、己巳、戊戌、戊辰、丁酉、丙寅、丙申、丙寅、乙未、乙丑”。

③根据纪年干支、每月的朔日，查《二十史朔闰表》，宋高宗绍兴十一年辛酉（1141 年）与之相符。[①] 该年系夏仁宗大庆二年。

④右部表头第一列第一个“木”，为六十甲子的纳音。据《六十甲子纳音歌》“庚申辛酉石榴木”，对应的干支有“辛酉”，与本年历纪年干支相符。

⑤右部表头第一列“巽”，为后天八卦第五卦。

⑥右部表头第一列“一、二”为男女命宫，其具体含义为“今年生男起一宫，女起二宫”。男九宫为一、四、七，对应年地支不出子、卯、午、酉，“酉”恰在其中。

---

① 陈垣：《二十史朔闰表》，中华书局 1999 年版，第 136 页。

二十三 夏仁宗大庆三年（1142年）壬戌历日

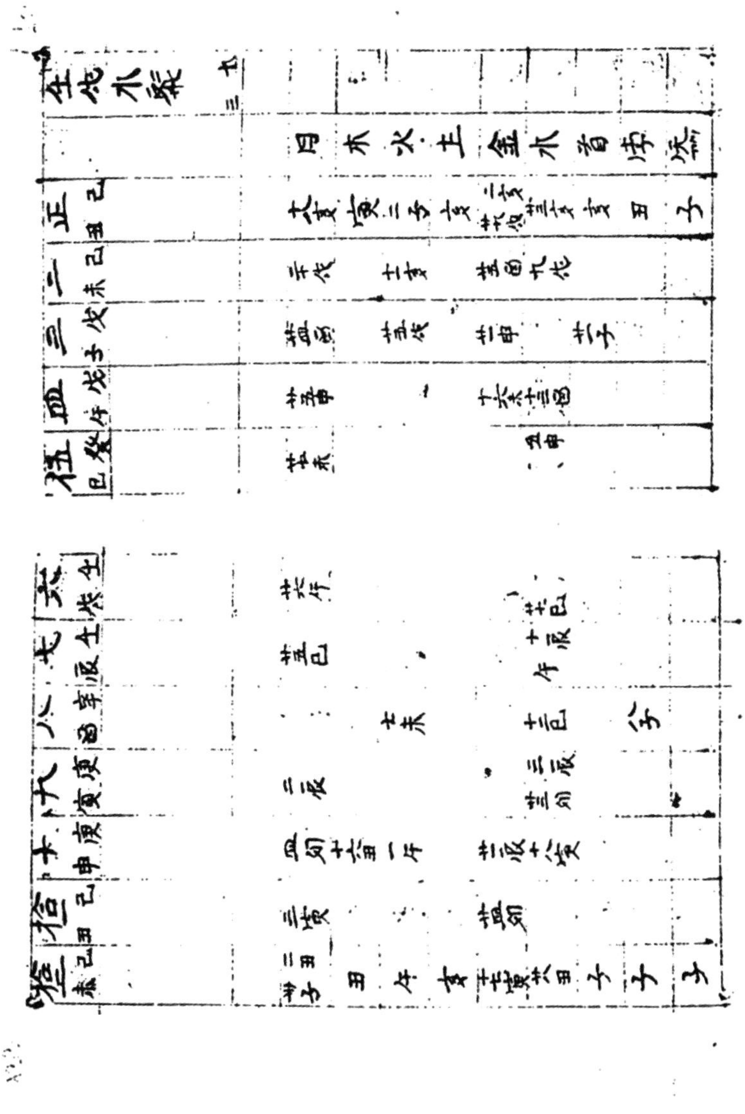

录文：

拾二 己未	拾一 己丑	十 庚申	九 庚寅	八 辛酉	七 壬辰	六 壬戌	伍 癸巳	四 戊午	三 戊子	二 己未	正 己丑		壬戌
													水 毦 九 三
二丑 卅子	三寅	四卯	二辰		廿五巳	廿六午	廿七未	廿五申	廿四酉	二十戌	十八亥	日	
丑		十六丑									寅	木	
午		一午		七未					廿五戌	十一亥	二子	火	
亥											亥	土	
十七寅	廿四卯	廿一辰				□□		十六未	廿一申	廿五酉	二亥 廿九戌	金	
廿八丑		十八寅	三辰 廿三卯	十二巳	十辰 午	□□ 廿七巳	五申 □未	十三酉		九戌	廿三亥	水	
子									廿一子		亥	首	
子				八子							丑	孛	
子											子	炁	

校勘：

①本表由两页组成，五月以前右半部分，整理者标注页码 134，左半部分标注页码 133。

②正月朔日己丑、二月朔日己未、三月朔日戊子、四月朔日戊午全误。单看己丑、己未、戊子、戊午这四个朔日，似乎是正确的。从己丑到己未有 31 天，从己未到戊子有 30 天，从戊子到戊午有 31 天，符合大小月的安排。但从上年夏仁宗大庆二年辛酉（1141 年）十二月朔日乙丑到本年正月朔日己丑有 25 天，从本年四月朔日戊午到五月朔日癸巳有 36 天，皆不符合大小月的安排。又纪年干支、八卦配年、男女九宫皆不误，表明从正月到四月的朔日全误。之所以出现这种错误，是因为下一年前四个月的朔日为“己丑、己未、戊子、戊午”，抄写者一时疏忽，误抄为本年前四个月的朔日。宋历前四个月的朔日为“乙未、乙丑、甲午、甲子”，录此以备参考。

译文：

拾二 己未	拾一 己丑	十 庚申	九 庚寅	八 辛酉	七 壬辰	六 壬戌	伍 癸巳	四 甲子?	三 甲午?	二 乙丑?	正 乙未?		壬戌
													水 离 九 三
二丑 卅子	三寅	四卯	二辰		廿五巳	廿六午	廿七未	廿五申	廿四酉	二十戌	十八亥	日	
丑		十六丑									寅	木	
午		一午		七未					廿五戌	十一亥	二子	火	
亥											亥	土	
十七寅	廿四卯	廿一辰				□□		十六未	廿一申	廿五酉	二亥 廿九戌	金	
廿八丑		十八寅	三辰 廿三卯	十二巳	十辰 午	□□ 廿七巳	五申 □未	十三酉		九戌	廿三亥	水	
子									廿一子		亥	首	
子				八子							丑	孛	
子											子	炁	

注释：

①右部表头第一列“壬戌”为纪年干支。

②上部表头第一行有本年各月的朔日干支“乙未？、乙丑？、甲午？、甲子？、癸巳、壬戌、壬辰、辛酉、庚寅、庚申、己丑、己未”。

③根据纪年干支、每月的朔日，查《二十史朔闰表》，宋高宗绍兴十二年壬戌（1142 年）与之相符。[①] 该年系夏仁宗大庆三年。

④右部表头第一列第一个“水”，为六十甲子的纳音。据《六十甲子纳音歌》“壬戌癸亥大海水”，对应的干支有“壬戌”，与本年历纪年干支相符。

⑤右部表头第一列“离”，为后天八卦第六卦。

⑥右部表头第一列“九、三”为男女命宫，其具体含义为“今年生男起九宫，女起三宫”。又男九宫与年九宫一样，同纪年地支有相同的对应关系，男九宫为三、六、九，对应年地支不出丑、未、辰、戌，本年历纪年干支为壬戌，“戌”恰在其中。

---

① 陈垣：《二十史朔闰表》，中华书局 1999 年版，第 136 页。

二十四　夏仁宗大庆四年（1143年）癸亥历日

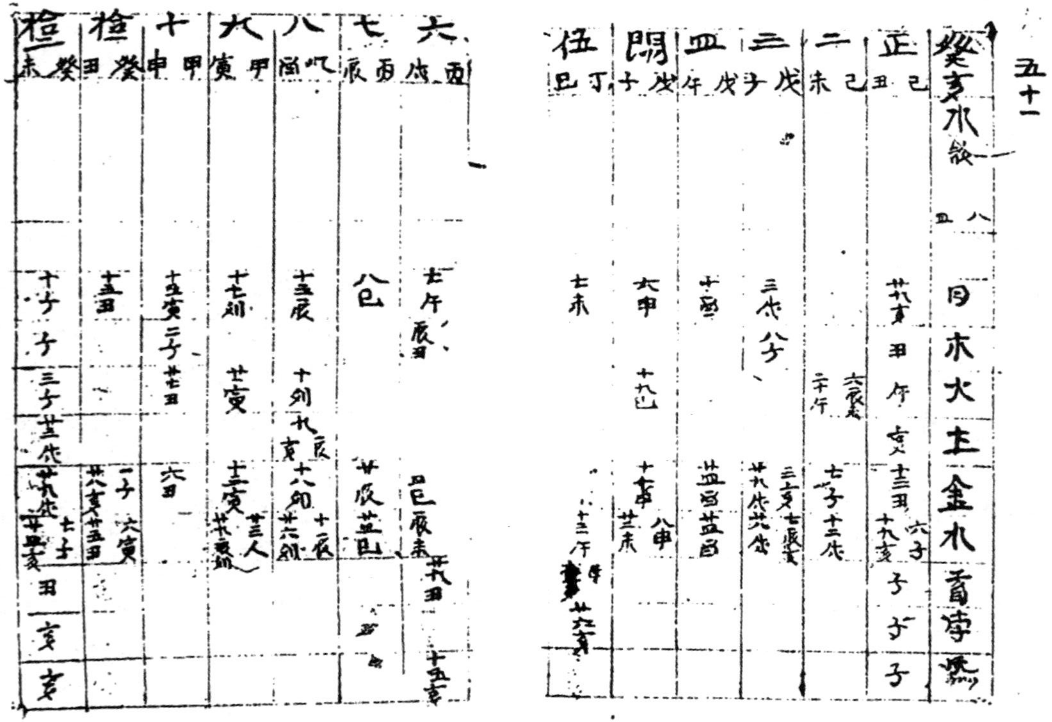

录文:

五十一

拾二 癸未	拾一 癸丑	十 甲申	九 甲寅	八 乙酉	七 丙辰	六 丙戌	伍 丁巳	闰 戊子	四 戊午	三 戊子	二 己未	正 己丑	癸亥
													水 詥 八 四
十子	十五丑	十五寅	十七卯	十三辰	八巳	七午	七未	六申	十酉	三戌		廿九亥	日
子		二子				□□辰 丑				八子		丑	木
三子		廿七丑	廿一寅	十卯				十九巳			六辰 未 二十午	午	火
廿三戌				九辰 亥								亥	土
廿九戌	一子 廿八亥	六丑	十三寅	十八卯	廿辰	四巳	□未	十七申	廿四酉	三亥 廿九戌	七子	十三丑	金
七子 廿四亥	六寅 廿五丑		廿三人 廿九辰 卯	十辰 廿六卯	廿四巳	□□辰 未	十三午	八申 廿二未	廿四酉	七辰 亥 廿八戌	十二戌	六子 十九亥	水
丑						廿九丑						子	首
亥							廿六亥					子	孛
亥						十五亥						子	炁

校勘：

①本表由两页组成，五月以前右半部分，整理者标注页码 132，左半部分标注页码 131。

②水星九月栏“廿三人”，初以为“人”为“寅”之误。后发现这样的情况有多处，如夏仁宗人庆三年（1146 年）丙寅历日水星十月栏亦有“十六人”，可见“人”字不误，当是用笔画简单的“人”代替笔画较多的“寅”，或许是为了省事而只写了“寅”的最后两笔。俗体字形成的途径之一就是“省略构件”，意在达到简化字形的目的。[①] 本历书用字有限，在特定环境中，以“人”代“寅”，不会造成理解上的歧义。

① 张涌泉：《俗字里的学问》，语文出版社 2000 年版，第 42—44 页。

译文：

五十一

癸亥	正 己丑	二 己未	三 戊子	四 戊午	闰 戊子	伍 丁巳	六 丙戌	七 丙辰	八 乙酉	九 甲寅	十 甲申	拾一 癸丑	拾二 癸未
水 坤 八 四													
日	廿九亥		三戌	十酉	六申	七未	七午	八巳	十三辰	十七卯	十五寅	十五丑	十子
木	丑		八子				□□辰 丑				二子		子
火	午	六辰 未 二十午			十九巳				十卯	廿一寅	廿七丑		三子
土	亥								九辰 亥				廿三戌
金	十三丑	七子	三亥 廿九戌	廿四酉	十七申	□未	四巳	廿辰	十八卯	十三寅	六丑	一子 廿八亥	廿九戌
水	六子 十九亥	十二戌	七辰 亥 廿八戌	廿四酉	八申 廿二未	十三午	□□辰 未	廿四巳	十辰 廿六卯	廿三寅 廿九辰 卯		六寅 廿五丑	七子 廿四亥
首	子						廿九丑						丑
孛	子					廿六亥							亥
炁	子						十五亥						亥

注释：

①右部表头第一列“癸亥”为纪年干支。

②上部表头第一行有本年各月的朔日干支“己丑、己未、戊子、戊午、戊子、丁巳、丙戌、丙辰、乙酉、甲寅、甲申、癸丑、癸未”。

③根据纪年干支、每月的朔日，闰四月，查《二十史朔闰表》，宋高宗绍兴十三年癸亥（1143年）与之相符。[①] 该年系夏仁宗大庆四年。

④右部表头第一列第一个“水”，为六十甲子的纳音。据《六十甲子纳音歌》“壬戌癸亥大海水”，对应的干支有“癸亥”，与本年历纪年干支相符。

⑤右部表头第一列“坤”，为后天八卦第七卦。

⑥右部表头第一列“八、四”为男女命宫，其具体含义为“今年生男起八宫，女起四宫”。男九宫为二、五、八，对应年地支不出巳、亥、寅、申，“亥”恰在其中。

⑦表框外右上角有数字“五十一”，表明一个十二地支循环结束。本次循环从夏崇宗正德六年（1132年）壬子到夏仁宗大庆四年（1143年）癸亥。

① 陈垣：《二十史朔闰表》，中华书局1999年版，第136页。

二十五 夏仁宗人庆元年（1144年）甲子历日

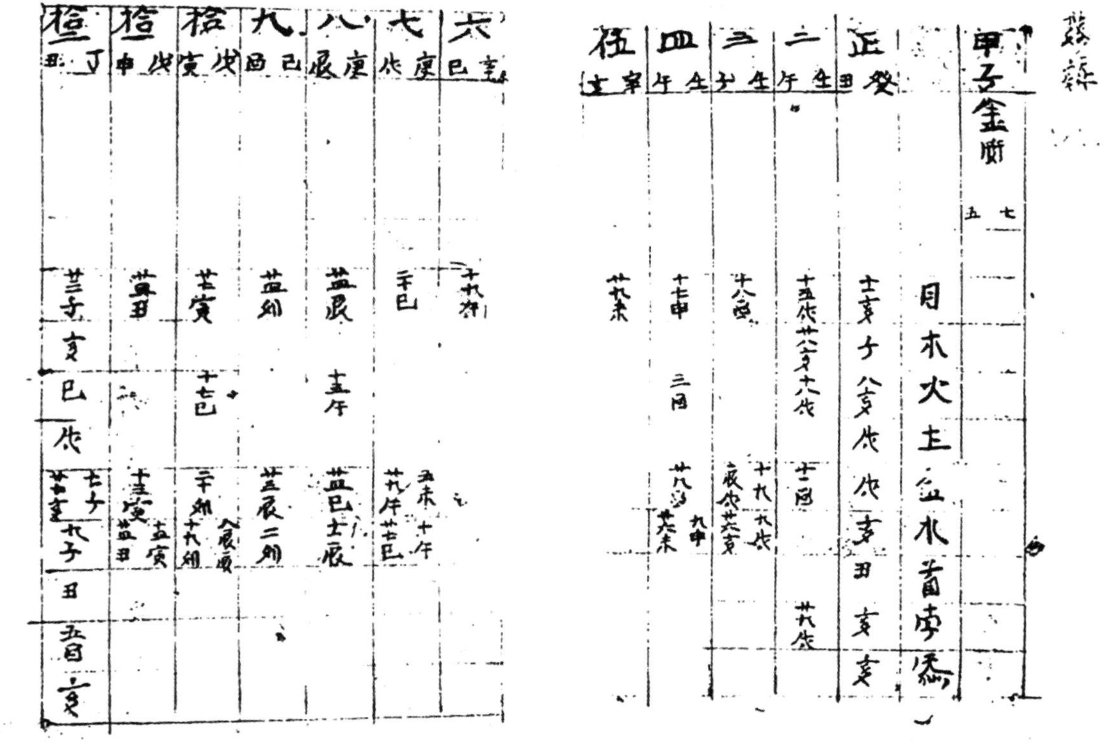

录文：

[illegible]

拾二 丁丑	拾一 戊申	拾 戊寅	九 己酉	八 庚辰	七 庚戌	六 辛巳	伍 辛亥	四 壬午	三 壬子	二 壬午	正 癸丑		甲子
													金 附 七 五
廿三子	廿四丑	廿七寅	廿四卯	廿四辰	二十巳	十九午	廿九未	十七申	十八酉	十五戌	十一亥	日	
亥										廿八亥	子	木	
巳		十七巳		十五午				三酉		十八戌	八亥	火	
戌											戌	土	
七子 廿七亥	十三寅	二十卯	廿三辰	廿四巳	五未 廿九午	□□		廿九酉	十九辰 戌	十一酉	戌	金	
九子	十四寅 廿四丑	八辰 辰 十九卯	二卯	十一辰	十午 廿七巳			九申 廿六未	九戌 廿六亥		亥	水	
丑											丑	首	
五酉										廿九戌	亥	孛	
亥											亥	炁	

校勘：

本表由两页组成，五月以前右半部分，整理者标注页码 130，左半部分标注页码 129。

译文：

甲子

拾二 丁丑	拾一 戊申	拾 戊寅	九 己酉	八 庚辰	七 庚戌	六 辛巳	伍 辛亥	四 壬午	三 壬子	二 壬午	正 癸丑		甲子
													金 兑 七 五
廿三子	廿四丑	廿七寅	廿四卯	廿四辰	二十巳	十九午	廿九未	十七申	十八酉	十五戌	十一亥	日	
亥										廿八亥	子	木	
巳		十七巳		十五午				三酉		十八戌	八亥	火	
戌											戌	土	
七子 廿七亥	十三寅	二十卯	廿三辰	廿四巳	五未 廿九午	□□		廿九酉	十九辰 戌	十一酉	戌	金	
九子	十四寅 廿四丑	八辰 辰 十九卯	二卯	十一辰	十午 廿七巳			九申 廿六未	九戌 廿六亥		亥	水	
丑											丑	首	
五酉										廿九戌	亥	孛	
亥											亥	炁	

注释：

①右部表头第一列“甲子”为纪年干支。从此开始一个新的干支循环。由下元甲子年进入上元甲子年。

②上部表头第一行有本年各月的朔日干支“癸丑、壬午、壬子、壬午、辛亥、辛巳、庚戌、庚辰、己酉、戊寅、戊申、丁丑”。

③根据纪年干支、每月的朔日，查《二十史朔闰表》，宋高宗绍兴十四年甲子（1144 年）与之相符。[①] 该年系夏仁宗人庆元年。

④右部表头第一列第一个“金”，为六十甲子的纳音。据《六十甲子纳音歌》“甲子乙丑海中金”，对应的干支有“甲子”，与本年历纪年干支相符。

⑤右部表头第一列“兑”，为后天八卦“乾、坎、艮、震、巽、离、坤、兑”中的第八卦。至此，一个八卦循环结束。

⑥右部表头第一列“七、五”为男女命宫，其具体含义为“今年生男起七宫，女起五宫”。男九宫为一、四、七，对应年地支不出子、卯、午、酉，“子”恰在其中。

⑦表框外右上角用西夏文注有“甲子”二字。从本年起，每一个天干循环开始，即用西夏文注明年干支。

---

① 陈垣:《二十史朔闰表》，中华书局 1999 年版，第 136 页。

二十六　夏仁宗人庆二年（1145年）乙丑历日

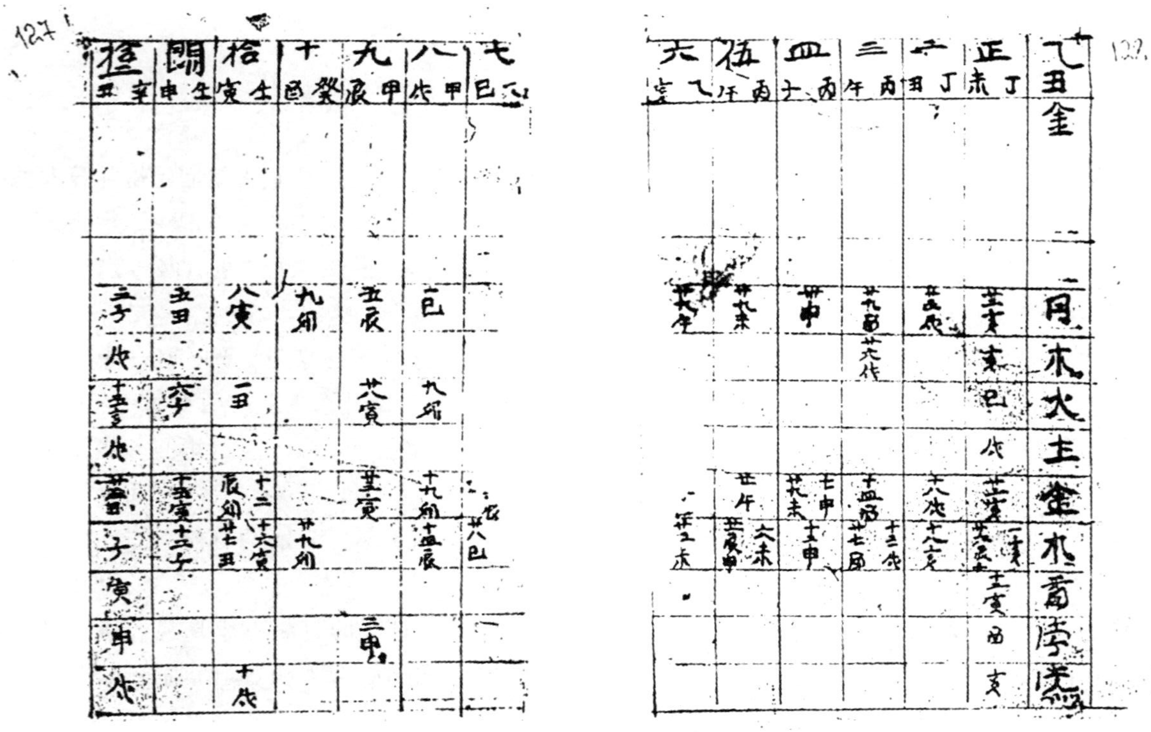

录文:

拾二 辛丑	闰 壬申	拾一 壬寅	十 癸酉	九 甲辰	八 甲戌	七 乙巳	六 乙亥	伍 丙午	四 丙子	三 丙午	二 丁丑	正 丁未	乙丑
													金
三子	五丑	八寅	九卯	五辰	一巳		廿九午	廿九未	卅申	廿九酉	廿五戌	廿二亥	日
戌										廿六戌		亥	木
十五亥	六子	一丑		廿八寅	九卯							巳	火
戌												戌	土
廿三丑	十五寅	十二辰 卯		廿三寅	十九卯	□辰	□巳	廿一午	七申 廿九未	十四酉	十八戌	廿二亥	金
子	十二子	十六寅 廿七丑	廿九卯		十四辰	□□ 廿八巳	廿四未	六未 廿一辰 申	十二申	十三戌 廿七酉	十八亥	一亥 廿六辰 子	水
寅												十二寅	首
申				三申								酉	孛
戌		十戌										亥	炁

校勘：

①本表由两页组成，六月以前右半部分，整理者标注页码 128，左半部分标注页码 127。

②上部表头第一行月序“拾一”，“一”字原缺。

③同年残历有中国藏 G21·028［15541］。[①]

注释：

①右部表头第一列“乙丑”为纪年干支。

②上部表头第一行有本年各月的朔日干支“丁未、丁丑、丙午、丙子、丙午、乙亥、乙巳、甲戌、甲辰、癸酉、壬寅、壬申、辛丑”。

③根据纪年干支、每月的朔日，闰十一月，查《二十史朔闰表》，宋高宗绍兴十五年乙丑（1145 年）与之相符。[②] 该年系夏仁宗人庆二年。

④右部表头第一列第一个“金”，为六十甲子的纳音。据《六十甲子纳音歌》“甲子乙丑海中金”，对应的干支有“乙丑”，与本年历纪年干支相符。

---

① 影件《中国藏西夏文献》第 16 册，第 274 页。陈炳应：《西夏文物研究》，宁夏人民出版社 1985 年版，第 314—323 页

② 陈垣：《二十史朔闰表》，中华书局 1999 年版，第 136 页。

二十七 夏仁宗人庆三年（1146年）丙寅历日

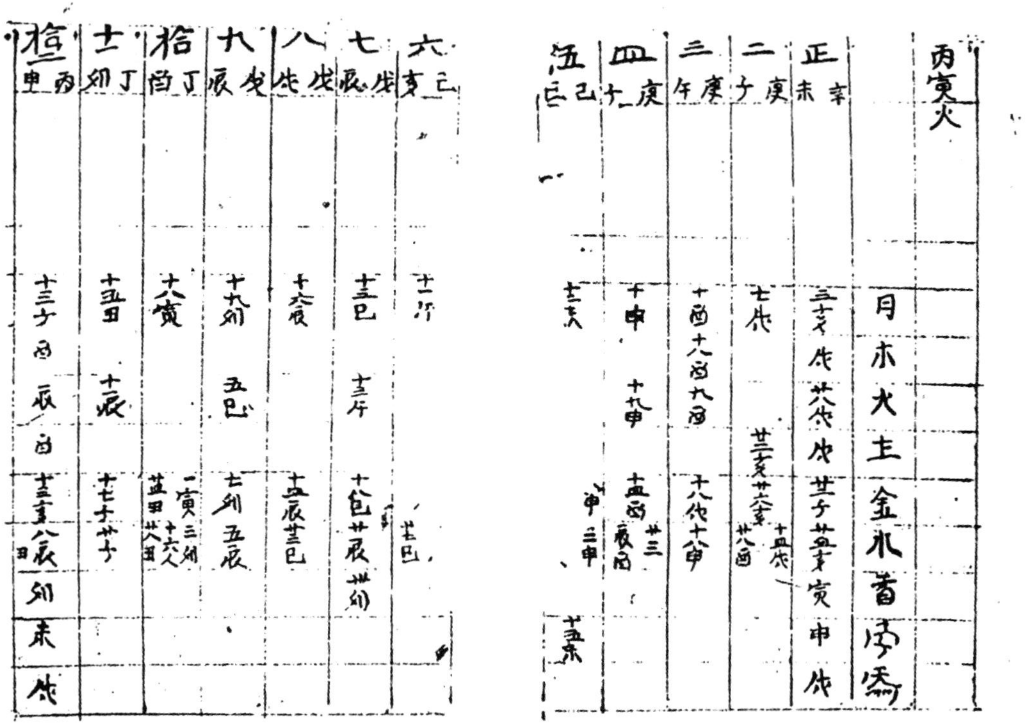

录文：

拾二 丙申	十一 丁卯	拾 丁酉	九 戊辰	八 戊戌	七 戊辰	六 己亥	伍 己巳	四 庚子	三 庚午	二 庚子	正 辛未		丙寅
													火
十三子	十五丑	十八寅	十九卯	十六辰	十三巳	十一午	十二未	十申	十酉	七戌	三亥	日	
酉									十八酉		戌	木	
辰	十辰		五巳		十三午			十九申	九酉		廿八戌	火	
酉										廿三亥	戌	土	
十三亥	十七子	一寅 廿四丑	七卯	十四辰	十八巳		八申 □□	十四酉	十八戌	廿六亥	廿二子	金	
八辰 丑	廿子	三卯 十六人 廿八丑	五辰	廿三巳	廿辰	□□ 廿七巳	三申 □未	廿三辰 酉	十八申	十四戌 廿八酉	廿四亥	水	
卯					卅卯						寅	首	
未							十五未				申	孛	
戌											戌	炁	

校勘：

①本表由两页组成，五月以前右半部分，整理者标注页码 126，左半部分标注页码 125。

②水星十月栏“十六人”，按：夏仁宗大庆四年（1143 年）癸亥历日水星九月栏有“廿三人”。当是用笔画简单的“人”代替笔画较多的“寅”。

注释：

①右部表头第一列“丙寅”为纪年干支。

②上部表头第一行有本年各月的朔日干支“辛未、庚子、庚午、庚子、己巳、己亥、戊辰、戊戌、戊辰、丁酉、丁卯、丙申”。

③根据纪年干支、每月的朔日，查《二十史朔闰表》，宋高宗绍兴十六年丙寅（1146 年）与之相符。[①] 该年系夏仁宗人庆三年。

④右部表头第一列“火”，为六十甲子的纳音。据《六十甲子纳音歌》“丙寅丁卯炉中火”，对应的干支有“丙寅”，与本年历纪年干支相符。

---

① 陈垣：《二十史朔闰表》，中华书局 1999 年版，第 136 页。

二十八　夏仁宗人庆四年（1147年）丁卯历日

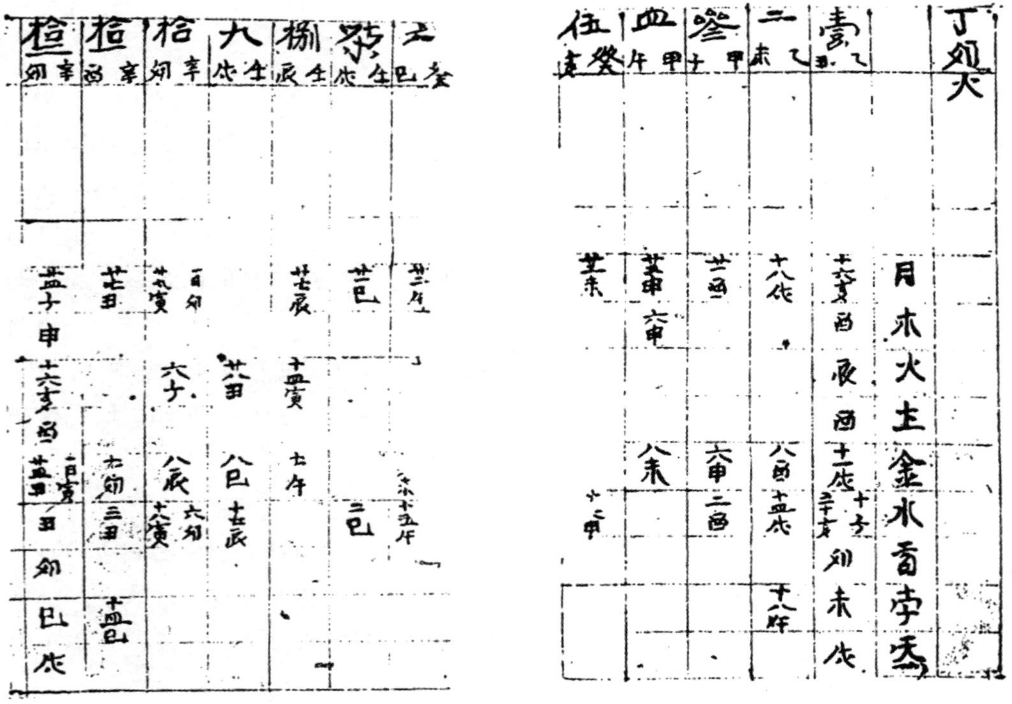

录文：

拾二 辛卯	拾一 辛酉	拾 辛卯	九 壬戌	捌 壬辰	柒 壬戌	六 癸巳	伍 癸亥	四 甲午	叁 甲子	二 乙未	壹 乙丑		丁卯
													火
廿四子	廿七丑	一日卯 廿九寅		廿七辰	廿一巳	廿二午	廿二未	廿二申	廿一酉	十八戌	十六亥	日	
申								六申			酉	木	
十六亥		六子	廿八丑	十四寅		□□					辰	火	
酉											酉	土	
一日寅 廿四丑	七卯	八辰	八巳	七午		□□ □未		八未	六申	八酉	十一戌	金	
丑	三丑	六卯 十八寅	十七辰		二巳	□□ 十五午	□六申		二酉	十四戌	十子 三十亥	水	
卯											卯	首	
巳	十四巳									十八午	未	孛	
戌											戌	炁	

校勘：

本表由两页组成，五月以前右半部分，整理者标注页码124，左半部分标注页码123。

注释：

①右部表头第一列“丁卯”为纪年干支。

②上部表头第一行有本年各月的朔日干支“乙丑、乙未、甲子、甲午、癸亥、癸巳、壬戌、壬辰、壬戌、辛卯、辛酉、辛卯”。

③根据纪年干支、每月的朔日，查《二十史朔闰表》，宋高宗绍兴十七年丁卯（1147年）与之相符。[①] 该年系夏仁宗人庆四年。

④右部表头第一列“火”，为六十甲子的纳音。据《六十甲子纳音歌》“丙寅丁卯炉中火”，对应的干支有“丁卯”，与本年历纪年干支相符。

① 陈垣:《二十史朔闰表》，中华书局1999年版，第136页。

二十九 夏仁宗人庆五年（1148年）戊辰历日

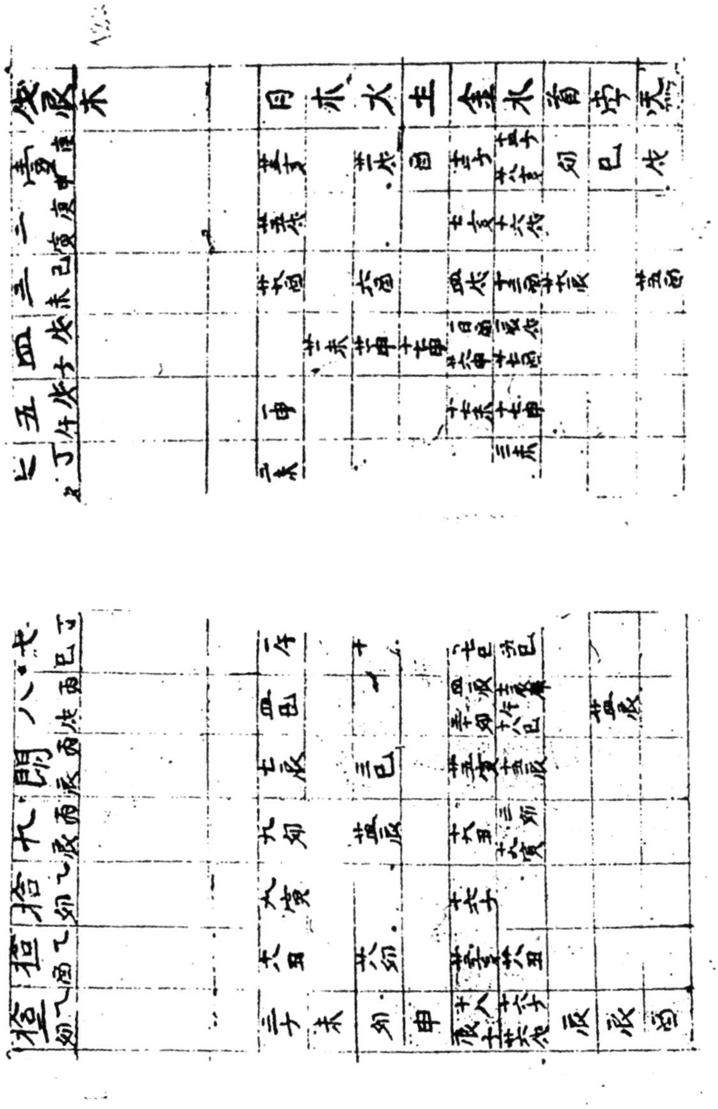

录文：

拾二 乙卯	拾一 乙酉	拾 乙卯	九 丙戌	闰 丙辰	八 丙戌	七 丁巳	六 丁亥	五 戊午	四 戊子	三 己未	二 庚寅	壹 庚申	戊辰
													木
三子	十八丑	九寅	九卯	七辰	四巳	一午	二未	一申		廿九酉	廿五戌	廿三亥	日
未									廿一未				木
卯	廿八卯		廿四辰	三巳		十□			廿一申	六酉		廿一戌	火
申									十七申			酉	土
十八辰 子	廿二亥	十六子	十九丑	廿五寅	四辰 三十卯	十七巳		十七未	一日酉 廿六申	四戌	七亥	十二子	金
十六子 廿六戌	廿八丑		三卯 十九寅	十五辰	十一辰 午 十八巳	五巳	三未 □□	十七申	一辰 戌 廿七酉	十三酉	十六戌	十四子 廿八亥	水
辰										廿九辰		卯	首
辰					廿四辰							巳	孛
酉										廿五酉		戌	炁

校勘：

①表由两页组成，六月以前右半部分，整理者标注页码 122，左半部分标注页码 121。

②上部表头第一行九月的朔日丙戌，原误作“丙辰”。闰八月朔日为丙辰，若该月为大月，则九月朔日为第 31 日，当记作丙戌。可知“丙辰”的“辰”，为“戌”之误，径改。

注释：

①右部表头第一列“戊辰”为纪年干支。

②上部表头第一行有本年各月的朔日干支“庚申、庚寅、己未、戊子、戊午、丁亥、丁巳、丙戌、丙辰、丙戌、乙卯、乙酉、乙卯”。

③根据纪年干支、每月的朔日，闰八月，查《二十史朔闰表》，宋高宗绍兴十八年戊辰（1148 年）与之相符。[①] 该年系夏仁宗人庆五年。

④右部表头第一列第一个“木”，为六十甲子的纳音。据《六十甲子纳音歌》“戊辰己巳大林木”，对应的干支有“戊辰”，与本年历纪年干支相符。

---

① 陈垣：《二十史朔闰表》，中华书局 1999 年版，第 136 页。

三十 夏仁宗天盛元年（1149年）己巳历日

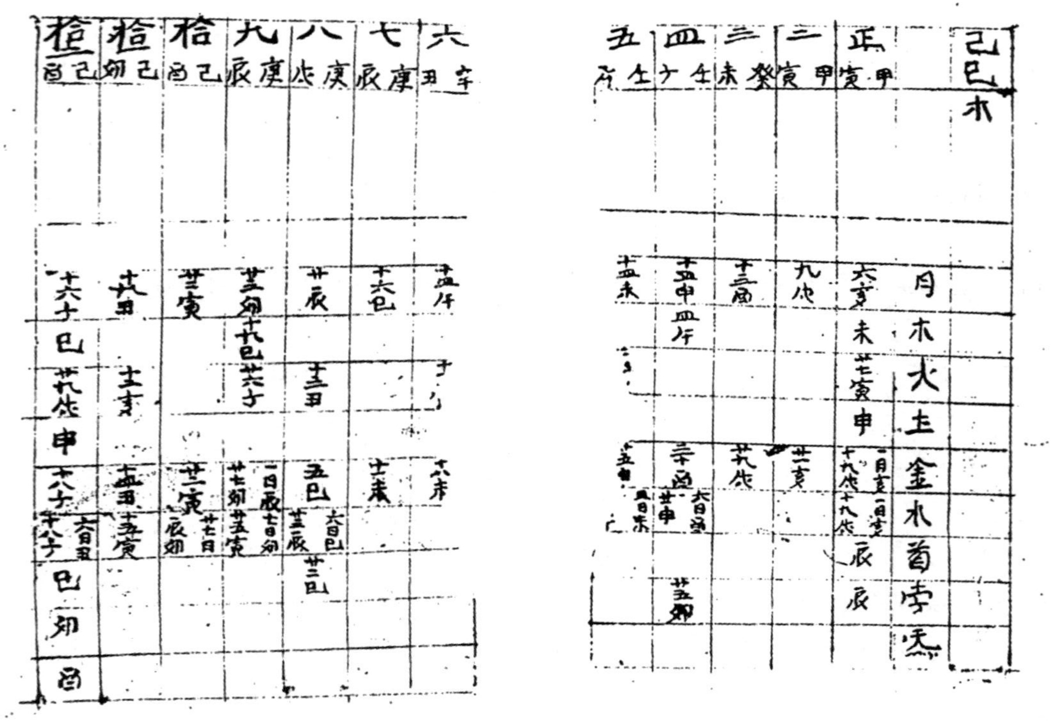

录文：

拾二 己酉	拾一 己卯	拾 己酉	九 庚辰	八 庚戌	七 庚辰	六 辛亥	五 壬午	四 壬子	三 癸未	二 甲寅	正 甲申		己巳
													木
十六子	十九丑	廿二寅	廿三卯	廿辰	十六巳	十四午	十四未	十四申	十三酉	九戌	六亥	日	
巳			十九巳					四午			未	木	
廿九戌	十二亥		廿六子	十三丑		十□寅	□□				廿七寅	火	
申											申	土	
十八子	十四丑	廿二寅	一日辰 廿七卯	五巳	十一未	十八未	廿五申	三十酉	廿九戌	廿一亥	一日亥 十九戌	金	
六日丑 十八子	十五寅	廿七日 辰 卯	七日卯 廿五寅	六日巳 廿三辰			四日未 □□午	六日酉 廿一申			一日亥 十九戌	水	
巳				廿二巳							辰	首	
卯								廿五卯			辰	孛	
酉												炁	

校勘：

①本表由两页组成，五月以前右半部分，整理者标注页码 120，左半部分标注页码 119。

②上部表头第一行正月的朔日甲申，原误作“甲寅”。上一年夏仁宗人庆五年（1148 年）戊辰十二月朔日为乙卯，则本年正月朔日当在第 30 天甲申，或第 31 天乙酉，这样才符合大小月的安排。又本年二月朔日为甲寅，从甲申到甲寅，刚好 31 天。可见“甲寅”为“甲申”之误，径改。

③上部表头第一行六月的朔日为辛亥，原误作“辛丑”。本年五月的朔日为“壬午”，六月朔日当在第 30 天辛亥，或第 31 天壬子，这样才符合大小月的安排。又本年七月朔日为庚辰，从辛亥到庚辰，刚好 30 天。可见“辛丑”为“辛亥”之误，径改。

注释：

①右部表头第一列“己巳”为纪年干支。

②上部表头第一行有本年各月的朔日干支“甲申、甲寅、癸未、壬子、壬午、辛亥、庚辰、庚戌、庚辰、己酉、己卯、己酉”。

③根据纪年干支、每月的朔日，查《二十史朔闰表》，宋高宗绍兴十九年己巳（1149 年）与之相符。[1] 该年系夏仁宗天盛元年。

④右部表头第一列第一个“木”，为六十甲子的纳音。据《六十甲子纳音歌》“戊辰己巳大林木”，对应的干支有“己巳”，与本年历纪年干支相符。

---

① 陈垣:《二十史朔闰表》，中华书局 1999 年版，第 136 页。

三十一 夏仁宗天盛二年（1150年）庚午历日

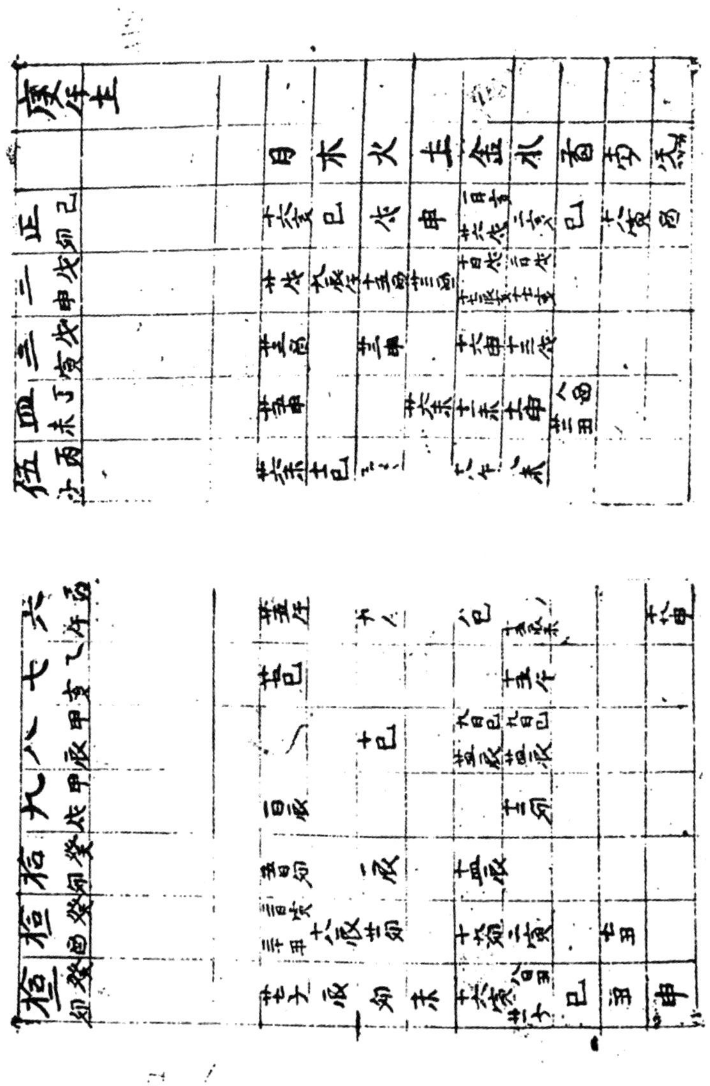

录文：

拾二 癸卯	拾一 癸酉	拾 癸卯	九 甲戌	八 甲辰	七 乙亥	六 丙午	伍 丙子	四 丁未	三 戊寅	二 戊申	正 己卯		庚午
													土
廿七子	三日寅 三十丑	五日卯	一日辰		廿七巳	廿五午	廿六未	廿五申	廿三酉	廿戌	十六亥	日	
辰	十八辰						十一巳			九辰 午	巳	木	
卯	廿一卯	一辰		十巳		九午	三未		廿三申	十五酉	戌	火	
未								廿六未		廿三酉	申	土	
十六寅	十九卯	十四辰		九日巳 廿四辰		八巳	十八午	十一未	十六申	十日戌 十七辰	一日亥 廿六戌	金	
八日丑 廿一子	二寅		十二卯	九日巳 廿四辰	十五午	□午 十五辰 未	八未	十一申	十三戌	二日戌 十七亥	二亥	水	
巳								八酉 廿二丑			巳	首	
丑	七丑										十八寅	孛	
申						十九申					酉	炁	

校勘：

本表由两页组成，五月以前右半部分，整理者标注页码 118，左半部分标注页码 117。

注释：

①右部表头第一列“庚午”为纪年干支。

②上部表头第一行有本年各月的朔日干支“己卯、戊申、戊寅、丁未、丙子、丙午、乙亥、甲辰、甲戌、癸卯、癸酉、癸卯”。

③根据纪年干支、每月的朔日，查《二十史朔闰表》，宋高宗绍兴二十年庚午（1150 年）与之相符。[①] 该年系夏仁宗天盛二年。

④右部表头第一列“土”，为六十甲子的纳音。据《六十甲子纳音歌》“庚午辛未路旁土”，对应的干支有“庚午”，与本年历纪年干支相符。

① 陈垣：《二十史朔闰表》，中华书局 1999 年版，第 136 页。

三十二　夏仁宗天盛三年（1151 年）辛未历日

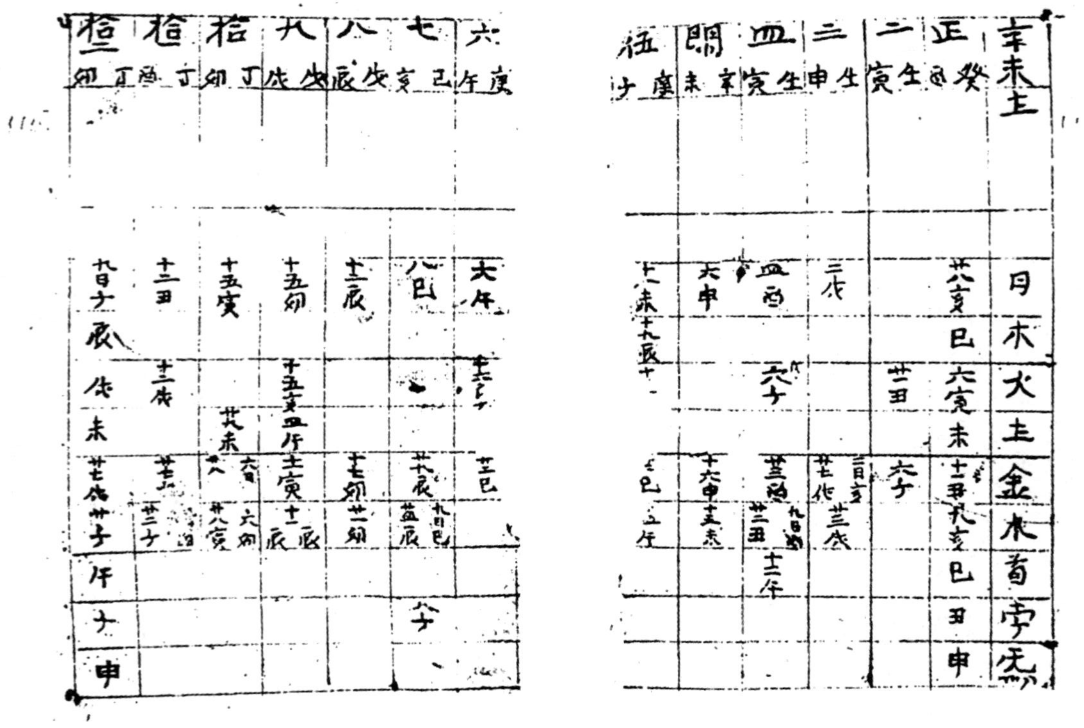

录文：

拾二 丁卯	拾一 丁酉	拾 丁卯	九 戊戌	八 戊辰	七 己亥	六 庚午	伍 庚子	闰 辛未	四 壬寅	三 壬申	二 壬寅	正 癸酉	辛未
													土
九日子	十二丑	十五寅	十五卯	十二辰	八巳	六午	十八未	六申	四酉	二戌		廿八亥	日
辰							十九辰					巳	木
戌	十二戌		十五亥			十六□	十□		六子		廿一丑	六寅	火
未		廿九未	四午									未	土
廿七戌	廿七亥	六日 廿八	十一寅	十七卯	廿九辰	廿二巳	□巳	十六申	廿三酉	二日亥 廿七戌	六子	十一丑	金
廿子	□□丑 廿二子	六卯 廿八寅	十一辰 辰	廿一卯	九日巳 廿四辰		四午	十三未	九日酉 廿二丑	廿三戌		九亥	水
午									十二午			巳	首
子					八子							丑	孛
申												申	炁

校勘：

本表由两页组成，五月以前右半部分，整理者标注页码 116，左半部分标注页码 115。

注释：

①右部表头第一列“辛未”为纪年干支。

②上部表头第一行有本年各月的朔日干支“癸酉、壬寅、壬申、壬寅、辛未、庚子、庚午、己亥、戊辰、戊戌、丁卯、丁酉、丁卯”。

③根据纪年干支、每月的朔日，闰四月，查《二十史朔闰表》，宋高宗绍兴二十一年辛未（1151 年）与之相符。[1] 该年系夏仁宗天盛三年。

④右部表头第一列“土”，为六十甲子的纳音。据《六十甲子纳音歌》“庚午辛未路旁土”，对应的干支有“辛未”，与本年历纪年干支相符。

① 陈垣：《二十史朔闰表》，中华书局 1999 年版，第 137 页。

三十三 夏仁宗天盛四年（1152年）壬申历日

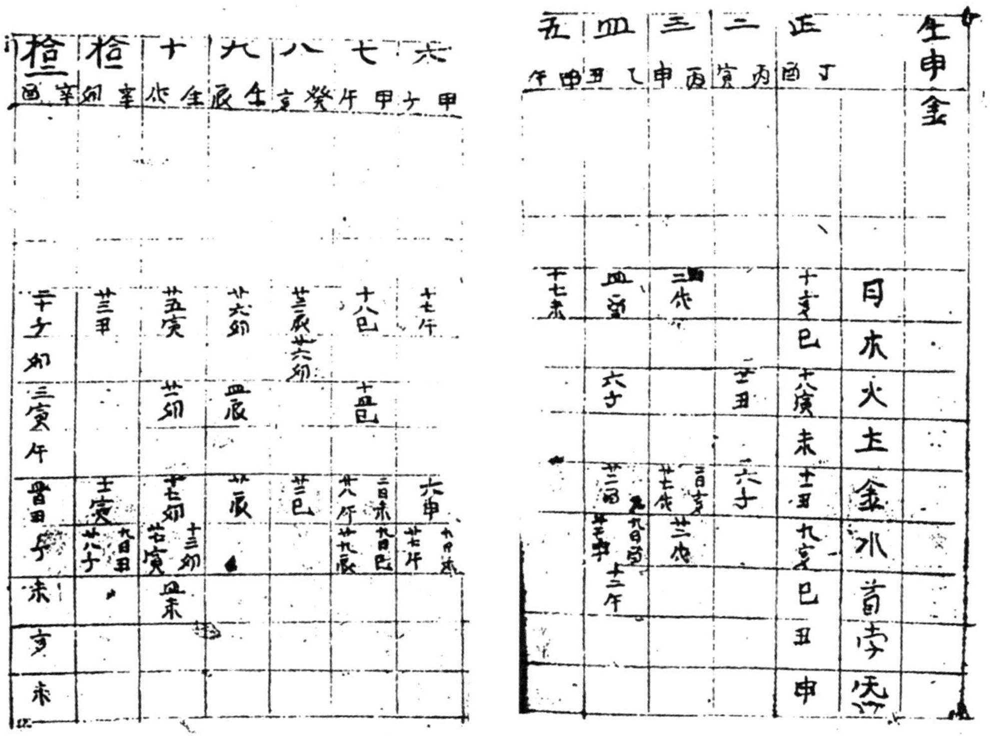

录文：

拾二 辛酉	拾一 辛卯	十 壬戌	九 壬辰	八 癸亥	七 甲午	六 甲子	五 甲午	四 乙丑	三 丙申	二 丙寅	正 丁酉		壬申
													金
二十子	廿三丑	廿五寅	廿六卯	廿三辰	十八巳	十七午	十七未	四酉	二戌		十亥	日	
卯				廿六卯							巳	木	
三寅		廿一卯	四辰		十四巳			六子		廿一丑	十八寅	火	
午											未	土	
四日丑	十一寅	十七卯	廿辰	廿二巳	二日未 廿八午	六申		廿二酉	二日亥 廿七戌	六子	十一丑	金	
子	九日丑 廿八子	十三辰 廿七寅			九日巳 廿九辰	九日未 廿七午		九日酉 廿二申	廿二戌		九亥	水	
未		四未						十二午			巳	首	
亥											丑	孛	
未											申	炁	

校勘：

本表由两页组成，五月以前右半部分，整理者标注页码 114，左半部分标注页码 113。

注释：

①右部表头第一列“壬申”为纪年干支。

②上部表头第一行有本年各月的朔日干支“丁酉、丙寅、丙申、乙丑、甲午、甲子、甲午、癸亥、壬辰、壬戌、辛卯、辛酉”。其中五月的朔日甲午比宋历乙未早了一天。

③根据纪年干支、每月的朔日，查《二十史朔闰表》，宋高宗绍兴二十二年壬申（1152 年）与之相符。[1]该年系夏仁宗天盛四年。

④右部表头第一列“金”，为六十甲子的纳音。据《六十甲子纳音歌》“壬申癸酉刀刃金”，对应的干支有“壬申”，与本年历纪年干支相符。

① 陈垣:《二十史朔闰表》，中华书局 1999 年版，第 137 页。

三十四　夏仁宗天盛五年（1153年）癸酉历日

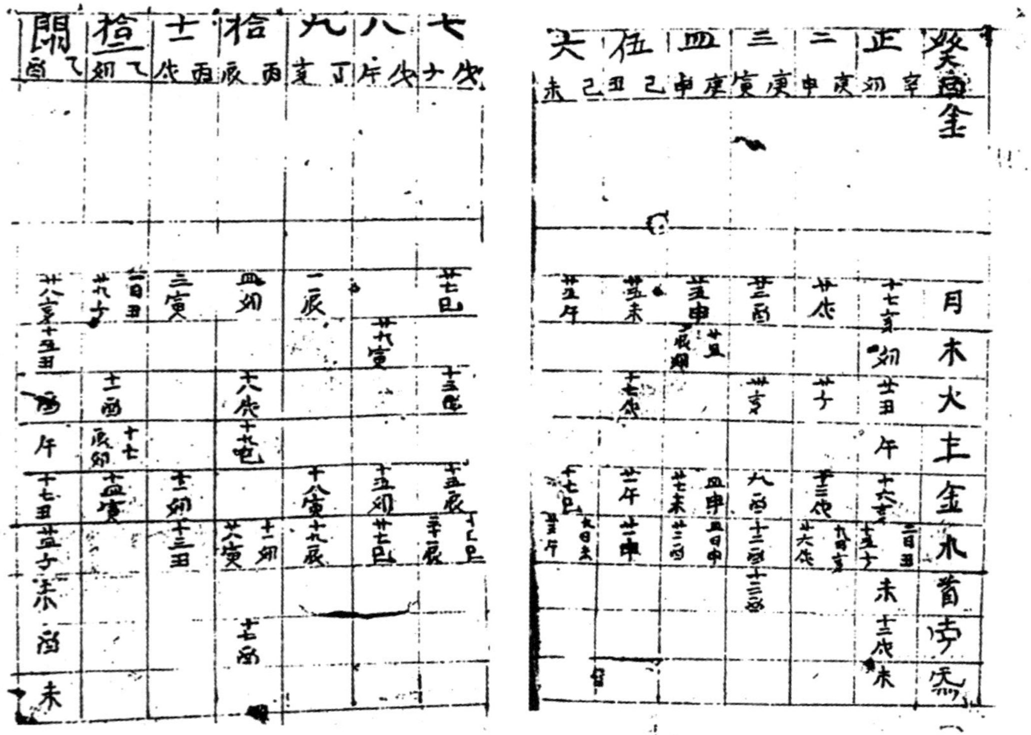

录文:

闰 乙酉	拾二 乙卯	十一 丙戌	拾 丙辰	九 丁亥	八 戊午	七 戊子	六 己未	伍 己丑	四 庚申	三 庚寅	二 庚申	正 辛卯	癸酉
													金
廿八亥	一日丑 廿九子	三寅	四卯	一辰		廿七巳	廿五午	廿五未	廿五申	廿三酉	廿戌	十七亥	日
十五丑					廿九寅				年四辰 卯			卯	木
酉	十一酉		十八戌			十三酉		十七戌		卅亥	廿子	廿一丑	火
午	十七辰 卯		十九巳									午	土
十七丑	十四寅	十一卯		十八寅	十五卯	十五辰	十七巳	廿一午	四申 廿七未	九酉	十三戌	十六亥	金
廿四子		十三丑	十一卯 廿八寅	十九辰	廿七巳	十日巳 三十辰	九日未 廿三午	廿一申	四日申 廿二酉	十二酉	九日亥 廿六戌	二日丑 十五子	水
未										十三酉		未	首
酉			十七酉									十二戌	孛
未												未	炁

校勘：

本表由两页组成，六月以前右半部分，整理者标注页码 112，左半部分标注页码 111。

注释：

①右部表头第一列“癸酉”为纪年干支。

②上部表头第一行有本年各月的朔日干支“辛卯、庚申、庚寅、庚申、己丑、己未、戊子、戊午、丁亥、丙辰、丙戌、乙卯、乙酉”。

③根据纪年干支、每月的朔日，闰十二月，查《二十史朔闰表》，宋高宗绍兴二十三年癸酉（1153 年）与之相符。[①] 该年系夏仁宗天盛五年。

④右部表头第一列“金”，为六十甲子“癸酉”的纳音。据《六十甲子纳音歌》“壬申癸酉刀刃金”，对应的干支有“癸酉”，与本年历纪年干支相符。

① 陈垣：《二十史朔闰表》，中华书局 1999 年版，第 137 页。

三十五 夏仁宗天盛六年（1154年）甲戌历日

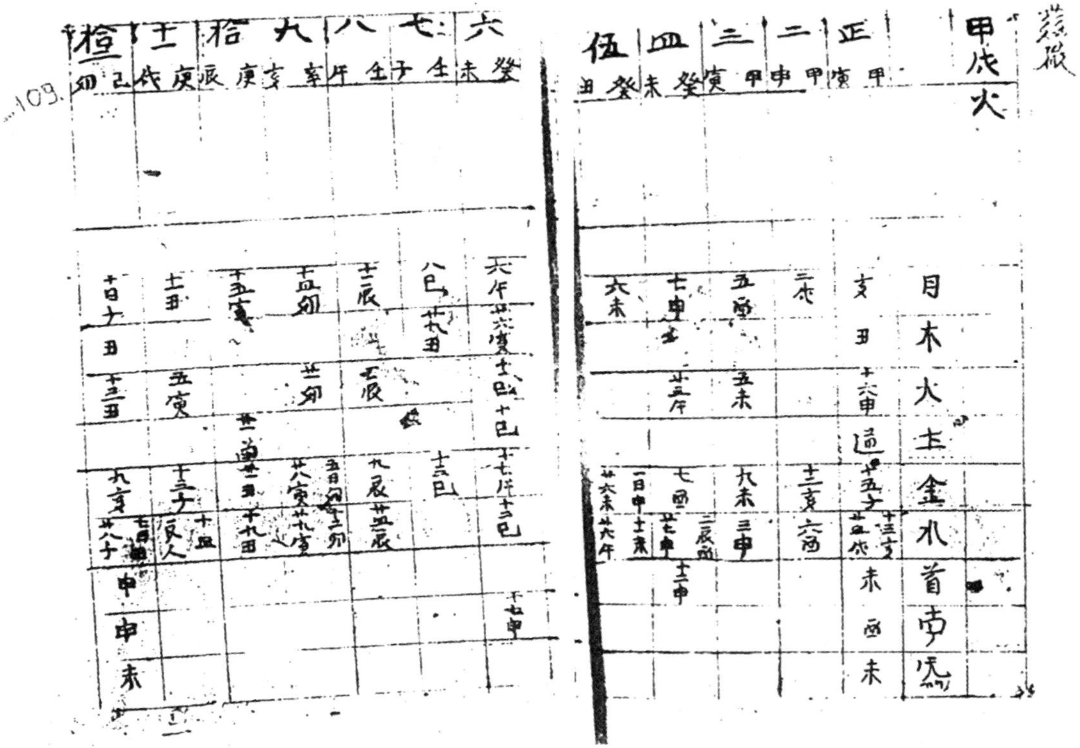

录文：

拾二 己卯	十一 庚戌	拾 庚辰	九 辛亥	八 壬午	七 壬子	六 癸未	伍 癸丑	四 癸未	三 甲寅	二 甲申	正 甲寅		甲戌	[illegible]
													火	
十日子	十一丑	十五寅	十四卯	十一辰	八巳	六午	六未	七申	五酉	二戌	亥	日		
丑					廿九丑	廿六寅					丑	木		
十三丑	五寅		廿一卯	一辰		十一巳		廿三午	五未		十六申	火		
		廿一留				十巳					递	土		
九亥	十三子	廿一丑	五日卯 廿八寅	九辰	十三巳	十七午	一日申 廿六未	七酉	九未	十二亥	十五子	金		
七日丑 廿八子	十四 反人	十九丑	十二卯 廿九寅	廿四辰		十二巳	十一未 廿六午	二辰 酉 廿七申	三申	六酉	十三亥 廿四戌	水		
申								十二申			未	首		
申						十七申					酉	孛		
未											未	炁		

校勘：

①本表由两页组成，五月以前右半部分，整理者标注页码 110，左半部分标注页码 109。

②水星十一月栏“人”字，当是用笔画简单的“人”代替笔画较多的“寅”。

译文：

拾二 己卯	十一 庚戌	拾 庚辰	九 辛亥	八 壬午	七 壬子	六 癸未	伍 癸丑	四 癸未	三 甲寅	二 甲申	正 甲寅		甲戌
													火
十日子	十一丑	十五寅	十四卯	十一辰	八巳	六午	六未	七申	五酉	二戌	亥	日	
丑					廿九丑	廿六寅					丑	木	
十三丑	五寅		廿一卯	一辰		十一巳		廿三午	五未		十六申	火	
		廿一留				十巳					递	土	
九亥	十三子	廿一丑	五日卯 廿八寅	九辰	十三巳	十七午	一日申 廿六未	七酉	九未	十二亥	十五子	金	
七日丑 廿八子	十四 反人	十九丑	十二卯 廿九寅	廿四辰		十二巳	十一未 廿六午	二辰 酉 廿七申	三申	六酉	十三亥 廿四戌	水	
申								十二申			未	首	
申						十七申					酉	字	
未											未	炁	

甲戌

注释：

①右部表头第一列“甲戌”为纪年干支。

②上部表头第一行有本年各月的朔日干支“甲寅、甲申、甲寅、癸未、癸丑、癸未、壬子、壬午、辛亥、庚辰、庚戌、己卯”。

③根据纪年干支、每月的朔日，查《二十史朔闰表》，宋高宗绍兴二十四年甲戌（1154 年）与之相符。[①] 该年系夏仁宗天盛六年。

④右部表头第一列“火”，为六十甲子的纳音。据《六十甲子纳音歌》“甲戌乙亥山头火”，对应的干支有“甲戌”，与本年历纪年干支相符。

⑤土星正月栏“递”字，为中国古代描述行星视运动的术语，相当于“冲”。从“始见”到“冲”，每日日出之前都可以在东方的天空中看到行星，因此这个时段被称为“晨见”；从“冲”到“始伏”，每日日落之后都可以在西边的天空中看到行星，所以这个时段被称为“夕见”。“递”有“更代”义，用以指外行星由晨见到夕见的转变。

⑥土星十月栏“留”字，为中国古代描述行星视运动的术语。指行星在一段时间内移动缓慢，好像静止似的。

⑦水星十一月栏“反”字，亦当为中国古代描述行星视运动的术语。指行星在视运动退行阶段，退回此前经历的十二次中的某一次。

⑧表框外右上角用西夏文注有“甲戌”二字。表示一个新的天干循环开始。

---

① 陈垣：《二十史朔闰表》，中华书局 1999 年版，第 137 页。

三十六　夏仁宗天盛七年（1155年）乙亥历日

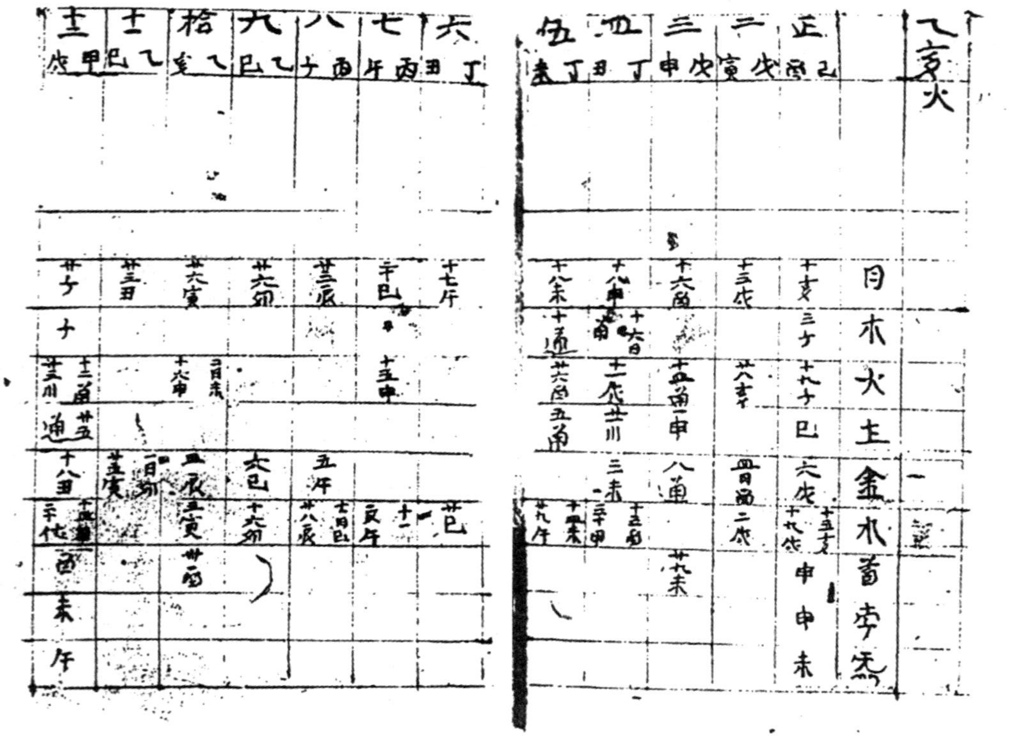

录文：

十二 甲戌	十一 乙巳	拾 乙亥	九 乙巳	八 丙子	七 丙午	六 丁丑	伍 丁未	四 丁丑	三 戊申	二 戊寅	正 己酉		乙亥
													火
廿子	廿三丑	廿六寅	廿六卯	廿三辰	二十巳	十七午	十八未	十八申	十六酉	十三戌	十亥	日	
子							十递	十六日 留			三子	木	
十二留 廿三顺		二日未 十六申			十五申		廿六酉	十一戌	十四留	廿八亥	十九子	火	
廿五留							五留	廿一顺	一申		巳	土	
十八丑	一日卯 廿五寅	四辰	六巳	五午				三未	八留	四日酉	六戌	金	
十四丑 二十伏		三寅	十六卯	七日巳 廿八辰	十一 反午	廿巳	十四未 廿九午	十五酉 三十申		二戌	十五亥 十九戌	水	
酉		卅酉							廿九未		申	首	
未											申	孛	
午											未	炁	

校勘：

本表由两页组成，五月以前右半部分，整理者标注页码 108，左半部分标注页码 107。

注释：

①右部表头第一列“乙亥”为纪年干支。

②上部表头第一行有本年各月的朔日干支“己酉、戊寅、戊申、丁丑、丁未、丁丑、丙午、丙子、乙巳、乙亥、乙巳、甲戌”。

③根据纪年干支、每月的朔日，查《二十史朔闰表》，宋高宗绍兴二十五年乙亥（1155 年）与之相符。[①]该年系夏仁宗天盛七年。

④右部表头第一列“火”，为六十甲子的纳音。据《六十甲子纳音歌》“甲戌乙亥山头火”，对应的干支有“乙亥”，与本年历纪年干支相符。

⑤木星四月栏、火星三月栏、火星十二月栏、土星五月栏、土星十二月栏、金星三月栏“留”字，为中国古代描述行星视运动的术语。指行星在一段时间内移动缓慢，好像静止似的。皆为俗体字，其中土星十二月栏、金星三月栏“留”字，增加走之旁。

⑥木星五月栏“递”字，为中国古代描述行星视运动的术语，相当于“冲”。从“始见”到“冲”，每日日出之前都可以在东方的天空中看到行星，因此这个时段被称为“晨见”；从“冲”到“始伏”，每日日落之后都可以在西边的天空中看到行星，所以这个时段被称为“夕见”。“递”有“更代”义，用以指外行星由晨见到夕见的转变。

---

① 陈垣：《二十史朔闰表》，中华书局 1999 年版，第 137 页。

⑦火星十二月栏、土星四月栏“顺”字，为中国古代描述行星视运动的术语。行星在天空星座的背景上自西往东走，叫顺行；反之，叫逆行。表格中的“顺”字，是以左偏旁代替的。俗体字形成途径之一，就是省略构件。考虑到“顺”本从川得声，古音相近，也属于音近更代。[①] 为了书写方便，抄写者省略了“顺”的右偏，这样就与“川”字同形，但由于本历书用字有限，不会与“川”字发生意义上的混乱。

⑧水星七月栏“反”字，亦当为中国古代描述行星视运动的术语。指行星在视运动中的退行阶段，退回此前经历的十二次中的某一次。

⑨水星十二月栏“伏”字，为中国古代描述行星视运动的术语。行星掩蔽在太阳的光辉之下，有一段时间我们是看不到的，历法中称行星在这段时间的视运动状态为“伏”。

① 张涌泉:《俗字里的学问》，语文出版社 2000 年版，第 22—28 页。

三十七 夏仁宗天盛八年（1156年）丙子历日

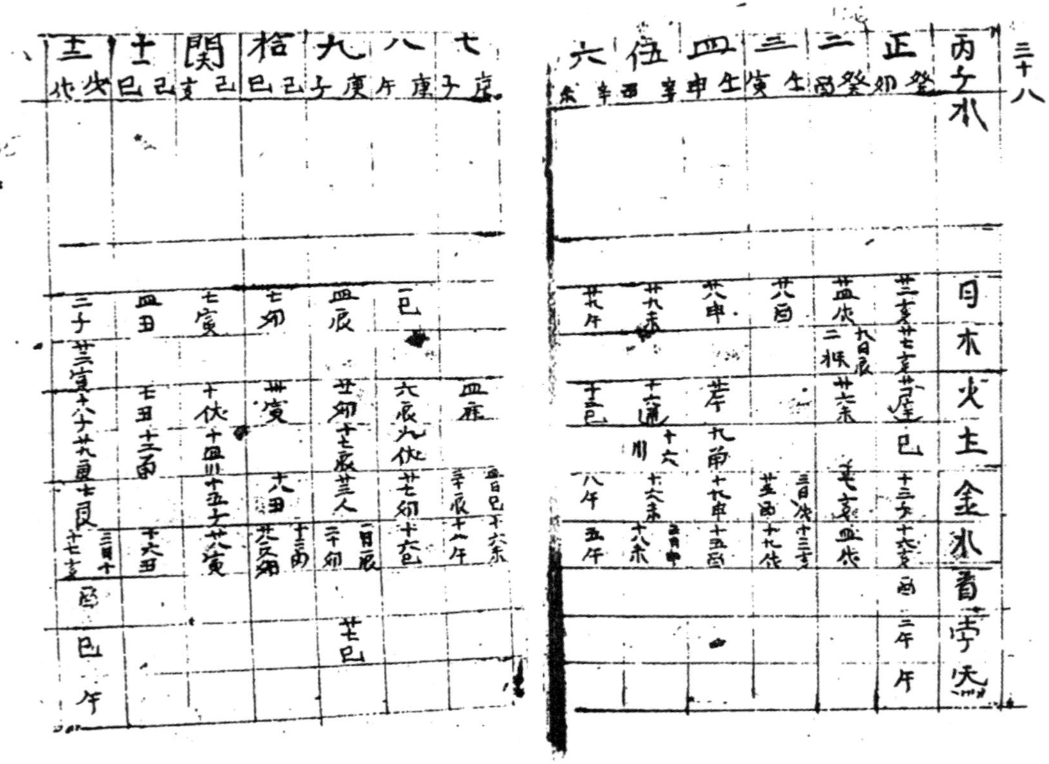

录文：

三十八

十二 戊戌	十一 己巳	闰 己亥	拾 己巳	九 庚子	八 庚午	七 庚子	六 辛未	伍 辛丑	四 壬申	三 壬寅	二 癸酉	正 癸卯	丙子
													水
二子	四丑	七寅	七卯	四辰	一巳		廿九午	廿九未	廿八申	廿八酉	廿四戌	廿二亥	日
廿三寅											九日辰 二天水	廿七亥	木
十八子	七丑	十伏	卅寅	廿一卯	六辰	四疾	十三巳	十六递	廿一午		廿六未	廿迟	火
廿九退	十二留	十四顺		十七辰	九伏			十六顺	九留			巳	土
七退		十五子	十八丑	廿三人	廿七卯	四日巳 三十辰	八午	十六未	十九申	三日戌 廿五酉	七亥	十三子	金
三日子 十七亥	十六丑	廿八寅	十二? 廿八反 卯	一日辰 二十卯	十六巳	十六未 十八午	五午	三日申 十八未	十五酉	十三亥 十九戌	四戌	十六亥	水
酉												西	首
巳				廿七巳								二午	孛
午												午	炁

校勘：

①本表由两页组成，六月以前右半部分，整理者标注页码 106，左半部分标注页码 105。

②木星二月栏数字“二”后有“天水”二字，不晓何义。前面既有“九日辰”，则后续数字一定大于九，此处出现“二”字，亦与顺序不符。

③金星九月栏“人”字，是用笔画简单的“人”代替笔画较多的“寅”。

注释：

①右部表头第一列“丙子”为纪年干支。

②上部表头第一行有本年各月的朔日干支“癸卯、癸酉、壬寅、壬申、辛丑、辛未、庚子、庚午、庚子、己巳、己亥、己巳、戊戌”。

③根据纪年干支、每月的朔日，闰十月，查《二十史朔闰表》，宋高宗绍兴二十六年丙子（1156 年）与之相符。[①] 该年系夏仁宗天盛八年。

④右部表头第一列“水”，为六十甲子的纳音。据《六十甲子纳音歌》“丙子丁丑涧下水”，对应的干支有“丙子”，与本年历纪年干支相符。

⑤火星正月栏中的“迟”字，为中国古代描述行星运行的术语。指行星运行速度减慢。

⑥火星七月栏中的“疾”，指行星运行速度加快，与“迟”字相对。“疾”为俗体字。

⑦火星五月栏的“递”字，为中国古代描述行星视运动的术语，相当于“冲”。从“始见”到“冲”，每日日出之前都可以在东方的天空中看到行星，因此这个时段被称为“晨见”；从“冲”到“始伏”，每日日落

① 陈垣：《二十史朔闰表》，中华书局 1999 年版，第 137 页。

之后都可以在西边的天空中看到行星，所以这个时段被称为“夕见”。“递”有“更代”义，用以指外行星由晨见到夕见的转变。

⑧土星四月栏、土星十一月栏、水星十月栏中的“留”字，为中国古代描述行星视运动的术语。指行星在一段时间内移动缓慢，好像静止似的。其中水星十月栏中的“留”字为俗体字。

⑨火星闰十月栏、土星八月栏中的“伏”字，为中国古代描述行星视运动的术语。行星掩蔽在太阳的光辉之下，有一段时间我们是看不到的，历法中称行星在这段时间的视运动状态为“伏”。

⑩土星五月栏、土星闰十月栏中的“顺”字，为中国古代描述行星视运动的术语。行星在天空星座的背景上自西往东走，叫顺行；反之，叫逆行。表格中的“顺”字，是以左偏旁代替的。

⑪ 土星十二月栏、金星十二月栏中的“退”字，指行星在视运动中的退行阶段。“退”字省去走之旁，为俗体字。

⑫ 水星十月栏“反”字，亦当为中国古代描述行星视运动的术语。指行星在视运动中的退行阶段，退回此前经历的十二次中的某一次。

⑬ 表框外右上角有数字“三十八”，表明一个十二地支循环开始。本次循环由夏仁宗天盛八年（1156 年）丙子到夏仁宗天盛十九年（1167 年）丁亥。

三十八　夏仁宗天盛九年（1157年）丁丑历日

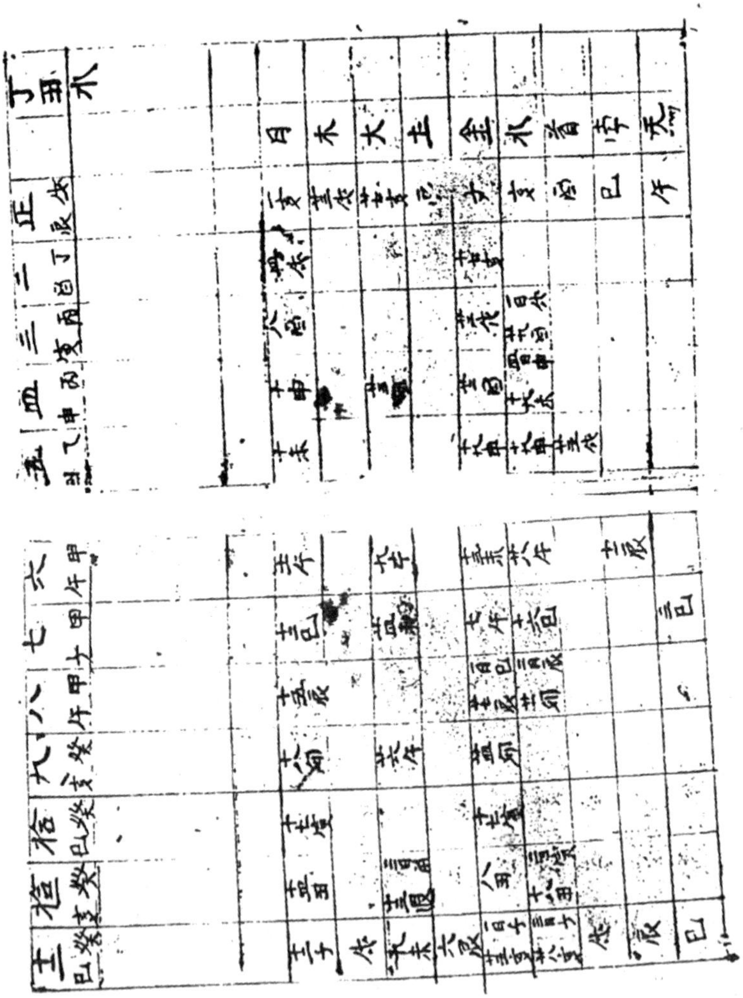

录文:

十二 癸巳	拾一 癸亥	拾 癸巳	九 癸亥	八 甲午	七 甲子	六 甲午	五 乙丑	四 丙申	三 丙寅	二 丁酉	正 戊辰		丁丑
													水
十二子	十四丑	十七寅	十八卯	十五辰	十二巳	十一午	十未	十申	八酉	四戌	一亥	日	
戌											廿三戌	木	
九未	三日留 十三退		廿六午		廿四未	九申		廿三酉			廿七亥	火	
六辰											辰	土	
一日子 廿五亥	八丑	十七寅	廿四卯	一日巳 廿七辰	七午	十三未	十九申	廿二酉	廿二戌	十七亥	子	金	
三日子 廿八亥	二日寅 十八丑			二日辰 廿一卯	十六巳	廿八午	十九申	四日申 十九未	一日戌 廿九酉		亥	水	
戌							廿五戌				酉	首	
辰						十一辰					巳	孛	
巳					三巳						午	炁	

校勘：

本表由两页组成，五月以前右半部分，整理者标注页码 104，左半部分标注页码 103。

注释：

①右部表头第一列“丁丑”为纪年干支。

②上部表头第一行有本年各月的朔日干支“戊辰、丁酉、丙寅、丙申、乙丑、甲午、甲子、甲午、癸亥、癸巳、癸亥、癸巳”。

③根据纪年干支、每月的朔日，查《二十史朔闰表》，宋高宗绍兴二十七年丙子（1157 年）与之相符。[①]该年系夏仁宗天盛九年。

④右部表头第一列“水”，为六十甲子的纳音。据《六十甲子纳音歌》“丙子丁丑涧下水”，对应的干支有“丁丑”，与本年历纪年干支相符。

⑤火星十一月栏中的“留”字，为中国古代描述行星视运动的术语。指行星在一段时间内移动缓慢，好像静止似的。

⑥火星十一月栏中的“退”字，指行星在视运动中的退行阶段。

---

① 陈垣：《二十史朔闰表》，中华书局 1999 年版，第 137 页。

三十九 夏仁宗天盛十年（1158年）戊寅历日

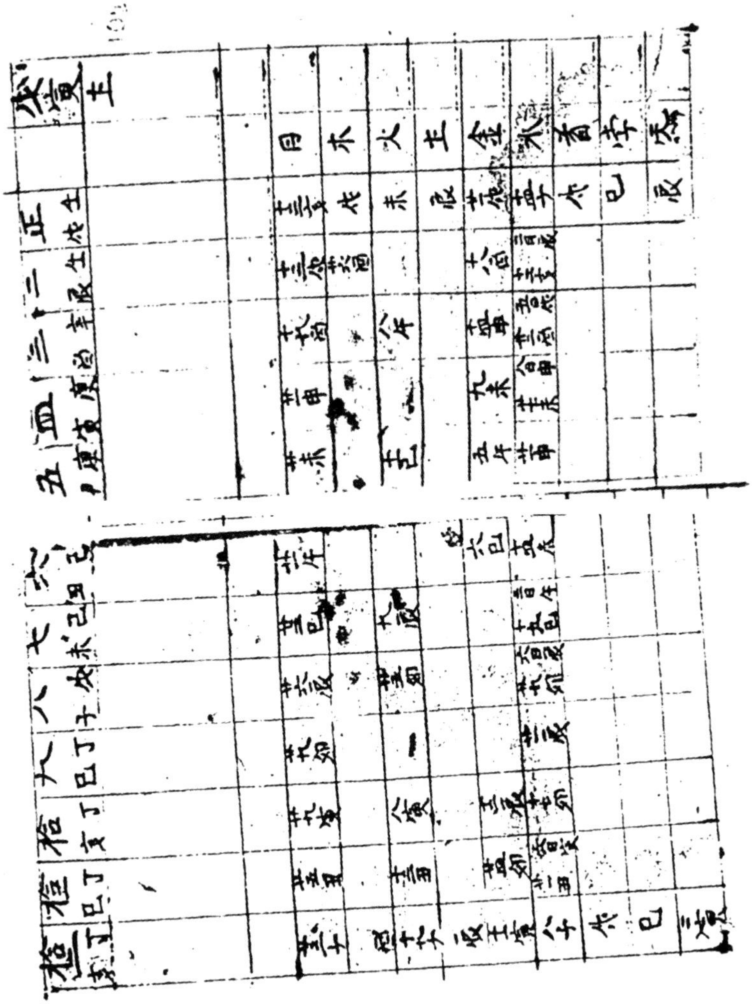

录文:

拾二 丁亥	拾一 丁巳	拾 丁亥	九 丁巳	八 戊子	七 己未	六 己丑	五 庚申	四 庚寅	三 辛酉	二 壬辰	正 壬戌		戊寅
													土
廿三子	廿五丑	廿九寅	廿九卯	廿六辰	廿二巳	廿一午	廿未	廿一申	十九酉	十三戌	十三亥	日	
酉										廿六酉	戌	木	
十九子	十三丑	八寅		廿五卯	九辰		十一巳		八午		未	火	
辰											辰	土	
十一寅	廿四卯	十二辰				六巳	五午	九未	十四申	十八酉	廿一戌	金	
八子	六日寅 廿一丑	十七卯	廿一辰	六日辰 廿九卯	三日午 十九巳	十四未	廿一申	八日申 廿七未	五日戌 廿二酉	二日辰 十二亥	十四子	水	
戌											戌	首	
巳											巳	孛	
二寅											辰	炁	

校勘：

本表由两页组成，五月以前右半部分，整理者标注页码 102，左半部分标注页码 101。

注释：

①右部表头第一列“戊寅”为纪年干支。

②上部表头第一行有本年各月的朔日干支“壬戌、壬辰、辛酉、庚寅、庚申、己丑、己未、戊子、丁巳、丁亥、丁巳、丁亥”。其中七月的朔日己未，较宋历戊午晚了一天。

③根据纪年干支、每月的朔日，查《二十史朔闰表》，宋高宗绍兴二十八年戊寅（1158 年）与之相符。[①]该年系夏仁宗天盛十年。

④右部表头第一列“土”，为六十甲子的纳音。据《六十甲子纳音歌》“戊寅己卯城头土”，对应的干支有“戊寅”，与本年历纪年干支相符。

① 陈垣：《二十史朔闰表》，中华书局 1999 年版，第 137 页。

四十　夏仁宗天盛十一年（1159年）己卯历日

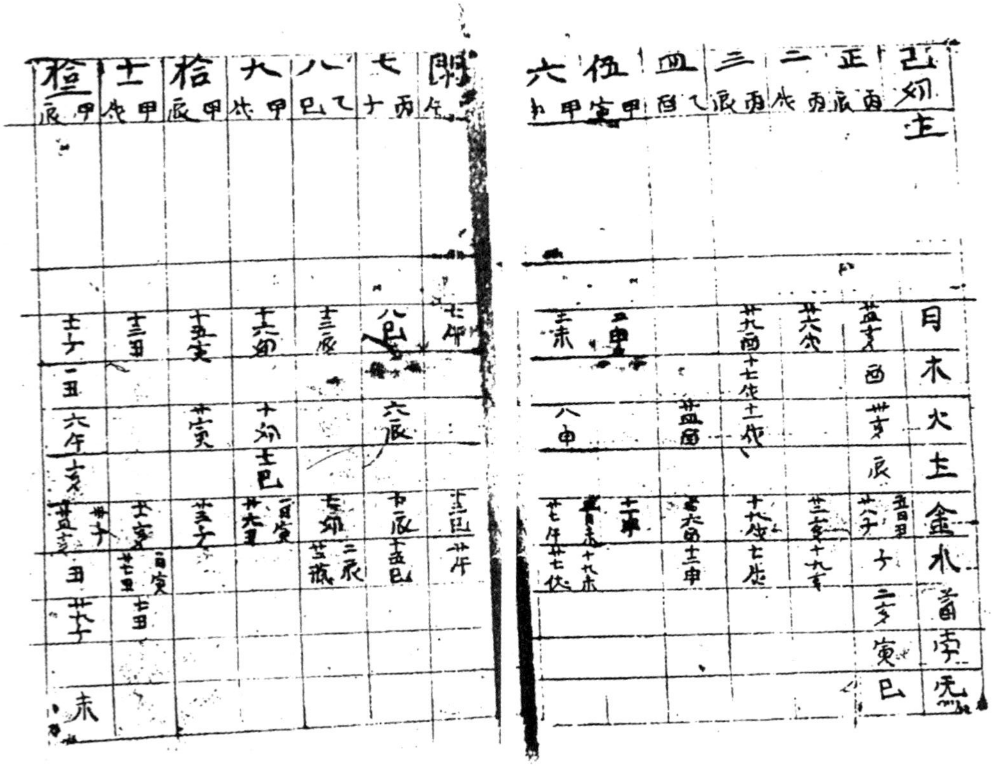

录文：

拾二 辛亥?	十一 辛巳?	拾 辛亥?	九 辛巳?	八 壬子?	七 壬午?	闰 癸丑?	六 甲申	伍 甲寅	四 乙酉	三 丙辰	二 丙戌	正 丙辰	己卯
													土
十一子	十三丑	十五寅	十六卯	十三辰	八巳	七午	二未	二申		廿九酉	廿六戌	廿四亥	日
一丑										十七戌		酉	木
六午		廿寅	十卯		六辰		八申		廿四酉	十一戌		卅亥	火
亥			十一巳									辰	土
卅子 廿四亥	十一亥	廿三子	一日寅 廿六丑	七卯	十辰	十三巳	四日未 廿七午	十一申	十六酉	十九戌	廿二亥	五日丑 廿八子	金
丑	一日寅 廿七丑			二辰 廿二㮺	十五巳	廿五	十九未 廿七伏		十二申	七戌	十九亥	子	水
廿九子	七丑											二亥	首
												寅	孛
未												巳	炁

校勘：

①本表由两页组成，六月以前右半部分，整理者标注页码 100，左半部分标注页码 99。

②左半部分上部表头第一行，从闰六月到十二月这七个月的朔日原误作“丙午、丙子、乙巳、甲戌、甲辰、甲戌、甲辰”。乍一看，这七个月的朔日符合大小月的安排，只是左半部分闰六月的朔日“丙午”与右半部分六月的朔日“甲申”，衔接不上，从甲申到丙午，跨度为 23 天，不满一月。本年十二月的朔日“甲辰”与次年正月的朔日“庚辰”，也衔接不上，从甲辰到庚辰，跨度为 37 天，超出一月之数。因为本书为缝缋装，年深岁久，册页散乱后，往往两页共处一纸而内容并不连贯。这很容易使人认为，左半部分第 99 页是属于另外某一年的历日。那么，到底是两页内容不连贯，整理者张冠李戴，把它们误拼在一起，还是原抄写者把下半年每月朔日抄错了？经目验原始文献，可以发现，第 99 页与第 100 页并非共处一纸。请看页码分布示意图：

106	101
107	100

98	109
99	108

第 100 页和第 99 页分属缝缋装中一摞折叠好的单页中的由里往外之第二纸和第三纸。也就是说，标注为第 99 页和第 100 页的两片文献，在原书中的书页顺序并未发生错乱。宋历从 1038 年到 1227 年，不见闰六月且朔在丙午的，朔在丙午之前的乙巳或之后的丁未，也没有。基于此，我们可以断定是抄录者笔误，与整理者无关。宋历本年从闰六月到十二月这七个月的朔日依次为“癸丑、壬午、壬子、辛巳、辛亥、辛巳、辛亥”，[1]

① 陈垣:《二十史朔闰表》，中华书局 1999 年版，第 137 页。

录此以备参考。

③金星十二月栏“卅子、廿四亥”，不符合月日顺序，且本年十二月为小月，无三十日。疑“卅子”当在十一月栏。

译文：

拾二 辛亥?	十一 辛巳?	拾 辛亥?	九 辛巳?	八 壬子?	七 壬午?	闰 癸丑?	六 甲申	伍 甲寅	四 乙酉	三 丙辰	二 丙戌	正 丙辰	己卯
													土
十一子	十三丑	十五寅	十六卯	十三辰	八巳	七午	二未	二申		廿九酉	廿六戌	廿四亥	日
一丑										十七戌		酉	木
六午		廿寅	十卯		六辰		八申		廿四酉	十一戌		卅亥	火
亥			十一巳									辰	土
卅子 廿四亥	十一亥	廿三子	一日寅 廿六丑	七卯	十辰	十三巳	四日未 廿七午	十一申	十六酉	十九戌	廿二亥	五日丑 廿八子	金
丑	一日寅 廿七丑			二辰 廿二卯	十五巳	廿五	十九未 廿七伏		十二申	七戌	十九亥	子	水
廿九子	七丑											二亥	首
												寅	孛
未												巳	炁

注释：

①右部表头第一列“己卯”为纪年干支。

②上部表头第一行为本年各月的朔日干支“丙辰、丙戌、丙辰、乙酉、甲寅、甲申、癸丑、壬午、壬子、辛巳、辛亥、辛巳、辛亥”。后七个月存疑。

③根据纪年干支、每月的朔日，闰六月，查《二十史朔闰表》，宋高宗绍兴二十九年己卯（1159 年）与之相符。[①] 该年系夏仁宗天盛十一年。

④右部表头第一列“土”，为六十甲子的纳音。据《六十甲子纳音歌》“戊寅己卯城头土”，对应的干支有“己卯”，与本年历纪年干支相符。

⑤水星六月栏“伏”字，为中国古代描述行星视运动的术语。行星掩蔽在太阳的光辉之下，有一段时间我们是看不到的，历法中称行星在这段时间的视运动状态为“伏”。

① 陈垣：《二十史朔闰表》，中华书局 1999 年版，第 137 页。

四十一 夏仁宗天盛十二年（1160年）庚辰历日

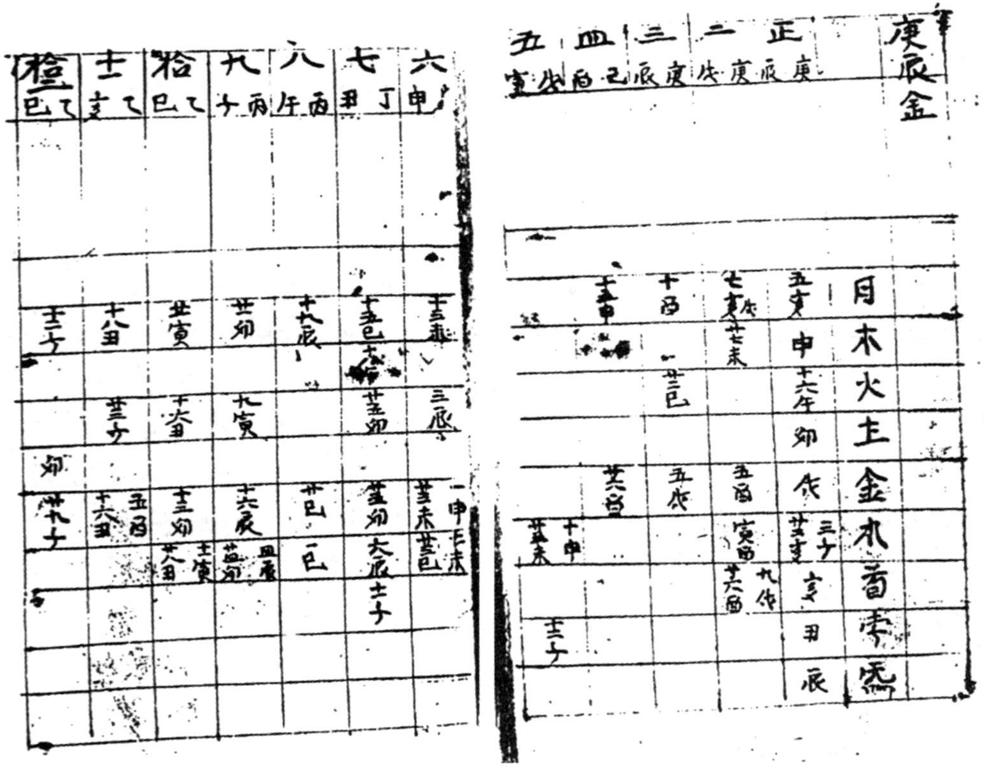

录文：

拾二 乙巳	十一 乙亥	拾 乙巳	九 丙子	八 丙午	七 丁丑	六 [戊]申	五 戊寅	四 己酉	三 庚辰	二 庚戌	正 庚辰		庚辰
													金
十二子	十八丑	廿一寅	廿一卯	十九辰	十五巳	十三未		十三申	十酉	七戌	五亥	日	
					十八午					廿七未	申	木	
	廿三子	十六丑	九寅		廿五卯	三辰			廿二巳		十六午	火	
卯											卯	土	
廿九子	五酉 十六丑	十三卯	十六辰	廿巳	廿五卯	一申 廿三未		廿六酉	五戌	五酉	戌	金	
		十一寅 廿八丑	四辰 廿四卯	一巳	六辰	七未 廿三巳	十申 廿三未			寅 酉	三子 廿二亥	水	
					十一子					九戌 廿六酉	亥	首	
							十二子				丑	孛	
											辰	炁	

校勘：

①本表由两页组成，五月以前右半部分，整理者标注页码 98，左半部分标注页码 97。

②上部表头第一行六月朔日“戊申”的“戊”，据残存地支和《二十史朔闰表》补。[①]

注释：

①右部表头第一列“庚辰”为纪年干支。

②上部表头第一行有本年各月的朔日干支“庚辰、庚戌、庚辰、己酉、戊寅、戊申、丁丑、丙午、丙子、乙巳、乙亥、乙巳”。

③根据纪年干支、每月的朔日，查《二十史朔闰表》，宋高宗绍兴三十年庚辰（1160 年）与之相符。[②] 该年系夏仁宗天盛十二年。

④右部表头第一列“金”，为六十甲子的纳音。据《六十甲子纳音歌》“庚辰辛巳白腊金”，对应的干支有“庚辰”，与本年历纪年干支相符。

---

① 陈垣：《二十史朔闰表》，中华书局 1999 年版，第 137 页。

② 陈垣：《二十史朔闰表》，中华书局 1999 年版，第 137 页。

四十二　夏仁宗天盛十三年（1161 年）辛巳历日

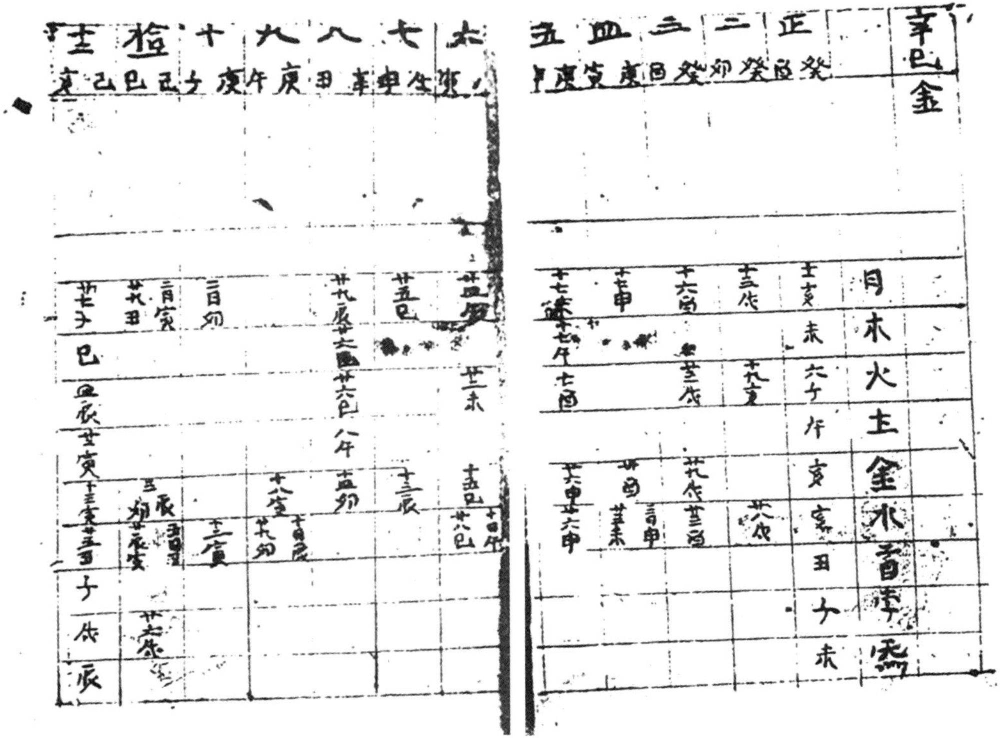

录文：

十二 己亥	拾一 己巳	十 庚子	九 庚午	八 辛丑	七 壬申	六 ［壬］寅	五 癸酉？	四 癸卯？	三 甲戌？	二 甲辰？	正 甲戌？		辛巳
													金
	二日寅 廿九丑	二日卯		廿九辰	廿五巳	廿四午	十七未	十七申	十六酉	十三戌	十一亥	日	
				廿六巳			十七午				未	木	
				廿六巳		廿二未	七酉		廿三戌	十九亥	六子	火	
				八午							午	土	
	三辰 卯		十八寅	十四卯	十三辰	十五巳	廿六申	卅酉	廿九戌		亥	金	
廿三丑	五日丑 廿辰 寅	十二寅	十日辰 廿九卯			十日午 廿八巳	廿六申	三日申 廿三未	廿三酉	廿八戌	亥	水	
子											丑	首	
戌											子	孛	
辰											未	炁	

校勘：

①本表由两页组成，五月以前右半部分，整理者标注页码 96，左半部分标注页码 95。

②右半部分上部表头第一行，右半部分从正月到五月的朔日原作“癸酉、癸卯、癸酉、庚寅、庚申”，全误。首先，这五个月的朔日不符合大小月安排。上一年十二月朔日为乙巳，如果本年正月的朔日为癸酉，则上一年十二月最后一天干支为壬申，共计才 28 天。又三月的朔日癸酉与四月的朔日庚寅也衔接不上。从癸酉到庚寅，跨度为 18 天，远远不满一月。因为本书为缝缋装，共处一纸的两页往往内容并不连贯。这个辛巳年会不会是夏仁宗天盛十三年（1161 年）以外的某个辛巳年？经目验原始文献，可以发现，第 96 页与第 95 页并非共处一纸。请看页码分布示意图：

110	97
111	96

94	113
95	112

第 96 页和第 95 页分属缝缋装中一摞 6 张单页中的由里往外之第四纸和第五纸。也就是说，标注为第 96 页和第 95 页的两片文献，在原书中的书页顺序并未发生错乱。按纪年顺序推算，此两页同属夏仁宗天盛十三年（1161 年）辛巳历日。宋历从正月到五月的朔日依次为“甲戌、甲辰、甲戌、癸卯、癸酉”，[①] 录此以备参考。

③上部表头第一行六月朔日“壬寅”的“壬”，据残存地支和《二十史朔闰表》补。[②]

① 陈垣：《二十史朔闰表》，中华书局 1999 年版，第 138 页。

② 陈垣：《二十史朔闰表》，中华书局 1999 年版，第 138 页。

注释：

①右部表头第一列“辛巳”为纪年干支。

②上部表头第一行有本年各月的朔日干支“甲戌？、甲辰？、甲戌？、癸卯？、癸酉？、壬寅、壬申、辛丑、庚午、庚子、己巳、己亥”。

③根据纪年干支、每月的朔日，查《二十史朔闰表》，宋高宗绍兴三十一年辛巳（1161年）与之相符。[①] 该年系夏仁宗天盛十三年。

④右部表头第一列“金”，为六十甲子的纳音。据《六十甲子纳音歌》“庚辰辛巳白腊金”，对应的干支有“辛巳”，与本年历纪年干支相符。

① 陈垣：《二十史朔闰表》，中华书局1999年版，第138页。

四十三 夏仁宗天盛十四年（1162年）壬午历日

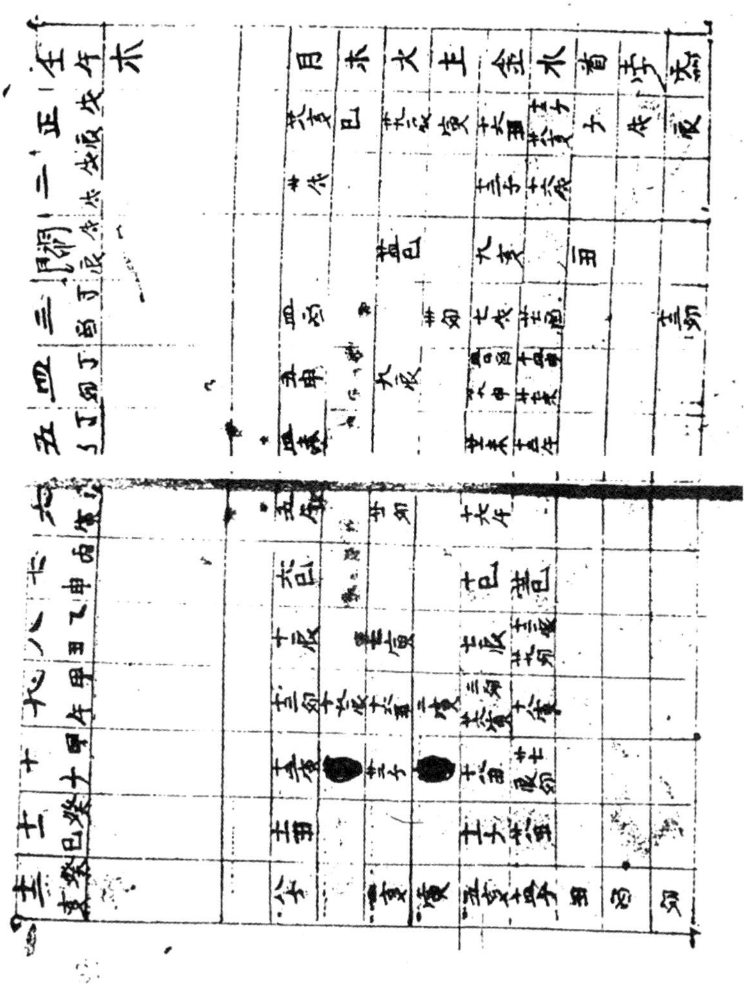

录文：

十二 癸亥	十一 癸巳	十 甲子	九 甲午	八 乙丑	七 丙申	六 ［丙］寅	五 丁［酉］	四 丁卯	三 丁酉	闰 戊辰	二 戊戌	正 戊辰	壬午
													木
八子	十一丑	十三寅	十三卯	十辰	六巳	五午	四未	五申	四酉		卅戌	廿八亥	日
			十九辰									巳	木
二亥		廿二子	十六丑	七寅		廿一卯		九辰		廿四巳		廿九辰	火
寅			二寅						卅卯			寅	土
五亥	十一子	十八丑	三卯 廿六寅	七辰	十巳	十六午	廿一未	四日酉 廿九申	七戌	九亥	十三子	十六丑	金
十四子	廿八丑	廿七辰 卯	十八寅	十二辰 廿九卯	廿二巳		十三午	十四申 廿七未	廿七酉		十六戌	十二子 廿八亥	水
丑										一丑		子	首
酉												戌	孛
卯												辰	炁

校勘：

①本表由两页组成，五月以前右半部分，整理者标注页码 94，左半部分标注页码 93。

②上部表头第一行五月朔日“丁酉”的“酉”，六月朔日“丙寅”的“丙”，据残存天干、地支和《二十史朔闰表》补。[①]

③木星、土星十月栏有涂抹的痕迹。

注释：

①右部表头第一列“壬午”为纪年干支。

②上部表头第一行有本年各月的朔日干支“戊辰、戊戌、戊辰、丁酉、丁卯、丁酉、丙寅、丙申、乙丑、甲午、甲子、癸巳、癸亥”。

③根据纪年干支、每月的朔日，闰二月，查《二十史朔闰表》，宋高宗绍兴三十二年壬午（1162 年）与之相符。[②] 该年系夏仁宗天盛十四年。

④右部表头第一列第一个“木”，为六十甲子的纳音。据《六十甲子纳音歌》“壬午癸未杨柳木”，对应的干支有“壬午”，与本年历纪年干支相符。

① 陈垣：《二十史朔闰表》，中华书局 1999 年版，第 138 页。
② 陈垣：《二十史朔闰表》，中华书局 1999 年版，第 138 页。

四十四　夏仁宗天盛十五年（1163年）癸未历日

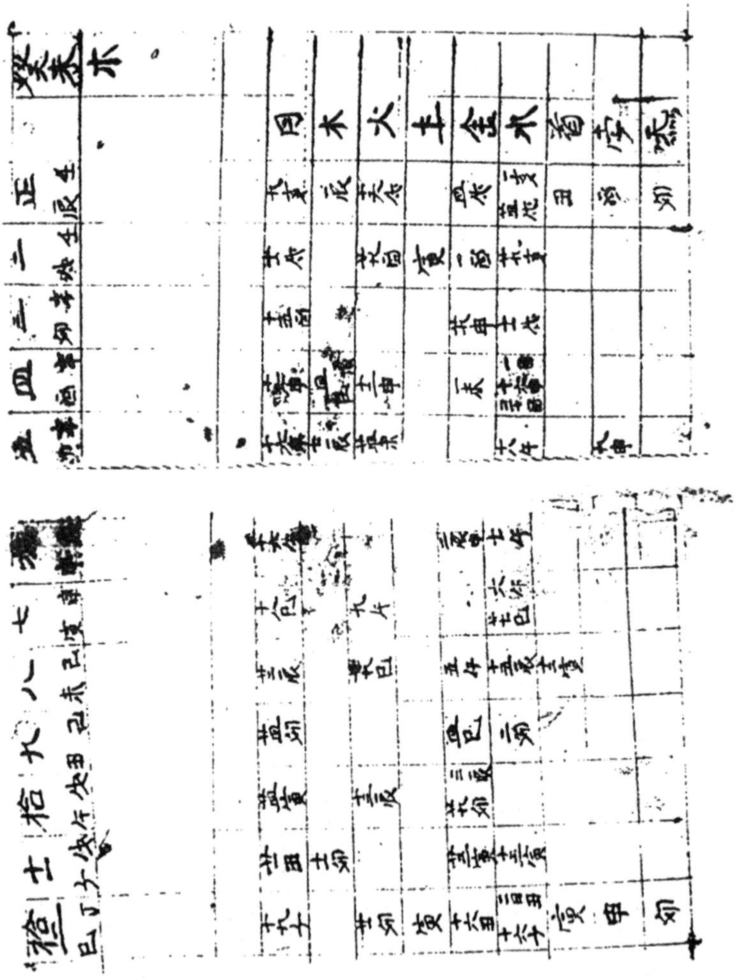

录文：

拾二 丁巳	十一 戊子	拾 戊午	九 己丑	八 己未	七 庚寅	六 庚申	五 辛卯	四 辛酉	三 辛卯	二 壬戌	正 壬辰		癸未
													木
十九子	廿一丑	廿四寅	廿四卯	廿二辰	十八巳	十六午	十六未	十六申	十五酉	十一戌	九亥	日	
	十一卯						七辰	四辰 巳			辰	木	
廿一卯		十三辰		廿九巳	九午		廿四未	十二申		廿九酉	十六戌	火	
寅										寅		土	
十六丑	廿三寅	三辰 廿九卯	四巳	五午		二辰 申		一未	廿九申	一酉	四戌	金	
二日丑 十六子	十三寅		二卯	十五辰	六午 廿七巳	七午	十八午	一酉 十六申 三十酉	十一戌	廿九亥	一亥 廿四戌	水	
寅				十二寅							丑	首	
申							九申				酉	孛	
卯											卯	炁	

校勘：

①本表由两页组成，五月以前右半部分，整理者标注页码 92，左半部分标注页码 91。

②上部表头第一行六月朔日“庚申”，原误作“丙申”。已知五月朔日为“辛卯”，从辛卯到丙申才 6 天，从辛卯到庚申共 30 天，后者符合大小月的安排，故知“丙”为“庚”之误。宋历六月朔日作“庚申”，可证。[①]

注释：

①右部表头第一列“癸未”为纪年干支。

②上部表头第一行有本年各月的朔日干支“壬辰、壬戌、辛卯、辛酉、辛卯、庚申、庚寅、己未、己丑、戊午、戊子、丁巳”。其中三月朔日辛卯比宋历壬辰早了一天。

③根据纪年干支、每月的朔日，查《二十史朔闰表》，宋孝宗隆兴元年癸未（1163 年）与之相符。[②] 该年系夏仁宗天盛十五年。

④右部表头第一列“木”，为六十甲子的纳音。据《六十甲子纳音歌》“壬午癸未杨柳木”，对应的干支有“癸未”，与本年历纪年干支相符。

---

① 陈垣：《二十史朔闰表》，中华书局 1999 年版，第 138 页。

② 陈垣：《二十史朔闰表》，中华书局 1999 年版，第 138 页。

四十五 夏仁宗天盛十六年（1164年）甲申历日

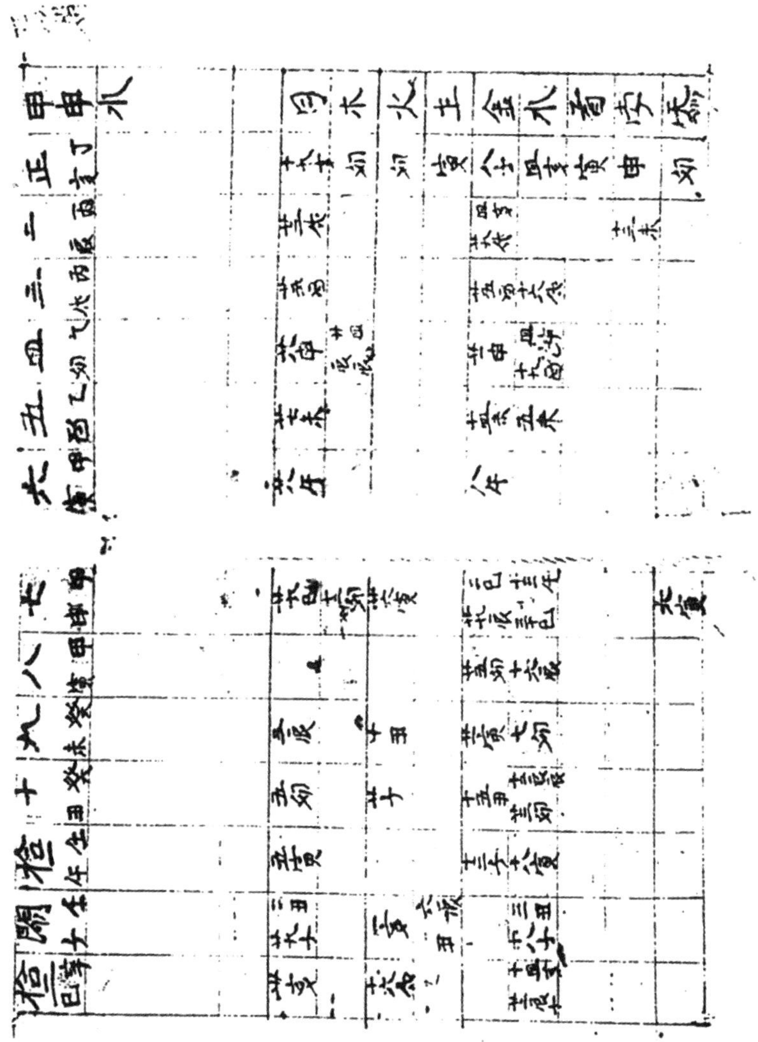

录文：

[illegible]

甲申	正 丁亥	二 丙辰	三 丙戌	四 乙卯	五 乙酉	六 甲寅	七 甲申	八 甲寅	九 癸未	十 癸丑	拾一 壬午	闰 壬子	拾二 辛巳
水													
日	十九亥	廿三戌	廿五酉	廿八申	廿七未	廿八午	廿九巳		三辰	五卯	五寅	二丑 廿九子	卅亥
木	卯			廿四辰 辰			十二卯						
火	卯						廿六寅		十丑	廿子		一亥	十六戌
土	寅											六辰 丑	
金	八子	四亥 廿九戌	廿五酉	廿一申	十四未	八午	二巳 廿九辰	廿五卯	廿一寅	十五丑	十三子		
水	四亥		十六戌	四申 十九酉	五未		十三午 三十巳	十六辰	七卯	十二辰 辰 廿三卯	十八寅	三丑 十八子	十四亥 廿二辰 子
首	寅												
孛	申	十三未											
炁	卯						六寅						

校勘：

本表由两页组成，六月以前右半部分，整理者标注页码 90，左半部分标注页码 89。

译文：

甲
申

拾二 辛巳	闰 壬子	拾一 壬午	十 癸丑	九 癸未	八 甲寅	七 甲申	六 甲寅	五 乙酉	四 乙卯	三 丙戌	二 丙辰	正 丁亥	甲申
													水
卅亥	二丑 廿九子	五寅	五卯	三辰		廿九巳	廿八午	廿七未	廿八申	廿五酉	廿三戌	十九亥	日
						十二卯			廿四辰 辰			卯	木
十六戌	一亥		廿子	十丑		廿六寅						卯	火
	六辰 丑											寅	土
		十三子	十五丑	廿一寅	廿五卯	二巳 廿九辰	八午	十四未	廿一申	廿五酉	四亥 廿九戌	八子	金
十四亥 廿二辰 子	三丑 十八子	十八寅	十二辰 辰 廿三卯	七卯	十六辰	十三午 三十巳		五未	四申 十九酉	十六戌		四亥	水
												寅	首
											十三未	申	孛
						六寅						卯	炁

注释：

①右部表头第一列“甲申”为纪年干支。

②上部表头第一行有本年各月的朔日干支“丁亥、丙辰、丙戌、乙卯、乙酉、甲寅、甲申、甲寅、癸未、癸丑、壬午、壬子、辛巳”。

③根据纪年干支、每月的朔日，闰十一月，查《二十史朔闰表》，宋孝宗隆兴二年甲申（1164 年）与之相符。[①] 该年系夏仁宗天盛十六年。

④右部表头第一列“水”，为六十甲子的纳音。据《六十甲子纳音歌》“甲申乙酉井泉水”，对应的干支有“甲申”，与本年历纪年干支相符。

⑤表框外右上角用西夏文注有“甲申”二字。表示一个新的天干循环开始。

① 陈垣:《二十史朔闰表》，中华书局 1999 年版，第 138 页。

四十六　夏仁宗天盛十七年（1165年）乙酉历日

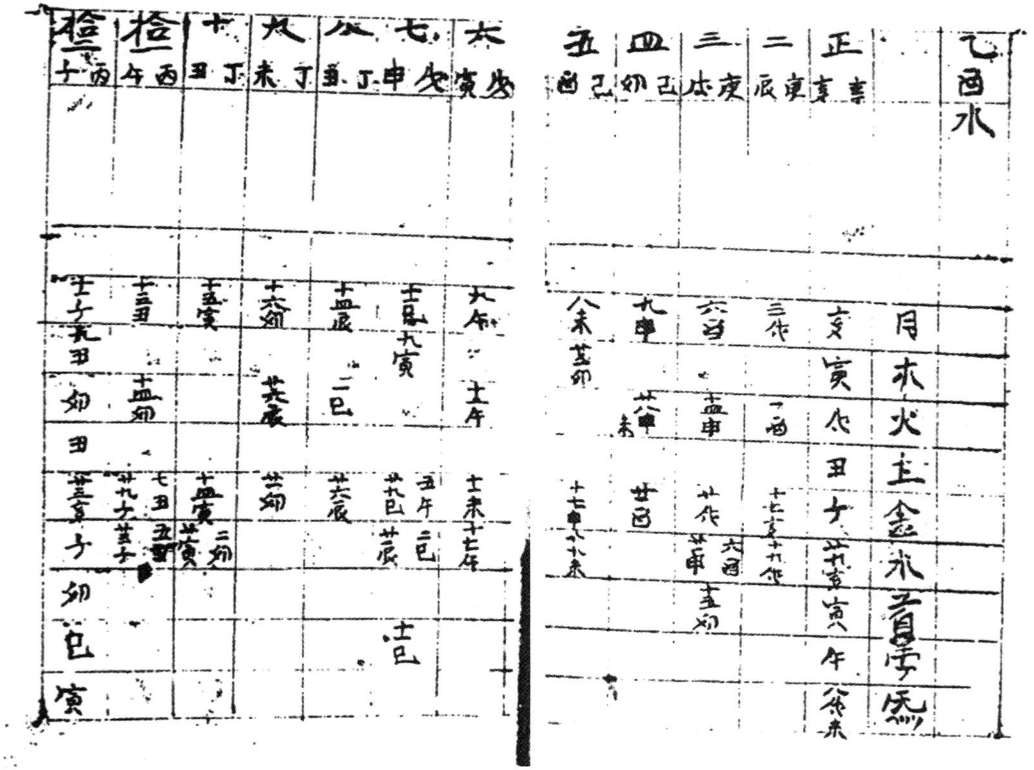

录文：

拾二 丙子	拾一 丙午	十 丁丑	九 丁未	八 丁丑	七 戊申	六 戊寅	五 己酉	四 己卯	三 庚戌	二 庚辰	正 辛亥		乙酉
													水
十一子	十三丑	十五寅	十六卯	十四辰	十一巳	九午	八未	九申	六酉	三戌	亥	日	
九丑					九寅		廿二卯				寅	木	
卯	十四卯		廿六辰	一巳		十二午		廿八未	十四申	一酉	戌	火	
丑											丑	土	
廿三亥	七丑 廿九子	十四寅	廿一卯	廿六辰	五午 廿九巳	十一未	十七申	廿一酉	廿戌	十七亥	子	金	
子	五丑 廿三子	二卯 廿寅			二巳 廿辰	十七午	廿九未		六酉 廿一申	十九戌	廿九亥	水	
卯									十五卯		寅	首	
巳					十一巳						午	孛	
寅											八戌 未	炁	

校勘：

本表由两页组成，五月以前右半部分，整理者标注页码 88，左半部分标注页码 87。

注释：

①右部表头第一列“乙酉”为纪年干支。

②上部表头第一行有本年各月的朔日干支“辛亥、庚辰、庚戌、己卯、己酉、戊寅、戊申、丁丑、丁未、丁丑、丙午、丙子”。

③根据纪年干支、每月的朔日，查《二十史朔闰表》，宋孝宗乾道元年乙酉（1165 年）与之相符。[1] 该年系夏仁宗天盛十七年。

④右部表头第一列“水”，为六十甲子的纳音。据《六十甲子纳音歌》“甲申乙酉井泉水”，对应的干支有“乙酉”，与本年历纪年干支相符。

① 陈垣：《二十史朔闰表》，中华书局 1999 年版，第 138 页。

四十七 夏仁宗天盛十八年（1166年）丙戌历日

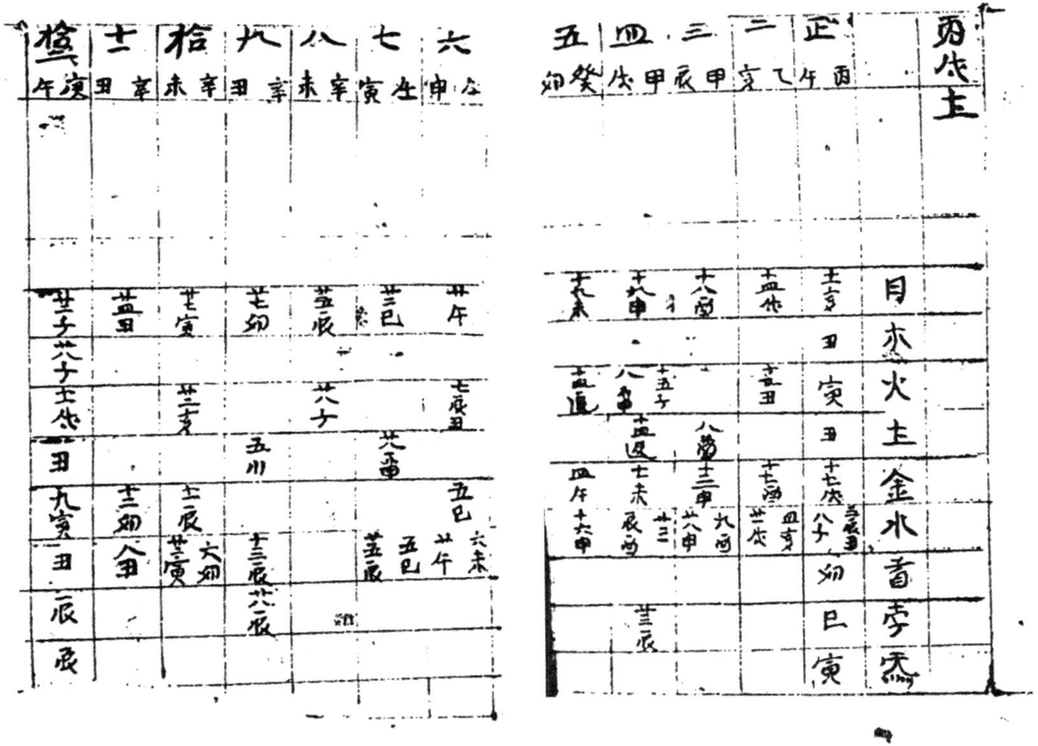

录文：

拾二 庚午	十一 辛丑	拾 辛未	九 辛丑	八 辛未	七 壬寅	六 壬申	五 癸卯	四 甲戌	三 甲辰	二 乙亥	正 丙午		丙戌
													土
廿二子	廿四丑	廿七寅	廿七卯	廿五辰	廿二巳	廿午	十九未	十九申	十八酉	十四戌	十一亥	日	
廿八子											丑	木	
十一戌		廿二亥		廿八子		七辰 丑	十四退	十五子 八留		十七丑	寅	火	
丑			五顺		廿八留			十四退	八酉		丑	土	
九寅	十二卯	十一辰				五巳	四午	七未	十三申	十七酉	十七戌	金	
丑	八丑	六卯 廿二寅	十三辰		五巳 廿五辰	六未 廿午	十六申	廿三辰 酉	九酉 廿八申	四亥 廿一戌	三辰 丑 八子	水	
辰			廿八辰								卯	首	
辰								廿三辰			巳	孛	
											寅	炁	

校勘：

本表由两页组成，五月以前右半部分，整理者标注页码 86，左半部分标注页码 85。

注释：

①右部表头第一列“丙戌”为纪年干支。

②上部表头第一行有本年各月的朔日干支“丙午、乙亥、甲辰、甲戌、癸卯、壬申、壬寅、辛未、辛丑、辛未、辛丑、庚午”。

③根据纪年干支、每月的朔日，查《二十史朔闰表》，宋孝宗乾道二年丙戌（1166 年）与之相符。[1] 该年系夏仁宗天盛十八年。

④右部表头第一列“土”，为六十甲子的纳音。据《六十甲子纳音歌》“丙戌丁亥屋上土”，对应的干支有“丙戌”，与本年历纪年干支相符。

⑤火星四月栏、土星七月栏中的“留”字，为中国古代描述行星视运动的术语，指行星在一段时间内移动缓慢，好像静止似的。

⑥火星五月栏、土星四月栏中的“退”字，为中国古代描述行星视运动的术语。行星在天空星座的背景上自西往东走，叫顺行；反之，叫逆行，表格中写作“退”。

⑦土星九月栏中的“顺”字，为中国古代描述行星视运动的术语。行星在天空星座的背景上自西往东走，叫顺行；反之，叫逆行。表格中的“顺”字，是以左偏旁代替的。

---

① 陈垣《二十史朔闰表》，中华书局 1999 年版，第 138 页。

四十八　夏仁宗天盛十九年（1167年）丁亥历日

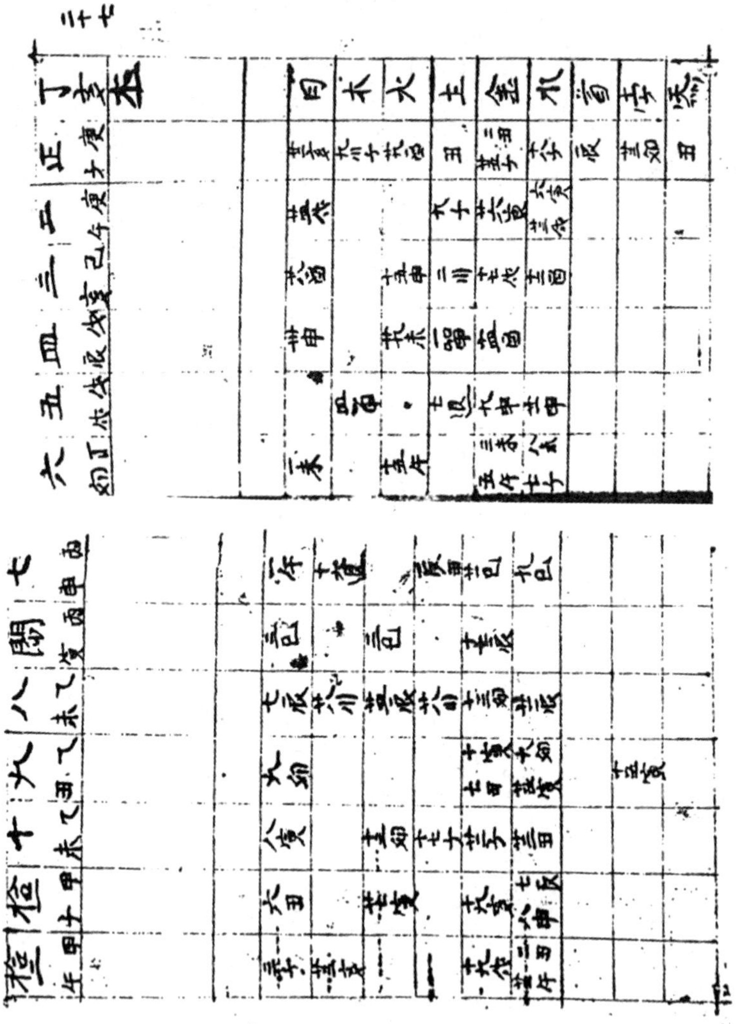

录文：

二十七

拾二 甲午	拾一 甲子	十 乙未	九 乙丑	八 乙未	闰 丙寅	七 丙申	六 丁卯	五 戊戌	四 戊辰	三 己亥	二 庚午	正 庚子	丁亥
													土
三子	六丑	八寅	九卯	七辰	三巳	一午	一未		卅申	廿八酉	廿四戌	廿二亥	日
廿三亥				廿八顺		十六退		四留				九顺子	木
	廿七寅	十三卯		廿四辰	三巳		十五午		廿九未	十五申		廿九酉	火
		十七子		廿八顺		退丑		七退	一留	二顺	九子	丑	土
十九戌	十九亥	廿二子	十寅 七丑	十三卯	十七辰	廿一巳	三未 五午	九申	十四酉	十七戌	廿六寅	二丑 廿五子	金
二丑 廿二午	七反 八申	廿三丑	九卯 廿五寅	廿一辰		九巳	八未 七子	廿一申		十二酉	六寅 廿三戌	十八子	水
												辰	首
			十五寅									廿三卯	孛
												丑	炁

校勘：

①本表由两页组成，六月以前右半部分，整理者标注页码 84，左半部分标注页码 83。

②右部表头第一列第一个“土”，原误写为“木”，有涂改痕迹。

注释：

①右部表头第一列“丁亥”为纪年干支。

②上部表头第一行有本年各月的朔日干支“庚子、庚午、己亥、戊辰、戊戌、丁卯、丙申、丙寅、乙未、乙丑、乙未、甲子、甲午”。其中十一月的朔日甲子比宋历乙丑早了一天。

③根据纪年干支、每月的朔日、闰七月，查《二十史朔闰表》，宋孝宗乾道三年丁亥（1167 年）与之相符。[①] 该年系夏仁宗天盛十九年。

④右部表头第一列第一个“土”，为六十甲子的纳音。据《六十甲子纳音歌》“丙戌丁亥屋上土”，对应的干支有“丁亥”，与本年历纪年干支相符。

⑤木星正月栏、木星八月栏、土星三月栏、土星八月栏中的“顺”字，为中国古代描述行星视运动的术语。行星在天空星座的背景上自西往东走，叫顺行；反之，叫逆行。表格中的“顺”字，皆以左偏旁代替。

⑥木星五月栏、土星四月栏的“留”字，为中国古代描述行星视运动的术语，指行星在一段时间内内移动缓慢，好像静止似的。

⑦木星七月栏、土星五月栏、土星七月栏中的“退”字，为中国古代描述行星视运动的术语。行星在天空星座的背景上自西往东走，叫顺行；反之，叫逆行，表格中写作“退”。其中土星七月栏中的“退”字省去走

① 陈垣：《二十史朔闰表》，中华书局 1999 年版，第 138 页。

之旁，为俗体字。

⑧水星十一月栏中的“反”字，亦当为中国古代描述行星视运动的术语。指行星在视运动退行阶段，退回此前经历的十二次中的某一次。

⑨表框外右上角有数字“二十七”，表明一个十二地支循环结束。本次循环由夏仁宗天盛八年（1156 年）丙子到夏仁宗天盛十九年（1167 年）丁亥。

四十九　夏仁宗天盛二十年（1168年）戊子历日

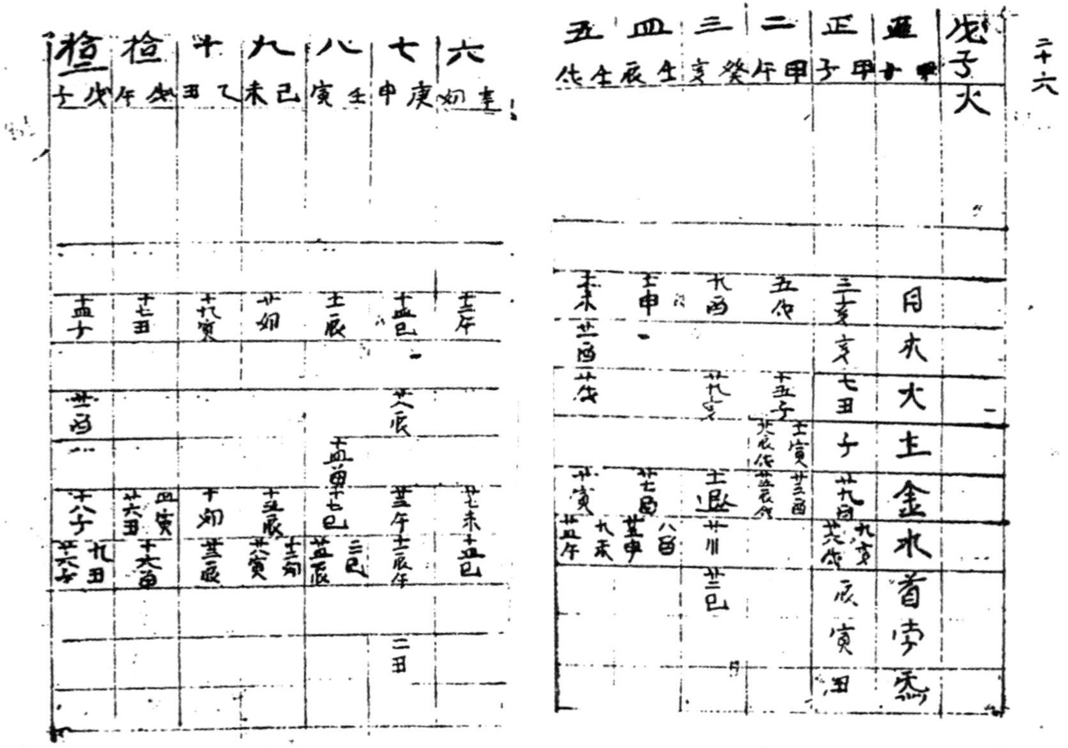

录文：

拾二 戊子	拾一 戊午	十 己丑	九 己未	八 庚寅	七 庚申	六 辛卯	五 壬戌	四 壬辰	三 癸亥	二 甲午	正 甲子		戊子
													火
十四子	十七丑	十九寅	廿卯	十一辰	十四巳	十二午	十一未	十一申	九酉	五戌	三亥	日	
							廿一酉				亥	木	
廿一酉					廿八辰		廿戌		廿九亥	十五子	七丑	火	
				十四留						十一寅 廿八辰 戌	子	土	
十八子	四寅 廿六丑	十卯	十五辰	十七巳	廿三午	廿七未	廿寅	廿七酉	十一人 退	廿三酉 廿五辰 戌	廿九酉	金	
九丑 廿六子	十六留	廿三辰	十二卯 廿八寅	三巳 廿四辰	十一辰 午	十四巳	九未 廿四午	八酉 廿五申	廿顺		九亥 廿六戌	水	
									廿二巳		辰	首	
					二丑						寅	孛	
											丑	炁	

二十六

校勘：

①本表由两页组成，五月以前右半部分，整理者标注页码 82，左半部分标注页码 81。

②上部表头第一行八月朔日庚寅，原误作壬寅。七月朔日为庚申，从庚申到壬寅共计 43 天，从庚申到庚寅共计 31 天，后者符合大小月的安排，故壬寅为庚寅之误，宋历八月朔日正作“庚寅”。[1]

③上部表头第一行十月朔日己丑，原误作乙丑。九月朔日为己未，从己未到乙丑共计 7 天，不足一月之数。从己未到己丑共计 31 天，符合大小月的安排，故乙丑为己丑之误。

④金星三月栏中的“人”字，是用笔画简单的“人”代替笔画较多的“寅”。

注释：

①右部表头第一列“戊子”为纪年干支。

②上部表头第一行有本年各月的朔日干支“甲子、甲午、癸亥、壬辰、壬戌、辛卯、庚申、庚寅、己未、己丑、戊午、戊子”。其中十月的朔日己丑，比宋历戊子晚了一天。[2]

③根据纪年干支、每月的朔日，查《二十史朔闰表》，宋孝宗乾道四年戊子（1168 年）与之相符。[3] 该年系夏仁宗天盛二十年。

④右部表头第一列“火”，为六十甲子的纳音。据《六十甲子纳音歌》“戊子己丑霹雳火”，对应的干支有“戊子”，与本年历纪年干支相符。

⑤土星八月栏、水星十一月栏中的“留”字，为中国古代描述行星视运动的术语。指行星在一段时间内移

① 陈垣：《二十史朔闰表》，中华书局 1999 年版，第 138 页。
② 陈垣：《二十史朔闰表》，中华书局 1999 年版，第 138 页。
③ 陈垣：《二十史朔闰表》，中华书局 1999 年版，第 138 页。

动缓慢，好像静止似的。

⑥金星三月栏中的“退”字，为中国古代描述行星视运动的术语。行星在天空星座的背景上自西往东走，叫顺行；反之，叫逆行，表格中写作“退”。

⑦水星三月栏中的“顺”字，为中国古代描述行星视运动的术语。行星在天空星座的背景上自西往东走，叫顺行；反之，叫逆行。表格中的“顺”字，皆以左偏旁代替。

⑧表框外右上角有数字“二十六”，表明一个十二地支循环开始。本次循环由夏仁宗天盛二十年（1168 年）戊子到夏仁宗乾祐十年（1179 年）己亥。

五十　夏仁宗天盛二十一年（1169年）己丑历日

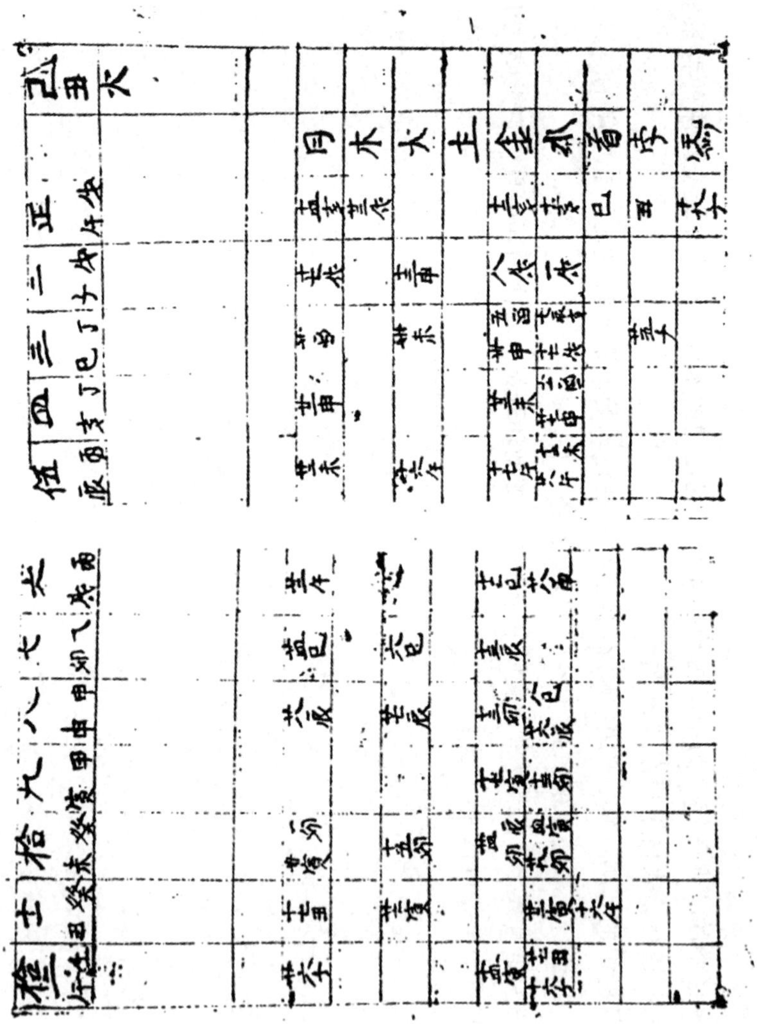

录文：

拾二 壬午	十一 癸丑	拾 癸未	九 甲寅	八 甲申	七 乙卯	六 丙戌	伍 丙辰	四 丁亥	三 丁巳	二 戊子	正 戊午		己丑
													火
廿六子	十七丑	一卯 卅寅		廿八辰	廿四巳	廿二午	廿二未	廿二申	廿酉	十七戌	十四亥	日	
											廿三戌	木	
	廿七寅	十五卯		廿七辰	六巳		十六午		卅未	十三申		火	
												土	
十四寅		廿四辰 卯	十七寅	十三卯	十三辰	十三巳	十七午	廿三未	五酉 卅申	八戌	十二亥	金	
廿七丑 十六子	廿二寅	四寅 廿九卯	十三卯	八巳 廿六辰		廿八留	十二未 廿八午	十一酉 廿七申	七辰 亥 十七戌	一戌	十亥	水	
	十六午										巳	首	
									廿五子		丑	孛	
											十九子	炁	

校勘：

本表由两页组成，五月以前右半部分，整理者标注页码 80，左半部分标注页码 79。

注释：

①右部表头第一列“己丑”为纪年干支。

②上部表头第一行有本年各月的朔日干支“戊午、戊子、丁巳、丁亥、丙辰、丙戌、乙卯、甲申、甲寅、癸未、癸丑、壬午”。

③根据纪年干支、每月的朔日，查《二十史朔闰表》，宋孝宗乾道五年己丑（1169 年）与之相符。[①] 该年系夏仁宗天盛二十一年。

④右部表头第一列“火”，为六十甲子的纳音。据《六十甲子纳音歌》“戊子己丑霹雳火”，对应的干支有“己丑”，与本年历纪年干支相符。

⑤水星六月栏中的“留”字，为中国古代描述行星视运动的术语。指行星在一段时间内移动缓慢，好像静止似的。

① 陈垣：《二十史朔闰表》，中华书局 1999 年版，第 138 页。

五十一 夏仁宗乾祐元年（1170 年）庚寅历日

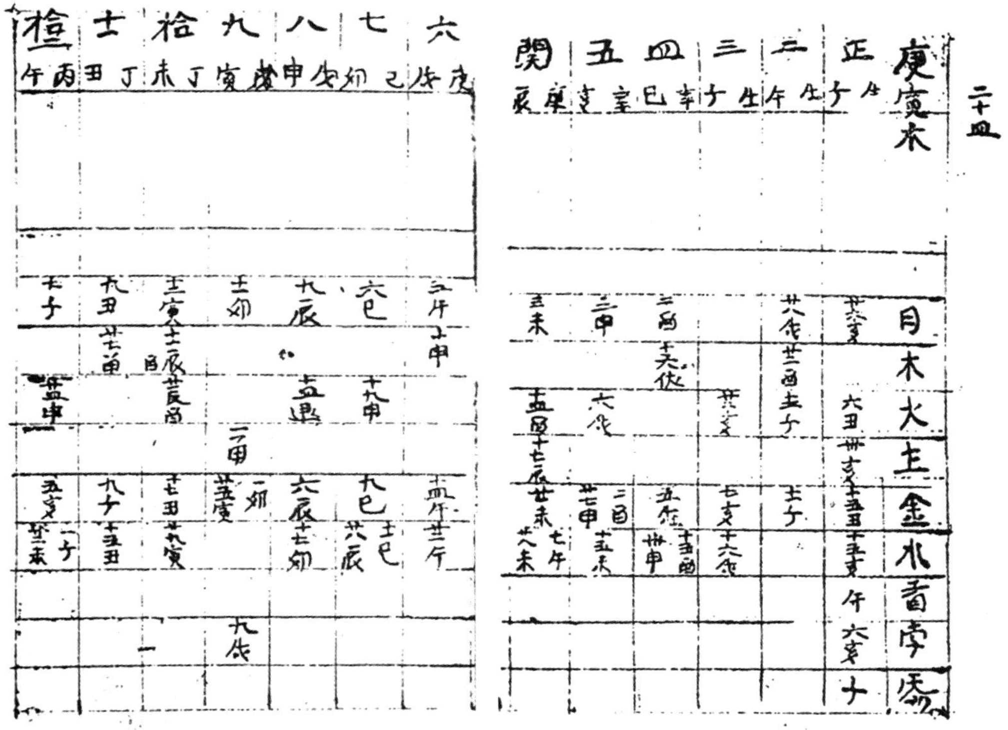

录文：

二十四

拾二 丙午	十一 丁丑	拾 丁未	九 戊寅	八 戊申	七 己卯	六 庚戌	闰 庚辰	五 辛亥	四 辛巳	三 壬子	二 壬午	正 壬子	庚寅
													木
七子	九丑	十二寅	十一卯	九辰	六巳	三午	三未	三申	二酉		廿八戌	廿六亥	日
	廿七留	十一辰 酉				十申			十六伏		廿二酉		木
廿四申		廿一反 酉		十四退	十九申		十四酉	六戌		廿二亥	十二子	六丑	火
			一留				十七辰					卅亥	土
五亥	九子	十七丑	一卯 廿五寅	六辰	九巳	十四午	廿未	二酉 廿七申	五戌	七亥	十一子	十五丑	金
一子 廿二未	十五丑	廿九寅		十七卯	十一巳 廿八辰	廿二午	七午 廿八未	十五未	十五酉 卅申	十六戌		十五亥	水
												午	首
			九戌									六亥	孛
												子	炁

校勘：

本表由两页组成，闰五月以前右半部分，整理者标注页码 78，左半部分标注页码 77。

注释：

①右部表头第一列“庚寅”为纪年干支。

②上部表头第一行有本年各月的朔日干支“壬子、壬午、壬子、辛巳、辛亥、庚辰、庚戌、己卯、戊申、戊寅、丁未、丁丑、丙午”。

③根据纪年干支、每月的朔日，闰五月，查《二十史朔闰表》，宋孝宗乾道六年庚寅（1170 年）与之相符。[①] 该年系夏仁宗乾祐元年。

④右部表头第一列第一个“木”，为六十甲子的纳音。据《六十甲子纳音歌》“庚寅辛卯松柏木”，对应的干支有“庚寅”，与本年历纪年干支相符。

⑤木星四月栏中的“伏”字，为中国古代描述行星视运动的术语。行星掩蔽在太阳的光辉之下，有一段时间我们是看不到的，历法中称行星在这段时间的视运动状态为“伏”。

⑥木星十一月栏、土星九月栏中的“留”字，为中国古代描述行星视运动的术语，指行星在一段时间内移动缓慢，好像静止似的。

⑦火星八月栏中的“退”字，为中国古代描述行星视运动的术语。行星在天空星座的背景上自西往东走，叫顺行；反之，叫逆行，表格中写作“退”。

⑧火星十月栏中的“反”字，亦当为中国古代描述行星视运动的术语。指行星在视运动退行阶段，退回此

---

① 陈垣：《二十史朔闰表》，中华书局 1999 年版，第 138 页。

前经历的十二次中的某一次。

⑨表框外右上角有数字“二十四”，纵观整部历书，标出数字的年代都具有特殊性，要么是子年或亥年，以表明十二地支循环；要么是老皇帝驾崩、新皇帝继位之年。此为帝王改元之年，本年夏仁宗改年号为“乾祐”。

五十二 夏仁宗乾祐二年（1171年）辛卯历日

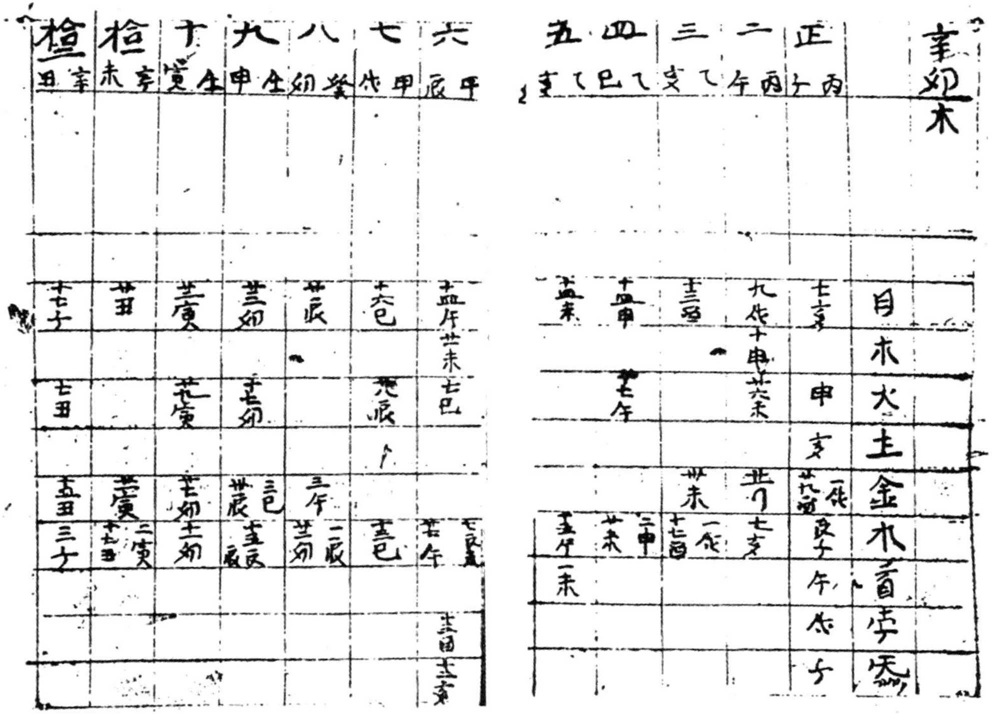

录文：

拾二 辛丑	拾一 辛未	十 壬寅	九 壬申	八 癸卯	七 甲戌	六 甲辰	五 乙亥	四 乙巳	三 乙亥	二 丙午	正 丙子		辛卯
													木
十七子	廿丑	廿二寅	廿三卯	廿辰	十六巳	十四午	十四未	十四申	十三酉	九戌	七亥	日	
						廿一未				十申		木	
七丑		廿九寅	十七卯		廿八辰	七巳		十七午		廿六未	申	火	
											亥	土	
十四丑	廿一寅	廿七卯	三巳 卅辰	三午					卅未	廿一顺	一戌 廿九酉	金	
三子	二寅 十七丑	十一卯	十五反 辰	一辰 廿二卯	十三巳	七反未 廿七午	十五午	二申 廿未	一戌 十七酉	七亥	反子	水	
							一未				午	首	
						十三酉					戌	孛	
						十二亥					子	炁	

校勘：

①本表由两页组成，五月以前右半部分，整理者标注页码 76，左半部分标注页码 75。

②英藏 Or.12380-3947 与本年历为同一年残历。

注释：

①右部表头第一列“辛卯”为纪年干支。

②上部表头第一行有本年各月的朔日干支“丙子、丙午、乙亥、乙巳、乙亥、甲辰、甲戌、癸卯、壬申、壬寅、辛未、辛丑”。

③根据纪年干支、每月的朔日，查《二十史朔闰表》，宋孝宗乾道七年辛卯（1171 年）与之相符。[①] 该年系夏仁宗乾祐二年。

④右部表头第一列“木”，为六十甲子的纳音。据《六十甲子纳音歌》“庚寅辛卯松柏木”，对应的干支有“辛卯”，与本年历纪年干支相符。

⑤金星二月栏中的“顺”字，为中国古代描述行星视运动的术语。行星在天空星座的背景上自西往东走，叫顺行；反之，叫逆行。“”字，又见夏仁宗乾祐五年（1174 年）甲午历日火星十二月栏，为“顺”字的俗写。以“顺”字左偏旁代替，与“川”字同形。又在“川”的基础上草写而成。

⑥水星正月栏、水星六月栏、水星九月栏中的“反”字，亦当为中国古代描述行星视运动的术语。指行星在视运动退行阶段，退回此前经历的十二次中的某一次。

① 陈垣：《二十史朔闰表》，中华书局 1999 年版，第 139 页。

五十三　夏仁宗乾祐三年（1172年）壬辰历日

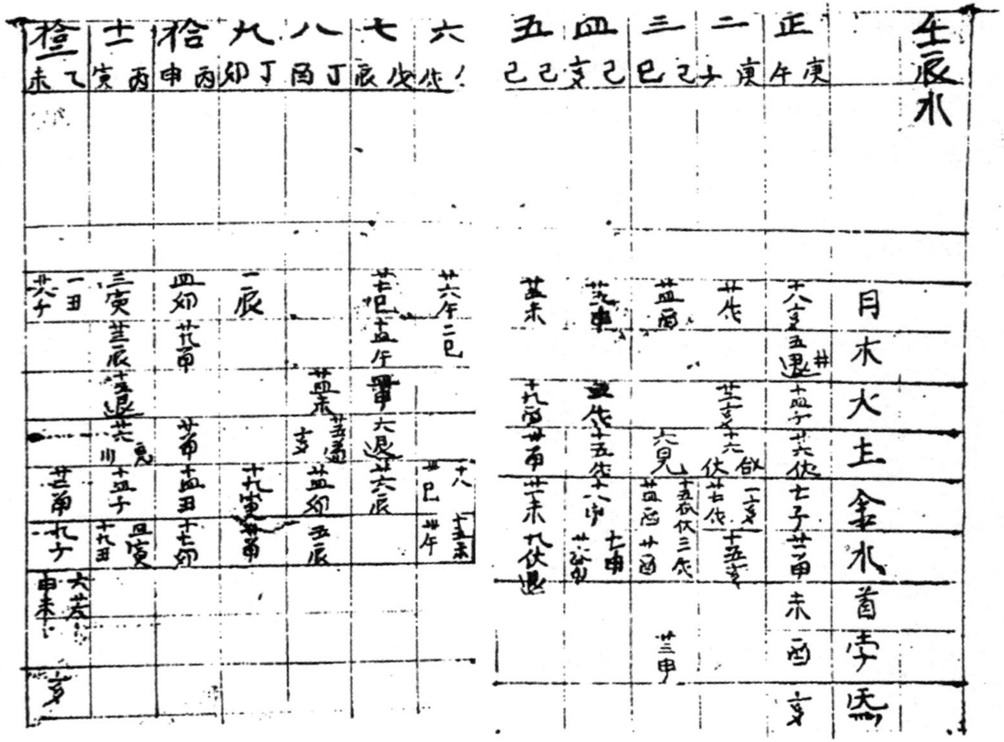

录文:

拾二 乙未	十一 丙寅	拾 丙申	九 丁卯	八 丁酉	七 戊辰	六 [戊]戌	五 己巳	四 己亥	三 己巳	二 庚子	正 庚午		壬辰
													水
一丑 廿八子	三寅	四卯	一辰		廿七巳	廿六午	廿五未	廿五申	廿四酉	廿戌	十八亥	日	
	廿三辰	廿九留			十四午	二巳					井 五退	木	
	十五退			廿四未	四申		十九酉	五戌		廿二亥	十四子	火	
	廿六见 顺	廿留		廿五递 亥	六退		卅留	十五戌	六见	十六人 合伏	廿六伏	土	
廿二留	十四子	十四丑	十九寅	廿四卯	廿六辰	十八 卅巳	廿一未	十八申	十五合 伏 廿四酉	一亥 廿七戌	七子	金	
九子	四寅 十九丑	十七卯	廿留	五辰		十五未 卅午	九伏 退	七申 廿六留	三戌 廿酉	十五亥	廿一留	水	
六申 廿六未											未	首	
									廿三申		酉	孛	
亥											亥	炁	

校勘：

①本表由两页组成，五月以前右半部分，整理者标注页码 74，左半部分标注页码 73。

②六月的朔日“戊戌”的“戌”，据残存的地支和《二十史朔闰表》补。[①]

③土星二月栏“人”字，是用笔画简单的“人”代替笔画较多的“寅”。

④土星五月栏“卅”字或误，因为五月为小月，没有三十日。

⑤金星六月栏数字“十八”后疑缺十二次中的“午”字。

⑥首曜十二月栏中的“六申，廿六未”，是自右而左横书的，不合全书自上而下书写的体例。

注释：

①右部表头第一列“壬辰”为纪年干支。

②上部表头第一行有本年各月的朔日干支“庚午、庚子、己巳、己亥、己巳、戊戌、戊辰、丁酉、丁卯、丙申、丙寅、乙未”。

③根据纪年干支、每月的朔日，查《二十史朔闰表》，宋孝宗乾道八年壬辰（1172 年）与之相符。[②] 该年系夏仁宗乾祐三年。

④右部表头第一列“水”，为六十甲子的纳音。据《六十甲子纳音歌》“壬辰癸巳长流水”，对应的干支有“壬辰”，与本年历纪年干支相符。

⑤木星正月栏“井”字，不晓何义，或为二十八宿之井宿。上一年下半年木星在“未”次，本年年初亦在“未”次。“未”代指鹑首，起于井十六度，终于柳八度。大概鹑首有井鬼柳三宿，故注一“井”字。

① 陈垣：《二十史朔闰表》，中华书局 1999 年版，第 139 页。

② 陈垣：《二十史朔闰表》，中华书局 1999 年版，第 139 页。

⑥木星正月栏、火星十一月栏、土星七月栏、水星五月栏的四个“退”字，为中国古代描述行星视运动的术语。行星在天空星座的背景上自西往东走，叫顺行；反之，叫逆行，表格中写作“退”。

⑦木星十月栏、土星五月栏、土星十月栏、金星十二月栏、水星正月栏、水星四月栏、水星九月栏的七个“留”字，为中国古代描述行星视运动的术语，指行星在一段时间内移动缓慢，好像静止似的。

⑧土星正月栏、土星二月栏、金星三月栏、水星五月栏的四个“伏”字，为中国古代描述行星视运动的术语。行星掩蔽在太阳的光辉之下，有一段时间我们是看不到的，历法中称行星在这段时间的视运动状态为“伏”。其中土星二月栏、金星三月栏“合”“伏”连用，即合后伏。“合”的前后，行星与太阳同时出现，无法看到，“合”只能由推算求得。合后伏指从平合时刻到晨始见时刻的时间。这段时间行星顺行，但是被太阳的光辉掩蔽，看不见。

⑨土星二月栏、金星三月栏的两个“合”字，为中国古代描述行星视运动的术语。当距角∠PES=0°，即行星、太阳和地球处在一条直线上，并且行星和太阳在同一方向时，叫“合”。

⑩土星三月栏、土星十一月栏的“见”字，为中国古代描述行星视运动的术语，指行星隐没后重新出现。其中土星十一月栏的“见”字，书写不规范。

⑪ 土星八月栏“递”字，为中国古代描述行星视运动的术语，相当于“冲”。从“始见”到“冲”，每日日出之前都可以在东方的天空中看到行星，因此这个时段被称为“晨见”；从“冲”到“始伏”，每日日落之后都可以在西边的天空中看到行星，所以这个时段被称为“夕见”。“递”有“更代”义，用以指外行星由晨见到夕见的转变。

⑫ 土星十一月栏的“顺”字，为中国古代描述行星视运动的术语。行星在天空星座的背景上自西往东走，叫顺行；反之，叫逆行。表格中的“顺”字，以“顺”字的左偏旁代替本字。

五十四 夏仁宗乾祐四年（1173年）癸巳历日

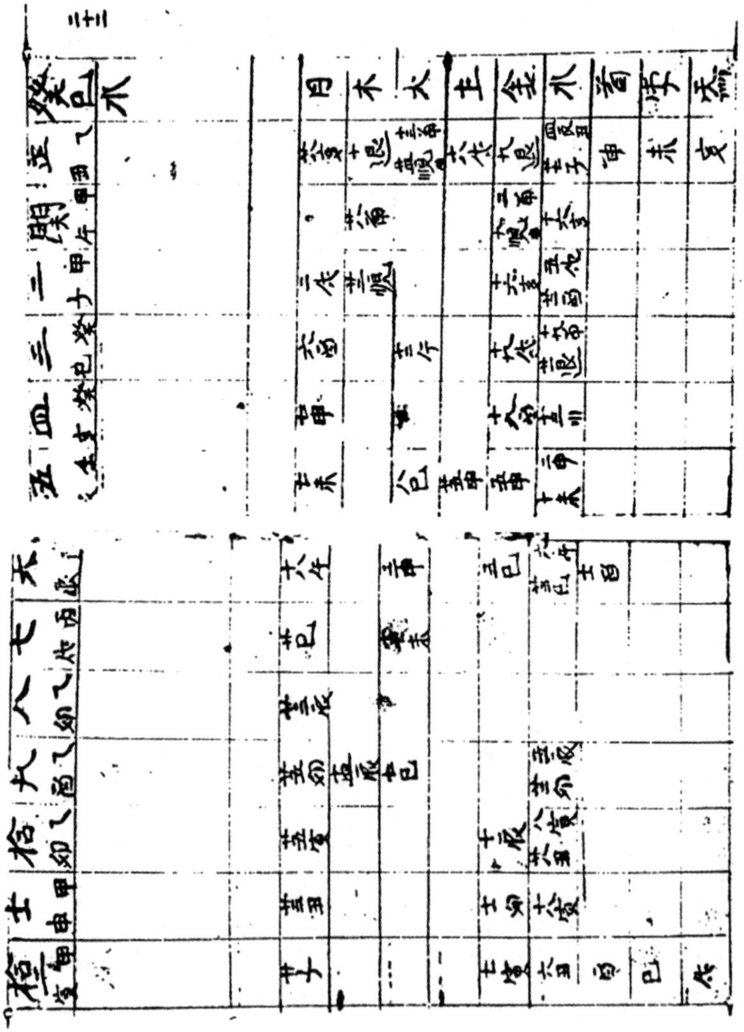

录文：

二十二

拾二 己未?	十一 庚寅?	拾 庚申?	九 辛卯?	八 辛酉?	七 壬辰?	六 壬戌?	五 壬辰	四 癸亥	三 癸巳	二 甲子	闰 甲午	正 乙丑	癸巳
													水
廿子	廿三丑	廿五寅	廿五卯	廿三辰	廿巳	十八午	七未	七申	六酉	二戌		廿八亥	日
			十四辰							廿二顺	廿八留	十退	木
			七巳		十七未	三申	八巳		十二午			十三留 廿四顺	火
							廿五申					十八戌	土
七寅	十一卯	十辰				三巳	五申	十八酉	十九戌	十六亥	二留 九顺	九退	金
六丑	十八寅	八寅 廿八丑	五辰 廿二卯			六午 廿三巳	二申 十未	十三顺	十九留 廿一退	五戌 廿二酉	十六亥	四反丑 廿七子	水
酉						十一酉						申	首
巳												未	孛
戌												亥	炁

校勘：

①本表由两页组成，五月以前右半部分，整理者标注页码 72，左半部分标注页码 71。

②本表六月以后各月的朔日原作“丙辰、丙戌、乙卯、乙酉、乙卯、甲申、甲寅”，全误。单看这七个月的朔日，符合大小月的安排。但是第五月的朔日壬辰与第六月的朔日丙辰不相衔接，从壬辰到丙辰跨 25 日，不足一月。第十二月的朔日甲寅与次年正月的朔日己丑不相衔接，从甲寅到己丑跨 36 日，超过一月。缝缋装书籍出土后，册页散乱，往往两页共处一纸而内容并不连贯。这很容易使人认为，左半部分第 71 页属于另外某一年的历日。经目验原始文献，可以发现，第 72 页与第 71 页并非共处一纸。请看页码分布示意图：

72	87
73	86

70	89
71	88

第 72 页和第 71 页，分属缝缋装中一摞（共 6 纸）折叠好的单页中由里往外之第四纸和第五纸。也就是说，标注为第 72 页和第 71 页的两片文献在原书中的书页顺序并未发生错乱。至此，我们可以断定是抄录者笔误。查次年六月以后各月的朔日亦为“丙辰、丙戌、乙卯、乙酉、乙卯、甲申、甲寅”，因此此处显然是抄写者涉下文致误。宋历为“壬戌、壬辰、辛酉、辛卯、庚申、庚寅、己未”，[①] 录此以备查考。

③表框外右上角有数字“二十二”，不当标在本年。夏仁宗天盛二十年（1168 年）戊子历日标注

① 陈垣：《二十史朔闰表》，中华书局 1999 年版，第 139 页。

“二十六”，夏仁宗乾祐元年（1170 年）庚寅历日标注“二十四”。按此推算，“二十二”应标在夏仁宗乾祐三年（1172 年）壬辰历日。纵观整部历书，标出数字的年代都具有特殊性，要么是子年或亥年，以表明十二地支循环；要么是老皇帝驾崩、新皇帝继位之年；要么为帝王改元之年。数字“二十二”本身不误，意味着夏仁宗乾祐三年（1172 年）有什么重要事情发生。

注释：

①右部表头第一列“癸巳”为纪年干支。

②上部表头第一行有本年各月的朔日干支“乙丑、甲午、甲子、癸巳、癸亥、壬辰、壬戌、壬辰、辛酉、辛卯、庚申、庚寅、己未”。后七个月存疑。

③根据纪年干支、每月的朔日，闰正月，查《二十史朔闰表》，宋孝宗乾道九年癸巳（1173 年）与之相符。[①] 该年系夏仁宗乾祐四年。

④右部表头第一列“水”，为六十甲子的纳音。据《六十甲子纳音歌》“壬辰癸巳长流水”，对应的干支有“癸巳”，与本年历纪年干支相符。

⑤木星正月栏、金星正月栏、水星三月栏的三个“退”字，为中国古代描述行星视运动的术语。行星在天空星座的背景上自西往东走，叫顺行；反之，叫逆行，表格中写作“退”。

⑥木星闰正月栏、金星闰正月栏、水星三月栏的三个“留”字，为中国古代描述行星视运动的术语，指行星在一段时间内移动缓慢，好像静止似的。

⑦木星二月栏、火星正月栏、金星闰正月栏、水星四月栏的四个“顺”字，为中国古代描述行星视运动的术语。行星在天空星座的背景上自西往东走，叫顺行，写作“顺”，与“退”相对。其中水星四月栏的“顺”

① 陈垣：《二十史朔闰表》，中华书局 1999 年版，第 139 页。

字，是以左偏旁代替的，为俗体字。

⑧水星正月栏的“反”字，亦当为中国古代描述行星视运动的术语，指行星在视运动退行阶段，退回此前经历的十二次中的某一次。

五十五 夏仁宗乾祐五年（1174年）甲午历日

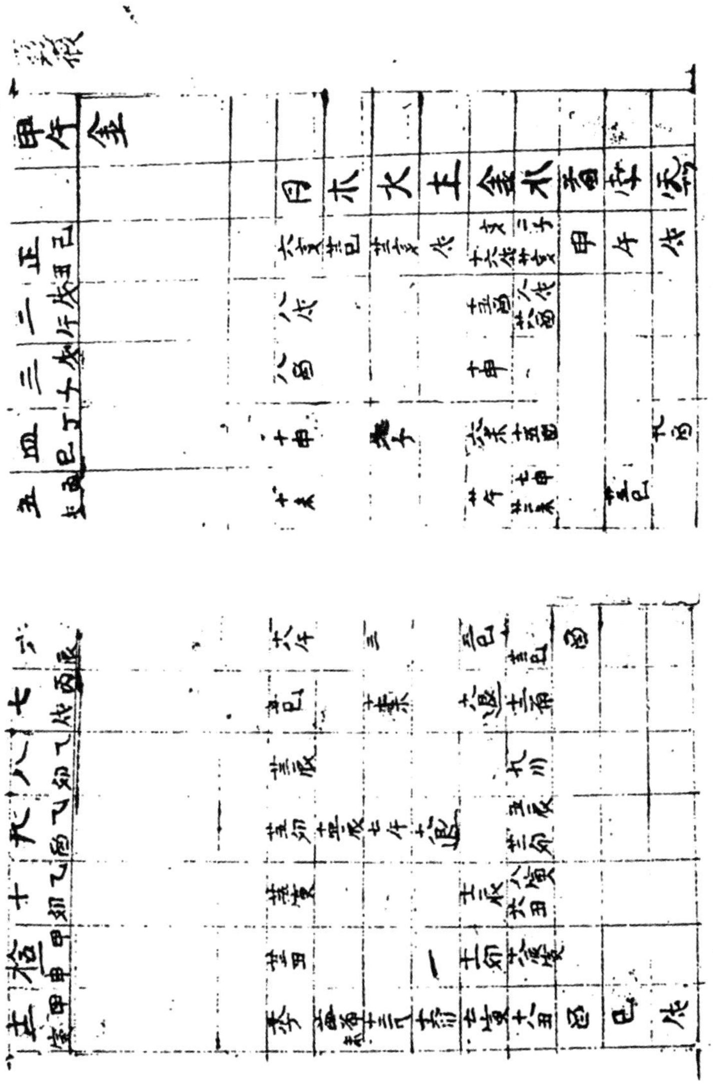

录文：

十二 甲寅	拾一 甲申	十 乙卯	九 乙酉	八 乙卯	七 丙戌	六 [丙]辰	五 丙戌	四 丁巳	三 戊子	二 戊午	正 己丑		甲午
													金
十八子	廿三丑	廿五寅	廿五卯	廿三辰	廿巳	十八午	十未	十申	八酉	八戌	六亥	日	
廿四留 未			十四辰								廿二巳	木	
十三顺			七午		十七未	三		六子			廿二亥	火	
十六顺			十八退								戌	土	
七寅	十一卯	十一辰			十八退	三巳	廿午	六未	十申	十五酉	亥 十六戌	金	
十八丑	十八辰 寅	八寅 廿八丑	五辰 廿二卯	九顺	十二留	廿三巳	七申 廿二未	十五酉		八戌 廿八酉	二子 廿亥	水	
酉						酉					甲	首	
巳							廿五巳				午	孛	
戌								九酉			戌	炁	

蕤艐

校勘：

①本表由两页组成，五月以前右半部分，整理者标注页码 70，左半部分标注页码 69。

②六月朔日“丙辰”的“丙”，据残存地支和《二十史朔闰表》补。[1]

① 陈垣：《二十史朔闰表》，中华书局 1999 年版，第 139 页。

译文：

甲午

十二 甲寅	拾一 甲申	十 乙卯	九 乙酉	八 乙卯	七 丙戌	六 丙辰	五 丙戌	四 丁巳	三 戊子	二 戊午	正 己丑		甲午
													金
十八子	廿三丑	廿五寅	廿五卯	廿三辰	廿巳	十八午	十未	十申	八酉	八戌	六亥	日	
廿四留 未			十四辰								廿二巳	木	
十三顺			七午		十七未	三		六子			廿二亥	火	
十六顺			十八退								戌	土	
七寅	十一卯	十一辰			十八退	三巳	廿午	六未	十申	十五酉	亥 十六戌	金	
十八丑	十八辰 寅	八寅 廿八丑	五辰 廿二卯	九顺	十二留	廿三巳	七申 廿二未	十五酉		八戌 廿八酉	二子 廿亥	水	
酉						酉					甲	首	
巳							廿五巳				午	孛	
戌								九酉			戌	炁	

注释：

①右部表头第一列“甲午”为纪年干支。

②上部表头第一行有本年各月的朔日干支“己丑、戊午、戊子、丁巳、丙戌、丙辰、丙戌、乙卯、乙酉、乙卯、甲申、甲寅”。本年十二月为小月，宋历则为大月。

③根据纪年干支、每月的朔日，查《二十史朔闰表》，宋孝宗淳熙元年甲午（1174 年）与之相符。[①] 该年系夏仁宗乾祐五年。

④右部表头第一列“金”，为六十甲子的纳音。据《六十甲子纳音歌》“甲午乙未沙石金”，对应的干支有“甲午”，与本年历纪年干支相符。

⑤木星十二月栏、水星七月栏的“留”字，为中国古代描述行星视运动的术语，指行星在一段时间内移动缓慢，好像静止似的。

⑥土星九月栏、金星七月栏的“退”字，为中国古代描述行星视运动的术语。行星在天空星座的背景上自西往东走，叫顺行；反之，叫逆行，表格中写作“退”。

⑦火星十二月栏、土星十二月栏、水星八月栏的“顺”字，为中国古代描述行星视运动的术语。行星在天空星座的背景上自西往东走，叫顺行，写作“顺”，与“退”相对。“顺”字，是以左偏旁代替的，为俗体字。初与“川”字同形，又在“川”的基础上草写成火星十二月栏的“”。

⑧表框外右上角用西夏文注有“甲午”二字，表明又一个天干循环开始。

① 陈垣：《二十史朔闰表》，中华书局 1999 年版，第 139 页。

五十六　夏仁宗乾祐六年（1175年）乙未历日

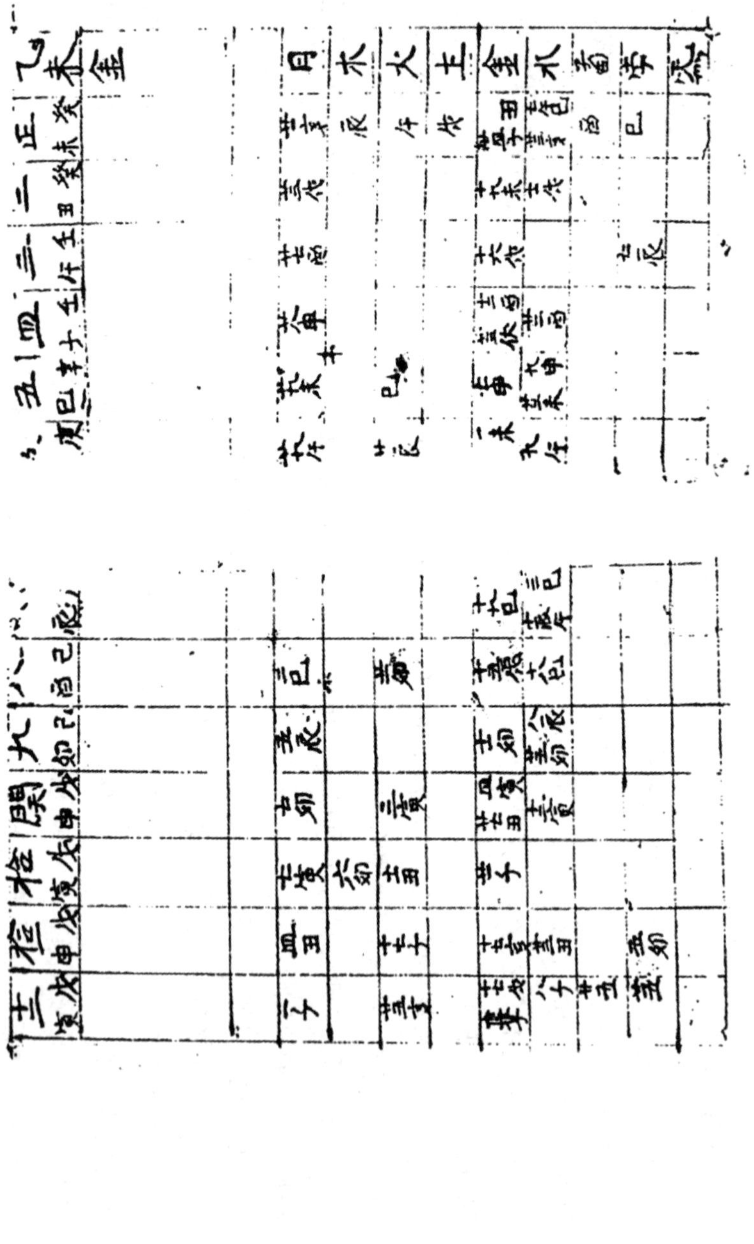

录文：

十二 戊寅	拾一 戊申	拾 戊寅	闰 戊申	九 己卯	八 己酉	七 ［庚］辰	六 庚［戌］	五 辛巳	四 壬子	三 壬午	二 癸丑	正 癸未	乙未
													金
一子	四丑	七寅	七卯	五辰	二巳		廿九午	廿九未	廿八申	廿七酉	廿三戌	廿一亥	日
		六卯										辰	木
廿五亥	十七子	十一丑	三寅		廿一卯		廿辰	巳				午	火
												戌	土
十七戌	十七亥	廿一子	四寅 廿七丑	十一卯	十五戌	十九巳	一未 □□	七申	十二酉 廿三伏	十六戌	十九未	丑 廿四子	金
八子	廿三丑		十二寅	八辰 廿五卯	十八巳	三巳 十辰 午	九午	九申 廿三未	廿二酉		十一戌	七午 巳 廿三亥	水
廿五												酉	首
廿五	五卯									七辰		巳	孛
													炁

校勘：

①本表由两页组成，六月以前右半部分，整理者标注页码 68，左半部分标注页码 67。

②六月的朔日“庚戌”的“戌”，七月的朔日“庚辰”的“庚”，据残存天干、地支和《二十史朔闰表》补。[①]

注释：

①右部表头第一列“乙未”为纪年干支。

②上部表头第一行有本年各月的朔日干支“癸未、癸丑、壬午、壬子、辛巳、庚戌、庚辰、己酉、己卯、戊申、戊寅、戊申、戊寅”。其中正月的朔日“癸未”，较宋历“甲申”提前了一天。闰九月的朔日“戊申”，较宋历“己酉”提前了一天。

③根据纪年干支、每月的朔日，闰九月，查《二十史朔闰表》，宋孝宗淳熙二年乙未（1175 年）与之相符。[②] 该年系夏仁宗乾祐六年。

④右部表头第一列第一个“金”，为六十甲子的纳音。据《六十甲子纳音歌》“甲午乙未沙石金”，对应的干支有“乙未”，与本年历纪年干支相符。

⑤金星四月栏的“伏”字，为中国古代描述行星视运动的术语。行星掩蔽在太阳的光辉之下，有一段时间我们是看不到的，历法中称行星在这段时间的视运动状态为“伏”。

① 陈垣：《二十史朔闰表》，中华书局 1999 年版，第 139 页。

② 陈垣：《二十史朔闰表》，中华书局 1999 年版，第 139 页。

五十七　夏仁宗乾祐七年（1176年）丙申历日

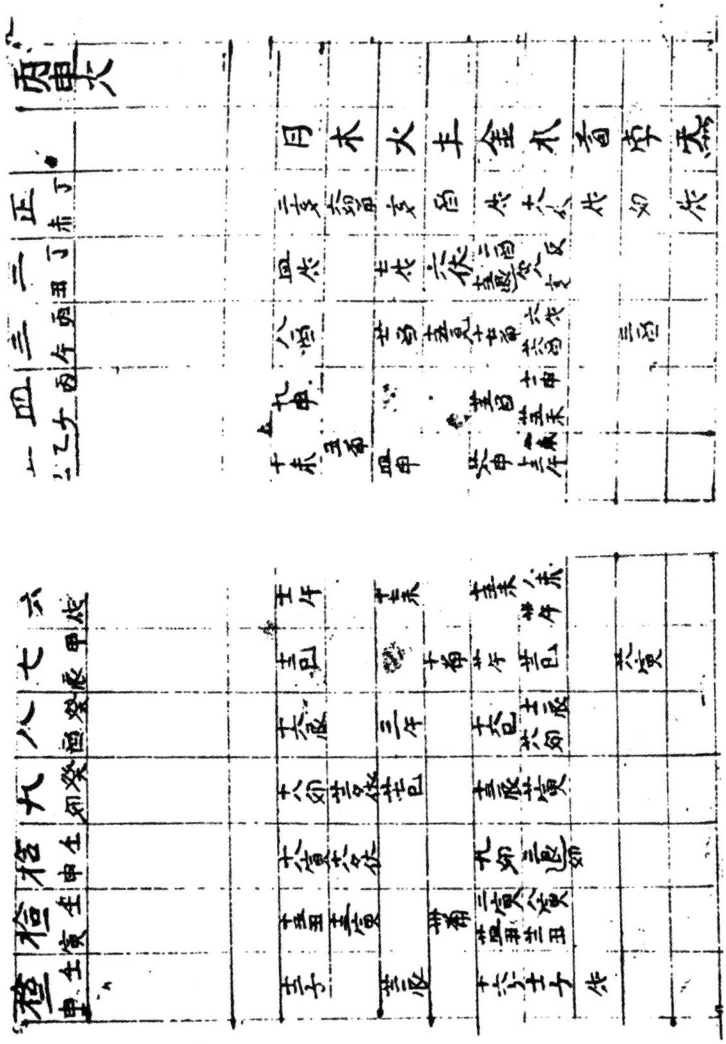

录文：

拾二 壬申	拾一 壬寅	拾 壬申	九 癸卯	八 癸酉	七 甲辰	六 ［甲］戌	五 乙［巳］	四 丙子	三 丙午	二 丁丑	正 丁未		丙申
													火
十二子	十五丑	十八寅	十八卯	十六辰	十二巳	十一午	十未	九申	八酉	四戌	二亥	日	
	十三寅	十八夕 伏	廿二夕 伏				五留				六卯留	木	
廿二辰			廿七巳	三午		十七未	四申		廿一酉	七戌	亥	火	
	卅留				十留				十五见	六伏	酉	土	
十六子	二寅 廿四丑	九卯	十三辰	十六巳	廿午	十五未	廿八申	廿五酉	十七留	二酉 十五退 戌	戌	金	
十一子	八寅 廿二丑	三退卯	廿寅	十一辰 廿八卯	廿二巳	八未 卅午	十三午	十一申 廿五未	六戌 廿六酉	八反亥	十八戌	水	
戌											戌	首	
					廿八寅				三酉		卯	孛	
											戌	炁	

校勘：

①本表由两页组成，五月以前右半部分，整理者标注页码 66，左半部分标注页码 65。

②五月朔日“乙巳”的“巳”，六月朔日“甲戌”的“甲”，据残存天干、地支和《二十史朔闰表》补。[①]

③水星五月栏“十三午”前有二字，涂以小黑点，表示删除。

注释：

①右部表头第一列“丙申”为纪年干支。

②上部表头第一行有本年各月的朔日干支“丁未、丁丑、丙午、丙子、乙巳、甲戌、甲辰、癸酉、癸卯、壬申、壬寅、壬申”。

③根据纪年干支、每月的朔日，查《二十史朔闰表》，宋孝宗淳熙三年丙申（1176 年）与之相符。[②] 该年系夏仁宗乾祐七年。

④右部表头第一列“火”，为六十甲子的纳音。据《六十甲子纳音歌》“丙申丁酉山下火”，对应的干支有“丙申”，与本年历纪年干支相符。

⑤木星正月栏、木星五月栏、土星七月栏、土星十一月栏、金星三月栏的“留”字，为中国古代描述行星视运动的术语，指行星在一段时间内移动缓慢，好像静止似的。

⑥木星九月栏、木星十月栏的“夕伏”，土星二月栏的“伏”字，为中国古代描述行星视运动的术语，指行星掩蔽在太阳的光辉之下，有一段时间我们是看不到的，历法中称行星在这段时间的视运动状态为“伏”。盖伏以“合”为界，分“夕伏”和“晨伏”。

---

① 陈垣：《二十史朔闰表》，中华书局 1999 年版，第 139 页。

② 陈垣：《二十史朔闰表》，中华书局 1999 年版，第 139 页。

⑦金星二月栏、水星十月栏的“退”字，为中国古代描述行星视运动的术语。行星在天空星座的背景上自西往东走，叫顺行；反之，叫逆行，表格中写作“退”。

⑧水星二月栏的“反”字，亦当为中国古代描述行星视运动的术语，指行星在视运动退行阶段，退回此前经历的十二次中的某一次。

五十八 夏仁宗乾祐八年（1177年）丁酉历日

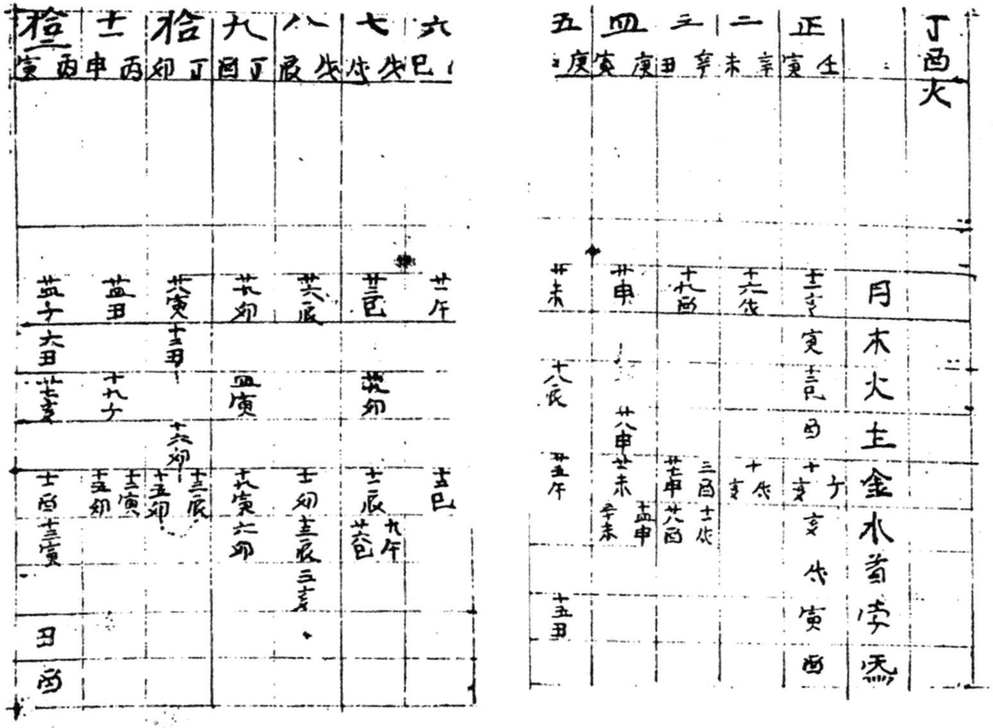

录文：

拾二 丙寅	十一 丙申	拾 丁卯	九 丁酉	八 戊辰	七 戊戌	六 ［己］巳	五 庚［子］	四 庚午	三 辛丑	二 辛未	正 壬寅		丁酉
													火
廿四子	廿四丑	廿八寅	廿九卯	廿六辰	廿三巳	廿一午	廿未	廿申	十九酉	十六戌	十二亥	日	
六丑		十二丑									寅	木	
廿七亥	十九子		四寅		廿九卯		十八辰				十二巳	火	
		十六卯						廿八申			酉	土	
十一酉	十二寅 十五卯	十三辰 十五卯	十九寅	十一卯	十一辰	十二巳	廿五午	廿一未	三酉 廿七申	十 戌亥	十 子亥	金	
十三寅			六卯	十三辰	九午 廿六巳			十四申 三十未	十一戌 廿八酉		亥	水	
				三亥							戌	首	
丑							十五丑				寅	孛	
酉											酉	炁	

校勘：

①本表由两页组成，五月以前右半部分，整理者标注页码 64，左半部分标注页码 63。

②五月朔日“庚子”的“子”，六月朔日“己巳”的“己”，据残存天干、地支和《二十史朔闰表》补。[①]

③四月的朔日“庚午”，原误作“庚寅”。已知三月朔日为“辛丑”，从辛丑到庚寅跨 50 日，超出一月之数。宋历正作“庚午”，据改。[②]

注释：

①右部表头第一列“丁酉”为纪年干支。

②上部表头第一行有本年各月的朔日干支“壬寅、辛未、辛丑、庚午、庚子、己巳、戊戌、戊辰、丁酉、丁卯、丙申、丙寅”。

③根据纪年干支、每月的朔日，查《二十史朔闰表》，宋孝宗淳熙四年丁酉（1177 年）与之相符。[③] 该年系夏仁宗乾祐八年。

④右部表头第一列“火”，为六十甲子的纳音。据《六十甲子纳音歌》“丙申丁酉山下火”，对应的干支有“丁酉”，与本年历纪年干支相符。

① 陈垣：《二十史朔闰表》，中华书局 1999 年版，第 139 页。
② 陈垣：《二十史朔闰表》，中华书局 1999 年版，第 139 页。
③ 陈垣：《二十史朔闰表》，中华书局 1999 年版，第 139 页。

五十九　夏仁宗乾祐九年（1178年）戊戌历日

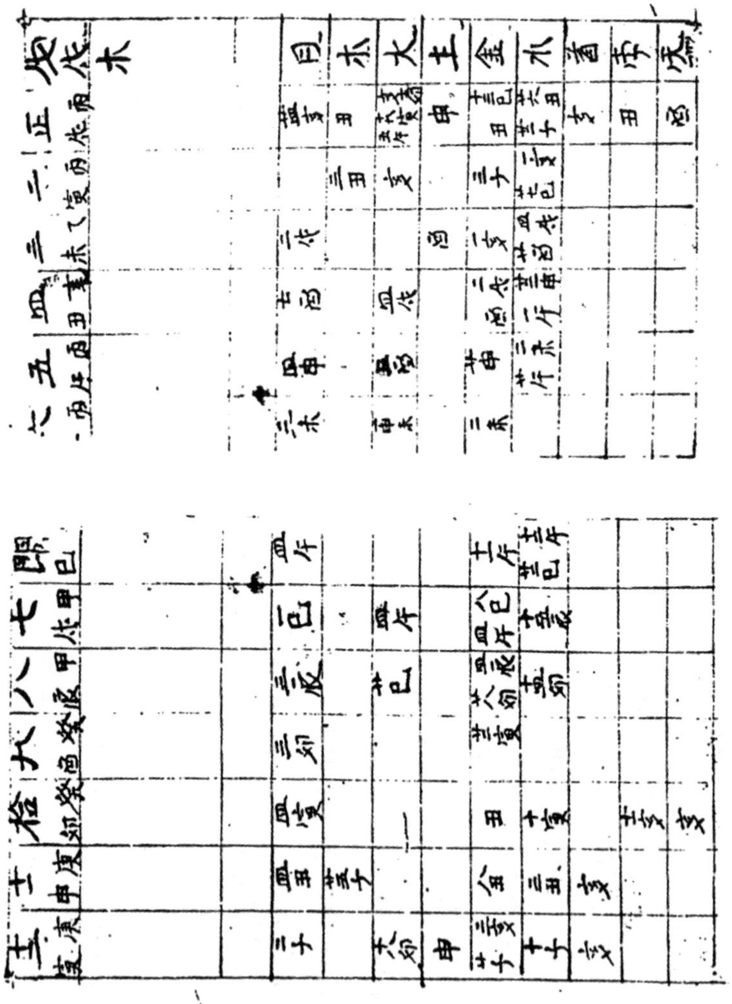

录文：

十二 庚寅	十一 庚申	拾 辛卯	九 辛酉	八 壬辰	七 壬戌	闰 ［癸］巳	六 甲子	五 甲午	四 乙丑	三 乙未	二 丙寅	正 丙申	戊戌
													木
二子	四丑	四寅	三卯	三辰	一巳	四午	三未	四申	七酉	二戌		廿四亥	日
	廿五子										三丑	丑	木
十八卯				廿巳	四午		一申 未	三酉	四戌		亥	亥 十一卯 十九寅 五午	火
申										酉		申	土
三亥 廿子	八丑	丑	廿二寅	四辰 廿八卯	八巳 四午	十一午	二未	廿申	二戌 酉	一亥	三子	十三巳 丑	金
十子	三丑	十寅		十四卯	十五辰	十二午 廿二巳		二未 廿午	廿三申 一午	四戌 廿酉	一亥 廿七巳	廿六丑 廿二子	水
亥	亥											亥	首
		十一亥										丑	孛
		亥										酉	炁

校勘：

①本表由两页组成，六月以前右半部分，整理者标注页码 62，左半部分标注页码 61。

②闰六月朔日“癸巳”的“癸”，据残存地支和《二十史朔闰表》补。[①]

③正月的朔日“丙申”，原误作“丙戌”。已知上一年十二月朔日为“丙寅”，从丙寅到丙戌跨 21 日，不足一月之数。又本年二月的朔日为“丙寅”，从丙戌到丙寅跨 41 日，超出一月之数。由此可见，“丙戌”必误。宋历正作“丙申”，据改。[②]

④五月的朔日“甲午”、六月的朔日“甲子”，原分别误作“丙午”“丙子”。已知四月的朔日为“乙丑”，从乙丑到丙午跨 42 日，超出一月之数，可知丙午必误。宋历正作“甲午”，据改。五月的朔日既为甲午，则六月的朔日当据宋历改为甲子。[③]

⑤七月、八月、九月、十月的朔日原误作“甲戌、甲辰、癸酉、癸卯”。单看“甲戌、甲辰、癸酉、癸卯”，符合大小月的安排。但十月的朔日“癸卯”与十一月的朔日“庚申”不相衔接。从癸卯到庚申跨 18 日，不足一月之数，可知十月的朔日癸卯必误，七月、八月、九月朔日亦误。宋历七月、八月、九月、十月的朔日分别作“壬戌、壬辰、辛酉、辛卯”，[④] 据改。

⑥火星正月栏为“亥、十一卯、十九寅、五午”，其中“五午”不符合日期由小到大的顺序，疑误。

---

① 陈垣:《二十史朔闰表》，中华书局 1999 年版，第 139 页。

② 陈垣:《二十史朔闰表》，中华书局 1999 年版，第 139 页。

③ 陈垣:《二十史朔闰表》，中华书局 1999 年版，第 139 页。

④ 陈垣:《二十史朔闰表》，中华书局 1999 年版，第 139 页。

注释：

①右部表头第一列“戊戌”为纪年干支。

②上部表头第一行有本年各月的朔日干支“丙申、丙寅、乙未、乙丑、甲午、甲子、癸巳、壬戌、壬辰、辛酉、辛卯、庚申、庚寅”。

③根据纪年干支、每月的朔日，闰六月，查《二十史朔闰表》，宋孝宗淳熙五年戊戌（1178 年）与之相符。[①] 该年系夏仁宗乾祐九年。

④右部表头第一列第一个“木”，为六十甲子的纳音。据《六十甲子纳音歌》“戊戌己亥平地木”，对应的干支有“戊戌”，与本年历纪年干支相符。

① 陈垣：《二十史朔闰表》，中华书局 1999 年版，第 139 页。

六十　夏仁宗乾祐十年（1179年）己亥历日

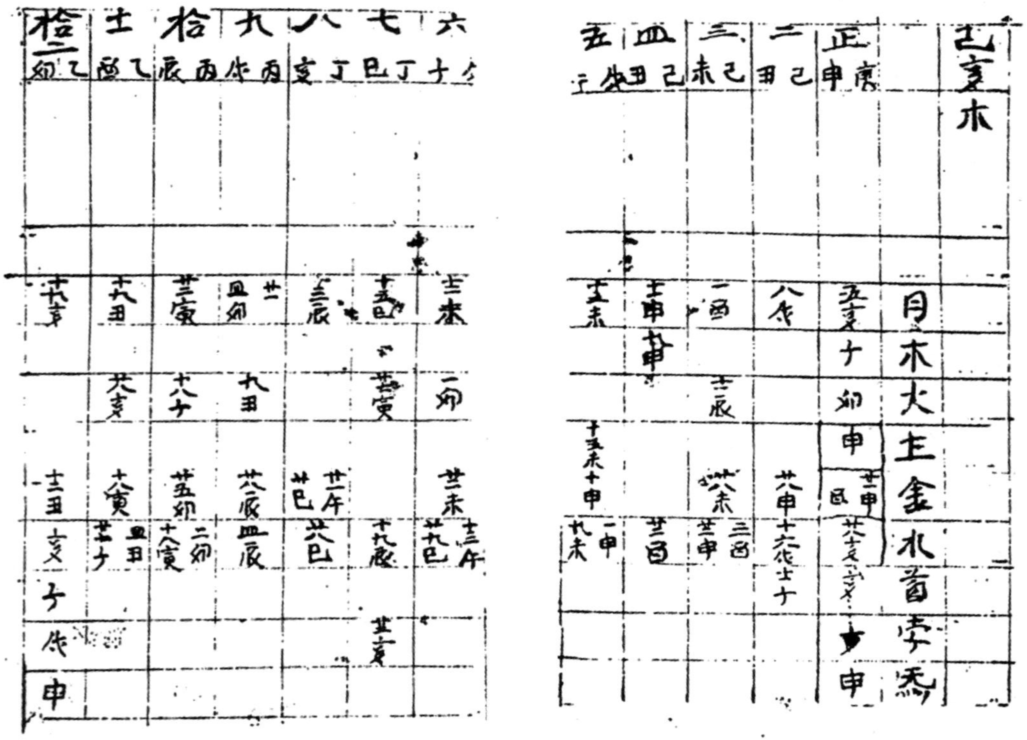

录文：

拾二 甲申？	十一 乙卯？	拾 乙酉？	九 丙辰？	八 丁亥	七 丁巳	六 ［戊］子	五 戊［午］	四 己丑	三 己未	二 己丑	正 庚申		己亥
													木
十九亥	十九丑	廿二寅	廿一 四卯	十三辰	十五巳	十二未	十三未	十一申	一酉	八戌	五亥	日	
								九申			子	木	
	廿八亥	十八子	九丑		廿七寅	一卯			十一辰		卯	火	
							十五未				申	土	
十二丑	十八寅	廿五卯	廿八辰	廿一午 廿巳		廿二未	十申		廿八未	廿八申	廿一申 酉	金	
亥	四丑 廿七子	二卯 十八寅	四辰	廿八巳	十九辰	十三午 廿九巳	一申 九未	廿二酉	三酉 廿二申	十六戌	廿八亥	水	
子										十一子		首	
戌					廿二亥						亥	孛	
申											申	炁	

校勘：

①本表由两页组成，五月以前右半部分，整理者标注页码 60，左半部分标注页码 59。

②五月朔日“戊午”的“午”，六月朔日“戊子”的“戊”，据残存天干、地支和《二十史朔闰表》补。[①]

③九月、十月、十一月、十二月的朔日原误作“丙戌、丙辰、乙酉、乙卯”。单看这四个干支，符合大小月的安排。但八月的朔日“丁亥”与九月的朔日“丙戌”不衔接，从丁亥到丙戌跨 60 日，超出一月之数。十二月的朔日“乙卯”与次年正月的朔日“甲寅”不衔接，从乙卯到甲寅跨 60 日，超出一月之数。可知这四个月的朔日必误。宋历九月、十月、十一月、十二月的朔日分别作“丙辰、乙酉、乙卯、甲申”，录此以备查考。[②]

④首曜正月栏原有一“亥”字，下有虚线指向下一格。故移至孛曜正月栏。

注释：

①右部表头第一列“己亥”为纪年干支。

②上部表头第一行有本年各月的朔日干支“庚申、己丑、己未、己丑、戊午、戊子、丁巳、丁亥、丙辰、乙酉、乙卯、甲申”。其中八月的朔日“丁亥”，比宋历“丙戌”晚了一天。

③根据纪年干支、每月的朔日，查《二十史朔闰表》，宋孝宗淳熙六年己亥（1179 年）与之相符。[③] 该年系夏仁宗乾祐十年。

④右部表头第一列“木”，为六十甲子的纳音。据《六十甲子纳音歌》“戊戌己亥平地木”，对应的干支有“己亥”，与本年历纪年干支相符。

---

① 陈垣：《二十史朔闰表》，中华书局 1999 年版，第 139 页。
② 陈垣：《二十史朔闰表》，中华书局 1999 年版，第 139 页。
③ 陈垣：《二十史朔闰表》，中华书局 1999 年版，第 139 页。

六十一 夏仁宗乾祐十一年（1180年）庚子历日

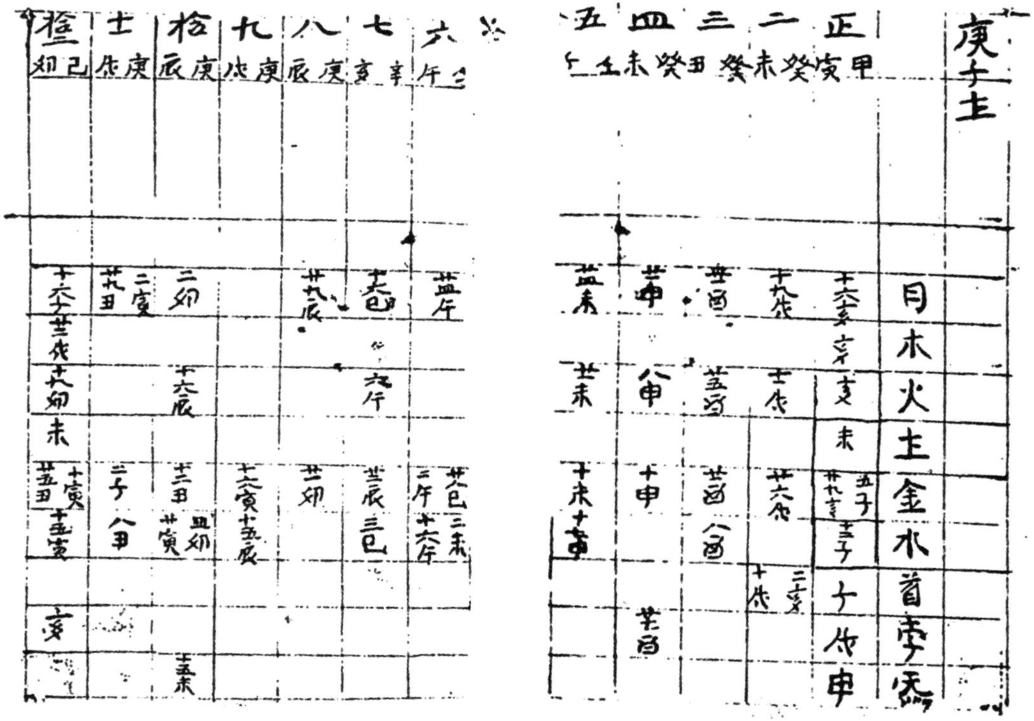

录文：

拾二 己卯	十一 庚戌	拾 庚辰	九 庚戌	八 庚辰	七 辛亥	六 ［壬］午	五 壬［子］	四 癸未	三 癸丑	二 癸未	正 甲寅		庚子
													土
十六子	二寅 廿九丑	二卯		廿九辰	十六巳	廿四午	廿四未	廿一申	廿一酉	十九戌	十六亥	日	
廿二戌											亥	木	
十九卯		十六辰			六午		廿一未	八申	廿五酉	十一戌	亥	火	
未											未	土	
十寅 廿五丑	二子	十二丑	十六寅	廿一卯	廿二辰	廿八巳 二午	十未	十申	廿一酉	廿六戌	五子 廿九亥	金	
十五寅	八丑	四卯 廿寅	十五辰		三巳	二未 十六午	十七申		八酉		十二子	水	
										二亥 十戌	子	首	
亥								廿七酉			戌	字	
		十五未									申	炁	

校勘：

①本表由两页组成，五月以前右半部分，整理者标注页码 58，左半部分标注页码 57。

②五月朔日“壬子”的“子”，六月朔日“壬午”的“壬”，据残存天干、地支和《二十史朔闰表》补。[①]

注释：

①右部表头第一列“庚子”为纪年干支。

②上部表头第一行有本年各月的朔日干支“甲寅、癸未、癸丑、癸未、壬子、壬午、辛亥、庚辰、庚戌、庚辰、庚戌、己卯”。八月的朔日“庚辰”，比宋历“辛巳”早了一天。十一月的朔日“庚戌”，比宋历“己酉”晚了一天。[②]

③根据纪年干支、每月的朔日，查《二十史朔闰表》，宋孝宗淳熙七年庚子（1180 年）与之相符。[③] 该年系夏仁宗乾祐十一年。

④右部表头第一列“土”，为六十甲子的纳音。据《六十甲子纳音歌》“庚子辛丑壁上土”，对应的干支有“庚子”，与本年历纪年干支相符。

① 陈垣:《二十史朔闰表》，中华书局 1999 年版，第 139 页。
② 陈垣:《二十史朔闰表》，中华书局 1999 年版，第 139 页。
③ 陈垣:《二十史朔闰表》，中华书局 1999 年版，第 139 页。

六十二　夏仁宗乾祐十二年（1181年）辛丑历日

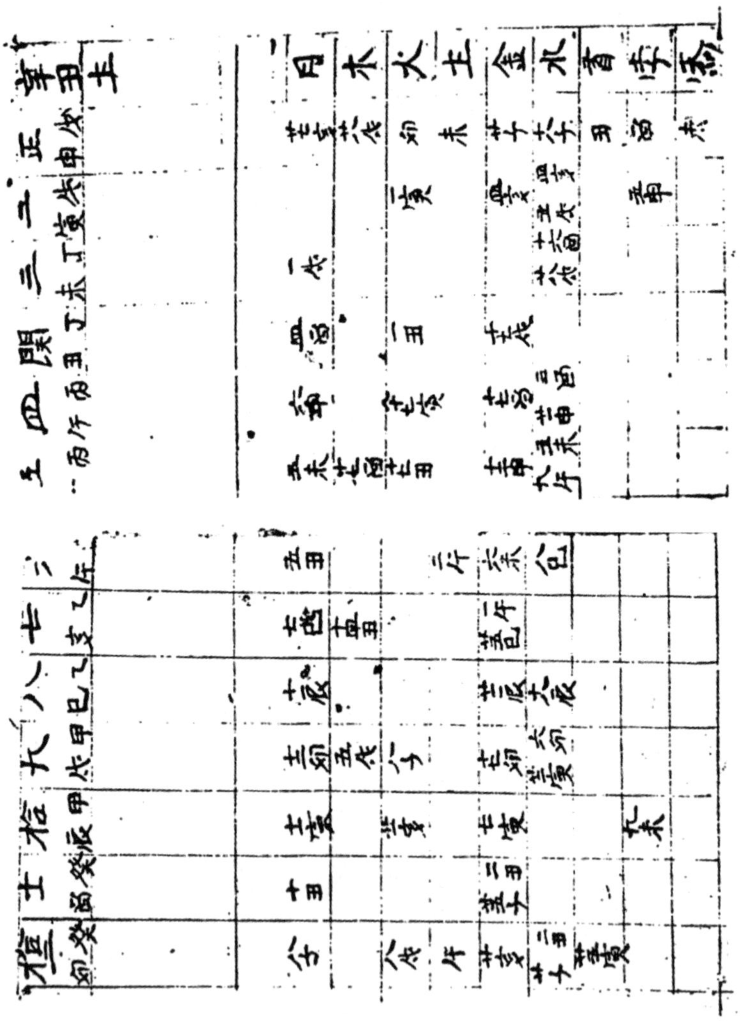

录文：

拾二 癸卯	十一 癸酉	拾 甲辰	九 甲戌	八 乙巳	七 乙亥	六 ［丙］午	五 丙［子］	四 丙午	闰 丁丑	三 丁未	二 戊寅	正 戊申	辛丑
													土
八子	十丑	十一寅	十二卯	十辰	七巳	五丑	五未	六申	四酉	一戌		廿七亥	日
			五戌		十四丑		十七酉					廿八戌	木
八戌		廿一亥	八子				十七丑	八 十七寅	一丑		一寅	卯	火
午						二午						未	土
廿亥	二丑 廿五子	七寅	十七卯	廿二辰	一午 廿五巳	六未	十二申	十七酉	十七戌		四亥	廿子	金
二丑 廿子			六卯 廿二寅	十八辰		八巳	五未 九午	三酉 廿一申		十六酉 廿八戌	四亥 五戌	十八子	水
廿五寅												丑	首
		九未									五申	酉	孛
												未	炁

校勘：

①本表由两页组成，五月以前右半部分，整理者标注页码 56，左半部分标注页码 55。

②五月朔日“丙子”的“子”，六月朔日“丙午”的“丙”，据残存天干、地支和《二十史朔闰表》补。[①]

③日曜六月栏中的“丑”字，疑为“午”字之误。

注释：

①右部表头第一列“辛丑”为纪年干支。

②上部表头第一行有本年各月的朔日干支“戊申、戊寅、丁未、丁丑、丙午、丙子、丙午、乙亥、乙巳、甲戌、甲辰、癸酉、癸卯”。

③根据纪年干支、每月的朔日，闰三月，查《二十史朔闰表》，宋孝宗淳熙八年辛丑（1181 年）与之相符。[②] 该年系夏仁宗乾祐十二年。

④右部表头第一列第一个“土”，为六十甲子的纳音。据《六十甲子纳音歌》“庚子辛丑壁上土”，对应的干支有“辛丑”，与本年历纪年干支相符。

---

① 陈垣：《二十史朔闰表》，中华书局 1999 年版，第 140 页。

② 陈垣：《二十史朔闰表》，中华书局 1999 年版，第 140 页。

六十三 夏仁宗乾祐十三年（1182年）壬寅历日

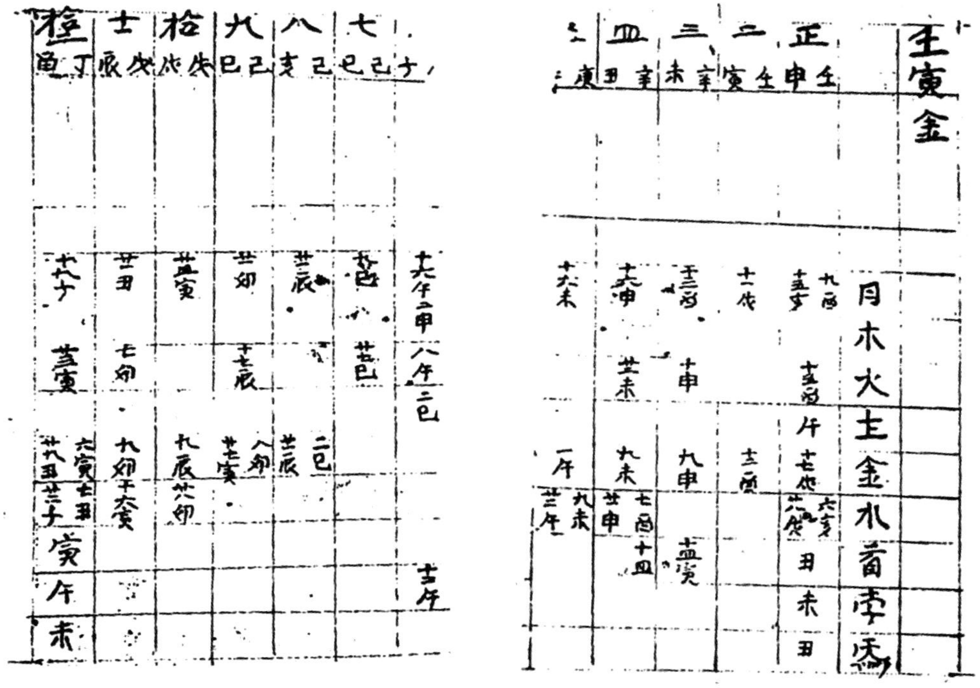

录文：

拾二 丁酉	十一 戊辰	拾 戊戌	九 己巳	八 己亥	七 己巳	六 ［庚］子	五 庚［午］	四 辛丑	三 辛未	二 壬寅	正 壬申		壬寅
													金
十九子	廿一丑	廿四寅	廿一卯	廿一辰	九巳	十六午	十六未	十六申	十三酉	十一戌	九酉 十五亥	日	
						二申						木	
廿三寅	七卯		十七辰		廿七巳	八午		廿二未	十申		十五酉	火	
						二巳					午	土	
六寅 廿九丑	九卯	九辰	八卯 廿七寅	二巳 廿一辰			一午	九未	九申	十二酉	十七戌	金	
七丑 廿二子	十六寅	廿八卯					九未 廿二午	七酉 廿一申			六亥 廿八戌	水	
寅								十四	十四寅		丑	首	
午						十二午					未	孛	
未											丑	炁	

校勘：

①本表由两页组成，五月以前右半部分，整理者标注页码 54，左半部分标注页码 53。

②五月朔日“庚午”的“午”，六月朔日“庚子”的“庚”，据残存天干、地支和《二十史朔闰表》补。[①]

③同年残历为 TK297 黑水城出土刻本历书。[②] 可推知正月朔在壬申，四月朔在辛丑，五月朔在庚午。[③]

注释：

①右部表头第一列“壬寅”为纪年干支。

②上部表头第一行有本年各月的朔日干支“壬申、壬寅、辛未、辛丑、庚午、庚子、己巳、己亥、己巳、戊戌、戊辰、丁酉”。

③根据纪年干支、每月的朔日，查《二十史朔闰表》，宋孝宗淳熙九年壬寅（1182 年）与之相符。[④] 该年系夏仁宗乾祐十三年。

④右部表头第一列“金”，为六十甲子的纳音。据《六十甲子纳音歌》“壬寅癸卯金箔金”，对应的干支有“壬寅”，与本年历纪年干支相符。

---

① 陈垣：《二十史朔闰表》，中华书局 1999 年版，第 140 页。

② 俄罗斯科学院东方研究所圣彼得堡分所、中国社会科学院民族研究所、上海古籍出版社：《俄藏黑水城文献》第四册，上海古籍出版社 1997 年，第 385 页。

③ 邓文宽：《黑城出土〈宋淳熙九年壬寅岁（1182）具注历日〉考》，《敦煌吐鲁番天文历法研究》，甘肃教育出版社 2002 年版。史金波：《西夏的历法和历书》，《民族语文》2006 年第 4 期。

④ 陈垣：《二十史朔闰表》，中华书局 1999 年版，第 140 页。

六十四　夏仁宗乾祐十四年（1183年）癸卯历日

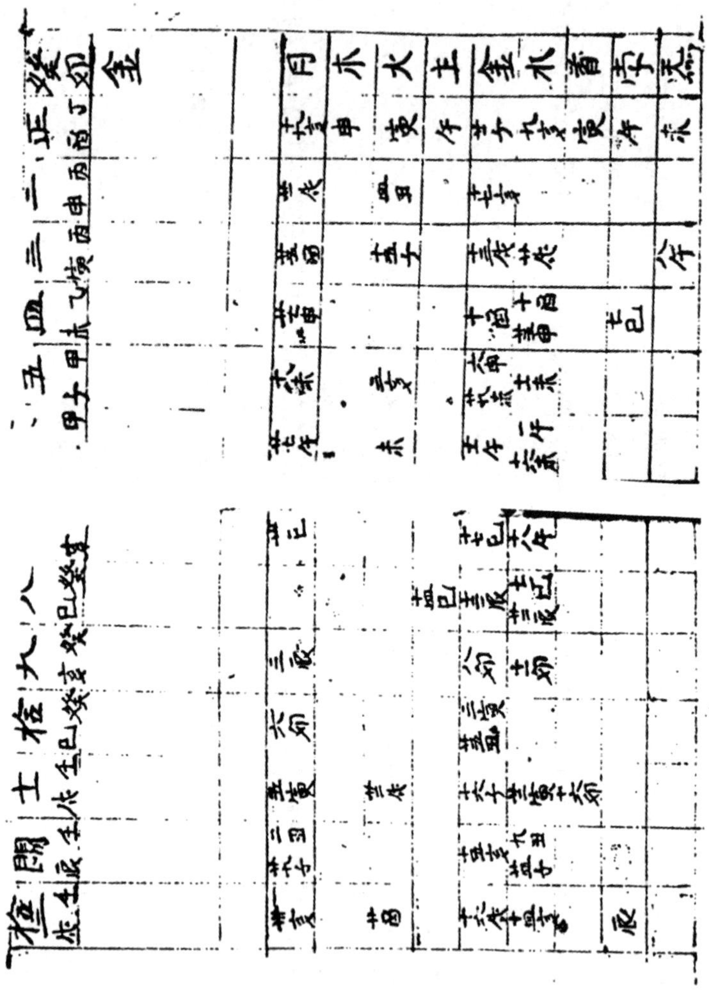

录文：

拾二 壬戌	闰 壬辰	十一 壬戌	拾 癸巳	九 癸亥	八 癸巳	七 ［癸］亥	六 甲［午］	五 甲子	四 乙未	三 丙寅	二 丙申	正 丁卯	癸卯
													金
卅亥	二丑 廿九子	五寅	六卯	三辰		卅巳	廿七午	十八未	廿七申	廿五酉	廿一戌	十九亥	日
												申	木
廿酉		廿二戌					未	三亥		十五子	四丑	寅	火
					十四巳							午	土
十六戌	十五亥	十六子	三寅 廿五丑	八卯	十三辰	十七巳	十一午	六申 廿九未	十酉	十三戌	十七亥	廿一子	金
十四亥	九丑 廿四子	廿二寅		十一卯	七巳 廿二辰	十八午	一午 十六未	十一未	十酉 廿五申	廿戌		九亥	水
		十六卯										寅	首
辰									七巳			午	孛
										八午		未	炁

校勘：

①本表由两页组成，六月以前右半部分，整理者标注页码 52，左半部分标注页码 51。

②六月朔日“甲午”的“午”，七月朔日“癸亥”的“癸”，据残存天干、地支和《二十史朔闰表》补。[①]

③正月的朔日原作“丁酉”，误。已知二月的朔日为“丙申”，从丁酉到丙申跨 60 日，超出一月之数。当据宋历改为“丁卯”。[②]

注释：

①右部表头第一列“癸卯”为纪年干支。

②上部表头第一行有本年各月的朔日干支“丁卯、丙申、丙寅、乙未、甲子、甲午、癸亥、癸巳、癸亥、癸巳、壬戌、壬辰、壬戌”。十月的朔日“癸巳”，较宋历“壬辰”晚了一天。十二月的朔日“壬戌”，较宋历“辛酉”晚了一天。[③]

③根据纪年干支、每月的朔日，闰十一月，查《二十史朔闰表》，宋孝宗淳熙十年癸卯（1183 年）与之相符。[④] 该年系夏仁宗乾祐十四年。

④右部表头第一列第一个“金”，为六十甲子的纳音。据《六十甲子纳音歌》“壬寅癸卯金箔金”，对应的干支有“癸卯”，与本年历纪年干支相符。

---

① 陈垣：《二十史朔闰表》，中华书局 1999 年版，第 140 页。

② 陈垣：《二十史朔闰表》，中华书局 1999 年版，第 140 页。

③ 陈垣：《二十史朔闰表》，中华书局 1999 年版，第 140 页。

④ 陈垣：《二十史朔闰表》，中华书局 1999 年版，第 140 页。

六十五 夏仁宗乾祐十五年（1184年）甲辰历日

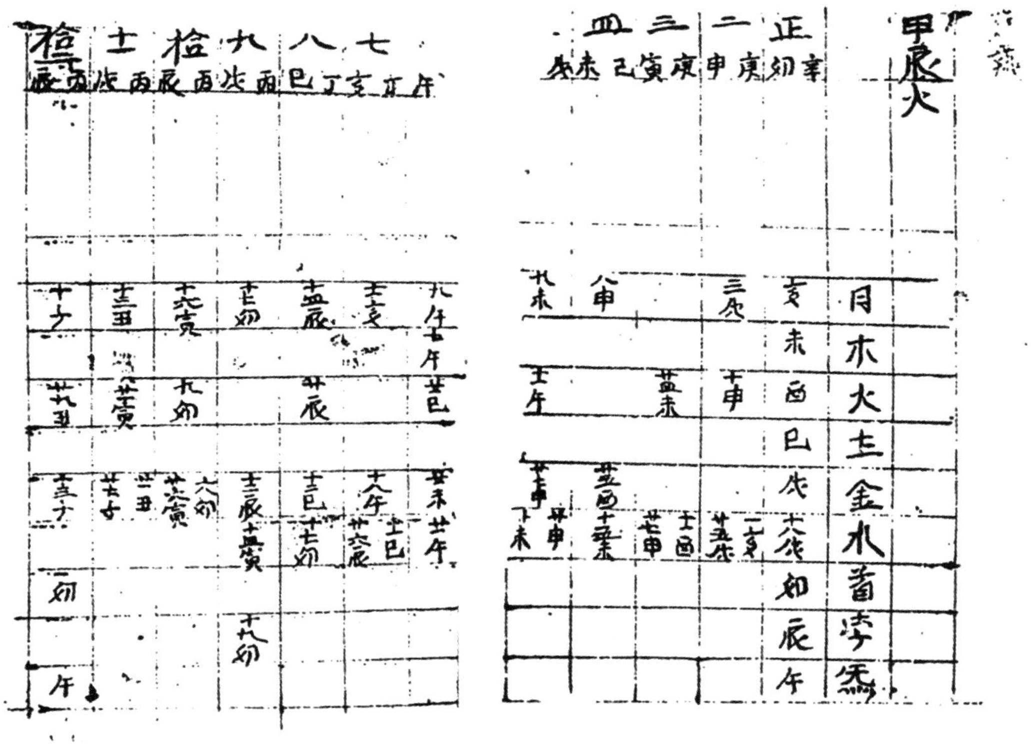
甲辰火
正 辛卯
二 庚申
三 庚寅
四 己未
七 丁亥
八 丁巳
九 丙戌
十 丙辰
月 木 火 土 金 水 首 孛 炁

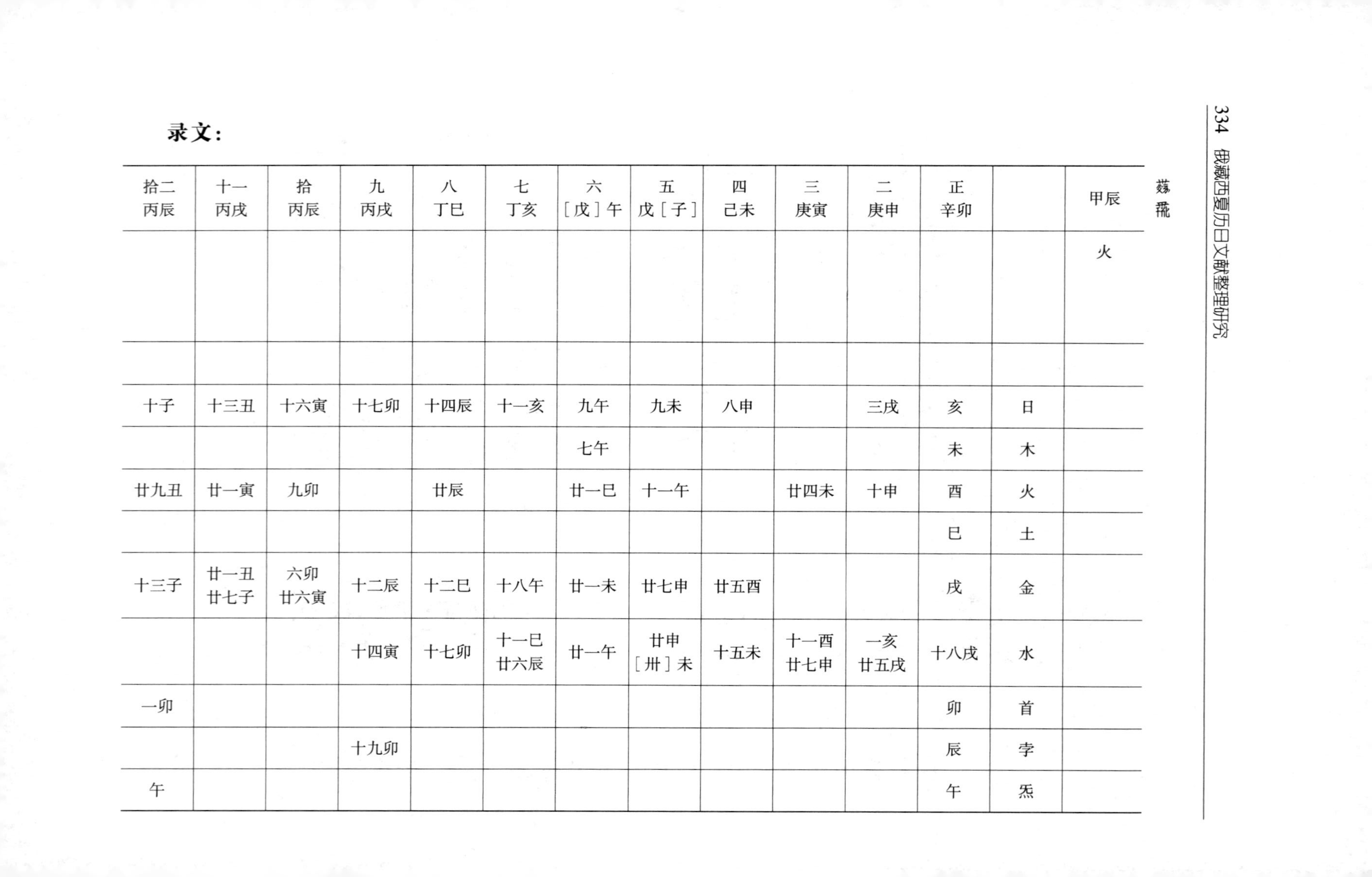

录文：

[illegible]

拾二 丙辰	十一 丙戌	拾 丙辰	九 丙戌	八 丁巳	七 丁亥	六 ［戊］午	五 戊［子］	四 己未	三 庚寅	二 庚申	正 辛卯		甲辰
													火
十子	十三丑	十六寅	十七卯	十四辰	十一亥	九午	九未	八申		三戌	亥	日	
						七午					未	木	
廿九丑	廿一寅	九卯		廿辰		廿一巳	十一午		廿四未	十申	酉	火	
											巳	土	
十三子	廿一丑 廿七子	六卯 廿六寅	十二辰	十二巳	十八午	廿一未	廿七申	廿五酉			戌	金	
			十四寅	十七卯	十一巳 廿六辰	廿一午	廿申 ［卅］未	十五未	十一酉 廿七申	一亥 廿五戌	十八戌	水	
一卯											卯	首	
			十九卯								辰	孛	
午											午	炁	

校勘：

①本表由两页组成，五月以前右半部分，整理者标注页码 50，左半部分标注页码 49。

②五月朔日“戊子”的“子”，六月朔日“戊午”的“戊”，据残存天干、地支和《二十史朔闰表》补。[①]

③木星六月栏中的“七午”，据笔者抄录笔记补，原始文献上已脱落。幸赖此照片复印件保存下来。

④水星五月栏“廿申，卅未”，其中“卅”字据残存字形和上下文逻辑补。

① 陈垣：《二十史朔闰表》，中华书局 1999 年版，第 140 页。

译文：

甲 辰

拾二 丙辰	十一 丙戌	拾 丙辰	九 丙戌	八 丁巳	七 丁亥	六 [戊]午	五 戊[子]	四 己未	三 庚寅	二 庚申	正 辛卯		甲辰
													火
十子	十三丑	十六寅	十七卯	十四辰	十一亥	九午	九未	八申		三戌	亥	日	
						七午					未	木	
廿九丑	廿一寅	九卯		廿辰		廿一巳	十一午		廿四未	十申	酉	火	
											巳	土	
十三子	廿一丑 廿七子	六卯 廿六寅	十二辰	十二巳	十八午	廿一未	廿七申	廿五酉			戌	金	
			十四寅	十七卯	十一巳 廿六辰	廿一午	廿申 [卅]未	十五未	十一酉 廿七申	一亥 廿五戌	十八戌	水	
一卯											卯	首	
			十九卯								辰	孛	
午											午	炁	

注释：

①右部表头第一列“甲辰”为纪年干支。

②上部表头第一行有本年各月的朔日干支“辛卯、庚申、庚寅、己未、戊子、戊午、丁亥、丁巳、丙戌、丙辰、丙戌、丙辰”。

③根据纪年干支、每月的朔日，查《二十史朔闰表》，宋孝宗淳熙十一年甲辰（1184 年）与之相符。[①] 该年系夏仁宗乾祐十五年。

④右部表头第一列“火”，为六十甲子的纳音。据《六十甲子纳音歌》“甲辰乙巳点灯火”，对应的干支有“甲辰”，与本年历纪年干支相符。

⑤表框外右上角用西夏文注有“甲辰”二字，表示一个新的天干循环开始。

---

① 陈垣:《二十史朔闰表》，中华书局 1999 年版，第 140 页。

六十六 夏仁宗乾祐十六年（1185年）乙巳历日

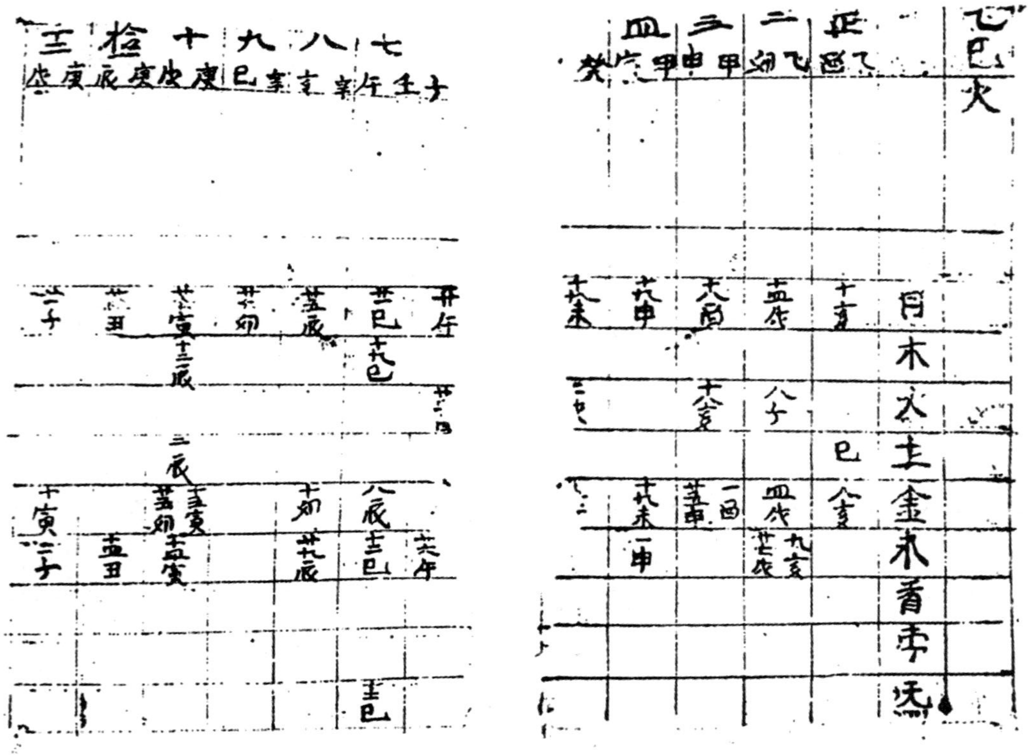

录文：

十二 庚戌	拾一 庚辰	十 庚戌	九 辛巳	八 辛亥	七 壬午	六 ［壬］子	五 癸［未］	四 甲寅	三 甲申	二 乙卯	正 乙酉		乙巳
													火
廿一子	廿四丑	廿七寅	廿七卯	廿五辰	廿一巳	廿午	十九未	十九申	十八酉	十四戌	十亥	日	
		十二辰			十九巳							木	
						廿四酉	二戌		十八亥	八子		火	
		二辰									巳	土	
十寅		十五寅 廿五卯		十卯	八辰	□□	□午	十九未	一酉 廿五申	四戌	八亥	金	
二子	十四丑	十四寅		廿九辰	十二巳	□□□ 廿六午		一申		九亥 廿七戌		水	
												首	
												孛	
					十二巳							炁	

校勘：

①本表由两页组成，五月以前右半部分，整理者标注页码 48，左半部分标注页码 41。按：此处原有错页。整理者误把夏仁宗乾祐十六年乙巳，1185 年上半年（48 页）与夏仁宗乾祐十七年丙午，1186 年下半年（47 页）拼在一起；误把夏仁宗乾祐十九年戊申，1188 年上半年（42 页）与夏仁宗乾祐十六年乙巳，1185 年下半年（41 页）拼在一起。错页与原书作者无关，是整理者不明历算导致的。从本年开始，连续四年历书都有倒页现象。我们知道原书为缝缋装，以下是笔者根据缝缋装原理和原始文献复原出的相关页码分布示意图，括号内是笔者根据历算知识调整后的页码。

48	67
49	66

28	47（41）
29	46

从 41 页到 48 页，出土后散乱为单页，完全看不出哪四页原本处在一张纸上。现在可以明白 47 页那个位置应该代之以 41 页。

②五月朔日“癸未”的“未”，六月朔日“壬子”的“壬”，据残存天干、地支和《二十史朔闰表》补。[1]

注释：

①右部表头第一列“乙巳”为纪年干支。

②上部表头第一行有本年各月的朔日干支“乙酉、乙卯、甲申、甲寅、癸未、壬子、壬午、辛亥、辛巳、

① 陈垣：《二十史朔闰表》，中华书局 1999 年版，第 140 页。

庚戌、庚辰、庚戌”。

③根据纪年干支、每月的朔日，查《二十史朔闰表》，宋孝宗淳熙十二年乙巳（1185 年）与之相符。[①] 该年系夏仁宗乾祐十六年。

④右部表头第一列“火”，为六十甲子的纳音。据《六十甲子纳音歌》“甲辰乙巳点灯火”，对应的干支有“乙巳”，与本年历纪年干支相符。

---

① 陈垣:《二十史朔闰表》，中华书局 1999 年版，第 140 页。

六十七　夏仁宗乾祐十七年（1186年）丙午历日

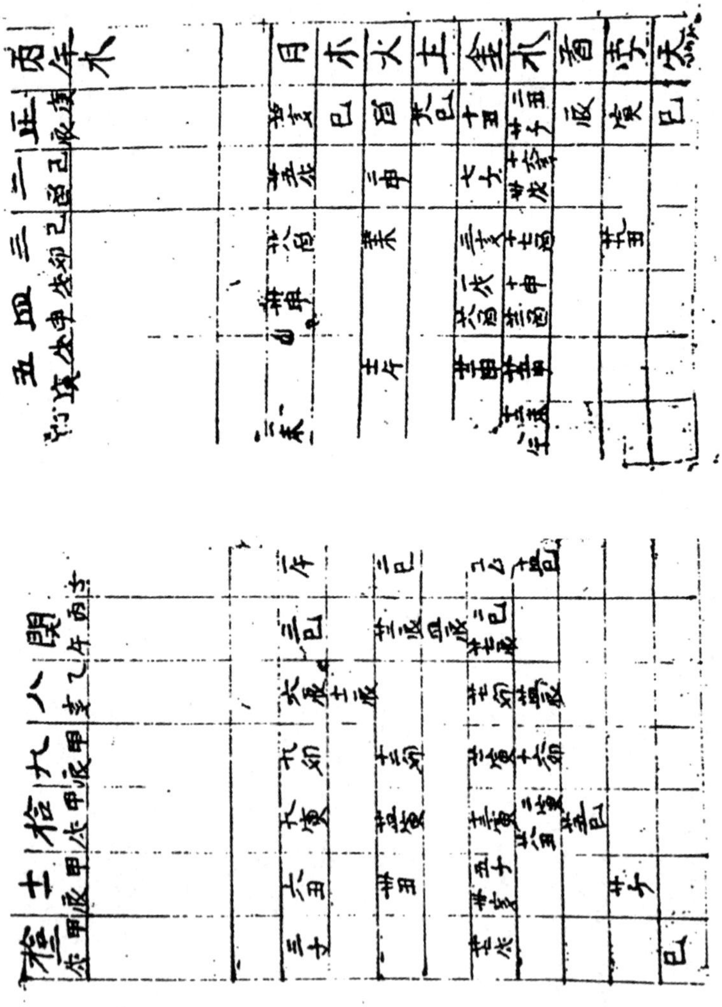

录文：

拾二 甲戌	十一 甲辰	拾 甲戌	九 甲辰	八 乙亥	闰 丙午	七 [丙]子	六 丁[未]	五 戊寅	四 戊申	三 己卯	二 己酉	正 庚辰	丙午
													水
三子	六丑	九寅	九卯	六辰	三巳	一午	一未		卅申	廿八酉	廿五戌	廿一亥	日
				十一辰								巳	木
	卅丑	廿四寅	十二卯		廿二辰	二巳		十一午		廿一未	二申	酉	火
					四辰							廿八巳	土
廿七戌	五子 卅亥	十三寅	廿一寅	廿七卯	二巳 廿七辰	□午	□未	廿二申	一戌 廿八酉	三亥	七子	十丑	金
		二寅 廿八丑	十六卯	廿四辰		十四巳	十二未 □□午	廿五申	十申 廿二酉	十七酉	十六亥 卅戌	二丑 廿子	水
		廿五巳										辰	首
	廿子									廿九丑		寅	孛
巳												巳	炁

校勘：

①本表由两页组成，六月以前右半部分，整理者标注页码 46，左半部分标注页码 47。按：此处原有错页。整理者误把夏仁宗乾祐十七年丙午，1186 年上半年（46 页）与夏仁宗乾祐十八年丁未，1187 年下半年（45 页）拼在一起；误把夏仁宗乾祐十六年乙巳，1185 年上半年（48 页）与夏仁宗乾祐十七年丙午，1186 年下半年（47 页）拼在一起。错页与原书作者无关，是整理者不明历算导致的。我们知道原书为缝缋装，以下是笔者根据缝缋装原理和原始文献复原出的相关页码分布示意图，括号内是笔者根据历算知识调整后的页码。

28	47（41）
29	46

30	45（47）
31	44

从 41 页到 48 页，出土后皆散乱为单页，完全看不出哪四页原本处在一张纸上。现在可以明白 45 页那个位置应该代之以 47 页。

②六月朔日“丁未”的“未”，七月朔日“丙子”的“丙”，据残存天干、地支和《二十史朔闰表》补。[1]

注释：

①右部表头第一列“丙午”为纪年干支。

②上部表头第一行有本年各月的朔日干支“庚辰、己酉、己卯、戊申、戊寅、丁未、丙子、丙午、乙亥、甲辰、甲戌、甲辰、甲戌”。

---

① 陈垣：《二十史朔闰表》，中华书局 1999 年版，第 140 页。

③根据纪年干支、每月的朔日，闰七月，查《二十史朔闰表》，宋孝宗淳熙十三年丙午（1186 年）与之相符。[①] 该年系夏仁宗乾祐十七年。

④右部表头第一列第一个“水”，为六十甲子的纳音。据《六十甲子纳音歌》“丙午丁未天河水”，对应的干支有“丙午”，与本年历纪年干支相符。

① 陈垣:《二十史朔闰表》，中华书局 1999 年版，第 140 页。

六十八 夏仁宗乾祐十八年（1187年）丁未历日

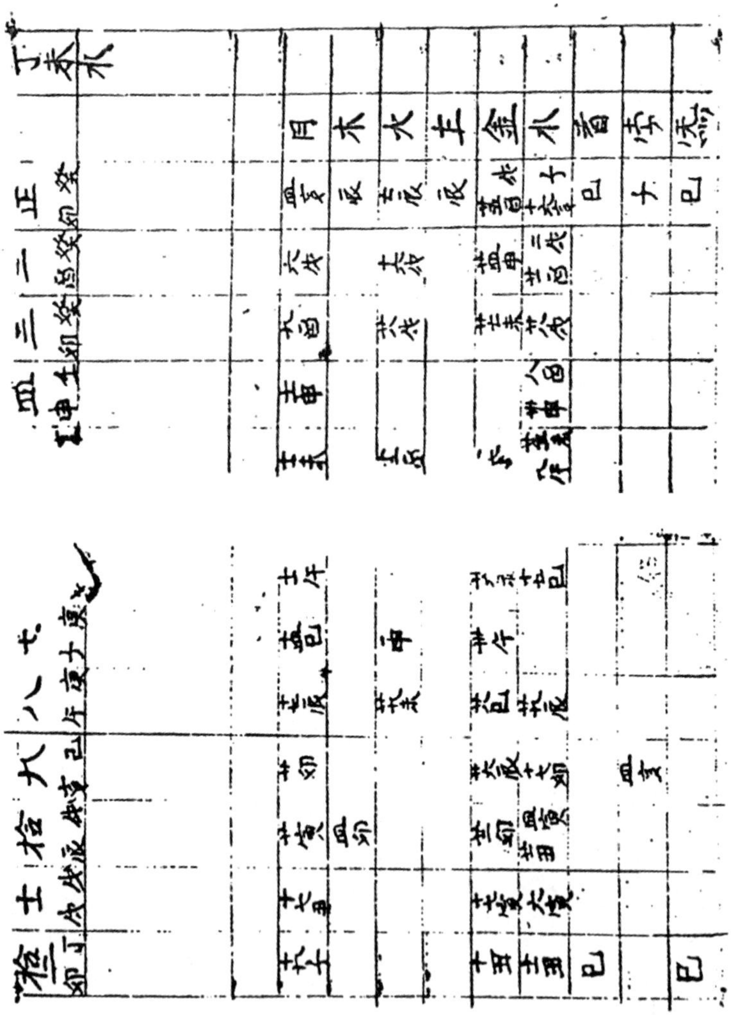

录文：

拾二 丁卯	十一 戊戌	拾 戊辰	九 己亥	八 庚午	七 庚子	六 ［辛未］	五 ［壬寅］	四 壬申	三 癸卯	二 癸酉	正 癸卯		丁未
													水
十九子	十七丑	廿寅	廿卯	十七辰	十四巳	十一午	十一未	十一申	九酉	六戌	四亥	日	
		四卯									辰	木	
				廿九未	一申		十二酉		廿八戌	十六戌	七辰	火	
											辰	土	
十丑	十七寅	廿二卯	廿六辰	廿八巳	卅午	廿六未	□□□		廿七未	廿四申	戌 廿五酉	金	
十一丑	六寅	四寅 廿一丑	十七卯	廿九辰		十七巳	廿五未 九午	八酉 卅申	廿八戌	二戌 廿一酉	子 十六亥	水	
巳											巳	首	
			四亥								子	孛	
巳											巳	炁	

校勘：

①本表由两页组成，五月以前右半部分，整理者标注页码 44，左半部分标注页码 45。按：此处原有错页。整理者误把夏仁宗乾祐十八年丁未，1187 年上半年（44 页）与夏仁宗乾祐十九年戊申，1188 年下半年（43 页）拼在一起；误把夏仁宗乾祐十七年丙午，1186 年上半年（46 页）与夏仁宗乾祐十八年丁未，1187 年下半年（45 页）拼在一起。错页与原书作者无关，是整理者所为。我们知道原书为缝缋装，以下是笔者根据缝缋装原理和原始文献复原出的相关页码分布示意图，括号内是笔者根据历算知识调整后的页码。

30	45（47）
31	44

32	43（45）
33	42

从 41 页到 48 页，出土后皆散乱为单页，完全看不出哪四页原本在一张纸上。现在可以明白 43 页那个位置应该代之以 45 页。

②五月朔日“壬寅”，六月朔日“辛未”，参考《二十史朔闰表》补。[①] 水星四月栏中的“卅”表明四月为大月，四月朔日为“壬申”，因此五月朔日必为“壬寅”。

注释：

①右部表头第一列“丁未”为纪年干支。

②上部表头第一行有本年各月的朔日干支“癸卯、癸酉、癸卯、壬申、壬寅、辛未、庚子、庚午、己亥、

① 陈垣：《二十史朔闰表》，中华书局 1999 年版，第 140 页。

戊辰、戊戌、丁卯”。十二月的朔日“丁卯”，比宋历“戊辰”提前了一天。

③根据纪年干支、每月的朔日，查《二十史朔闰表》，宋孝宗淳熙十四年丁未（1187 年）与之相符。[①] 该年系夏仁宗乾祐十八年。

④右部表头第一列“水”，为六十甲子的纳音。据《六十甲子纳音歌》“丙午丁未天河水”，对应的干支有“丁未”，与本年历纪年干支相符。

---

① 陈垣：《二十史朔闰表》，中华书局 1999 年版，第 140 页。

六十九　夏仁宗乾祐十九年（1188年）戊申历日

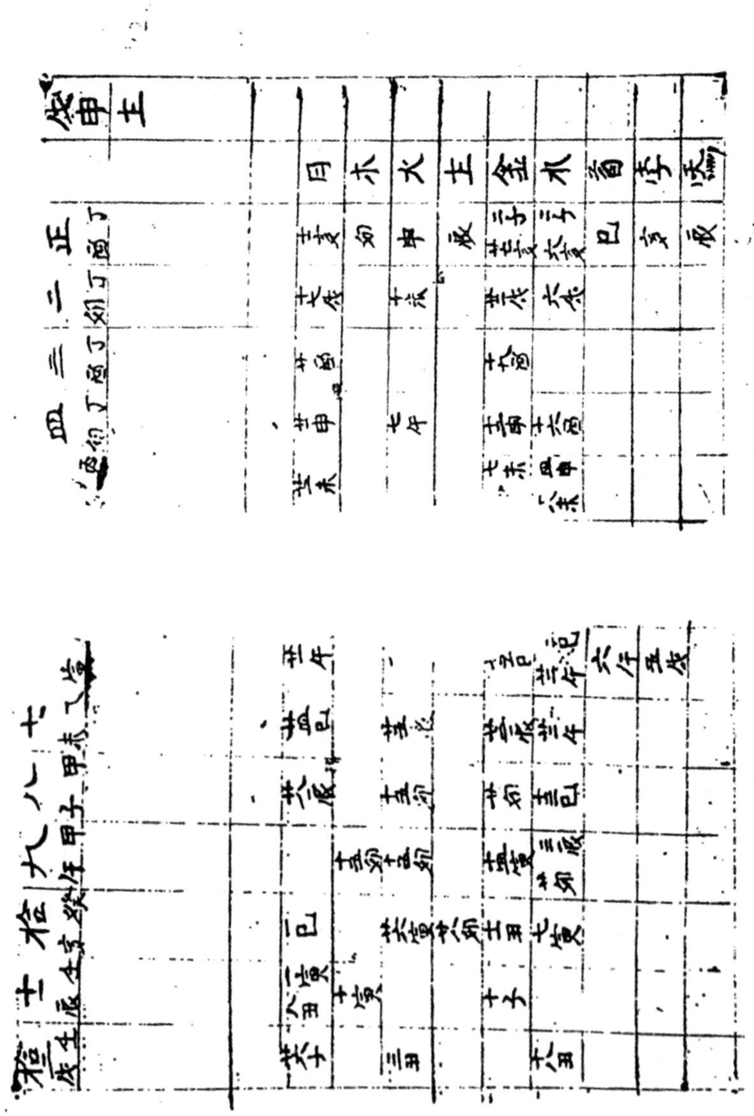

录文：

拾二 壬戌	十一 壬辰	拾 癸亥	九 甲午	八 甲子	七 乙未	六 ［丙］寅	五 丙［申］	四 丁卯	三 丁酉	二 丁卯	正 丁酉		戊申
													土
廿六子	一寅 八丑	一巳		廿八辰	廿四巳	廿一午	廿二未	廿一申	廿酉	十七戌	十一亥	日	
	十寅		十五卯								卯	木	
三丑		廿六寅	十五卯	十五卯	廿五辰	□□		七午		十未	申	火	
		廿八卯									辰	土	
	十子	十一丑	十四寅	廿卯	廿三辰	□五巳	七未 □□	十二申	十九酉	廿二戌	二子 廿七亥	金	
十八丑		七寅	三辰 廿卯	十三巳	廿二午	二巳 廿二午	四申 十八未	十六酉		六戌	二子 六亥	水	
						六午					巳	首	
						五戌					亥	孛	
											辰	炁	

校勘：

①本表由两页组成，五月以前右半部分，整理者标注页码 42，左半部分标注页码 43。按：此处原有错页。整理者误把夏仁宗乾祐十九年戊申，1188 年上半年（42 页）与夏仁宗乾祐十六年乙巳，1185 年下半年（41 页）拼在一起；误把夏仁宗乾祐十八年丁未，1187 年上半年（44 页）与夏仁宗乾祐十九年戊申，1188 年下半年（43 页）拼在一起。错页与原书作者无关，是整理者所为。我们知道原书为缝缋装，以下是笔者根据缝缋装原理和原始文献复原出的相关页码分布示意图，括号内是笔者根据历算知识调整后的页码：

32	43（45）
33	42

34	41（43）
35	40

从 41 页到 48 页，出土后皆散乱为单页，完全看不出哪四页原本处在一张纸上。现在可以明白 41 页那个位置应该代之以 43 页。

②五月朔日“丙申”的“申”，六月朔日“丙寅”的“丙”，据残存天干、地支，参考《二十史朔闰表》补。[①]

注释：

①右部表头第一列“戊申”为纪年干支。

②上部表头第一行有本年各月的朔日干支“丁酉、丁卯、丁酉、丁卯、丙申、丙寅、乙未、甲子、甲午、

① 陈垣：《二十史朔闰表》，中华书局 1999 年版，第 140 页。

癸亥、壬辰、壬戌”。

③根据纪年干支、每月的朔日，查《二十史朔闰表》，宋孝宗淳熙十五年戊申（1188 年）与之相符。[①] 该年系夏仁宗乾祐十九年。

④右部表头第一列“土”字，为六十甲子的纳音。据《六十甲子纳音歌》“戊申己酉大驿土”，对应的干支有“戊申”，与本年历纪年干支相符。

① 陈垣:《二十史朔闰表》，中华书局 1999 年版，第 140 页。

七十　夏仁宗乾祐二十年（1189年）己酉历日

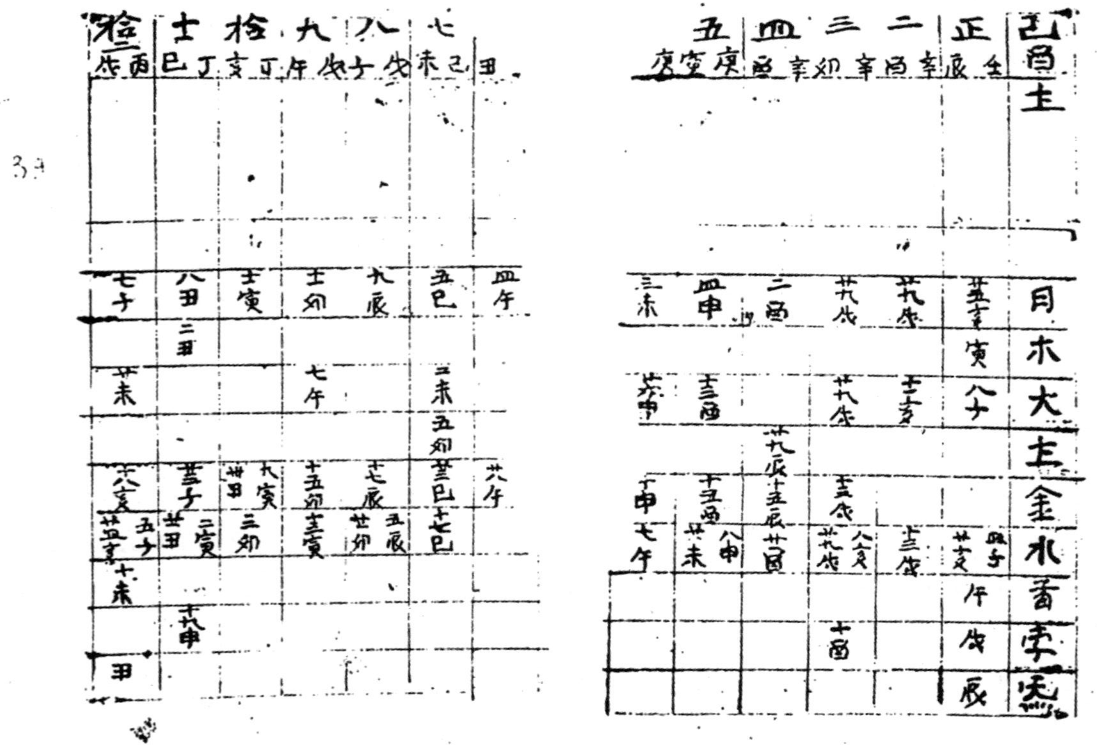

录文:

拾二 丙戌	十一 丁巳	拾 丁亥	九 戊午	八 戊子	七 己未	六 ［己］丑	闰 庚［申］	五 庚寅	四 辛酉	三 辛卯	二 辛酉	正 壬辰	己酉
													土
七子	八丑	十一寅	十一卯	九辰	五巳	四午	三未	四申	二酉	廿九戌	廿九戌	廿五亥	日
	二丑											寅	木
廿未			七午		二未		廿六申	十三酉		廿九戌	十一亥	八子	火
					五卯				廿九辰				土
十八亥	廿三子	九寅 卅丑	十五卯	十七辰	廿三巳	廿八午	十申	十五酉	十五辰	十三戌			金
五子 廿四亥	二寅 廿一丑	三卯	十三寅	五辰 廿一卯	十七巳		七午	八申 廿一未	廿酉	八亥 廿九戌	十三戌	四子 廿亥	水
十未												午	首
	十九申									十酉		戌	孛
丑												辰	炁

校勘：

①本表由两页组成，闰五月以前右半部分，整理者标注页码 40，左半部分标注页码 39。

②闰五月朔日“庚申”的“申”，六月朔日“己丑”的“己”，据残存天干、地支，参考《二十史朔闰表》补。[①]

注释：

①右部表头第一列“己酉”为纪年干支。

②上部表头第一行有本年各月的朔日干支“壬辰、辛酉、辛卯、辛酉、庚寅、庚申、己丑、己未、戊子、戊午、丁亥、丁巳、丙戌”。

③根据纪年干支、每月的朔日，闰五月，查《二十史朔闰表》，宋孝宗淳熙十六年己酉（1189 年）与之相符。[②] 该年系夏仁宗乾祐二十年。

④右部表头第一列第一个“土”字，为六十甲子的纳音。据《六十甲子纳音歌》“戊申己酉大驿土”，对应的干支有“己酉”，与本年历纪年干支相符。

① 陈垣：《二十史朔闰表》，中华书局 1999 年版，第 140 页。
② 陈垣：《二十史朔闰表》，中华书局 1999 年版，第 140 页。

七十一 夏仁宗乾祐二十一年（1190年）庚戌历日

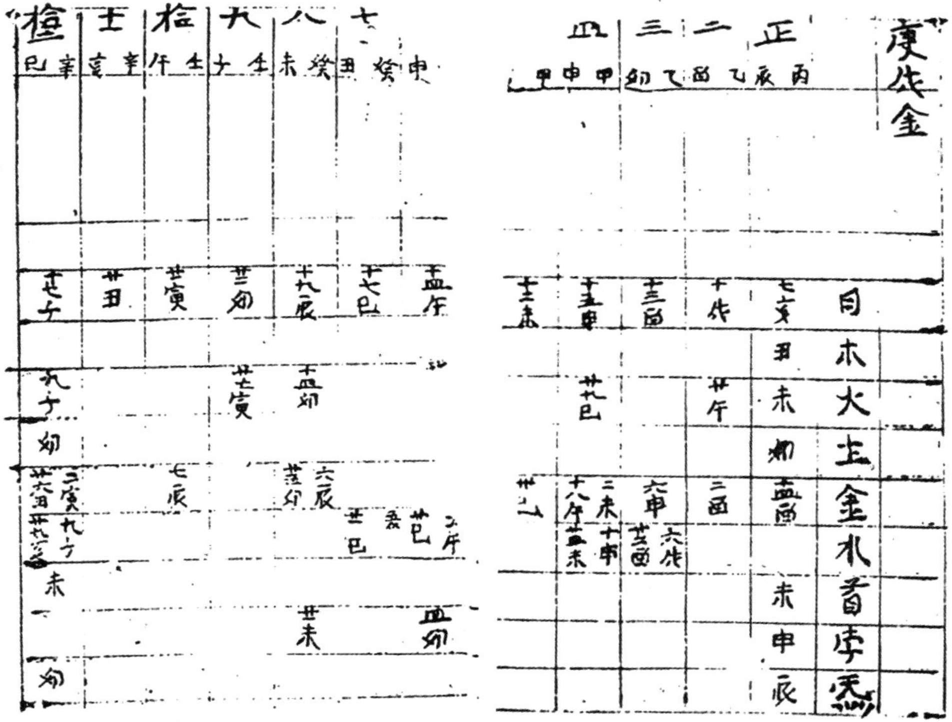

录文：

拾二 辛巳	十一 辛亥	拾 壬午	九 壬子	八 癸未	七 癸丑	六 ［甲］申	五 甲［寅］	四 甲申	三 乙卯	二 乙酉	正 丙辰		庚戌
													金
十七子	廿丑	廿一寅	廿二卯	十九辰	十七巳	十四午	十二未	十五申	十三酉	十戌	七亥	日	
											丑	木	
九子			廿七寅	十四卯				廿九巳		廿午	未	火	
卯											卯	土	
二寅 廿六丑		七辰		六辰 廿五卯			卅巳	二未 十八午	六申	二酉	十四酉	金	
九子 廿九亥					五戌 廿一巳	五午 廿巳		十申 廿四未	六戌 廿二酉			水	
未											未	首	
				廿一未		四卯					申	孛	
卯											辰	炁	

校勘：

①本表由两页组成，五月以前右半部分，整理者标注页码 38，左半部分标注页码 37。

②五月朔日“甲寅”的“寅”，六月朔日“甲申”的“甲”，据残存天干、地支，参考《二十史朔闰表》补。[①]

注释：

①右部表头第一列“庚戌”为纪年干支。

②上部表头第一行有本年各月的朔日干支“丙辰、乙酉、乙卯、甲申、甲寅、甲申、癸丑、癸未、壬子、壬午、辛亥、辛巳”。

③根据纪年干支、每月的朔日，查《二十史朔闰表》，宋光宗绍熙元年庚戌（1190 年）与之相符。[②] 该年系夏仁宗乾祐二十一年。

④右部表头第一列“金”字，为六十甲子的纳音。据《六十甲子纳音歌》“庚戌辛亥钗钏金”，对应的干支有“庚戌”，与本年历纪年干支相符。

---

① 陈垣：《二十史朔闰表》，中华书局 1999 年版，第 140 页。

② 陈垣：《二十史朔闰表》，中华书局 1999 年版，第 140 页。

七十二 夏仁宗乾祐二十二年（1191年）辛亥历日

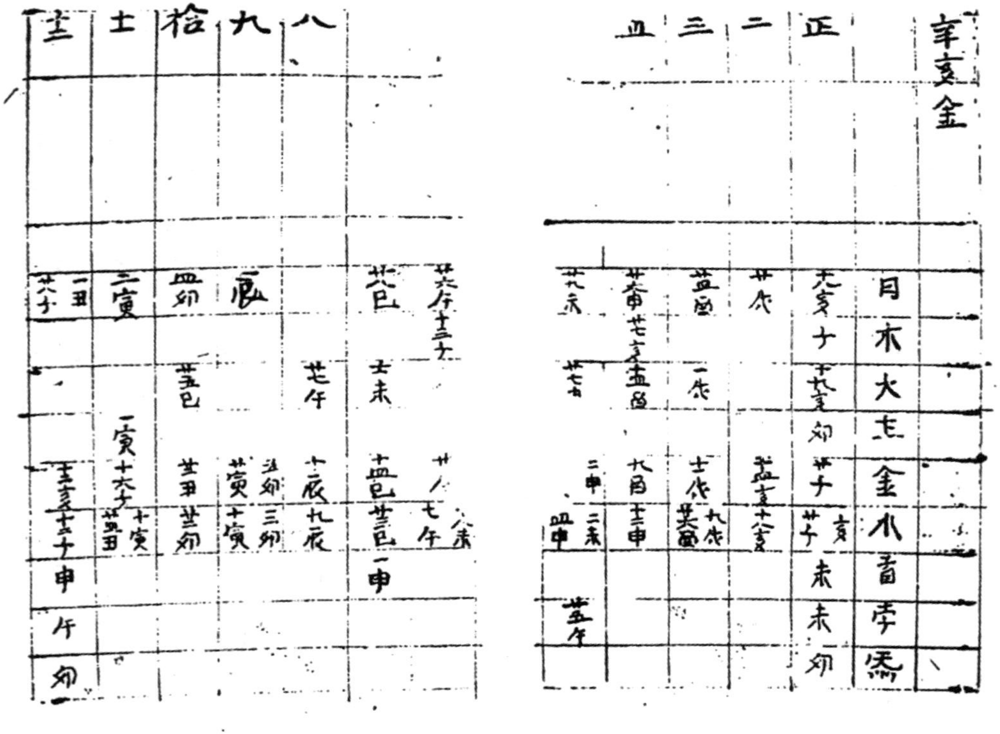

录文：

十二 乙亥？	十一 丙午？	拾 丙子？	九 丁未？	八 丁丑？	七 丁未？	六 戊寅？	五 戊申？	四 戊寅？	三 己酉？	二 庚辰？	正 庚戌？		辛亥
													金
一丑 廿八子	二寅	四卯	一辰		廿八巳	廿六午	廿九未	廿六申	廿四酉	廿戌	十八亥	日	
						十三子		廿七亥			子	木	
		廿五巳		廿七午	十一未		廿七申	十四酉	一戌		十九亥	火	
	一寅										卯	土	
十二亥	十六子	廿二丑	五卯 廿寅	十辰	十四巳	廿午	二申 □未	九酉	十一戌	十四亥	廿子	金	
十二子	十寅 廿四丑	廿二卯	三卯 十寅	九辰	廿三巳	□八未 七午	二未 四申	十二申	九戌 廿六酉	十八亥	亥 廿子	水	
申					一申						未	首	
午							廿五午				未	孛	
卯											卯	炁	

校勘：

①本表由两页组成，五月以前右半部分，整理者标注页码 36，左半部分标注页码 35。

②各月朔日原缺，《二十史朔闰表》宋代纪年为“庚戌、庚辰、己酉、戊寅、戊申、戊寅、丁未、丁丑、丁未、丙子、丙午、乙亥”，[①] 录此以备查考。

注释：

①右部表头第一列“辛亥”为纪年干支。

②上部表头第一行本年各月的朔日干支“庚戌、庚辰、己酉、戊寅、戊申、戊寅、丁未、丁丑、丁未、丙子、丙午、乙亥”，存疑待考。

③根据纪年干支，历书年代顺序，查《二十史朔闰表》，宋光宗绍熙二年辛亥（1191 年）与之相符。[②] 该年系夏仁宗乾祐二十二年。

④右部表头第一列“金”字，为六十甲子的纳音。据《六十甲子纳音歌》“庚戌辛亥钗钏金”，对应的干支有“辛亥”，与本年历纪年干支相符。

---

① 陈垣：《二十史朔闰表》，中华书局 1999 年版，第 141 页。

② 陈垣：《二十史朔闰表》，中华书局 1999 年版，第 141 页。

七十三　夏仁宗乾祐二十三年（1192年）壬子历日

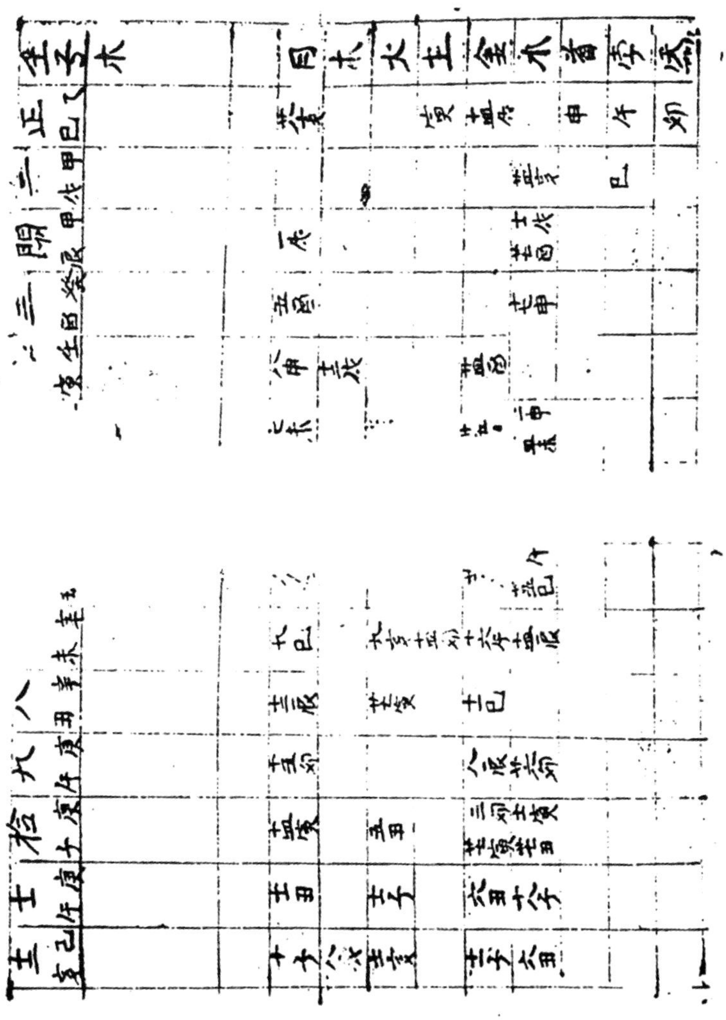

录文：

十二 己亥	十一 庚午	拾 庚子	九 庚午	八 辛丑	七 辛未	六 ［辛］丑	五 壬［申］	四 壬寅	三 癸酉	闰 甲辰	二 甲戌	正 乙巳	壬子
													木
十子	十一丑	十四寅	十五卯	十二辰	九巳	□□	七未	八申	五酉	一戌		廿八亥	日
八戌								十二戌					木
十一亥	十一子	五丑		廿七寅	九亥		□□						火
					十四卯							寅	土
十一子	六丑	三卯 廿七寅	八辰	十一巳	十六午	廿一未	廿五申	廿四酉				十四戌	金
六丑	十八子	十一寅 廿七丑	廿六卯		十四辰	□□午 廿五巳	二申 □四未		十七申	十一戌 廿七酉	廿四亥		水
												申	首
											巳	午	孛
												卯	炁

校勘：

①本表由两页组成，五月以前右半部分，整理者标注页码34，左半部分标注页码33。

②五月朔日“壬申”的“申”，六月朔日“辛丑”的“辛”，根据残存天干、地支，参考《二十史朔闰表》宋代纪年补。[①]

注释：

①右部表头第一列“壬子”为纪年干支。

②上部表头第一行有本年各月的朔日干支“乙巳、甲戌、甲辰、癸酉、壬寅、壬申、辛丑、辛未、辛丑、庚午、庚子、庚午、己亥”。

③根据纪年干支，每月的朔日，闰二月，查《二十史朔闰表》，宋光宗绍熙三年壬子（1192年）与之相符。[②] 该年系夏仁宗乾祐二十三年。

④右部表头第一列第一个“木”字，为六十甲子的纳音。据《六十甲子纳音歌》“壬子癸丑桑柘木”，对应的干支有“壬子”，与本年历纪年干支相符。

① 陈垣：《二十史朔闰表》，中华书局1999年版，第141页。

② 陈垣：《二十史朔闰表》，中华书局1999年版，第141页。

七十四　夏仁宗乾祐二十四年（1193年）癸丑历日

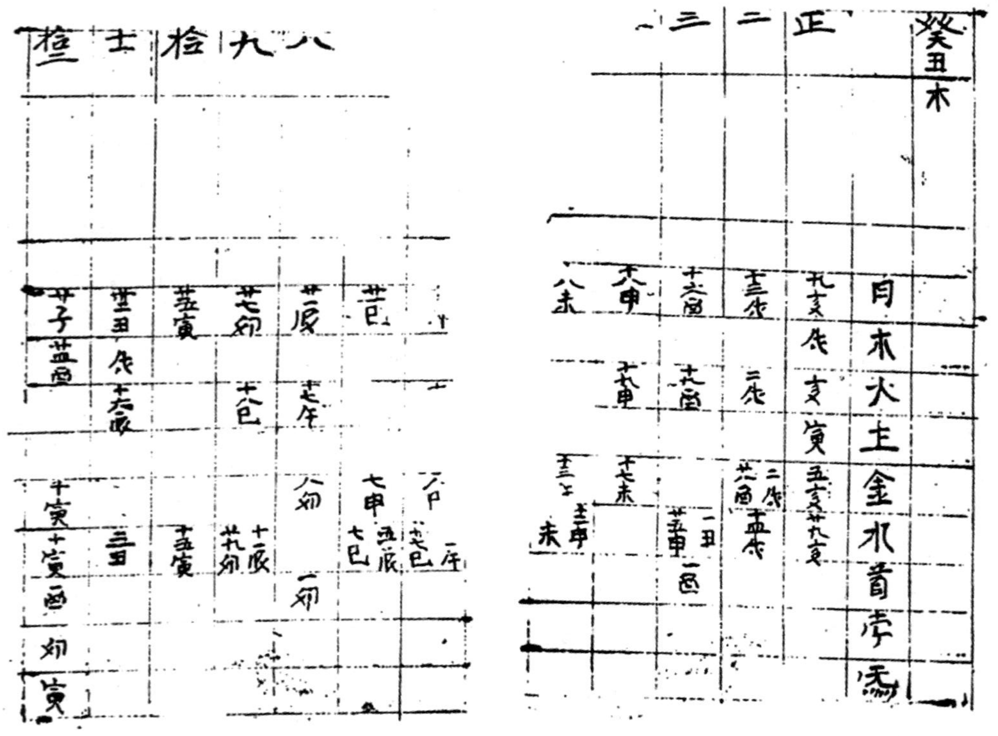

录文：

拾二 甲午？	十一 甲子？	拾 乙未	九 甲子？	八 乙未？	七 乙丑？	六 丙申？	五 丙寅？	四 丁酉？	三 戊辰？	二 戊戌？	正 己巳？		癸丑
													木
廿子	廿二丑	廿五寅	廿七卯	廿辰	廿一巳	□午	八未	十八申	十六酉	十三戌	九亥	日	
廿四酉	戌										戌	木	
	十六辰		十八巳	十七午		十□□		十九申	十九酉	二戌	亥	火	
											寅	土	
十寅				八卯	七申	八巳	十三午	十七未		二戌 廿八酉	五亥	金	
十寅	三丑	十五寅	十辰 廿九卯		五辰 七巳	□□午 廿七巳	十二申 □未		一丑 廿五申	十四戌	廿九亥	水	
酉				一卯					一酉			首	
卯												孛	
寅												炁	

校勘：

①本表由两页组成，五月以前右半部分，整理者标注页码 32，左半部分标注页码 31。

②本年每月的朔日原缺，经考证，十月的朔日为乙未，详下。《二十史朔闰表》宋代纪年为“己巳、戊戌、戊辰、丁酉、丙寅、丙申、乙丑、乙未、甲子、乙未、甲子、甲午”，[①] 录此以备参考。

注释：

①右部表头第一列“癸丑”为纪年干支。

②上部表头第一行本年各月的朔日干支，唯有十月的朔日“乙未”可以考定，与宋历不同。《中国藏西夏文献》第 17 卷收有黑水城出土编号为 M21·005［F220:W2］的一件西夏文占卜文书，[②] 记载命主癸丑岁十月二十四出生，生辰八字为“年癸丑、月癸亥、日戊午、时癸丑”。根据命主的八字，可以推知其生年为宋光宗绍熙四年，即夏仁宗乾祐二十四年（1193 年）。该文书还告诉我们夏仁宗乾祐二十四年（1193 年）十月朔日为“乙未”，比宋历甲午晚了一天。[③] 其余皆存疑待考。

③根据纪年干支，查《二十史朔闰表》，宋光宗绍熙四年癸丑（1193 年）与之相符。[④] 该年系夏仁宗乾祐二十四年。

④右部表头第一列“木”字，为六十甲子的纳音。据《六十甲子纳音歌》“壬子癸丑桑柘木”，对应的干支

---

① 陈垣:《二十史朔闰表》，中华书局 1999 年版，第 141 页。

② 宁夏大学西夏学研究中心、中国国家图书馆、甘肃五凉古籍整理研究中心编《中国藏西夏文献》第 17 卷，甘肃人民出版社、敦煌文艺出版社 2006 年版，第 154 页。

③ 杜建录、彭向前:《所谓“大轮七年星占书”考释》，中国社会科学院民族学与人类学研究所编《薪火相传——史金波先生七十寿辰西夏学国际学术研讨会论文集》，中国社会科学出版社 2012 年版。

④ 陈垣:《二十史朔闰表》，中华书局 1999 年版，第 141 页。

有“癸丑”，与本年历纪年干支相符。

⑤按：本部历书的惯例，本年历日表框右上角应该标出数字“一”。纵观整部历书，标出数字的年代都具有特殊性，要么是子年或亥年，以表明十二地支循环起迄；要么是老皇帝驾崩、新皇帝继位之年；要么是帝王改元之年。先后出现的数字有“七十四”“六十三”“六十二”“五十五”“五十一”“三十八”“二十七”“二十六”“二十四”“二十二”，按照这个顺序，本年表框右上角应该标出数字“一”。本年夏仁宗仁孝去世，其子夏桓宗纯佑继位。

七十五 夏桓宗天庆元年（1194年）甲寅历日

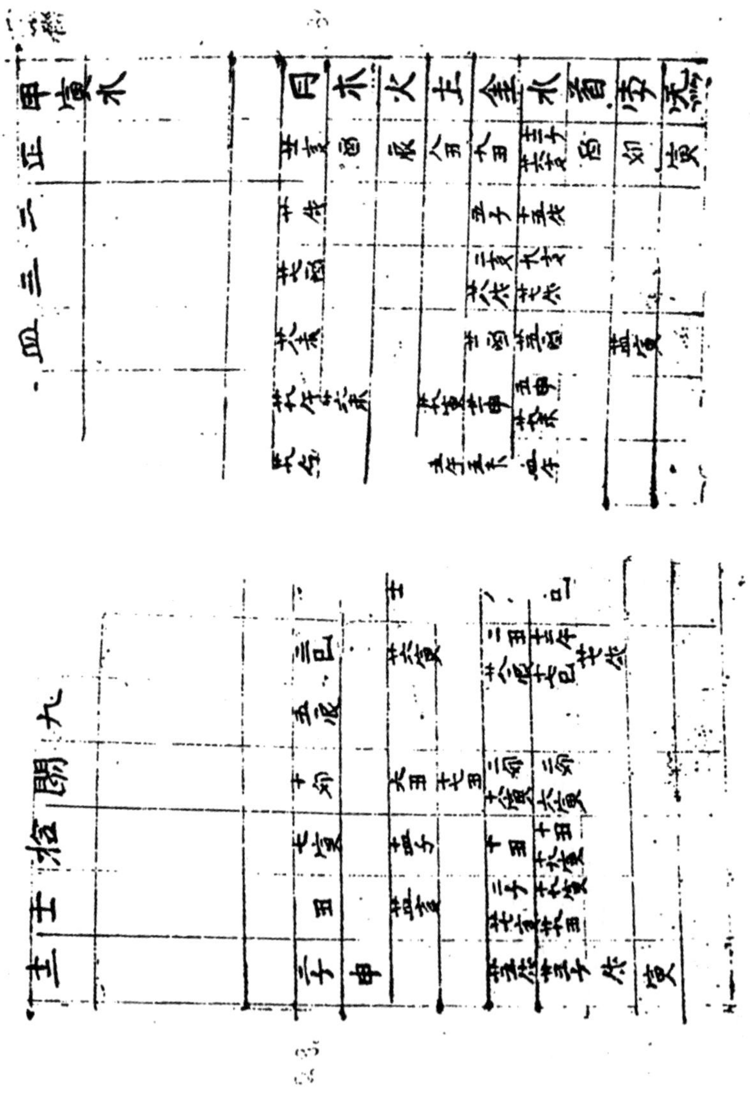

录文：

蕤 獬

十二 丁巳？	十一 戊子？	拾 戊午？	闰 戊子？	九 戊午？	八 己丑？	七 庚申？	六 庚寅？	五 辛酉？	四 壬辰？	三 壬戌？	二 癸巳？	正 癸亥？	甲寅
													水
二子	丑	七寅	十卯	五辰	三巳	□□	廿九午	廿九午	廿八未	廿七酉	廿戌	廿一亥	日
申								廿六未				酉	木
	廿四亥	十四子	六丑		廿六寅	十□□						辰	火
			十七丑				五午	廿九寅				八丑	土
廿五戌	二子 廿七亥	十丑	二卯 十八寅		二丑 廿八辰	八□	五未	廿一申	廿一酉	二亥 廿八戌	五子	九丑	金
廿三子	十九寅 廿九丑	十丑 十九寅	二卯 六寅		十二午 十七巳	□巳	□四午	五申 廿九未	廿五酉	九亥 廿七戌	十五戌	十二子 廿六亥	水
戌					廿七戌							酉	首
寅									廿四寅			卯	孛
												寅	炁

校勘：

①本表由两页组成，六月以前右半部分，整理者标注页码 30，左半部分标注页码 29。

②本年每月朔日原缺，《二十史朔闰表》宋代纪年为“癸亥、癸巳、壬戌、壬辰、辛酉、庚寅、庚申、己丑、戊午、戊子、戊午、戊子、丁巳”，录此以备参考。[①]

① 陈垣：《二十史朔闰表》，中华书局 1999 年版，第 141 页。

译文:

甲寅

十二 丁巳?	十一 戊子?	拾 戊午?	闰 戊子?	九 戊午?	八 己丑?	七 庚申?	六 庚寅?	五 辛酉?	四 壬辰?	三 壬戌?	二 癸巳?	正 癸亥?	甲寅
													水
二子	丑	七寅	十卯	五辰	三巳	□□	廿九午	廿九午	廿八未	廿七酉	廿戌	廿一亥	日
申								廿六未				酉	木
	廿四亥	十四子	六丑		廿六寅	十□□						辰	火
			十七丑				五午	廿九寅				八丑	土
廿五戌	二子 廿七亥	十丑	二卯 十八寅		二丑 廿八辰	八□	五未	廿一申	廿一酉	二亥 廿八戌	五子	九丑	金
廿三子	十九寅 廿九丑	十丑 十九寅	二卯 六寅		十二午 十七巳	□巳	□四午	五申 廿九未	廿五酉	九亥 廿七戌	十五戌	十二子 廿六亥	水
戌					廿七戌							酉	首
寅									廿四寅			卯	字
												寅	炁

注释：

①右部表头第一列“甲寅”为纪年干支。

②上部表头第一行有本年各月的朔日干支“癸亥、癸巳、壬戌、壬辰、辛酉、庚寅、庚申、己丑、戊午、戊子、戊午、戊子、丁巳”，存疑待考。甘肃武威西郊林场出土的《刘庆寿母李氏墓葬题记》中有“天庆元年正月卅日”，[①] 可证该年正月是个大月。

③本年宋历闰十月，西夏则闰九月。宋历十月三十丁巳小雪，夏历应该是把小雪放在了本年第十一个月的朔日（宋历和夏历差别不大，朔日或节气一般只差一两天）。这样本年第十个月就没有中气了，根据“无中置闰”的法则，因其在九月之后，所以要闰九月。

④根据纪年干支，历书年代顺序，查《二十史朔闰表》，宋光宗绍熙五年甲寅（1194 年）与之相符。[②] 该年系夏桓宗天庆元年。

⑤右部表头第一列“水”字，为六十甲子的纳音。据《六十甲子纳音歌》“甲寅乙卯大溪水”，对应的干支有“甲寅”，与本年历纪年干支相符。

⑥表框外右上角用西夏文注有“甲寅”二字，表示一个新的天干循环开始。

---

① 陈炳应：《西夏文物研究》，宁夏人民出版社 1985 年版，第 190 页。
② 陈垣：《二十史朔闰表》，中华书局 1999 年版，第 141 页。

七十六 夏桓宗天庆二年（1195年）乙卯历日

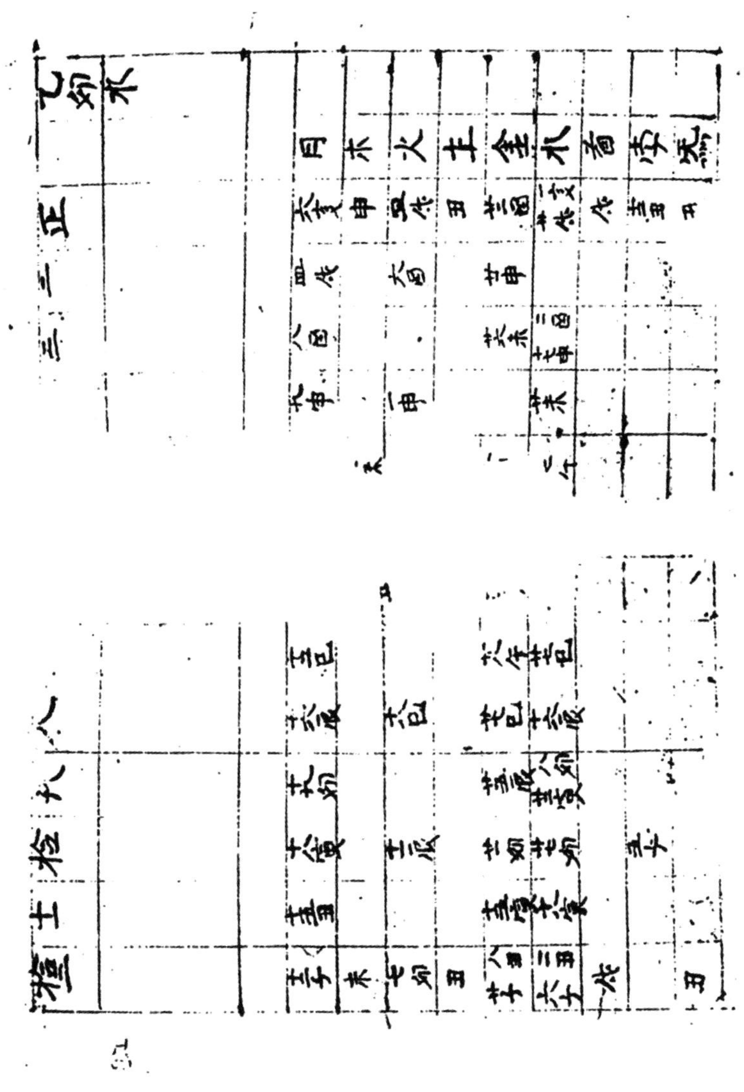

录文:

拾二 辛亥?	十一 壬午?	拾 壬子?	九 壬午?	八 癸丑?	七 甲申?	六 甲寅?	五 乙酉?	四 丙辰?	三 丙戌?	二 丁巳?	正 丁亥?		乙卯
													水
十二子	十五丑	十八寅	十九卯	十六辰	十二巳			九申	八酉	四戌	六亥	日	
未							□未				申	木	
七卯		十一辰		十八巳		廿□□		一申		六酉	四戌	火	
丑											丑	土	
八丑 廿子	十五寅	廿一卯	廿五辰	廿七巳	廿八午	□□	八□		廿六未	廿申	廿二酉	金	
二丑 六子	十八寅	廿七卯	八卯 廿二寅	十六辰	廿七巳		七午	廿未	二酉 十七申		一亥 廿戌	水	
戌											戌	首	
		五子									十二丑	孛	
丑											丑	炁	

校勘：

①本表由两页组成，五月以前右半部分，整理者标注页码 28，左半部分标注页码 27。

②本年每月的朔日原缺，《二十史朔闰表》宋代纪年为“丁亥、丁巳、丙戌、丙辰、乙酉、甲寅、甲申、癸丑、壬午、壬子、壬午、辛亥”，[①] 录此以备查考。

注释：

①右部表头第一列“乙卯”为纪年干支。

②上部表头第一行本年各月的朔日干支“丁亥、丁巳、丙戌、丙辰、乙酉、甲寅、甲申、癸丑、壬午、壬子、壬午、辛亥”，存疑待考。

③根据纪年干支，历书年代顺序，查《二十史朔闰表》，宋宁宗庆元元年乙卯（1195 年）与之相符。[②] 该年系夏桓宗天庆二年。

④右部表头第一列“水”字，为六十甲子的纳音。据《六十甲子纳音歌》“甲寅乙卯大溪水”，对应的干支有“乙卯”，与本年历纪年干支相符。

---

① 陈垣：《二十史朔闰表》，中华书局 1999 年版，第 141 页。

② 陈垣：《二十史朔闰表》，中华书局 1999 年版，第 141 页。

七十七　夏桓宗天庆三年（1196年）丙辰历日

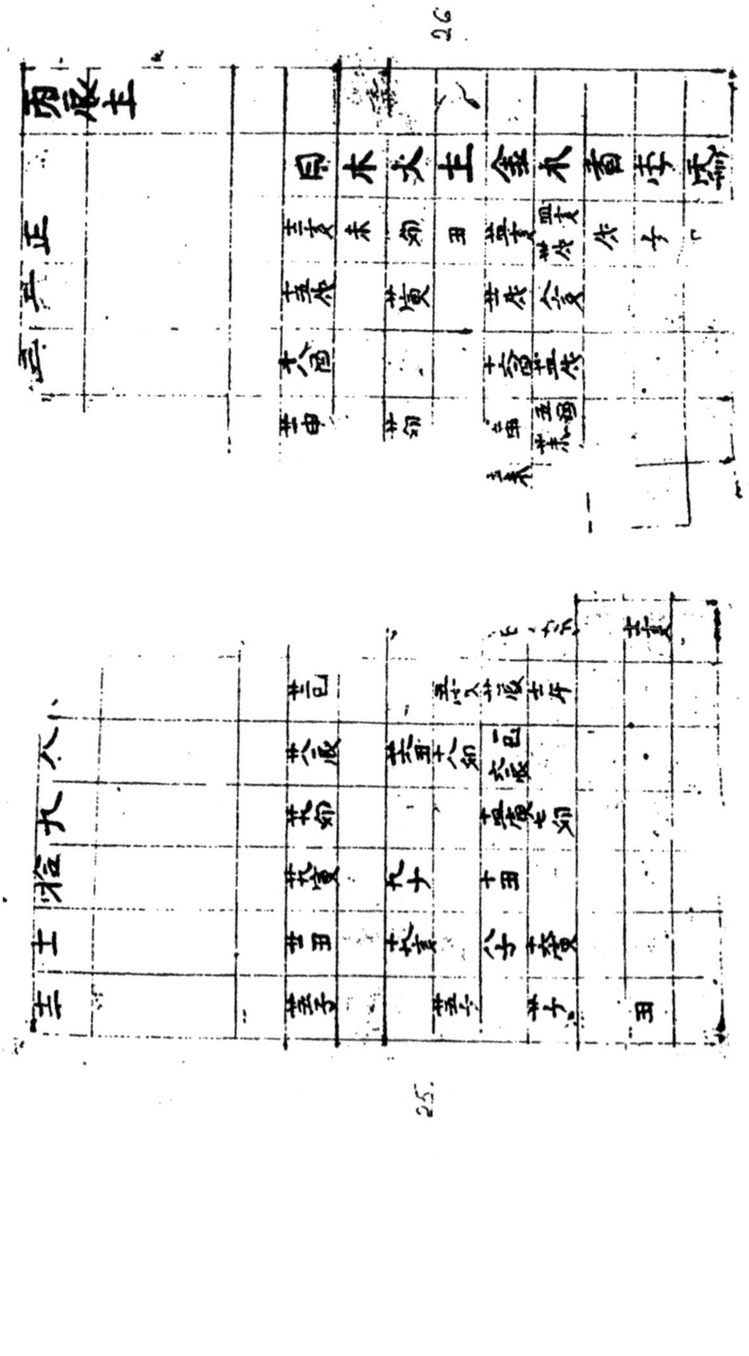

录文：

十二 丙午？	十一 丙子？	拾 丙午？	九 丁丑？	八 戊申？	七 戊寅？	六 己酉？	五 庚辰？	四 庚戌？	三 辛巳？	二 辛亥？	正 辛巳？		丙辰
													土
廿五子	廿一丑	廿九寅	廿九卯	廿八辰	廿二巳			廿一申	十八酉	十五戌	十二亥	日	
											未	木	
	十九亥	九子		廿六丑		□□		廿卯		廿寅	卯	火	
廿五子				十八卯	五寅						丑	土	
	八子	十丑	十四寅	一巳 六辰	廿辰	□□	五未	□二申	十六酉	廿一戌	廿四亥	金	
廿子	十六寅		七卯		十一午	□□		五酉 廿未	十四戌	八亥	四亥 卅戌	水	
											戌	首	
丑						十一亥					子	孛	
											□	炁	

校勘：

①本表由两页组成，五月以前右半部分，整理者标注页码 26，左半部分标注页码 25。

②本年每月的朔日原缺，《二十史朔闰表》宋代纪年为“辛巳、辛亥、辛巳、庚戌、庚辰、己酉、戊寅、戊申、丁丑、丙午、丙子、丙午”，[①] 录此以备参考。

注释：

①右部表头第一列“丙辰”为纪年干支。

②上部表头第一行为本年各月的朔日干支“辛巳、辛亥、辛巳、庚戌、庚辰、己酉、戊寅、戊申、丁丑、丙午、丙子、丙午”，存疑待考。水星正月栏有“卅戌”，可知正月是个大月。

③根据纪年干支，查《二十史朔闰表》，宋宁宗庆元二年丙辰（1196 年）与之相符。[②] 该年系夏桓宗天庆三年。

④右部表头第一列“土”字，为六十甲子的纳音。据《六十甲子纳音歌》“丙辰丁巳沙中土”，对应的干支有“丙辰”，与本年历纪年干支相符。

① 陈垣：《二十史朔闰表》，中华书局 1999 年版，第 141 页。

② 陈垣：《二十史朔闰表》，中华书局 1999 年版，第 141 页。

七十八 夏桓宗天庆四年（1197年）丁巳历日

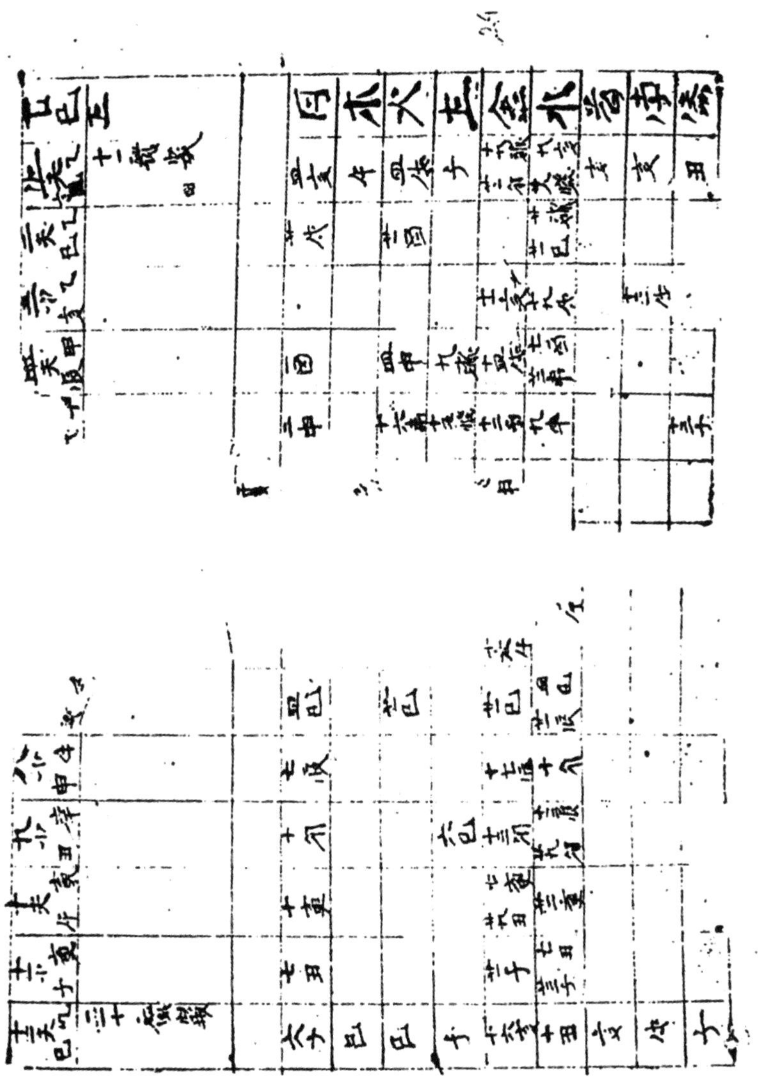

录文：

十二 大 己巳	十一 小 庚子	十 大 庚午	九 小 辛丑	八 小 壬申	七 ［大］ 壬［寅］	闰 小? 癸酉?	六 大? 癸卯?	五 小? 甲［戌］	四 大 甲辰	三 小 乙亥	二 大 乙巳	正 大 乙亥	丁巳
二十 穲[illegible]												十一 穲[illegible]	土
六子	七丑	十寅	十卯	七辰	四巳			二申	一酉		廿戌	四亥	日
巳												午	木
巳					廿一巳			十六 未?	四申		廿一酉	四戌	火
子			六巳					十五[illegible]	九[illegible]			子	土
十六亥	廿一子	七寅 廿九丑	十三卯	十七辰	廿一巳	十六午	□申	十二酉	十四戌	十一亥		十九[illegible] 廿二卯	金
十丑	七丑 廿三子	廿二寅	十三辰 廿九卯	十卯	四巳 廿一辰	□午		九申	七酉 廿二 未?	十九戌	廿[illegible] 廿一巳	九亥 廿八[illegible]	水
亥												亥	首
戌										十三戌		亥	孛
子								十三子				丑	炁

校勘：

①本表由两页组成，六月以前右半部分，整理者标注页码 24，左半部分标注页码 23。

②五月朔日“甲戌”的“戌”，七月朔日“壬寅”的“寅”，据残存天干、地支，参考《二十史朔闰表》宋代纪年补。六月、闰六月朔日原缺，宋历为“癸卯”“癸酉”，录此以备查考。[①]

③十月朔日“庚午”、十一月朔日“庚子”的“庚”，皆误作“寅”，形近致误，径改。

④火星五月栏的、水星四月栏的，二字当为一字，疑为十二地支中的“未”字。

① 陈垣：《二十史朔闰表》，中华书局 1999 年版，第 141 页。

译文：

十二 大 己巳	十一 小 庚子	十 大 庚午	九 小 辛丑	八 小 壬申	七 ［大］ 壬［寅］	闰 小? 癸酉?	六 大? 癸卯?	五 小? 甲［戌］	四 大 甲辰	三 小 乙亥	二 大 乙巳	正 大 乙亥	丁巳
二十 立春												十一 立春	土
六子	七丑	十寅	十卯	七辰	四巳			二申	一酉		廿戌	四亥	日
巳												午	木
巳					廿一巳			十六未？	四申		廿一酉	四戌	火
子			六巳					十五退	九顺			子	土
十六亥	廿一子	七寅 廿九丑	十三卯	十七辰	廿一巳	十六午	□申	十二酉	十四戌	十一亥		十九顺 廿二卯	金
十丑	七丑 廿三子	廿二寅	十三辰 廿九卯	十卯	四巳 廿一辰	□午		九申	七酉 廿二未？	十九戌	廿顺 廿一巳	九亥 廿八退	水
亥												亥	首
戌										十三戌		亥	孛
子								十三子				丑	炁

注释：

①右部表头第一列“丁巳”为纪年干支。

②上部表头第一行为本年各月的朔日干支“乙亥、乙巳、乙亥、甲辰、甲戌、癸卯、癸酉、壬寅、壬申、辛丑、庚午、庚子、己巳”。其中六月、闰六月朔日“癸卯”“癸酉”，存疑待考。从本年开始，每月加注大小。

③根据纪年干支，每月朔日，闰六月，查《二十史朔闰表》，宋宁宗庆元三年丁巳（1197年）与之相符。[①] 该年系夏桓宗天庆四年。

④右部表头第一列“土”字，为六十甲子的纳音。据《六十甲子纳音歌》“丙辰丁巳沙中土”，对应的干支有“丁巳”，与本年历纪年干支相符。

⑤上部表头第二行正月栏“十一立春”，“立春”原为西夏文𘝵𘏲，意思是正月十一为立春节气。因夏历正月与宋历朔同，比宋历“十日甲申立春”晚了一天。[②]

⑥上部表头第二行十二月栏“二十立春”，“立春”原为西夏文𘝵𘏲，意思是本年十二月二十为立春节气，即下一年的星命月正月是从本年十二月二十开始的。因夏历十二月与宋历朔同，比宋历“廿一己丑立春”早了一天。[③] 农历年初一个立春、年尾一个立春的情况，民间俗称“两头春”。

⑦土星四月栏、金星正月栏、水星二月栏的“顺”，原为西夏文𗚩，为中国古代描述行星视运动的术语。行星在天空星座的背景上自西往东走，叫顺行；反之，叫逆行。“顺”字的西夏文写法，在本书中第一次出现。

⑧土星五月栏、水星正月栏的“退”，原为西夏文𗕿，为中国古代描述行星视运动的术语。行星在天空星座的背景上自西往东走，叫顺行；反之，叫逆行，表格中写作“退”。“退”字的西夏文写法，在本书中第一次出现。

① 陈垣：《二十史朔闰表》，中华书局1999年版，第141页。
② 张培瑜：《三千五百年历日天象》，河南教育出版社1990年版，第295页。
③ 张培瑜：《三千五百年历日天象》，河南教育出版社1990年版，第295页。

七十九　夏桓宗天庆五年（1198 年）戊午历日

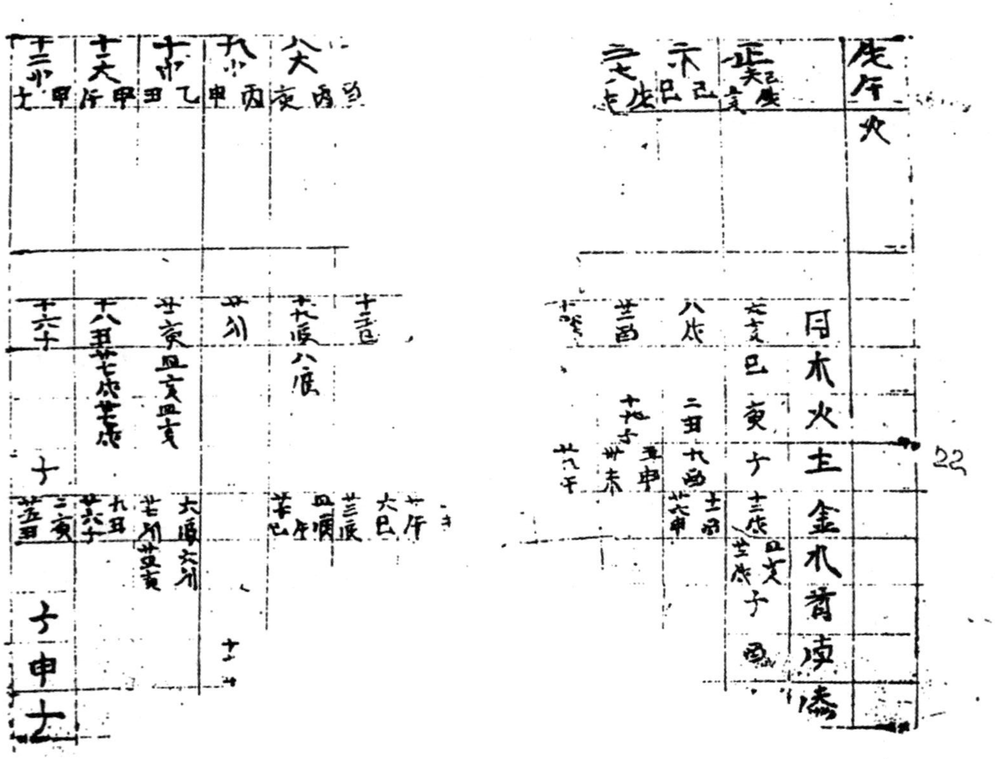

录文：

十二 小 甲子	十一 大 甲午	十 小 乙丑	九 小 丙申	八 大 丙寅	七 小 ［丁］酉	六 大？ 丁卯？	五 小？ 戊戌？	四 大？ ［戊辰］	三 大 戊戌	二 小 己巳	正 大 己亥		戊午
													火
十六子	十八丑	廿一寅	廿卯	十九辰	十三巳			十癸	廿二酉	八戌	六亥	日	
	廿七戌	四亥		八辰							巳	木	
	廿七戌	四亥							十九子	二丑	寅	火	
子								廿九午	五申 卅未	九酉	子	土	
二寅 廿五丑	九丑 廿六子	六辰 廿七卯		四辰 午 廿七巳	六巳 廿三辰	□未 廿午				十一酉 廿六申	十二戌	金	
		六卯 廿四寅									四亥 廿二戌	水	
子											子	首	
申			十□□								酉	孛	
子											□	炁	

校勘：

①本表由两页组成，五月以前右半部分，整理者标注页码22，左半部分标注页码21。

②四月朔日原缺。已知三月大，朔在“戊戌”，可推知四月朔日为“戊辰”。

③五月、六月朔日原缺，宋历作“戊戌”“丁卯”，录此以备查考。

④七月朔日“丁酉”的“丁”，据残存地支，参考《二十史朔闰表》宋代纪年补。[①]

注释：

①右部表头第一列“戊午”为纪年干支。

②上部表头第一行有本年各月的朔日干支“己亥、己巳、戊戌、戊辰、戊戌、丁卯、丁酉、丙寅、丙申、乙丑、甲午、甲子”。其中五月、六月的朔日“戊戌”“丁卯”，存疑待考。

③根据纪年干支，每月朔日，查《二十史朔闰表》，宋宁宗庆元四年戊午（1198年）与之相符。[②] 该年系夏桓宗天庆五年。

④右部表头第一列“火”字，为六十甲子的纳音。据《六十甲子纳音歌》“戊午己未天上火”，对应的干支有“戊午”，与本年历纪年干支相符。

---

① 陈垣：《二十史朔闰表》，中华书局1999年版，第141页。

② 陈垣：《二十史朔闰表》，中华书局1999年版，第141页。

八十　夏桓宗天庆六年（1199 年）己未历日

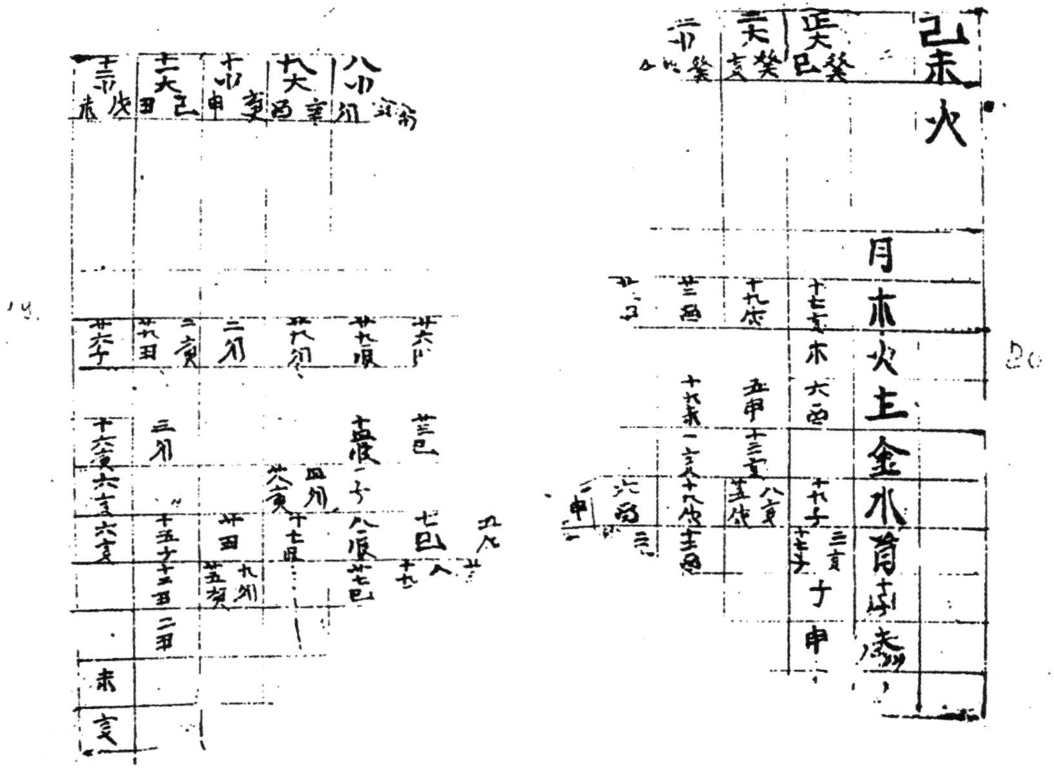

录文：

十二 小 己未	十一 大 己丑	十 小 庚申	九 大 庚寅	八 小 辛酉	七 大 ［辛］卯	六 大? 辛酉？	五 小？ 壬辰？	四 大? 壬［戌］	三 小 癸巳	二 大 癸亥	正 大 癸巳		己未
													火
廿六子	二寅 廿九丑	二卯		廿九辰	廿六巳			廿□申	廿二酉	十九戌	十七亥	日	
			廿九卯								未	木	
十六寅	三卯			十四辰	廿三巳				十九未	五申	六酉	火	
六亥			四卯 廿八寅	一子					一亥	十三亥		土	
六亥	十五子	廿丑		八辰	七巳	五午	□申 □□	六酉	十九戌	八亥 廿五戌	十九子	金	
	十二丑	九卯 廿五寅	十七辰	廿七巳	八□□ 十九□	□□□ 廿□□	□□	三□ □□	十二酉		三亥 十七子	水	
	二丑										子	首	
未											申	孛	
亥											□	炁	

校勘：

①本表由两页组成，五月以前右半部分，整理者标注页码 20，左半部分标注页码 19。

②四月朔日“壬戌”的“戌”、七月朔日“辛卯”的“辛”，据残存地支，参考《二十史朔闰表》宋代纪年补。[①]

③五月、六月朔日原缺，宋历为“壬辰”“辛酉”，录此以备查考。[②]

④八月、九月的朔日原误作“辛卯”“辛酉”。已知十月的朔日为“庚申”，九月又是个大月，可推知九月的朔日必为“庚寅”。如果九月的朔日为“庚寅”，而八月是个小月，可推知八月的朔日为“辛酉”。《二十史朔闰表》宋代纪年八月、九月的朔日恰为“辛酉”“庚寅”，[③] 可以佐证。

⑤十二月朔日原作“戊未”，皆为天干，显误。参考《二十史朔闰表》宋代纪年，可知应为“己未”。

⑥右部表头第二列“日、木、火、土、金、水、首、孛、炁”位置有误，应依次下降一行。

⑦日曜九月栏原有“廿九卯”三字，下有虚线指向下一格。故移至木星九月栏。

⑧木星正月栏“木”字，当为十二次中的“未”字之误。

⑨金星九月栏原有“十七辰”三字，下有虚线指向下一格。故移至水星九月栏。

注释：

①右部表头第一列“己未”为纪年干支。

②上部表头第一行有本年各月的朔日干支“癸巳、癸亥、癸巳、壬戌、壬辰、辛酉、辛卯、辛酉、庚寅、

① 陈垣:《二十史朔闰表》，中华书局 1999 年版，第 141 页。
② 陈垣:《二十史朔闰表》，中华书局 1999 年版，第 141 页。
③ 陈垣:《二十史朔闰表》，中华书局 1999 年版，第 141 页。

庚申、己丑、己未”。其中五月、六月朔日“壬辰”“辛酉”，存疑待考。

③根据纪年干支，每月朔日，查《二十史朔闰表》，宋宁宗庆元五年己未（1199 年）与之相符。[①] 该年系夏桓宗天庆六年。

④右部表头第一列“火”字，为六十甲子的纳音。本历书加注六十甲子纳音至此结束。据《六十甲子纳音歌》“戊午己未天上火”，对应的干支有“己未”，与本年历纪年干支相符。

① 陈垣:《二十史朔闰表》，中华书局 1999 年版，第 141 页。

八十一 夏桓宗天庆七年（1200年）庚申历日

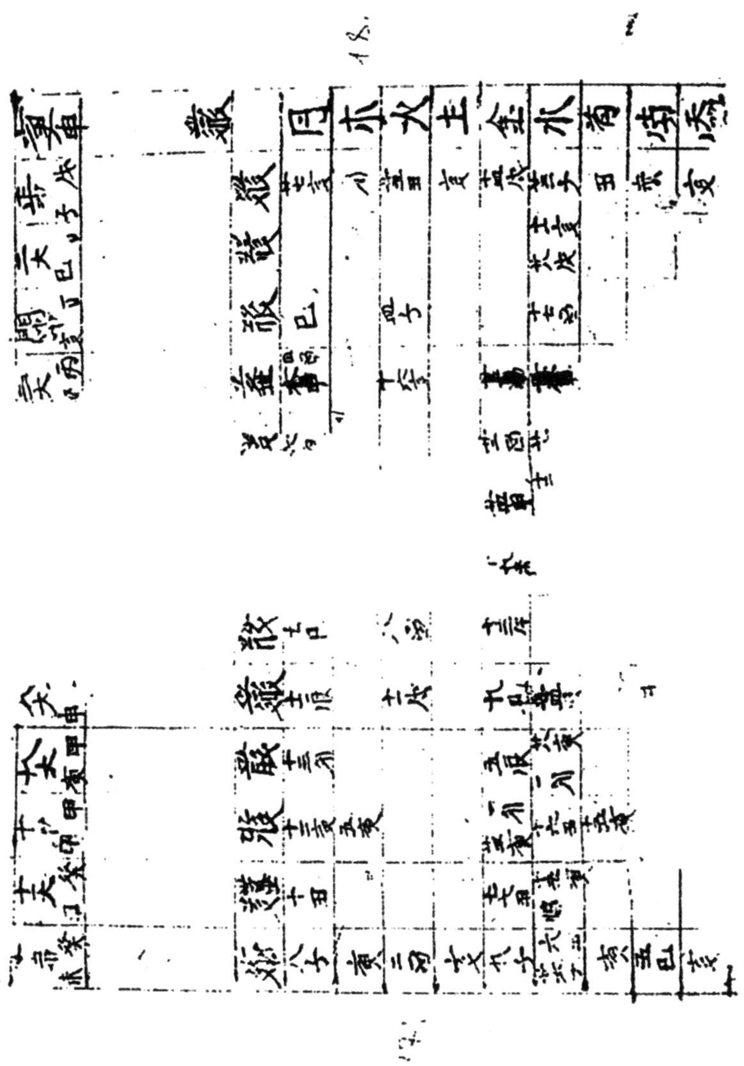

录文：

十二 小 癸未	十一 大 癸丑	十 小 甲申	九 大 甲寅	八 大 [甲]申	七 小 [乙卯]	六 大? 乙酉?	五 大? 乙卯?	四 小? [丙戌]	三 大 丙[辰]	闰 小 丁亥	二 大 丁巳	正 小 戊子	庚申
													[illegible]
[illegible]	[illegible]	[illegible]	[illegible]	[illegible]	[illegible]	[illegible]?	[illegible]?	[illegible]	[illegible]	[illegible]	[illegible]	[illegible]	
八子	十丑	十二寅	十三卯	十一辰	七巳			六申	四酉	巳		廿七亥	日
寅		五寅										卯	木
二酉				十一戌	八酉				十六亥	四子		廿五丑	火
亥												亥	土
九子	七七丑	一卯 廿四寅	五辰	九巳	十三午	十九未	廿四申	廿二酉				十四戌	金
六丑 廿六子	十五寅 [illegible]	十六丑	廿八寅 一卯	廿四辰			十二□ □□□	廿□□		十七酉	十一亥 廿八戌	廿三子	水
寅		十五寅										丑	首
五巳				□								未	孛
亥												亥	炁

校勘：

①本表由两页组成，五月以前右半部分，整理者标注页码 18，左半部分标注页码 17。

②日曜、金星、水星三月栏，有用小黑点灭字的痕迹。

③三月朔日“丙辰”的“辰”、八月朔日“甲申”的“甲”，据残存天干、地支，参考《二十史朔闰表》宋代纪年补。[①]

④四月朔日“丙戌”、七月朔日“乙卯”，原缺。已知三月朔在“丙辰”，直宿为“𗂧（氐）”，又四月朔日直宿为“𗏁（心）”，由氐到心，跨 31 日，则可推知四月朔日必在“丙戌”。同理，七月的朔日必在“乙卯”。

⑤五月、六月朔日原缺，宋历为“乙卯”“乙酉”，[②] 录此以备查考。

⑥上部表头第三行正月栏中的二十八宿原为“𗤦（角）”，二月栏中的二十八宿原为“𗥃（毕）”，皆误。已知正月朔在“戊子”，在“演禽表”中“戊子”所对应的星宿有“箕、虚、奎、毕、鬼、翼、氐”，没有角宿。二月朔在“丁巳”，在“演禽表”中“丁巳”所对应的星宿有“斗、危、娄、觜、柳、轸、房”，没有毕宿。以是知其必误。本行中的二十八宿为每月朔日的直宿，按照二十八宿的顺序，由角宿到毕宿共跨 19 日，不足一月之数。经推算，闰二月以下的二十八宿注历，除九月外，都是正确的。已知闰二月朔日“丁亥”的直宿为“𗏆（亢）”，而二月为大月，据此可以倒推出二月朔日“丁巳”的直宿为“𗗙（轸）”，轸为与“丁巳”对应的七宿之一。正月为小月，本月朔日“戊子”的直宿一定为“𗕿（翼）”，翼为与“戊子”对应的七宿之一，故改。

⑦上部表头第三行九月栏中的二十八宿原为“𗐯（危）”，误。已知九月朔在“甲寅”，在“演禽表”中“甲寅”所对应的星宿有“心、牛、室、胃、参、星、角”，没有危宿，以是知其必误。已知八月朔日“甲申”

① 陈垣：《二十史朔闰表》，中华书局 1999 年版，第 141 页。

② 陈垣：《二十史朔闰表》，中华书局 1999 年版，第 141 页。

的直宿为“[illegible]（虚）”，该月为大月，则第 31 日必落在“[illegible]（室）”宿上，室为与甲寅对应的七宿之一，故改。

⑧五月的直宿尾和六月的直宿斗，是假设夏历五月、六月朔日为“乙卯”“乙酉”而推补的，存疑待考。

⑨金星十一月栏“七七丑”，疑有衍文。

译文：

十二 小 癸未	十一 大 癸丑	十 小 甲申	九 大 甲寅	八 大 ［甲］申	七 小 ［乙卯］	六 大? 乙酉?	五 大? 乙卯?	四 小? ［丙戌］	三 大 丙［辰］	闰 小 丁亥	二 大 丁巳	正 小 戊子	庚申
													虚
昴	娄	奎	室	虚	女	斗?	尾?	心	氐	亢	轸	翼	
八子	十丑	十二寅	十三卯	十一辰	七巳			六申	四酉	巳		廿七亥	日
寅		五寅										卯	木
二酉				十一戌	八酉				十六亥	四子		廿五丑	火
亥												亥	土
九子	七七丑	一卯 廿四寅	五辰	九巳	十三午	十九未	廿四申	廿二酉				十四戌	金
六丑 廿六子	十五寅 退	十六丑	廿八寅 一卯	廿四辰			十二□ □□□	廿□□		十七酉	十一亥 廿八戌	廿三子	水
寅		十五寅										丑	首
五巳				□								未	孛
亥												亥	炁

注释：

①右部表头第一列“庚申”为纪年干支。

②上部表头第一行为本年各月的朔日干支“戊子、丁巳、丁亥、丙辰、丙戌、乙卯、乙酉、乙卯、甲申、甲寅、甲申、癸丑、癸未”。其中五月的朔日“乙卯”，六月的朔日“乙酉”，存疑待考。

③上部表头第三行为二十八宿直日，原为西夏文。从本年开始，在每月朔日干支下加注二十八宿。其中五月的直宿尾和六月的直宿斗，存疑待考。

④根据纪年干支，每月朔日，闰二月，查《二十史朔闰表》，宋宁宗庆元六年庚申（1200年）与之相符。[①] 该年系夏桓宗天庆七年。

⑤右部表头第一列“虚”字，原为西夏文，为二十八宿之一。标注二十八宿直年，本书中首次出现。根据演禽术“一元甲子日起虚”，结合纪年干支“庚申”，可知本年属七元中的第一元。

⑥水星十一月栏的“退”字，原为西夏文，为中国古代描述行星视运动的术语。行星在天空星座的背景上自西往东走，叫顺行；反之，叫逆行，表格中写作“退”。

---

① 陈垣:《二十史朔闰表》，中华书局1999年版，第141页。

八十二 夏桓宗天庆八年（1201年）辛酉历日

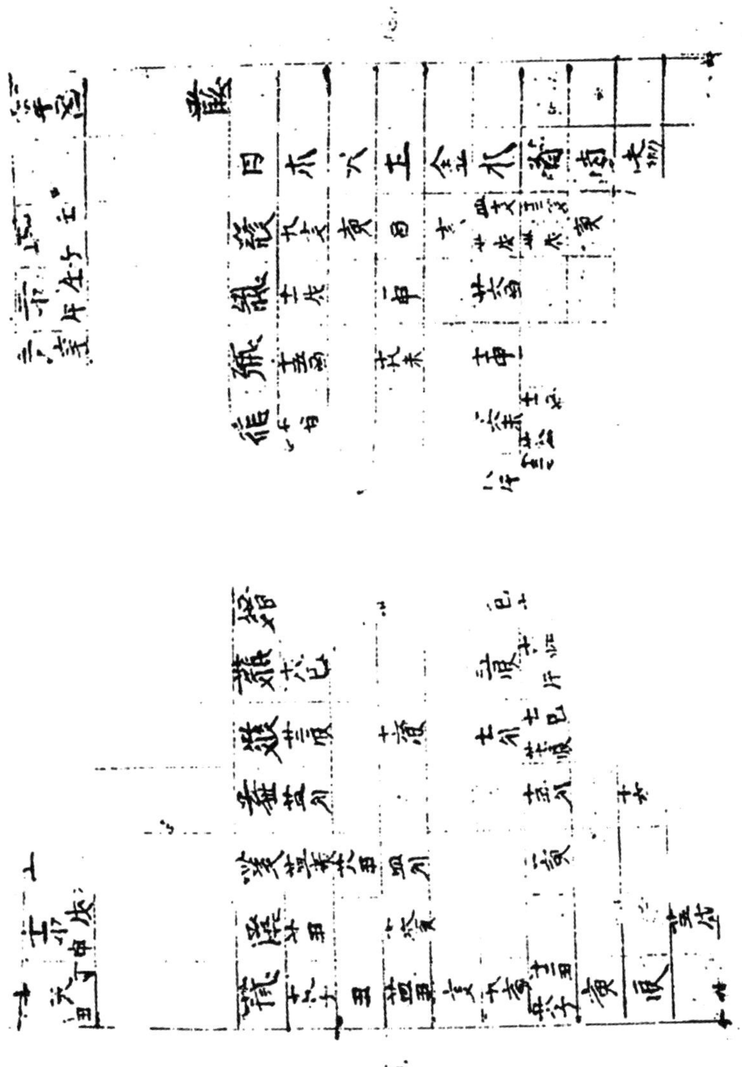

15.

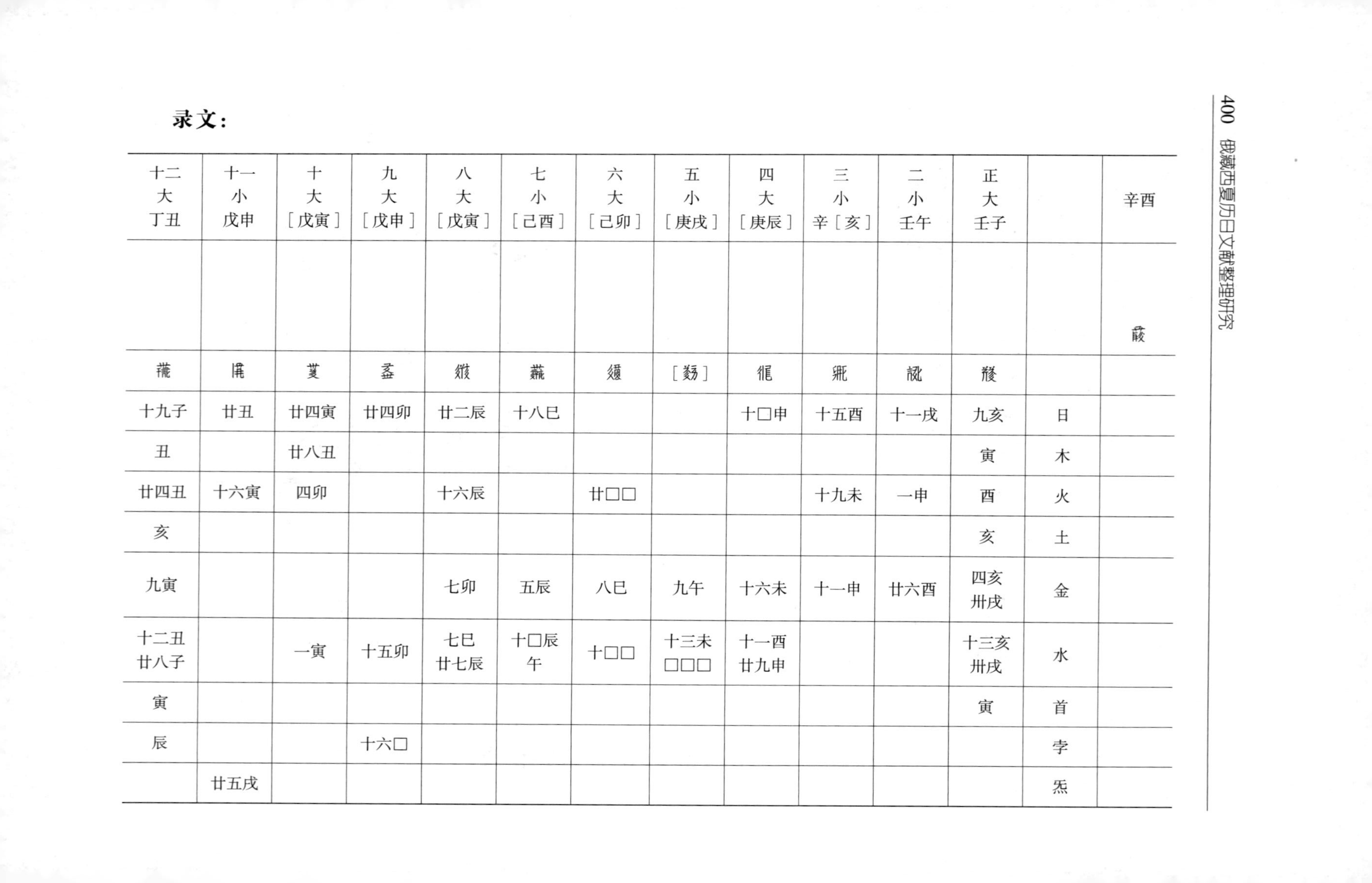

录文：

十二 大 丁丑	十一 小 戊申	十 大 ［戊寅］	九 大 ［戊申］	八 大 ［戊寅］	七 小 ［己酉］	六 大 ［己卯］	五 小 ［庚戌］	四 大 ［庚辰］	三 小 辛［亥］	二 小 壬午	正 大 壬子		辛酉
													[illegible]
[illegible]	[illegible]	[illegible]	[illegible]	[illegible]	[illegible]	[illegible]	［[illegible]］	[illegible]	[illegible]	[illegible]	[illegible]		
十九子	廿丑	廿四寅	廿四卯	廿二辰	十八巳			十□申	十五酉	十一戌	九亥	日	
丑		廿八丑									寅	木	
廿四丑	十六寅	四卯		十六辰		廿□□			十九未	一申	酉	火	
亥											亥	土	
九寅				七卯	五辰	八巳	九午	十六未	十一申	廿六酉	四亥 卅戌	金	
十二丑 廿八子		一寅	十五卯	七巳 廿七辰	十□辰 午	十□□	十三未 □□□	十一酉 廿九申			十三亥 卅戌	水	
寅											寅	首	
辰			十六□									孛	
	廿五戌											炁	

校勘：

①本表由两页组成，五月以前右半部分，整理者标注页码 16，左半部分标注页码 15。

②上部表头第一行三月朔日“辛亥”的“亥”、四月朔日“庚辰”、五月朔日“庚戌”、六月朔日“己卯”、七月朔日“己酉”、八月朔日“戊寅”、九月朔日“戊申”、十月朔日“戊寅”，据每月朔日的直宿，参考《二十史朔闰表》宋代纪年补。[①] 以四月朔日“庚辰”为例。已知三月朔在“辛亥”，直宿为井，而四月朔日的直宿为鬼，又由井到鬼，共跨 30 日，则三月必为小月，四月朔日必为“庚辰”。余依次类推。

③上部表头第三行五月朔日“庚戌”的直宿“豩（星）”，原缺，为笔者所推补。我们可以做一个反推，据《二十八宿注历同“七曜日”注历对应关系》表，注星宿的日子为星期日。即如果本年五月的朔日“庚戌”直宿为“星”，则该日必为星期天。该月夏、宋历日朔同，查《二十史朔闰表》，宋宁宗嘉泰元年五月朔日“庚戌”，为公历 1201 年 6 月 3 日，再查书后所附《日曜表四》中的第一年,6 月 3 日为星期天,[②] 与之相符。在“演禽表”中与“庚戌”对应的星宿有“角、心、牛、室、胃、参、星”，“星”恰为七宿之一。

④右部表头第二列“日、木、火、土、金、水、首、孛、炁”位置有误，应依次下降一行。

① 陈垣：《二十史朔闰表》，中华书局 1999 年版，第 142 页。
② 陈垣：《二十史朔闰表》，中华书局 1999 年版，第 235 页。

译文：

十二 大 丁丑	十一 小 戊申	十 大 ［戊寅］	九 大 ［戊申］	八 大 ［戊寅］	七 小 ［己酉］	六 大 ［己卯］	五 小 ［庚戌］	四 大 ［庚辰］	三 小 辛［亥］	二 小 壬午	正 大 壬子		辛酉
													危
斗	箕	心	氐	角	轸	张	［星］	鬼	井	参	毕		
十九子	廿丑	廿四寅	廿四卯	廿二辰	十八巳			十□申	十五酉	十一戌	九亥	日	
丑		廿八丑									寅	木	
廿四丑	十六寅	四卯		十六辰		廿□□			十九未	一申	酉	火	
亥											亥	土	
九寅				七卯	五辰	八巳	九午	十六未	十一申	廿六酉	四亥 卅戌	金	
十二丑 廿八子		一寅	十五卯	七巳 廿七辰	十□辰 午	十□□	十三未 □□□	十一酉 廿九申			十三亥 卅戌	水	
寅											寅	首	
辰			十六□									孛	
	廿五戌											炁	

注释：

①右部表头第一列“辛酉”为纪年干支。

②上部表头第一行有本年各月的朔日干支“壬子、壬午、辛亥、庚辰、庚戌、己卯、己酉、戊寅、戊申、戊寅、戊申、丁丑”。

③上部表头第三行为二十八宿直日，原为西夏文，加注于每月朔日干支之下。

④根据纪年干支，每月朔日，查《二十史朔闰表》，宋宁宗嘉泰元年（1201 年）与之相符。[①] 该年系夏桓宗天庆八年。

⑤右部表头第一列“危”字，原为西夏文，为二十八宿之直年。根据演禽术“一元甲子日起虚”，结合纪年干支“辛酉”，可知本年属七元中的第一元。

① 陈垣：《二十史朔闰表》，中华书局 1999 年版，第 142 页。

八十三 夏桓宗天庆九年（1202年）壬戌历日

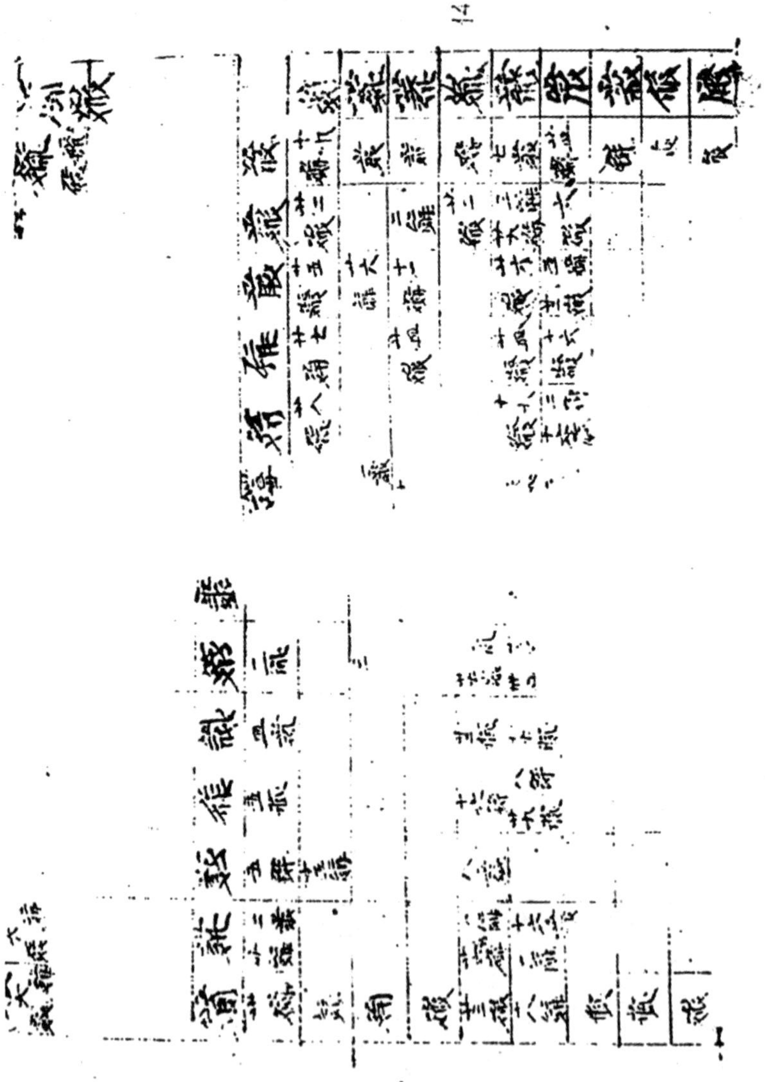

录文：

[illegible] 大 [illegible]	十二 大 [illegible]	十一 小 ［[illegible]］	十 大 ［[illegible]］	九 大 ［[illegible]］	八 大? [illegible]?	七 小? [illegible]?	六 小? [illegible]?	五 大? [illegible]?	四 小? ［[illegible]］	三 小 ［[illegible]］	二 大 ［[illegible]］	[illegible] 小 [illegible]	[illegible]
[illegible]	[illegible]	[illegible]	[illegible]	[illegible]	[illegible]	[illegible]	[illegible]	[illegible]	[illegible]	[illegible]	[illegible]	[illegible]	
卅[illegible]	二[illegible] 卅[illegible]	五[illegible]	五[illegible]	四[illegible]	一[illegible]			廿八[illegible]	廿七[illegible]	廿五[illegible]	廿二[illegible]	十九[illegible]	[illegible]
[illegible]		十五[illegible]					□[illegible]			廿六[illegible]		[illegible]	[illegible]
[illegible]					三□				廿四[illegible]	十一[illegible]	二[illegible]	[illegible]	[illegible]
[illegible]											廿二[illegible]	[illegible]	[illegible]
廿三[illegible]	一[illegible] 廿六[illegible]	八[illegible]	十六[illegible]	廿二[illegible]	□[illegible] 廿七[illegible]		□[illegible]	十九[illegible]	廿四[illegible]	廿六[illegible]	三[illegible] 廿九[illegible]	七[illegible]	[illegible]
十八[illegible]	十六[illegible] 一[illegible]		八[illegible] 廿九[illegible]	十七[illegible]	十二[illegible] 卅[illegible]	□□ □□	□□ □□	二[illegible] 十六[illegible]	十六[illegible]	五[illegible] 廿二[illegible]	六[illegible]	廿四[illegible]	[illegible]
[illegible]												[illegible]	[illegible]
[illegible]												[illegible]	[illegible]
[illegible]												[illegible]	[illegible]

校勘：

①本表由两页组成，六月以前右半部分，整理者标注页码13，左半部分标注页码12。

②上部表头第一行月序中闰十二月的“闰”字，原为西夏文，笔者据残存字形补。

③本年于每月朔日干支之下加注二十八宿，多误。根据是否相互衔接，可以分为以下几组：1. 一月、二月、三月、四月的朔日直宿“[illegible]（女）、[illegible]（虚）、[illegible]（危）、[illegible]（壁）”。2. 六月、七月、八月的朔日直宿“[illegible]（娄）、[illegible]（胃）、[illegible]（昴）”。3. 九月、十月、十一月的朔日直宿“[illegible]（参）、[illegible]（鬼）、[illegible]（星）”。4. 十二月、闰十二月的朔日直宿“[illegible]（柳）、[illegible]（张）”。5. 五月朔日直宿“[illegible]（室）”。先找出正确的节点。关于第一组，已知上一年十二月朔日直宿为斗，与本年正月朔日直宿女可以衔接。又已知正月朔在“丁未”，查“演禽表”，与“丁未”对应的七宿为“张、亢、尾、女、壁、昴、井”，“女”恰为七宿之一。又二月的朔日“丙子”直宿为“[illegible]（虚）”，则该日必为星期天。该月夏、宋历日朔同，查《二十史朔闰表》，宋宁宗嘉泰二年二月朔日，为公历1202年2月24日，再查书后所附《日曜表四》中的第二年，该日果为星期天，[①] 与之相符。此三点表明第一组朔日直宿是正确的。关于第三组，十一月的朔日“壬寅”直宿为“[illegible]（星）”，则该日必为星期天。该月夏、宋历日朔同，查《二十史朔闰表》，宋宁宗嘉泰二年十一月朔日，为公历1202年11月17日，再查书后所附《日曜表四》中的第二年，该日果为星期天，[②] 与之相符。这表明第三组朔日直宿是正确的。依据这些正确的节点，就可以肯定第二、四、五组有误。关于第二组，该组八月朔日直宿为昴，不能与第三组九月朔日直宿参相衔接。这表明第二组是错误的。关于第四组，已知下一年正月朔日直宿为亢，本年闰十二月的朔日直宿张不能与之衔接。又第三组十一月的朔日直宿为星，不能与十二月的朔日直宿柳相衔接。又已知十二月朔在“辛未”，查“演禽表”，与“辛未”对应的星宿有“昴、井、张、亢、尾、女、壁”，七宿中没有柳。又

① 陈垣：《二十史朔闰表》，中华书局1999年版，第235页。

② 陈垣：《二十史朔闰表》，中华书局1999年版，第235页。

已知闰十二月朔在“辛丑”，查“演禽表”，与“辛丑”对应的星宿有“觜、柳、轸、房、斗、危、娄”，七宿中没有张。此四点表明第四组是错误的。关于第五组，第一组四月的朔日直宿为壁，不能与五月朔日直宿室相衔接，表明本组有误。这其中只有第四组可以得到纠正。已知闰十二月大，朔在“辛丑”，可以推知下一年正月朔在“辛未”。而下一年正月朔日直宿为“[illegible]（亢）”，则本年十二月、闰十二月的朔日直宿必为“[illegible]（张）、[illegible]（轸）”。在“演禽表”中，张恰为与“辛未”对应的七宿之一，轸恰为与“辛丑”对应的七宿之一。这样第三组十一月朔日直宿星恰与第四组十二月朔日直宿张相衔接。

上部表头第一行二月朔日“丙子”、三月朔日“丙午”、四月朔日“乙亥”、九月朔日“壬寅”、十月朔日“壬申”、十一月朔日“壬寅”原缺，参考每月朔日的直宿补。以十一月朔日“壬寅”为例，已知十二月朔在“辛未”，直宿为张，而十一月朔日直宿为星，由星到张，共跨 30 日，则十一月必为小月，可以反推十一月朔日为“壬寅”。余依次类推。

五月、六月、七月、八月的朔日原缺，《二十史朔闰表》宋代纪年为“甲辰、甲戌、癸卯、壬申”，[1] 相应的朔日直宿则当为“奎、胃、昴、毕”，录此以备参考。

① 陈垣:《二十史朔闰表》，中华书局 1999 年版，第 142 页。

译文：

闰 大 辛丑	十二 大 辛未	十一 小 ［壬寅］	十 大 ［壬申］	九 大 ［壬寅］	八 大? 壬申?	七 小? 癸卯?	六 小? 甲戌?	五 大? 甲辰?	四 小? ［乙亥］	三 小 ［丙午］	二 大 ［丙子］	正 小 丁未	壬戌
轸	张	星	鬼	参	毕?	昴?	胃?	奎?	壁	危	虚	女	
卅亥	二丑 卅子	五寅	五卯	四辰	一巳			廿八未	廿七申	廿五酉	廿二戌	十九亥	日
亥		十五子					□丑			廿六子		丑	木
申					三□				廿四戌	十一亥	二子	丑	火
戌											廿二戌	亥	土
廿三戌	一子 廿六亥	八丑	十六寅	廿二卯	□巳 廿七辰		□未	十九酉	廿四酉	廿六戌	三子 廿九亥	七丑	金
十八子	十六丑 一子		八寅 廿九卯	十七卯	十二巳 卅辰	□□ □□	□□ □□	二申 十六未	十六酉	五亥 廿二戌	六戌	廿四亥	水
卯												寅	首
卯												辰	孛
戌												戌	炁

注释：

①右部表头第一列“壬戌”为纪年干支。

②上部表头第一行有本年各月的朔日干支“丁未、丙子、丙午、乙亥、甲辰、甲戌、癸卯、壬申、壬寅、壬申、壬寅、辛未、辛丑”。其中五月、六月、七月、八月的朔日“甲辰、甲戌、癸卯、壬申”，存疑待考。

③上部表头第三行为二十八宿直日，原为西夏文，加注于每月朔日干支之下。其中五月、六月、七月、八月的朔日直宿“奎、胃、昴、毕”，存疑待考。

④根据纪年干支，每月朔日，闰十二月，查《二十史朔闰表》，宋宁宗嘉泰二年（1202 年）与之相符。[①] 该年系夏桓宗天庆九年。

① 陈垣：《二十史朔闰表》，中华书局 1999 年版，第 142 页。

八十四 夏桓宗天庆十年（1203年）癸亥历日

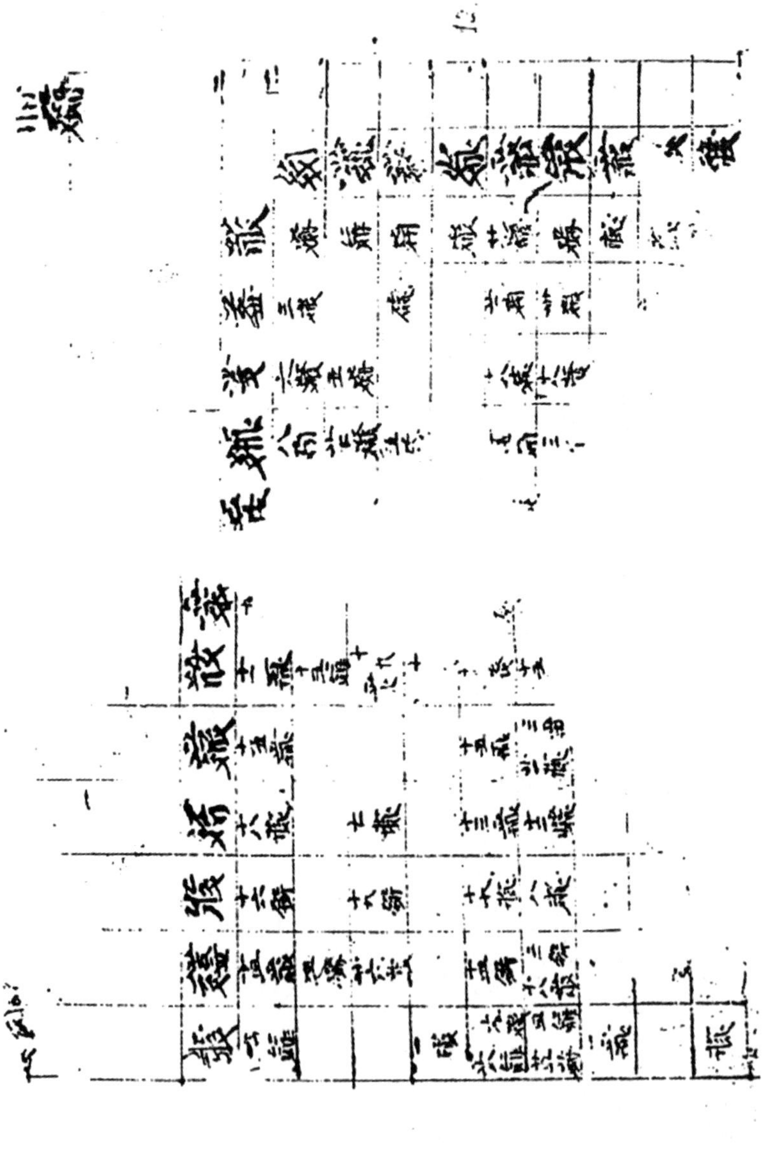

录文：

十二 大 [illegible] [[illegible]]	十一 大 [[illegible]]	十 小 [[illegible]]	九 大 [[illegible]]	八 大 [[illegible]]	七 小 [[illegible]]	六 小 [[illegible]]	五 大 [[illegible]]	四 小 [[illegible]]	三 小 [[illegible]]	二 大 [[illegible]]	[illegible] 小 [[illegible]]		[[illegible]] [illegible]
[illegible]	[illegible]	[illegible]	[illegible]	[illegible]	[illegible]	[illegible]	[illegible]	[illegible]	[illegible]	[illegible]	[illegible]		
	十四[illegible]	十六[illegible]	十八[illegible]	十五[illegible]	十一[illegible]	□		八[illegible]	六[illegible]	三[illegible]	[illegible]	[illegible]	
	四[illegible]				十五[illegible]		□	廿七[illegible]	五[illegible]		[illegible]	[illegible]	
	廿六[illegible]	十九[illegible]	七[illegible]		十九[illegible]			五[illegible]		[illegible]	[illegible]	[illegible]	
[illegible]					十□□						[illegible]	[illegible]	
六[illegible] 廿八[illegible]	十四[illegible]	十九[illegible]	十三[illegible]	十五[illegible]	□□[illegible]	□	□	十五[illegible]	十八[illegible]	廿一[illegible]	廿[illegible]	[illegible]	
四[illegible] 廿四[illegible]	三[illegible] 十八[illegible]	八[illegible]	十二[illegible]	三[illegible] 廿一[illegible]	十五□			三□	十八[illegible]	卅[illegible]	[illegible]	[illegible]	
一[illegible]											[illegible]	[illegible]	
	□									□	[illegible]	[illegible]	
[illegible]												[illegible]	

校勘：

①本表由两页组成，六月以前右半部分，整理者标注页码 10，左半部分标注页码 9。

②上部表头第一列纪年干支“癸亥”，原为西夏文，其中的“亥”字，据残存字形补。

③二十八宿注历中，十二月朔日直宿“[illegible]（胃）”，误。已知该月朔在“乙未”，查“演禽表”，与“乙未”对应的星宿有“壁、昴、井、张、亢、尾、女”，没有胃，知其必误。上月朔日的直宿为“[illegible]（娄）”，决定本月朔日直宿非胃即昴，故当改为“[illegible]（昴）”。

④上部表头第一行月序、月大小，以及每月朔日均缺，根据每月朔日的直宿补。以二月朔日“庚子”为例。已知正月朔在“辛未”，直宿为“[illegible]（亢）”，而二月朔日的直宿为“𗏁（氐）”，又由亢到氐，共跨 30 日，则正月必为小月，二月朔日必由“辛未”跨 30 日而为“庚子”。余依次类推。

译文：

十二 大 乙[未]	十一 大 [乙丑]	十 小 [丙申]	九 大 [丙寅]	八 大 [丙申]	七 小 [丁卯]	六 小 [戊戌]	五 大 [戊辰]	四 小 [己亥]	三 小 [庚午]	二 大 [庚子]	正 小 [辛未]		[癸]亥
昴	娄	奎	室	虚	女	牛	箕	尾	心	氐	亢		
□子	十四丑	十六寅	十八卯	十五辰	十一巳	□		八申	六酉	三戌	亥	日	
	四亥				十五子		□	廿七酉	五亥		子	木	
	廿六丑	十九寅	七卯		十九辰			五午		未	申	火	
戌					十□□						戌	土	
六戌 廿八子	十四寅	十九卯	十三辰	十五巳	□□午	□	□	十五申	十八未	廿一申	廿酉	金	
四子 廿四亥	三寅 十八丑	八顺	十二退	三辰 廿一卯	十五□			三□	十八酉	卅戌	亥	水	
一辰											卯	首	
	□									□	卯	孛	
卯												炁	

注释：

①右部表头第一列“癸亥”为纪年干支。

②上部表头第一行有本年各月的朔日干支“辛未、庚子、庚午、己亥、戊辰、戊戌、丁卯、丙申、丙寅、丙申、乙丑、乙未”。

③上部表头第三行为二十八宿直日，原为西夏文，加注于每月朔日干支之下。八月大，朔在“丙申”，朔日直宿为“[illegible]（虚）”，当是个星期天。该月夏、宋历日朔同，查《二十史朔闰表》，宋宁宗嘉泰三年八月朔日，为公历 1203 年 9 月 7 日，再查书后所附《日曜表四》中的第三年，该日果为星期天，[1] 与之相符。

④根据纪年干支，每月朔日，查《二十史朔闰表》，宋宁宗嘉泰三年（1203 年）与之相符。[2] 该年系夏桓宗天庆十年。

⑤水星九月栏“退”，西夏文写作“[illegible]”，为中国古代描述行星视运动的术语。行星在天空星座的背景上自西往东走，叫顺行；反之，叫逆行，表格中写作“[illegible]（退）”。

⑥水星十月栏“顺”，西夏文写作“[illegible]”，为中国古代描述行星视运动的术语。行星在天空星座的背景上自西往东走，叫顺行。

---

① 陈垣：《二十史朔闰表》，中华书局 1999 年版，第 236 页。

② 陈垣：《二十史朔闰表》，中华书局 1999 年版，第 142 页。

八十五 夏桓宗天庆十一年（1204年）甲子历日

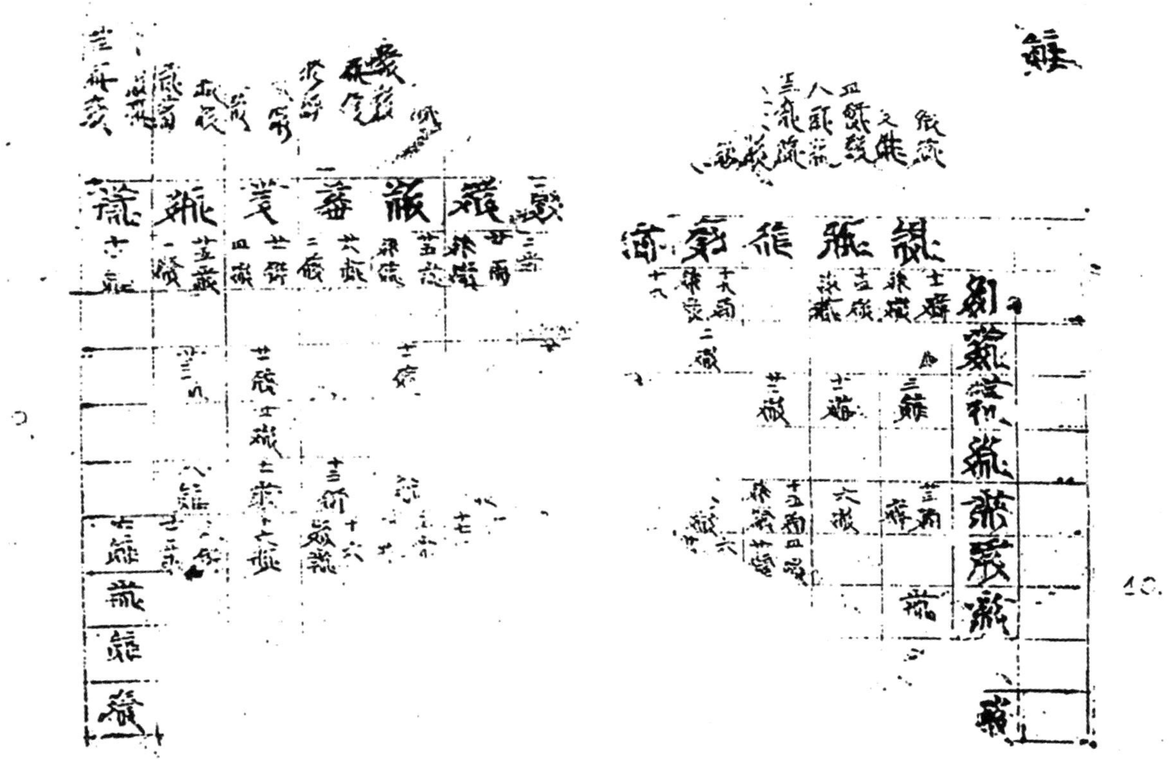

录文：

十二 大 [𗏁𘔐]	十一 大 [𗏁𗍫]	十 小 [𘘚𗢳]	九 大 [𘘚𘃡]	八 小 [𘊐𗖵]	七 小 [𘜶𗧓]	六 大 [𘜶𘂤]	五 小 [𗗚𗰖]	四 小 [𗼻𗖍]	三 大 [𗼻𗗙]	二 小 [𗟲𗍫]	𘝞 大 [𗟲𘔐]		[𗼻] 𗗙
□□𗤶 𗣫 廿三𗣫 𗤻	□□𗤻 𗊾 □□𘑨 𗏯	□□𘑨 𗥤 □□𗊾 𗳜	□□𗣫 𗼑 □□𗳜 𘃡	□□𗎫 𗯴 □□𘐆 𘅍				□□𗋕 𗋕 □□𗒹 𗉣	十三𗂧 𗴿 □□𘊁 𗥤	□四𘏚 𘅍 □八𘝞 𘊐	□□𘃪 𗴿 □□𗸕 𘀄		
𘓺	𗒹	𗼞	𗠁	𗍫	𘃦	𗇋	𗿷	𗼻	𗱕	𘝞	𗫂		
十□𗗙	廿五𘔐 一𗹦	廿一𗢳 四𗧓	廿八𗖵 二𗖍	廿五𘂤 𗴺𗍫	廿一𗣫 𗴺𗹦	□□ 二𘂤	十九□	十九𘃡 𗴺𘂤		十四𗧓 𗴺𗖵	十一𗰖 𗴺𗧓	𗍳	
								二𗧓				𘓺	
	廿三𗣫	廿一𗖍		十一𗍫		廿□			廿二𗧓	十一𗰖	三𗗙	𘓺	
		廿一𗧓										𗒹	
	八𗗙	七𘔐	十三𗢳	十六𗖵	𘂤			□𗹦	十五𘃡 𗴺𗹦	六𗧓	廿三𘃡 𗰖	𗏯	
七𗗙	六𗢳 廿一𘔐	十六𗖵	十六𗰖 𘂤	□𘂤 □𗖵	□□ 十七□			六□ 廿□	四𗧓 廿𗹦			𘃪	
𘂤											𘂤	𘔐	
𗗙											□	𗑠	
𗹦												𗊾	

校勘：

①本表由两页组成，五月以前右半部分，整理者标注页码 8，左半部分标注页码 7。

②上部表头第一列纪年干支“甲子”，原为西夏文，其中的“𗼃（甲）”字，据残存字形补。

③二十八宿注历中，正月朔日直宿原为“𗀔（参）”，误，当改为“𗥤（觜）”，这样上可以与上一年癸亥年十二月的朔日直宿“𗦭（昴）”相衔接，下可以与二月朔日直宿“𘂧（井）”相衔接。

④上部表头第一行月序、月大小，以及每月朔日均缺，根据朔日的直宿补。[1] 以三月朔日“𗼃𘄒（甲子）”为例。已知二月朔在“𗼇𗗚（乙未）”，直宿为“𘂧（井）”，而三月朔日的直宿为“𗐱（鬼）”，又由井到鬼，共跨 30 日，则二月必为小月，三月朔日必由“乙未”跨 30 日而为“甲子”。又查“演禽表”，与“甲子”对应的星宿有“虚、奎、毕、鬼、翼、氐、箕”，“鬼”为七宿之一，可以佐证。余依次类推。

⑤上部表头第二行二月栏“□四春分，□八清明”，与宋历“十二丙午春分，廿七辛酉清明”[2] 不符。因夏历二月与宋历朔同，又宋历、夏历朔日、节气往往相同或有一两日之差，据此可补缺字，“十四春分，廿八清明”。

⑥上部表头第二行十二月栏“𗥃𗳒”，又写作“𗳒𗥃（大寒）”。

---

① 陈垣：《二十史朔闰表》，中华书局 1999 年版，第 142 页。

② 张培瑜：《三千五百年历日天象》，河南教育出版社 1990 年版，第 296 页。

译文：

十二 大 [己丑]	十一 大 [己未]	十 小 [庚寅]	九 大 [庚申]	八 小 [辛卯]	七 小 [壬戌]	六 大 [壬辰]	五 小 [癸亥]	四 小 [甲午]	三 大 [甲子]	二 小 [乙未]	正 大 [乙丑]		[甲]子
□□小寒 廿三大寒	□□大雪 □□冬至	□□立冬 □□小雪	□□寒露 □□霜降	□□白露 □□秋分				□□小满 □□芒种	十三谷雨 □□立夏	十四春分 廿八清明	□□雨水 □□惊蛰		
斗	尾	心	氐	亢	角	翼	张	星	鬼	井	觜		
十□子	廿五丑 一酉	廿一寅 四戌	廿八卯 二午	廿辰 留未	廿一巳 留酉	□□ 二辰	十九□	十九申 留辰		十四戌 留卯	十一亥 留戌	日	
								二戌				木	
	廿三巳	廿一午		十一未		廿□			廿二戌	十一亥	三子	火	
		廿一戌										土	
	八子	七丑	十三寅	十六卯	辰			□酉	十五申 留酉	六戌	廿三申 亥	金	
七子	六寅 廿一丑	十六卯	十六反 辰	□辰 □卯	□□ 十七□			六□ 廿□	四戌 廿酉			水	
辰											辰	首	
子											□	字	
酉												炁	

注释：

①右部表头第一列“甲子”为纪年干支。

②上部表头第一行有本年各月的朔日干支“乙丑、乙未、甲子、甲午、癸亥、壬辰、壬戌、辛卯、庚申、庚寅、己未、己丑”。

③上部表头第三行为二十八宿直日，原为西夏文，加注于每月朔日干支之下。四月小，朔在“甲午”，朔日直宿为“星”，当是个星期天。该月夏、宋历日朔同，查《二十史朔闰表》，宋宁宗嘉泰四年四月朔日，为公历 1204 年 5 月 2 日，再查书后所附《日曜表四》中的第四年，该日果为星期天，[①] 与之相符。

④根据纪年干支，每月朔日，查《二十史朔闰表》，宋宁宗嘉泰四年（1204 年）与之相符。[②] 该年系夏桓宗天庆十一年。

⑤上部表头第二行为二十四节气。从本年开始，详细加注二十四节气。每月节气分布与宋历相同，但具体日期有所不同。因本年夏历与宋历朔同，可知二月“十四春分，廿八清明”，与宋历“十二丙午春分，廿七辛酉清明”不符，夏历春分日比宋历晚两日，清明晚一日。三月栏“十三谷雨”，与宋历“十四丁丑谷雨”不符，夏历谷雨比宋历早一日。十二月栏“廿三大寒”，与宋历同。[③]

⑥日曜正月栏、日曜二月栏、日曜四月栏、日曜七月栏、日曜八月栏、金曜三月栏，有西夏文“𗾟”，为中国古代描述行星视运动的术语，与“留”相当，指行星在一段时间内移动缓慢，好像静止似的。

⑦水星九月栏，有西夏文“𗔀”，为中国古代描述行星视运动的术语，与“反”相当，指行星在视运动退行阶段，退回此前经历的十二次中的某一次。

---

① 陈垣：《二十史朔闰表》，中华书局 1999 年版，第 236 页。
② 陈垣：《二十史朔闰表》，中华书局 1999 年版，第 142 页。
③ 张培瑜：《三千五百年历日天象》，河南教育出版社 1990 年版，第 296 页。

八十六　夏桓宗天庆十二年（1205年）乙丑历日

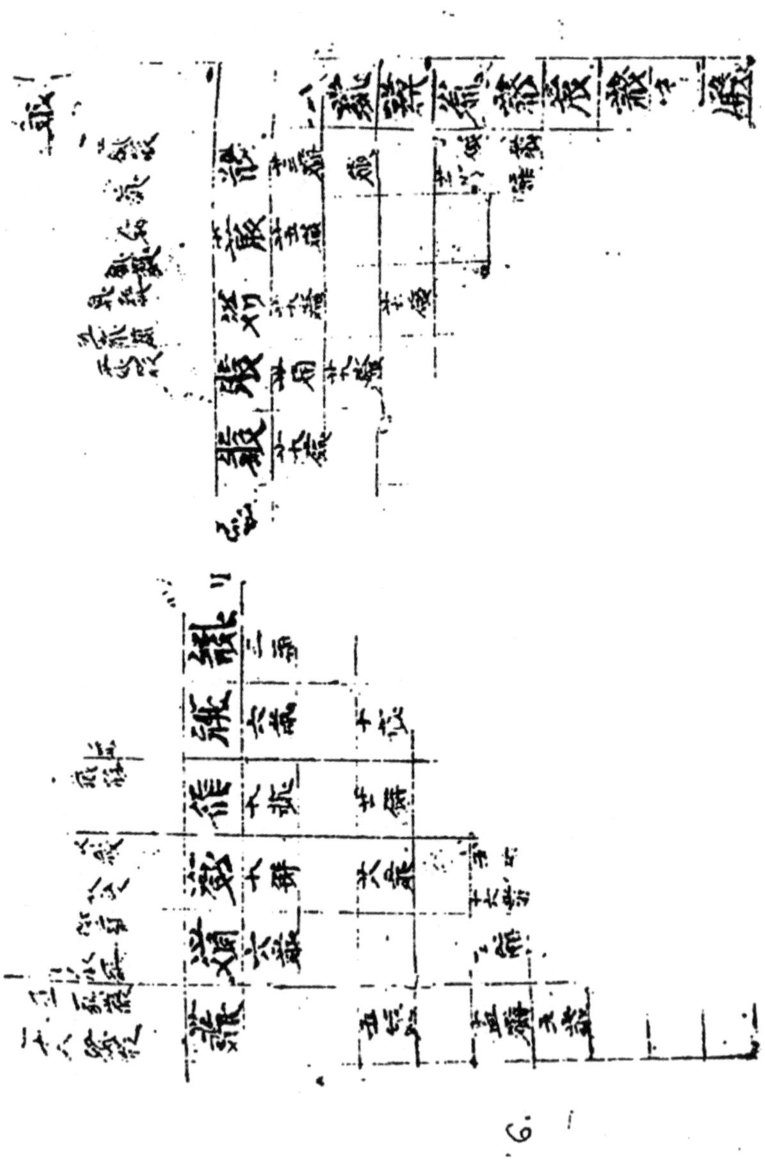

录文：

十二 [大] [[illegible]]	十一 大 [[illegible]]	十 小 [[illegible]]	[illegible] 大 [[illegible]]	九 小 [[illegible]]	八 小 [[illegible]]	七 大 [[illegible]]	六 小 [[illegible]]	五 小 [[illegible]]	四 大 [[illegible]]	三 大 [[illegible]]	二 大 [[illegible]]	[illegible] 小 [[illegible]]	[[illegible]] [illegible]
五[illegible] 十八[illegible] [illegible]	□[illegible] [十]九 [illegible]	□[illegible] □□[illegible] [illegible]	□□[illegible] [illegible]	□□□ □ □□[illegible] [illegible]					□[illegible] □□□ □	□[illegible] [廿]五 [illegible]	□[illegible] □□[illegible] [illegible]	八[illegible] □□[illegible] [illegible]	
[illegible]	[illegible]	[illegible]	[illegible]	[illegible]	[illegible]	[illegible]	[illegible]	[illegible]	[illegible]	[illegible]	[illegible]	[illegible]	
	六[illegible]	九[illegible]	九[illegible]	六[illegible]	三[illegible]			廿九[illegible]	卅[illegible]	廿九[illegible]	廿五[illegible]	廿三[illegible]	[illegible]
									廿九[illegible]			[illegible]	[illegible]
五[illegible]		廿八[illegible]	廿一[illegible]	十[illegible]						廿七[illegible]			[illegible]
												□[illegible] 廿二□	[illegible]
十四[illegible]	□[illegible]	五[illegible] 十六[illegible]										□[illegible] □[illegible]	[illegible]
五[illegible]													[illegible]
													[illegible]
													[illegible]
													[illegible]

校勘：

①本表由两页组成，六月以前右半部分，整理者标注页码 6，左半部分标注页码 5。

②上部表头第一列纪年干支“乙丑”，原为西夏文，其中的“烼（乙）”字，据残存地支“丑”和上一年干支“甲子”补。

③六月朔日直宿原为“缬（昴）”，七月朔日直宿原为“豵（毕）”，皆残损严重。据残存字形补。

④上部表头第一行月序、月大小，以及每月朔日均缺，主要根据朔日的直宿补。以二月朔日“瓣旋（戊子）”为例。已知正月朔在“娥祼（己未）”，直宿为“赧（女）”，而二月朔日的直宿为“蕤（虚）”，又由女到虚，共跨 30 日，则正月必为小月，二月朔日必由“己未”跨 30 日而为“戊子”。又查“演禽表”，与“戊子”对应的星宿有“箕、虚、奎、毕、鬼、翼、氐”，虚恰为七宿之一，可以佐证。余依次类推。下一年正月朔日缺，本年十二月不知大小，所幸 Инв.No.2858—1《天庆丑年卖畜契》题“天庆丑年腊月三十日”，[①] 据此补“大”字。

⑤上部表头第一行闰九月“裰（闰）”字，原缺。上部表头第二行本月二十四节气只有“藏髟（立冬）”，根据“无中置闰”的法则，知西夏本年闰九月。

⑥上部表头第二行三月栏“□五罷緅（谷雨）”，宋历为“廿五壬午谷雨”，据此可补缺字“廿”。上部表头第二行十一月栏“□九敝黍（小寒）”，宋历为“十九辛丑小寒”，[②] 据此可补缺字“十”。

⑦上部表头第二行十二月栏“黍敠”，又写作“敠黍”，即“大寒”。

---

① 史金波：《西夏出版研究》，宁夏人民出版社 2004 年版，第 175 页。

② 张培瑜：《三千五百年历日天象》，河南教育出版社 1990 年版，第 296 页。

译文:

十二 [大] [癸丑]	十一 大 [癸未]	十 小 [甲寅]	[闰] 大 [甲申]	九 小 [乙卯]	八 小 [丙戌]	七 大 [丙辰]	六 小 [丁亥]	五 小 [戊午]	四 大 [戊子]	三 大 [戊午]	二 大 [戊子]	正 小 [己未]	[乙]丑
五大寒 十八立 春	□冬至 [十]九 小寒	□小雪 □□大 雪	□□立 冬	□□□ □ □□霜 降					□立夏 □□□ □	□清明 [廿]五 谷雨	□惊蛰 □□春 分	八立春 □□雨 水	
轸	张	星	鬼	井	参	毕	昴	胃	奎	室	虚	女	
	六丑	九寅	九卯	六辰	三巳			廿九未	卅申	廿九酉	廿五戌	廿三亥	日
									廿九酉			戌	木
五子		廿八丑	廿一寅	十卯						廿七午			火
												□戌 廿二□	土
十四亥	□子	五寅 十六丑										□丑 □子	金
五丑													水
													首
													孛
													炁

注释：

①右部表头第一列“乙丑”为纪年干支。

②上部表头第一行有本年各月的朔日干支“己未、戊子、戊午、戊子、戊午、丁亥、丙辰、丙戌、乙卯、甲申、甲寅、癸未、癸丑”。其中，二月的朔日“戊子”比宋历“己丑”早一天，五月的朔日“戊午”比宋历“丁巳”晚一天。

③本年夏历闰九月，宋历则闰八月。

④上部表头第三行为二十八宿直日，原为西夏文，加注于每月朔日干支之下。二月大，朔在“戊子”，朔日直宿为“虚”，当是个星期天。该月西夏历较宋历朔早一天，查《二十史朔闰表》，宋宁宗开禧元年正月三十日，为公历 1205 年 2 月 20 日，再查书后所附《日曜表五》中的第一年，该日果为星期天，[①] 与之相符。六月小，朔在“丁亥”，朔日直宿为“昴”，当是个星期天。该月夏、宋历日朔同，查《二十史朔闰表》，宋宁宗开禧元年六月朔日，为公历 1205 年 6 月 19 日，再查书后所附《日曜表五》中的第一年，该日果为星期天，[②] 与之相符。十月小，朔在“甲寅”，朔日直宿为“星”，当是个星期天。该月夏、宋历日朔同，查《二十史朔闰表》，宋宁宗开禧元年十月朔日甲寅，为公历 1205 年 11 月 13 日，再查书后所附《日曜表五》中的第一年，该日果为星期天，[③] 与之相符。

⑤根据纪年干支，每月朔日，查《二十史朔闰表》，宋宁宗开禧元年（1205 年）与之相符。[④] 该年系夏桓宗天庆十二年。

① 陈垣:《二十史朔闰表》，中华书局 1999 年版，第 237 页。
② 陈垣:《二十史朔闰表》，中华书局 1999 年版，第 237 页。
③ 陈垣:《二十史朔闰表》，中华书局 1999 年版，第 237 页。
④ 陈垣:《二十史朔闰表》，中华书局 1999 年版，第 142 页。

⑥上部表头第二行为二十四节气。每月节气分布与宋历有所不同。夏历闰九月，宋历则闰八月，所以二者在本年第九个月和第十个月的节气排布上有别。

	宋历（闰八月）	夏历（闰九月）
第九个月	十五己巳寒露	□□寒露，□□霜降
第十个月	初一甲申霜降，十七庚子立冬	□□立冬

此外，因夏历正月、三月、十一月与宋历朔同，可知正月“八立春”与宋历“初八丙寅立春”同，三月“廿五谷雨”与宋历“廿五壬午谷雨”同，十一月“十九小寒”与宋历“十九辛丑小寒”同。因夏历十二月与宋历朔同，可知“五大寒、十八立春”，与宋历“初四丙辰大寒，十九辛未立春”不符，大寒晚一天，立春早一天。①

① 张培瑜：《三千五百年历日天象》，河南教育出版社 1990 年版，第 296 页。

八十七 夏桓宗天庆十三年（1206年）丙寅历日

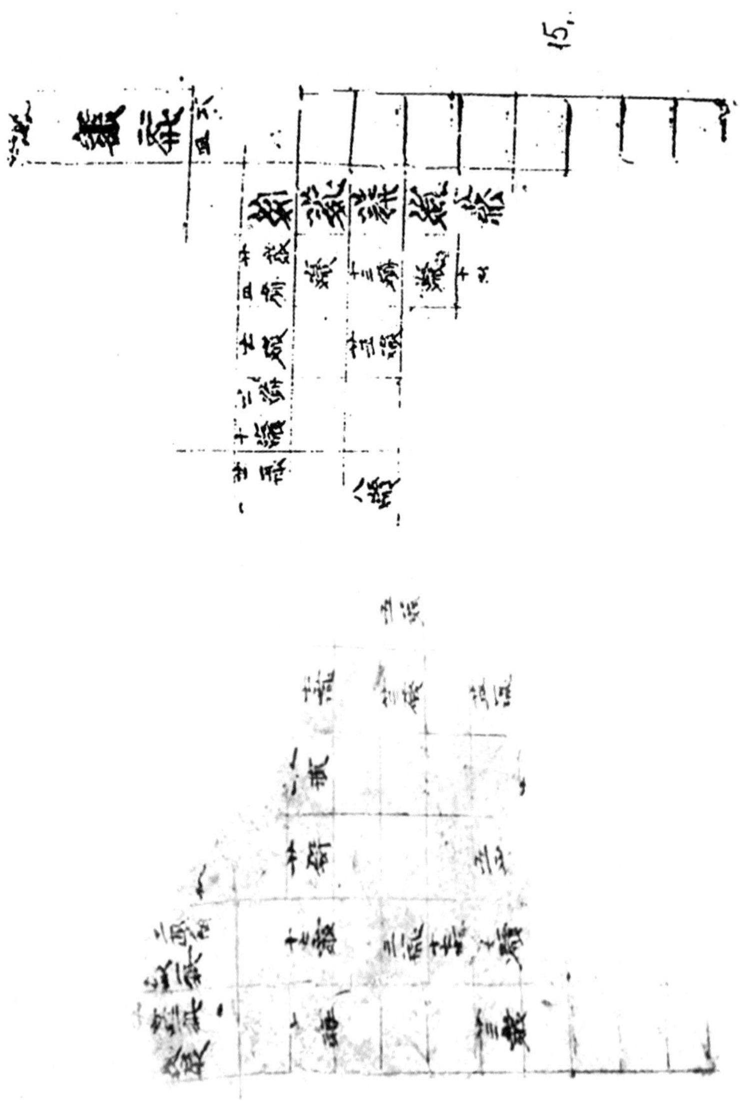

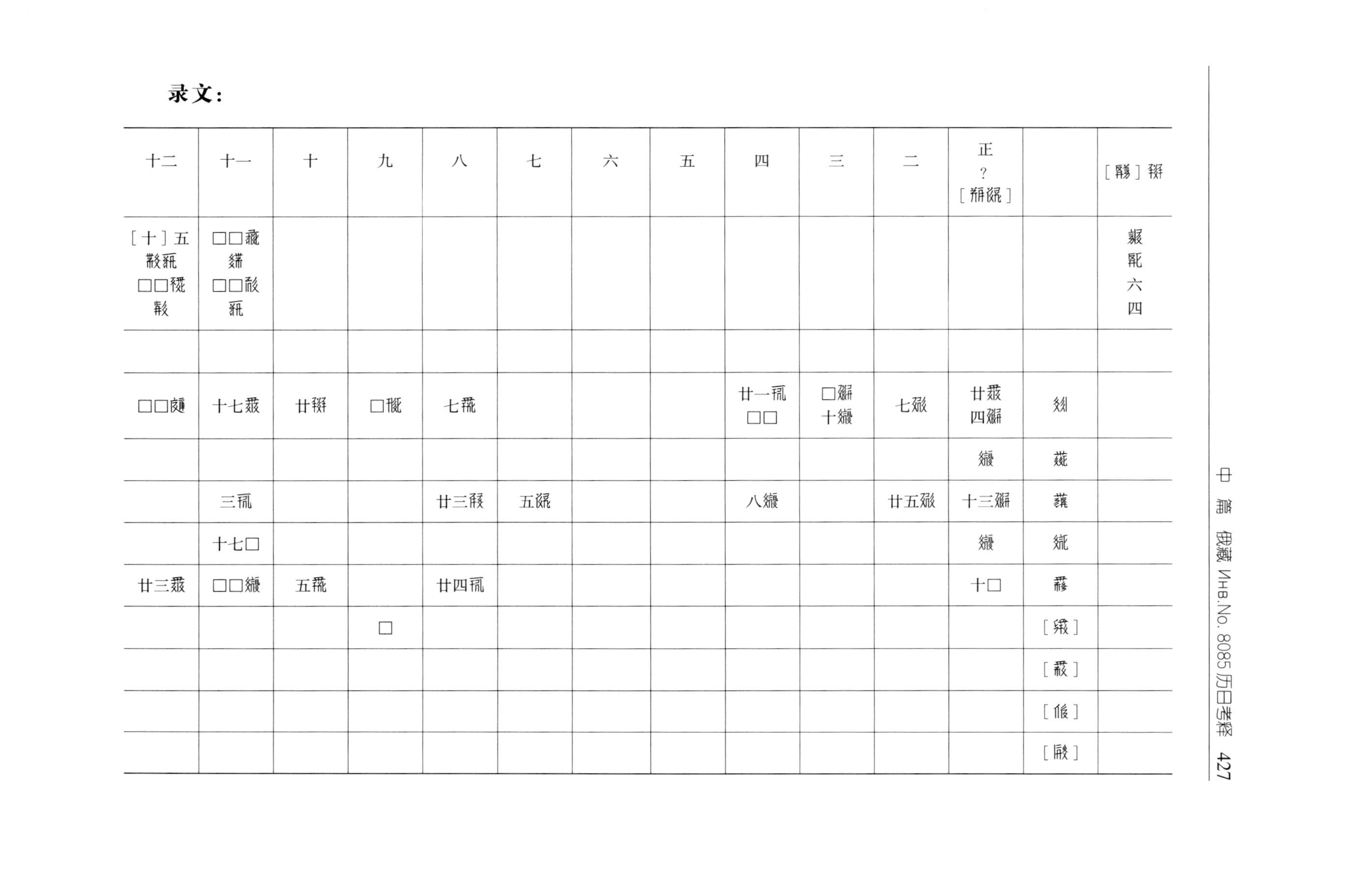

录文：

十二	十一	十	九	八	七	六	五	四	三	二	正 ？ ［[illegible]］		［[illegible]］[illegible]
［十］五 [illegible] □□[illegible] [illegible]	□□[illegible] [illegible] □□[illegible] [illegible]												[illegible] [illegible] 六 四
□□[illegible]	十七[illegible]	廿[illegible]	□[illegible]	七[illegible]				廿一[illegible] □□	□[illegible] 十[illegible]	七[illegible]	廿[illegible] 四[illegible]	[illegible]	
											[illegible]	[illegible]	
	三[illegible]			廿三[illegible]	五[illegible]			八[illegible]		廿五[illegible]	十三[illegible]	[illegible]	
	十七□										[illegible]	[illegible]	
廿三[illegible]	□□[illegible]	五[illegible]		廿四[illegible]							十□	[illegible]	
			□									［[illegible]］	
												［[illegible]］	
												［[illegible]］	
												［[illegible]］	

校勘：

①本表由两页组成，六月以前右半部分，整理者标注页码 14，左半部分标注页码 3。

②右部表头第一列纪年干支“丙寅”，原为西夏文，其中的“[illegible]（丙）”字，据残存地支“寅”和上一年干支“乙丑”补。

③上部表头第一行月序、月大小，以及每月朔日均缺，且无朔日直宿，除正月朔日外，暂不能推补。已知上一年十二月大，朔在“[illegible]（癸丑）”，故可知本年正月朔在“癸未”。

④右部表头第一列九曜中的“[illegible]（水）、[illegible]（首）、[illegible]（孛）、[illegible]（炁）”原缺，据同类文献补。

⑤上部表头第二行十二月栏“□五[illegible]（大寒）”，宋历为“十五辛酉大寒”，① 据此可补缺字“十”。

① 张培瑜：《三千五百年历日天象》，河南教育出版社 1990 年版，第 296 页。

译文：

十二 大? 丁未?	十一 小? 戊寅?	十 大? 戊申?	九 小? 己卯?	八 小? 庚戌?	七 大? 庚辰?	六 小? 辛亥?	五 大? 辛巳?	四 小? 壬子?	三 大? 壬午?	二 大? 壬子?	正 小? ［癸未］		［丙］寅
［十］五 大寒 □□立 春	□□冬 至 □□小 寒												胃 离 六 四
□□子	十七丑	廿寅	□卯	七辰				廿一巳 □□	□亥 十酉	七戌	廿丑 四亥	日	
											酉	木	
	三巳			廿三午	五未			八酉		廿五戌	十三亥	火	
	十七□										酉	土	
廿三丑	□□酉	五辰		廿四巳							十□	金	
			□									［水］	
												［首］	
												［孛］	
												［炁］	

注释：

①右部表头第一列“丙寅”为纪年干支。夏桓宗天庆十三年与夏襄宗应天元年共用丙寅年。该年镇夷郡王安全废其主纯佑自立，改元应天，是为襄宗。

②右部表头第一列“胃”字，原为西夏文，为二十八宿直年。根据演禽术“二元甲子起奎”，丙寅年恰为胃宿直年。本年属七元中的第二元。

③右部表头第一列“离”字，为八卦配年。一年一卦，以后天八卦卦序“乾、坎、艮、震、巽、离、坤、兑”为准。本年离为第六卦。

④右部表头第一列“六、四”，为男女九宫，具体含义为“今年生男起六宫，女起四宫”。需要指出的是，本年历中男女九宫的记载是错误的。在现存敦煌历日中，上元甲子为男七宫、女五宫，中元甲子为男一宫、女二宫，下元甲子为男四宫、女八宫。[①] 夏桓宗天庆十三年（1206 年）属中元。从 1204 年进入中元年，即本年“男起一宫、女起二宫”，以男逆女顺运行，可推得 1206 年是“男八宫、女四宫”，而不是“男六宫、女四宫”。可推得 1207 年是“男七宫、女五宫”，恰与夏襄宗应天二年丁卯（1207 年）历日文献记载相符（详下）。据此可以判断本年历中男女九宫的记载“男六、女四”是错误的，其中“六”为“八”之误。又男九宫与年九宫一样，同纪年地支有相同的对应关系，男九宫为二、五、八，对应年地支不出巳、亥、寅、申，本年历纪年干支为“丙寅”，“寅”恰在其中。

⑤上部表头第二行为二十四节气。残留十一月“□□冬至、□□小寒”和十二月“十五大寒、□□立春”。因夏历十二月失朔，不能确定“十五大寒”与宋历“十五辛酉大寒”[②] 是否一致。

⑥演禽术“二元甲子起奎”，丙寅年恰为胃宿直年。本书二十八宿直年始于夏桓宗天庆七年（1200 年），直

① 邓文宽：《敦煌古历丛识》，《敦煌学辑刊》1989 年第 1 期。后收入氏著《敦煌吐鲁番天文历法研究》，甘肃教育出版社 2002 年版，第 115 页。
② 张培瑜：《三千五百年历日天象》，河南教育出版社 1990 年版，第 296 页。

宿为虚，而本年历直宿为胃，由虚到胃跨 7 年，恰为 1206 年。本书八卦配年始于夏崇宗元德六年甲辰（1124 年）震卦，一年一卦，以后天八卦卦序“乾、坎、艮、震、巽、离、坤、兑”为准。由 1124 年到 1206 年，共跨 83 年，恰以离卦配年。总之，干支纪年、二十八宿直年、八卦配年等可以回环互证，本年与宋宁宗开禧二年（1206 年）相符，[①] 系夏桓宗天庆十三年。宋宁宗开禧二年（1206 年）节气排布十一月“十四辛卯冬至，廿九丙午小寒”，十二月“十五辛酉大寒，三十丙子立春”，[②] 残历所载与之相符，故把第 3 页与第 14 页相配，勘定为夏桓宗天庆十三年下半年年历。

⑦上部表头第一行月序、月大小，以及每月朔日均缺。兹据《二十史朔闰表》录宋代纪年，以供参考：“正月小癸未、二月大壬子、三月大壬午、四月小壬子、五月大辛巳、六月小辛亥、七月大庚辰、八月小庚戌、九月小己卯、十月大戊申、十一小戊寅、十二大丁未”。[③]

① 陈垣：《二十史朔闰表》，中华书局 1999 年版，第 142 页。

② 张培瑜：《三千五百年历日天象》，河南教育出版社 1990 年版，第 296 页。

③ 陈垣：《二十史朔闰表》，中华书局 1999 年版，第 142 页。

八十八 夏襄宗应天二年（1207年）丁卯历日

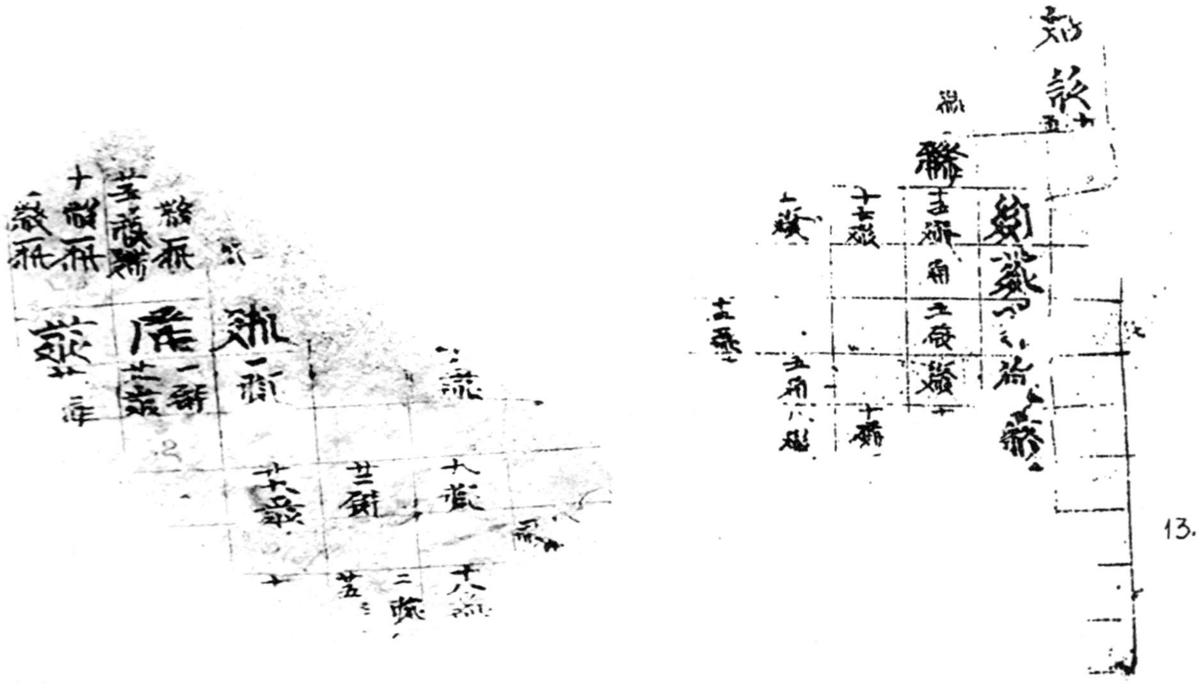

录文：

十二 ［[illegible]］	十一 ［[illegible]］ ［小］	十 ［[illegible]］ ［小］	九	八	七	六	五	四	三	二	正 ［[illegible]］		［[illegible]］
十[illegible] □□[illegible] [illegible]	□[illegible] 廿三[illegible] [illegible]										□ [illegible]［[illegible]］		[illegible] [illegible] 七 五
[illegible]	[illegible]	[illegible]									[illegible]		
廿□[illegible]	一[illegible] 廿八[illegible]	一[illegible]		□[illegible]					一[illegible]	十七[illegible]	十五[illegible]	[illegible]	
											[illegible]	[illegible]	
		廿九[illegible]	廿二[illegible]	九[illegible]				十四[illegible]			五[illegible]	[illegible]	
					□□[illegible]				五[illegible]		[illegible]	[illegible]	
		十□□	二[illegible] 廿五□	十八[illegible]					八[illegible]	十[illegible]	十□	[illegible]	
												［[illegible]］	
												［[illegible]］	
												［[illegible]］	
												［[illegible]］	

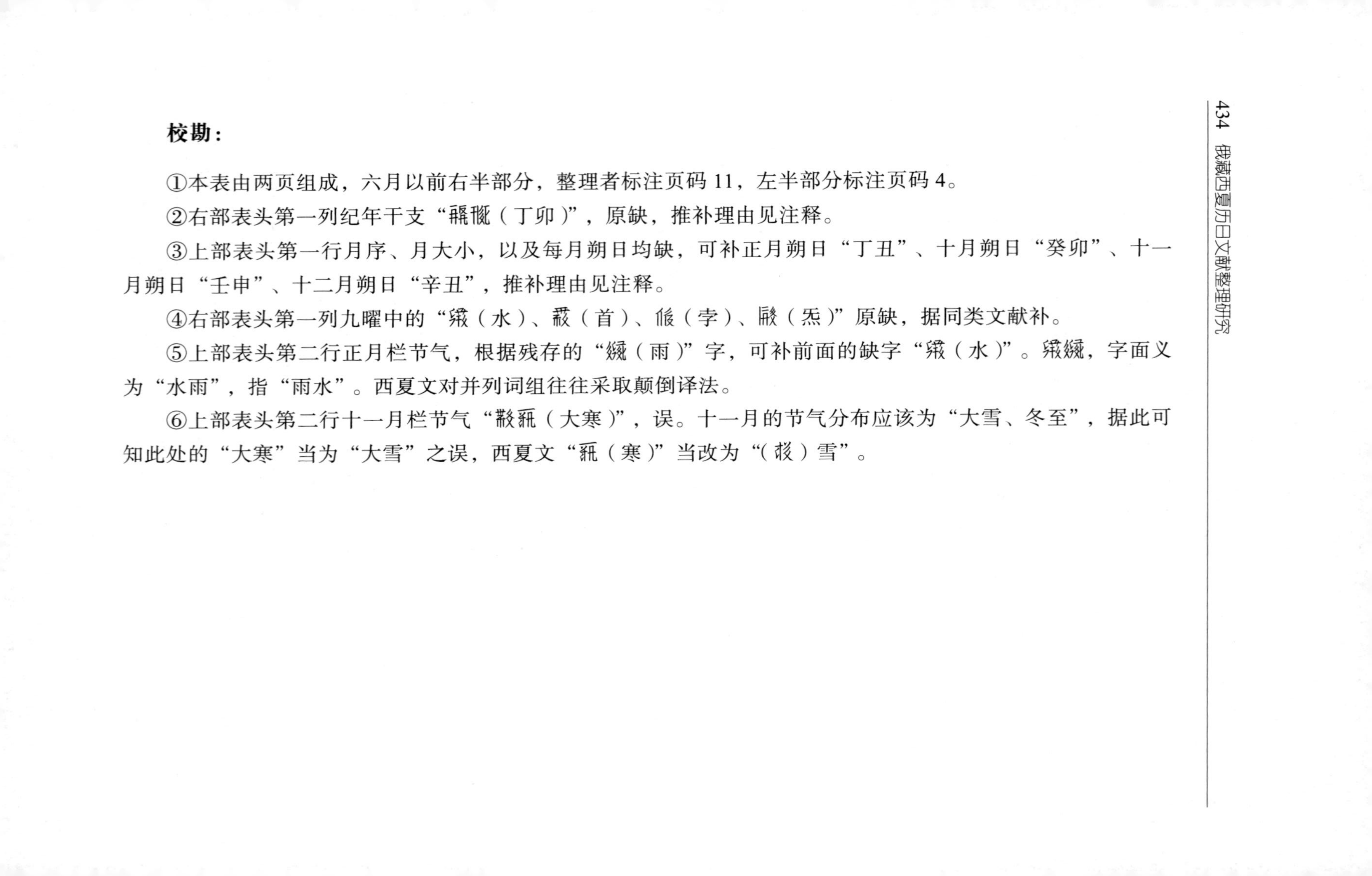

校勘：

①本表由两页组成，六月以前右半部分，整理者标注页码 11，左半部分标注页码 4。

②右部表头第一列纪年干支“[illegible][illegible]（丁卯）”，原缺，推补理由见注释。

③上部表头第一行月序、月大小，以及每月朔日均缺，可补正月朔日“丁丑”、十月朔日“癸卯”、十一月朔日“壬申”、十二月朔日“辛丑”，推补理由见注释。

④右部表头第一列九曜中的“[illegible]（水）、[illegible]（首）、[illegible]（孛）、[illegible]（炁）”原缺，据同类文献补。

⑤上部表头第二行正月栏节气，根据残存的“[illegible]（雨）”字，可补前面的缺字“[illegible]（水）”。[illegible][illegible]，字面义为“水雨”，指“雨水”。西夏文对并列词组往往采取颠倒译法。

⑥上部表头第二行十一月栏节气“[illegible][illegible]（大寒）”，误。十一月的节气分布应该为“大雪、冬至”，据此可知此处的“大寒”当为“大雪”之误，西夏文“[illegible]（寒）”当改为“（[illegible]）雪”。

译文：

十二 小? ［辛丑］	十一 ［小］ ［壬申］	十 ［小］ ［癸卯］	九 小? 甲戌?	八 大? 甲辰?	七 小? 乙亥?	六 大? 乙巳?	五 小? 丙子?	四 大? 丙午?	三 大? 丙子?	二 小? 丁未?	正 大? ［丁丑］		［丁卯］
十小寒 □□大 寒	□大雪 廿三冬 至										□雨 ［水］		昴 坤 七 五
斗	箕	尾									觜		
廿□子	一寅 廿八丑	一卯		□辰					一酉	十七戌	十五亥	日	
											申	木	
		廿九丑	廿二寅	九卯				十四巳			五午	火	
					□□巳				五申		酉	土	
		十□□	二卯 廿五□	十八辰					八戌	十亥	十□	金	
												［水］	
												［首］	
												［孛］	
												［炁］	

注释：

①右部表头第一列“丁卯”为纪年干支。

②右部表头第一列“昴”字，原为西夏文，为二十八宿直年。根据演禽术“二元甲子起奎”，丁卯年恰为昴宿直年。本年属七元中的第二元。

③右部表头第一列“坤”字，为八卦配年。一年一卦，以后天八卦卦序“乾、坎、艮、震、巽、离、坤、兑”为准。本年坤为第七卦。

④右部表头第一列“七、五”，为男女九宫，具体含义为“今年生男起七宫，女起五宫”。又男九宫与年九宫一样，同纪年地支有相同的对应关系，男九宫为一、四、七，对应年地支不出子、卯、午、酉，本年历纪年干支为“丁卯”，“卯”恰在其中。

⑤上部表头第三行为二十八宿直日，原为西夏文，加注于每月朔日干支之下。残存正月的“觜”、十月的“尾”、十一月的“箕”、十二月的“斗”。

⑥上部表头第一行月序、月大小，以及每月朔日均缺。可以根据二十八宿直日推出十月和十一月均为小月，理由如下。已知十月朔日直宿为尾，十一月朔日直宿为箕，由尾历箕，共跨30日，可知十月共29天，为小月。同理，可知十一月亦为小月。此与宋历不同，宋历十月则为大月。兹录《二十史朔闰表》宋代纪年如下：“正月大丁丑、二月小丁未、三月大丙子、四月大丙午、五月小丙子、六月大乙巳、七月小乙亥、八月大甲辰、九月小甲戌、十月大癸卯、十一小癸酉、十二小壬寅”。[①] 根据“演禽表”，结合宋历，我们可以求出带有二十八宿直日的正月、十月、十一月、十二月的朔日。以正月为例，朔日直宿为“觜”，查“演禽表”，觜在六十甲子中对应的干支分别为：乙丑、己巳、癸酉、丁丑、辛巳、乙酉、己丑、癸巳、丁酉、辛丑、乙巳、

① 陈垣：《二十史朔闰表》，中华书局1999年版，第142页。

己酉、癸丑、丁巳、辛酉等。宋历正月朔在“丁丑”，觜宿对应的干支中恰有“丁丑”，据补。同理，十月可据朔日直宿尾，求得其朔日为“癸卯”，与宋历相符。既然十月小，朔日为“癸卯”，则十一月的朔日必为“壬申”。既然十一月小，朔日为“壬申”，则十二月的朔日必为“辛丑”。十一月、十二月的朔日皆比宋历早一天。

⑦上部表头第二行为二十四节气。残留正月“□雨［水］”、十一月“□大雪、廿三冬至”和十二月“十小寒、□□大寒”。节气排布与宋历同，但具体日期有异。已知夏历十一月朔在“壬申”，则二十三日为“甲午”，比宋历“廿四丙申冬至”早两天。夏历十二月朔在“辛丑”，十日为“庚戌”，比宋历“初十辛亥小寒”早一天。①

⑧演禽术“二元甲子起奎”，丁卯年恰为昴宿直年。本书二十八宿直年始于夏桓宗天庆七年（1200年），直宿为虚，而本年历直宿则为昴，由虚到昴跨8年，恰为1207年。本书八卦配年始于夏崇宗元德六年甲辰（1124年）震卦，一年一卦，以后天八卦卦序“乾、坎、艮、震、巽、离、坤、兑”为准。由1124年到1207年，共跨84年，恰以坤卦配年。我们还可以用男女九宫的记载来对求出的年干支加以验证。夏襄宗应天二年（1207年）男起七宫，也就是说当年的年九宫也为七宫。据《男九宫同纪年地支对应关系》表，男九宫为一、四、七，对应年地支必不出子、卯、午、酉。利用二十八宿直年的记载，求得本年为丁卯年，有“卯”字，与之相符。

总之，二十八宿直年、八卦配年、年九宫等可以回环互证，本年与宋宁宗开禧三年（1207年）相符，② 该年系夏襄宗应天二年。故把第4页与第11页相配，勘定为夏襄宗应天二年下半年年历。需要说明的是，残历节气排布与宋历相符，但冬至早两天，小寒早一天，在辽宋西夏金时期，各政权之间的历日不尽相同，早一两天或晚一两天都是允许的。

---

① 张培瑜：《三千五百年历日天象》，河南教育出版社1990年版，第296页。

② 陈垣：《二十史朔闰表》，中华书局1999年版，第142页。

下　篇

西夏纪年和朔闰考

年代和目录、地理、职官一样，同为历史科学基本支柱，一向并称为治史“四把钥匙”。要全面精确地了解年、月、日，光靠年表是无法办到的，需查历表。历表把不同历法的时间单位符号和名称，用表格的形式加以简单化、规格化、系统化，便于人们逐年、逐月、逐日对照。复原西夏历谱，进而编制西夏朔闰表，建立起一个最大限度真实反映西夏历史的时间坐标，使有年可稽的史料各就其位，无年可稽而有事可附者可进入相对乃至绝对的时间坐标位置，可以极大地提高西夏纪年的精确性，解决以往学界无法解决的西夏纪年中的疑难问题。这对西夏文物、文献的定年，对西夏历史的科学研究具有十分重要的意义。

中篇在对俄藏Инв.No.8085历日文献进行考释的过程中，依据历注中的相关内容，如纳音五行、八卦配年、男女九宫、二十八宿注历、行星位置注历等，对Инв.No.8085历书中的年代、朔日、闰月、月大小、二十四节气等作了最大程度的复原。本篇则结合占卜辞、账册、户籍文书、告牒、告状案、辞书、字典以及印章、碑刻等大量文献中带有明确的西夏文或非西夏文的干支纪年、属相纪年或年号纪年等题款，对Инв.No.8085历书作验证和补充。在此基础上编制《西夏历与宋历朔闰对照表》，意在为全部复原近200年的西夏历谱打下坚实的基础。

需要说明的是，本篇西夏纪年和朔闰考仅限于Инв.No.8085历日文献所包括的年代，起于夏崇宗元德二年（1120年）庚子，终于夏襄宗应天二年（1207年）丁卯。在此范围内的西夏纪年考部分，本书在诸家纪年的基础上，[①] 对相关资料上做了大量补充，并对个别错误的地方做了纠正。在此范围内的西夏朔闰考部分，则为此前所无。

一 散见西夏纪年和朔闰辑考（1120—1207年）

1120

西夏首领官印题“元德二年”（罗福颐:《西夏官印汇考》，宁夏人民出版社1982年版，第28页）。

1121

西夏首领官印题“元德三年”（罗福颐:《西夏官印汇考》，宁夏人民出版社1982年版，第30页）。

1123

西夏首领官印题“元德五年”（罗福颐:《西夏官印汇考》，宁夏人民出版社1982年版，第36页）。

1124

西夏首领官印题“元德甲辰六年”（罗福颐:《西夏官印汇考》，宁夏人民出版社1982年版，第35页。中国藏西夏文献编号002·009）。

按：此表明元德六年纪年干支为甲辰，可推知夏崇宗元德元年纪年干支为己亥。

1127

西夏首领官印题“元德九年”（罗福颐:《西夏官印汇考》，宁夏人民出版社1982年版，第34页。中国藏西夏文献编号T22·001）。

西夏首领官印题“元德九年”（中国藏西夏文献编号N1l12·001）。

① 李范文:《西夏研究论文集》，宁夏人民出版社1983年版。陈炳应:《西夏文物研究》，宁夏人民出版社1988年版。李华瑞:《西夏纪年综考》，《国家图书馆学刊》“西夏研究专号”，2002年。史金波:《西夏社会》，上海人民出版社2007年版。

西夏首领官印题“正德元年七月”（中国藏西夏文献编号 M52 · 003）。

按:《宋史 · 夏国传》记载:“岁丁未，乾顺改元正德，时建炎元年也。”据“元德九年”西夏首领官印可知，此为年中改元，至迟在七月之后。《宋史 · 夏国传》称乾顺“在位五十四年，改元天仪治平四年，天祐民安八年，永安三年，贞观十三年，雍宁五年，元德八年，正德八年，大德五年”。“元德八年”当为“元德九年”之误。元德九年与正德元年共用丁未年。此前诸家系年皆误。

1128

榆林窟第 17 窟外室甬道南侧东边，西夏文墨书 1 行 4 字，释“正德戊申”（史金波、白滨:《莫高窟榆林窟西夏文题记研究》,《考古学报》1982 年第 3 期）。

西夏首领官印题“正德二年”（罗福颐:《西夏官印汇考》，宁夏人民出版社 1982 年版，第 33 页。中国藏西夏文献编号 T12 · 003）。

按：此表明正德二年纪年干支为戊申，可推知夏崇宗正德元年纪年干支为丁未。

1129

西夏首领官印题“正德三年”（罗福颐:《西夏官印汇考》，宁夏人民出版社 1982 年版，第 33 页。中国藏西夏文献编号 B52 · 001）。

西夏首领官印题“正德三年”（中国藏西夏文献编号 M52 · 004）。

Инв.No.5282-1 夏崇宗正德三年己酉上半年残历（影件《俄藏黑水城文献》第 10 册，上海古籍出版社 1999 年版，第 139 页）。

按：此表明正德三年纪年干支为己酉，可推知夏崇宗正德元年纪年干支为丁未。另据 Инв.No.5282-1 西夏文草书残历，前六个月的朔日为“庚辰、庚戌、己卯、己酉、戊寅、戊申”，其中四月的朔日“己酉”比宋历“戊申”晚了一天。可以佐证 Инв.No.8085 中的记载。

需要指出的是，Инв.No.5282 因属缝缋装的缘故，两面分属两年，右半叶属夏崇宗正德三年上半年，左半叶属夏崇宗大德元年（1135 年）乙卯下半年。故将其分别编号为 Инв.No.5282-1、Инв.No.5282-2。

1130

西夏首领官印题“正德四年”（罗福颐：《西夏官印汇考》，宁夏人民出版社 1982 年版，第 40 页）。

西夏首领官印题“正德四年”（罗福颐：《西夏官印汇考》，宁夏人民出版社 1982 年版，第 35 页。中国藏西夏文献编号 B32 · 003）。

1131

西夏首领官印题“正德辛亥”（中国藏西夏文献编号 N162 · 001）。

按：此表明正德五年纪年干支为辛亥，可推知夏崇宗正德元年纪年干支为丁未。

1132

西夏首领官印题“正德六年”（罗福颐：《西夏官印汇考》，宁夏人民出版社 1982 年版，第 44 页）。

《音同》跋文题“[Tangut text]”可译作：“正德壬子六年十月十五日阅毕”（影件《俄藏黑水城文献》第 7 册，上海古籍出版社 1997 年版，第 28 页。史金波、黄振华：《西夏文字典〈音同〉序跋考释》，载《西夏文史论丛》，宁夏人民出版社 1992 年版）。

按：此表明正德六年纪年干支为壬子，可推知夏崇宗正德元年纪年干支为丁未。

1133

Or.12380-2058 夏崇宗正德七年癸丑年历（《英藏黑水城文献》第 2 册，上海古籍出版社 2005 年版，第 316 页）。右上角为西夏文纪年干支“癸丑”、该年二十八宿的直宿“轸”、八卦中的“巽”。男女九宫“男九女三”。残存正月“丁巳大觜”、二月“丁亥小井”，含义分别为朔日、月大小、二十八宿直日。经笔者考订为夏崇宗正德七年癸丑年历。

西夏首领官印题“正德七年”（罗福颐：《西夏官印汇考》，宁夏人民出版社 1982 年版，第 46 页）。

西夏首领官印题“正德癸丑七年”（中国藏西夏文献编号 H12 · 003）。

按：此表明正德七年纪年干支为癸丑，可推知夏崇宗正德元年纪年干支为丁未。Or.12380-2058 显示夏崇宗正德七年正月大，朔在丁巳；二月小，朔在丁亥。可以佐证 Инв.No.8085 中的记载。

1134

西夏首领官印题“正德八年”（罗福颐:《西夏官印汇考》，宁夏人民出版社 1982 年版，第 47 页。中国藏西夏文献编号 B32・004）。

1135

Инв.No.5282-2 夏崇宗大德元年乙卯下半年残历（影件《俄藏黑水城文献》第 10 册，上海古籍出版社 1999 年版，第 139 页）。

西夏首领官印题“大德乙卯元年”（罗福颐:《西夏官印汇考》，宁夏人民出版社 1982 年版，第 46 页。中国藏西夏文献编号 002・014）。

西夏首领官印题“大德元年”（罗福颐:《西夏官印汇考》，宁夏人民出版社 1982 年版，第 47 页。中国藏西夏文献编号 512・001）。

按：此表明夏崇宗于乙卯年改元大德。又 Инв.No.5282-2 残存夏崇宗大德元年乙卯七月至十二月的朔日“七月大，朔日壬申；八月小，朔日壬寅；九月小，朔日辛未；十月大，朔日庚子；十一月小，朔日庚午；腊月大，朔日己亥”，可以佐证 Инв.No.8085 中的记载。

需要指出的是，Инв.No.5282 因属缝缋装的缘故，两面分属两年，右半叶属夏崇宗正德三年上半年，左半叶属夏崇宗大德元年乙卯下半年。故将其分别编号为 Инв.No.5282-1、Инв.No.5282-2。

1138

西夏首领官印题“大德四年”（罗福颐:《西夏官印汇考》，宁夏人民出版社 1982 年版，第 48 页。中国藏西夏文献编号 B32・005）。

1139

西夏首领官印题“大德五年”（罗福颐:《西夏官印汇考》，宁夏人民出版社 1982 年版，第 51 页）。

1140

西夏首领官印题“大庆元年”（罗福颐:《西夏官印汇考》，宁夏人民出版社 1982 年版，第 50 页）。

1141

西夏官印 M2X：46+280+709 题“大庆辛酉二［年］”（李范文:《西夏研究论文集》，宁夏人民出版社 1983 年版，第 157 页）。

按：此表明大庆二年纪年干支为辛酉，可推知夏仁宗大庆元年纪年干支为庚申。

1142

西夏首领官印题“大庆三年”（罗福颐:《西夏官印汇考》，宁夏人民出版社 1982 年版，第 52 页。中国藏西夏文献编号 B32・006）。

Инв.No.348 大庆三年呈状（影件《俄藏黑水城文献》第 6 册，上海古籍出版社 2000 年版，第 283 页。杜建录、史金波:《西夏社会文书研究》，上海古籍出版社 2010 年版，第 26 页）。

《大夏国葬舍利碣铭》题“大夏大庆三年八月十日建”（大庆原为天庆，据牛达生《〈嘉靖宁夏新志〉中的两篇西夏佚文》考证改，见《宁夏大学学报》1980 年第 4 期）。

1143

西夏首领官印题“大庆四年”（罗福颐:《西夏官印汇考》，宁夏人民出版社 1982 年版，第 53 页。中国藏西夏文献编号 002・017）。

1145

西夏首领官印题“人庆二年”（罗福颐:《西夏官印汇考》，宁夏人民出版社 1982 年版，第 56 页）。

榆林窟第 25 窟题记“人庆二年”（史金波:《西夏佛教史略》，宁夏人民出版社 1988 年版，第 42 页）。

中国藏 G21·028［15541］武威小西沟岘发现的汉文历书残片（影件《中国藏西夏文献》第 16 册，甘肃人民出版社、敦煌文艺出版社 2006 年版，第 274 页。陈炳应:《西夏文物研究》，宁夏人民出版社 1985 年版，第 315—319 页）。

按：中国藏 G21·028［15541］汉文历书残片残存七月至十二月日历，本年闰十一月，朔日分别为“乙巳、甲戌、甲辰、癸酉、壬寅、壬申 、辛丑”，可以佐证 Инв.No.8085 中的记载。

1146

嵬名直本《妙法莲花经》发愿文题“时大夏国人庆三年岁次丙寅五月”（影件《俄藏黑水城文献》第 1 册，上海古籍出版社 1996 年版，第 276 页。聂鸿音:《西夏遗文录》，《西夏学》第 2 辑，宁夏人民出版社 2007 年版）。

按：此表明人庆三年纪年干支为丙寅，可推知夏仁宗人庆元年纪年干支为甲子。

1147

西夏首领官印题“人庆四年”（罗福颐:《西夏官印汇考》，宁夏人民出版社 1982 年版，第 55 页。中国藏西夏文献编号 T42·001）。

1148

莫高窟第85窟汉文题记“大上仁庆五年大名三十人张□□来□”（史金波:《西夏佛教史略》，宁夏人民出版社 1988 年版，第 293 页）。

西夏首领官印题“戊辰五年”（罗福颐:《西夏官印汇考》，宁夏人民出版社 1982 年版，第 56 页。中国藏西夏文献编号 T12·005）。

按：此表明人庆五年纪年干支为戊辰，可推知夏仁宗人庆元年纪年干支为甲子。

1149

甘肃省博物馆藏《德王圣妙吉祥之胜慧意盛用总持》题“天盛己巳元年七月二十日”（史金波:《中国藏西夏文献新探》，《西夏学》第 2 辑，宁夏人民出版社 2007 年版）。

按：此表明天盛元年纪年干支为己巳。

1150

西夏首领官印题“天盛二年”（罗福颐:《西夏官印汇考》，宁夏人民出版社 1982 年版，第 59 页）。

1151

西夏文写本《圣胜慧到彼岸八千颂》题记“天盛辛未三年”（史金波:《西夏出版研究》，宁夏人民出版社 2004 年版，第 175 页）。

西夏首领官印题“天盛辛未”（罗福颐:《西夏官印汇考》，宁夏人民出版社 1982 年版，第 60 页）。

西夏首领官印题“天盛三年”（罗福颐:《西夏官印汇考》，宁夏人民出版社 1982 年版，第 63 页）。

按：此表明天盛三年纪年干支为辛未，可推知天盛元年纪年干支为己巳。

1152

TK242 释法随《刘德真印施〈注华严法界观门〉发愿文》题:“皇朝天盛四年岁次壬申八月望日，汚道沙门释法随劝缘及记，邠州开元寺僧西安州归义刘德真雕板印文，谨就圣节日散施”（影件《俄藏黑水城文献》第 4 册，上海古籍出版社 1997 年版，第 295 页）。

Инв.No.759《父母恩重经》题“[illegible]（天盛壬申四年五月日智施）”（聂鸿音:《论西夏本〈佛说父母恩重经〉》，高国祥主编《文献研究》第 1 辑，学苑出版社 2010 年版，第 137—144 页）。

按：此表明天盛四年纪年干支为壬申，可推知天盛元年纪年干支为己巳。

1153

西夏首领官印题“天盛癸酉五年”（罗福颐:《西夏官印汇考》，宁夏人民出版社 1982 年版，第 66 页）。

按：此表明天盛五年纪年干支为癸酉，可推知天盛元年纪年干支为己巳。

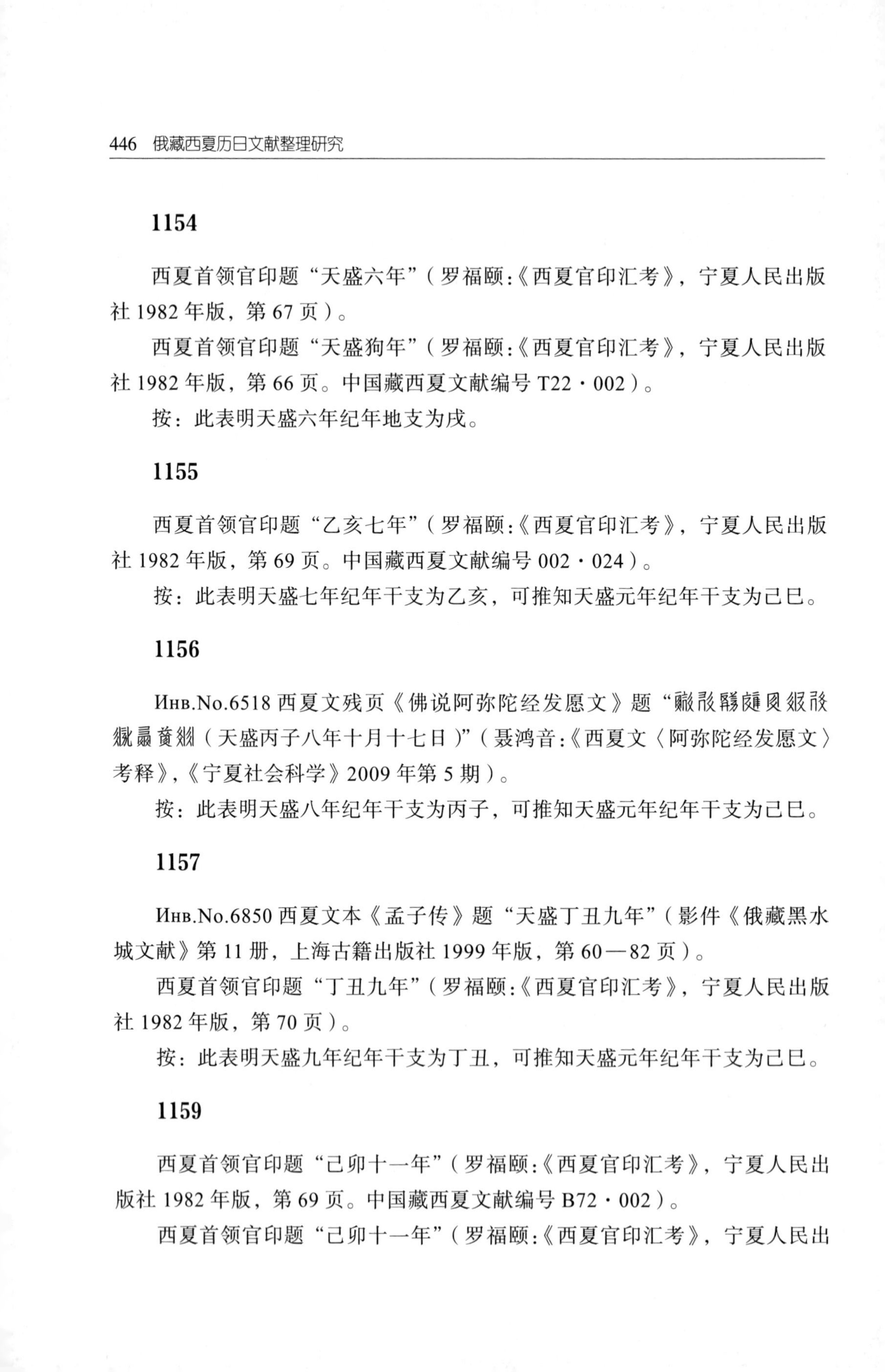

1154

西夏首领官印题“天盛六年”（罗福颐：《西夏官印汇考》，宁夏人民出版社 1982 年版，第 67 页）。

西夏首领官印题“天盛狗年”（罗福颐：《西夏官印汇考》，宁夏人民出版社 1982 年版，第 66 页。中国藏西夏文献编号 T22・002）。

按：此表明天盛六年纪年地支为戌。

1155

西夏首领官印题“乙亥七年”（罗福颐：《西夏官印汇考》，宁夏人民出版社 1982 年版，第 69 页。中国藏西夏文献编号 002・024）。

按：此表明天盛七年纪年干支为乙亥，可推知天盛元年纪年干支为己巳。

1156

Инв.No.6518 西夏文残页《佛说阿弥陀经发愿文》题“[illegible]（天盛丙子八年十月十七日）”（聂鸿音：《西夏文〈阿弥陀经发愿文〉考释》，《宁夏社会科学》2009 年第 5 期）。

按：此表明天盛八年纪年干支为丙子，可推知天盛元年纪年干支为己巳。

1157

Инв.No.6850 西夏文本《孟子传》题“天盛丁丑九年”（影件《俄藏黑水城文献》第 11 册，上海古籍出版社 1999 年版，第 60—82 页）。

西夏首领官印题“丁丑九年”（罗福颐：《西夏官印汇考》，宁夏人民出版社 1982 年版，第 70 页）。

按：此表明天盛九年纪年干支为丁丑，可推知天盛元年纪年干支为己巳。

1159

西夏首领官印题“己卯十一年”（罗福颐：《西夏官印汇考》，宁夏人民出版社 1982 年版，第 69 页。中国藏西夏文献编号 B72・002）。

西夏首领官印题“己卯十一年”（罗福颐：《西夏官印汇考》，宁夏人民出版社 1982 年版，第 70 页。中国藏西夏文献编号 H12·004）。

按：此表明天盛十一年纪年干支为己卯，可推知天盛元年纪年干支为己巳。

1161

TK72、TK73 汉文《大方广佛华严经入不思议解脱境界普贤行愿品》题"大夏天盛［辛］巳十三［年］"（白滨:《西夏雕版印刷初探》,《文献》1996 年第 4 期）。

按：此表明天盛十三年纪年干支为辛巳，可推知天盛元年纪年干支为己巳。

1163

Инв.No.7779A 官府借贷文书题"［天］盛癸未十五年正月十六日立文字人"（影件《俄藏黑水城文献》第 6 册，上海古籍出版社 2000 年版，第 321 页）。

按：此表明天盛十五年纪年干支为癸未，可推知天盛元年纪年干支为己巳。

1164

Инв.No.5378 西夏文《金刚般若波罗蜜多经》题"天盛甲申岁十六年……雕印发起者前内侍尼张葛、罗明那征讹写"（史金波:《西夏社会》下册，上海人民出版社 2007 年版，第 754 页）。

按：此表明天盛十六年纪年干支为甲申，可推知天盛元年纪年干支为己巳。

1165

西夏首领官印题"天盛乙酉十七年"（罗福颐:《西夏官印汇考》，宁夏人民出版社 1982 年版，第 73 页。中国藏西夏文献编号 G82·002）。

Инв.No.7036 俄藏《佛说圣佛母般若波罗蜜多经》卷末题款"天盛乙酉十七年七月一日，印面雕行者前内侍耿长葛，印面写者罗瑞那征讹"（史金波:《现存世界上最早的活字印刷品——西夏活字印本考》,《北京图书馆馆刊》1997 年第 1 期)。

按：此表明天盛十七年纪年干支为乙酉，可推知天盛元年纪年干支为己巳。

1166

西夏文写本《佛顶心观世音菩萨大陀罗尼经》题记“天盛丙戌十八年”(史金波:《西夏出版研究》，宁夏人民出版社 2004 年版，第 175 页)。

西夏官印西夏文题“天盛丙戌十八年”(中国藏西夏文献编号 N12 · 001)。

按：此表明天盛十八年纪年干支为丙戌，可推知天盛元年纪年干支为己巳。

1167

TK128《佛说圣佛母般若波罗蜜多心经》发愿文题“天盛十九年岁次丁亥五月初九日，奉天显道耀武宣文神谋睿智制义去邪悼睦懿恭皇帝谨施”(影件《俄藏黑水城文献》第 3 册，上海古籍出版社 1996 年版，第 76—77 页)。

秦晋国王《金刚般若波罗蜜经发愿文》题记“时天盛十九年五月日，太师上公总领军国重事秦晋国王谨愿”(影件《俄藏黑水城文献》第 3 册，上海古籍出版社 1996 年版，第 71 页。史金波:《西夏“秦晋国王”考论》,《宁夏社会科学》1987 年第 3 期)。

按：此表明天盛十九年纪年干支为丁亥，可推知天盛元年纪年干支为己巳。

1168

Инв.No.101《金刚般若波罗密多经》题记“天盛二十年五月一日”(崔红芬:《再论西夏帝师》,《中国藏学》2008 年第 1 期)。

1169

TK120《佛说父母恩重经》发愿文题“天盛己丑二十一年”(史金波:《西

夏出版研究》，宁夏人民出版社 2004 年版，第 109 页）。

西夏首领官印题“己丑二十一年”（罗福颐:《西夏官印汇考》，宁夏人民出版社 1982 年版，第 75 页。中国藏西夏文献编号 B72・003）。

按：此表明天盛二十一年纪年干支为己丑，可推知天盛元年纪年干支为己巳。

1170

Инв.No.5022“谨算”记载：命主九月十七日生，属虎，生辰八字为“年庚寅木，月丙戌土，日甲午金，时戊辰木”，占卜时此人三十七岁（影件《俄藏黑水城文献》第 10 册，上海古籍出版社 1999 年版，第 175—188 页）。

Инв.No.5010 黑水城出土土地买卖契约“天盛庚寅二十二年”（黄振华:《西夏天盛二十二年卖地文契考释》，白滨编《西夏史论文集》，宁夏人民出版社 1984 年版）。

按：Инв.No.5022 文书所承载的历学信息如下：

（1）纪年干支为“庚寅”。

（2）该年九月的朔日。根据九月十七日的干支为甲午，可以推出九月初一的干支为戊寅。

（3）该年节气分布情况。星命家的“月”不是从本月朔日算起的，而是从节气中的“节”算起的。关于“年上起月法”的口诀是：

> 甲己之年丙作首，乙庚之岁戊为头。
> 丙辛之岁寻庚上，丁壬壬位顺行流。
> 更有戊癸何处起？甲寅之上好追求。[①]

命主庚寅年出生，根据“乙庚之岁戊为头”，可知该年正月为戊寅月。命主出生的九月十七日，如果在九月节“寒露”前，就用八月的干支乙酉；如果在十月节“立冬”后，就得用十月的干支丁亥。文中“月丙戌土”，用的是九月的干支丙戌，表明九月十七日一定在该年的“寒露”后“立冬”前。

① 万民英:《三命通会》卷 2《论遁月日时》。

西夏文使用历经夏、元、明诸朝，达 450 年之久。查陈垣《二十史朔闰表》，在公元 1037—1502 年，共有 8 个庚寅年，分别是公元 1050 年、1110 年、1170 年、1230 年、1290 年、1350 年、1410 年、1470 年。① 各庚寅年九月朔日情况如下：

1037—1502 年各庚寅年九月朔日表

宋仁宗皇祐二年（1050 年）	宋徽宗大观四年（1110 年）	宋孝宗乾道六年（1170 年）	宋理宗绍定三年（1230 年）	元世祖至元二十七年（1290 年）	元顺帝至正十年（1350 年）	明成祖永乐八年（1410 年）	明宪宗成化六年（1470 年）
乙酉	丙寅	戊寅	己丑	辛丑	癸丑	乙丑	丙子

已知命主生于庚寅岁，该年九月朔日为戊寅。从表中可以看出，只有宋孝宗乾道六年（1170 年）与之相符。宋孝宗乾道六年相当于西夏仁宗乾祐元年。

我们再利用节气对求出的年代加以验证。查张培瑜的《三千五百年历日天象》"历代颁行历书摘要"，可得宋孝宗乾道六年二十四节气中"寒露"和"立冬"所在日。

> 八月，朔日戊申，大，四日秋分，十九日寒露。
> 九月，朔日戊寅，小，四日霜降，十九日立冬。②

九月十七日果然在该年的"寒露"后"立冬"前，与上述推论相符。

总之，这件文书在历法方面最大的价值为：夏仁宗乾祐元年（1170 年）纪年干支为庚寅，该年九月朔日为戊寅。可以佐证 Инв.No.8085 中的记载。

1171

英藏 Or.12380-3947 乾祐二年（1171 年）辛卯年历（《英藏黑水城文献》第 5 册，上海古籍出版社 2010 年版，第 357 页）。

B.61 西夏赋税劳役文书"乾祐二年三月廿五日"（影件《俄藏黑水城文

① 陈垣：《二十史朔闰表》，中华书局 1999 年版。

② 张培瑜：《三千五百年历日天象》，河南教育出版社 1990 年版，第 290 页。

献》第 6 册，上海古籍出版社 2000 年版，第 60、150—159 页。杜建录、史金波:《西夏社会文书研究》，上海古籍出版社 2010 年版，第 17 页）。

按：Or.12380-3947 残历表明：夏乾祐二年辛卯，六月大，朔日甲辰；七月小，朔日甲戌；八月小，朔日癸卯；九月大，朔日壬申；十月小，朔日壬寅；十一月大，朔日辛未；腊月小，朔日辛丑。可以佐证 Инв.No.8085 中的记载。[①]

Or.12380-3947 历日最早公布于《英国博物馆季刊》第 24 卷（1961 年第 3~4 号）。[②] 最早根据照片对之进行研究的是陈炳应先生，他在《西夏文物研究》中写道："这份历日残存五至十二月，其中又有些残破。其格式是：由上而下横行第一、二行全用西夏文；第三、六行的数字用汉文，二十四节气和干支用西夏文；其它五行的数字和干支全用汉文。"

陈炳应复原西夏仁宗乾祐二年残历

腊	十一	十	九	八	七	六	
辛丑 小（轸）	辛未 大张	壬寅 小（星）	壬申 大（鬼）	癸卯 小（井）	甲戌 小（参）	甲辰 大口	
二小寒 十七大寒	二大雪 十六冬至	一立冬 十六小雪	十五口白露	十四秋分 二十九寒露	十二处暑 二十七霜露	十二大暑 二十七立秋	
十七（子）	二十丑	二十二（寅）	二十三卯	二十（辰）	十六巳	十八午	七未
						二十申	
		廿癸			二十八辰	七巳	八巳
			三巳	三午		二十七未	十五申
		十六（亥）		一辰 二十三卯	七未 二十七午		二申 六未
					十二酉 二十六辰		

① 彭向前、李晓玉:《一件黑水城出土夏汉合璧历日考释》，杜建录主编《西夏学》第 4 辑，宁夏人民出版社 2009 年版。

② Grinstead, "Tangut Fragments in the British Museum," *The British Museum Quarterly* 24 (1961): 3-4.

陈炳应先生将其中的西夏文翻译出来，并制成表格，括号中的汉字是根据西夏文残字分析出来的，□代表模糊不辨的西夏字。

残历前三行的意思是：

六月，朔日甲辰，大，□宿，十二日大暑，二十七日立秋。
七月，朔日甲戌，小，参宿，十二日处暑，二十七日黑露。
八月，朔日癸卯，小，井宿，十四日秋分，二十九日寒露。
九月，朔日壬申，大，鬼宿，十五日□白露。
十月，朔日壬寅，小，星宿，一日立冬，十六日小雪。
十一月，朔日辛未，大，张宿，二日大雪，十六日冬至。
腊月，朔日辛丑，小，轸宿，二日小寒，十七日大寒。①

陈炳应先生根据每月的朔日干支和大小月，参照罗振玉的《纪元以来朔闰考》，考定此件来源于宋历，为西夏天授礼法延祚十年，即宋庆历七年（1047年）的历书，并补出前五个月的朔日干支和大小：正月大，朔日丙子；二月小，朔日丙午；三月大，朔日乙亥；四月大，朔日乙巳；五月小，朔日乙亥。但如果根据陈垣的《二十史朔闰表》，每月朔日干支和大小与此相同的除了宋庆历七年外，还有宋乾道七年（1171年）。苦于缺乏其他资料的佐证，陈炳应先生只好从残历中使用的西夏文字入手加以解释。如残历中对“白露”和“霜降”的翻译，分别作“黑露”和“□白露”，② 与西夏后期作品乾祐二十一年（1190年）刊行的《掌中珠》中的翻译不同；对“十一月”的翻译，用义为“一”的西夏字表达。陈先生认为这些都体现了早期使用西夏文字的原始性质，从这方面考虑，“也是定为1047年为宜”。

我们注意到残历中标有冬至，在十一月十六日。而冬至节皇帝要祭天，就是古代的“郊祀”。所谓“祀天莫大于郊”，③ 像这样的重大活动史籍是在所

① 陈炳应：《西夏文物研究》，宁夏人民出版社1985年版，第320页。

② 案此处“黑露”和“□白露”的翻译误，大概因陈先生只见照片，字迹模糊难辨所致。俄藏Инв.No.7926、Инв.No.8214历书中有一整套夏译“二十四节气”的名称，其中“白露”用西夏文“[illegible]（露冷）”表示，“霜降”用西夏文“[illegible]（霜白）”表示。

③ 马端临：《文献通考》卷68《郊社考一》。

必书的。查《续资治通鉴长编》，庆历七年十一月“戊戌，祀天地于圜丘，大赦”，[①] 该月朔在辛未，“戊戌”为二十八日，二者相去甚远，以此可见残历不当定于 1047 年。再看 1171 年，虽然该年南宋没有举办冬至大典，但金朝却首次行“郊祀之礼”。大定十一年（1171 年）：

> （金世宗）又谓宰臣曰：“本国拜天之礼甚重。今汝等言依古制筑坛，亦宜。我国家绌辽、宋主，据天下之正，郊祀之礼岂可不行？”乃以八月诏曰：“国莫大于祀，祀莫大于天。振古所行，旧章咸在。仰惟太祖之基命，诒我本朝之燕谋，奄有万邦，于今五纪。因时制作，虽增饰于国容，推本奉承，犹未遑于郊见。况天休滋至而年谷屡丰，敢不绎敷旷文，明昭太报！取阳升之至日，将亲飨于圜坛。嘉与臣工，共图熙事。以今年十一月十七日有事于南郊，咨尔有司，各扬乃职，相予肆祀，罔或不钦。”乃于前一日，遍见祖宗，告以郊祀之事。其日，备法驾卤簿，躬诣郊坛行礼。[②]

也就是说，据金朝历法，大定十一年十一月十七日为冬至。本文讨论的西夏残历冬至日仅较之晚一天。

还有更便捷的方法，可以直接去查张培瑜的《三千五百年历日天象》。查该书“历代颁行历书摘要”，可得宋乾道七年月大小、朔日和二十四节气，兹移录如下：

> 正月，朔日丙子，大，八日雨水，二十三日惊蛰。
> 二月，朔日丙午，小，八日春分，二十三日清明。
> 三月，朔日乙亥，大，十日谷雨，二十五日立夏。
> 四月，朔日乙巳，大，十日小满，二十五日芒种。
> 五月，朔日乙亥，小，十一日夏至，二十六日小暑。
> 六月，朔日甲辰，大，十二日大暑，二十七日立秋。

① 李焘：《续资治通鉴长编》卷 161，庆历七年十一月戊戌。
② 《金史》卷 28《礼志一》。

七月，朔日甲戌，小，十二日处暑，二十八日白露。

八月，朔日癸卯，小，十四日秋分，二十九日寒露。

九月，朔日壬申，大，十五日霜降。

十月，朔日壬寅，小，一日立冬，十六日小雪。

十一月，朔日辛未，大，二日大雪，十七日冬至。

腊月，朔日辛丑，小，二日小寒，十八日大寒。①

经过比对，历日残存部分除了白露、冬至、大寒各晚一天外，余皆相同。在辽宋西夏金时期，各政权之间的历日早一天或晚一天是常见的事。总之，以冬至为突破口，两相比较，残历宜定为夏乾祐二年，岁次辛卯（1171 年）历日。

在残历定年的过程中，朔日、节气对比经常有一二日之差，这时我们可以利用星期对比对求出的年代加以验证，而该件恰恰残存二十八宿直日的记载，为此种验证提供了可能。"七曜日"注历，学界认为大约从唐中期开始由西方传入的，星期日称作"蜜"。②"七曜日"的排列次序为日、月、火、水、木、金、土。大概从五代开始，人们又使用二十八宿注历。二十八宿从"角"宿开始，"角"为东方七宿（角、亢、氐、房、心、尾、箕）之首，而古代阴阳家又将东方与"木"相配（"东方甲、乙木"），即"角"宿必与七曜日的"木"相对应。七曜日是七天一周期，二十八宿是二十八天一周期，二十八是七的整四倍。于是，二十八宿注历同"七曜日"注历之间便形成了下列固定的对应关系：

二十八宿注历同"七曜日"注历对应关系

七曜日	木	金	土	日	月	火	水
二十八宿	角	亢	氐	房	心	尾	箕
	斗	牛	女	虚	危	室	壁
	奎	娄	胃	昴	毕	觜	参
	井	鬼	柳	星	张	翼	轸

① 张培瑜：《三千五百年历日天象》，河南教育出版社 1990 年版，第 290 页。

② 此处称星期日为"蜜"是来自西方，更精确的说法来自"中亚"，因为这个词是从粟特语（mir，太阳）借来的。参见聂鸿音《粟特语对音资料和唐代汉语西北方言》，《语言研究》2006 年第 2 期。

由表中可见，历日上凡注房、虚、昴、星四宿的日子均为“日曜日”，亦即星期日，当时称作“蜜”。[①]

经陈先生复原的本件残历中的参宿、井宿、鬼宿、星宿、张宿、轸宿分别为七月、八月、九月、十月、十一月、腊月朔日的直宿。明乎此，就可以把“六月，朔日甲辰，大，□宿”中那个模糊不清的字补出来。七月朔直参宿，六月大，由参宿前的觜宿开始，倒数三十位，停在“毕宿”上，“毕”就是要补的那个字。而十月朔日直“星宿”，也就是说，夏乾祐二年（1171 年）十月初一当为星期天。查陈垣《二十史朔闰表》，该日相当于公元 1171 年 10 月 31 日。再查卷末附日曜表三第三年，1171 年 10 月 31 日果然是日曜日。[②] 这进一步确定上文关于残历的年代为夏乾祐二年岁次辛卯（1171 年）的推断是正确的。顺便指出，孔庆典、江晓原先生在《七元甲子术研究》一文中，沿袭了陈炳应先生的错误结论，进而误认为该件是目前所知最早有二十八宿注历的历书。[③]

1172

莫高窟第 365 窟汉文题记“乾祐三年”（史金波：《西夏佛教史略》，宁夏人民出版社 1988 年版，第 42 页）。

Инв.No.4079“黑水城出土西夏文粮食借贷契约”题“乾祐壬辰三年”（杜建录、史金波：《西夏社会文书研究》，上海古籍出版社 2010 年版，第 36 页）。

按：此表明乾祐三年纪年干支为壬辰，可推知夏仁宗乾祐元年纪年干支为庚寅。

1173

Инв.No.8509 西夏文写本《五音切韵》题“乾祐癸巳四年”（史金波：《西夏出版研究》，宁夏人民出版社 2004 年版，第 175 页）。

西夏文写本《达摩大师观心本母》题“乾祐癸巳四年”（史金波：《西夏出版研究》，宁夏人民出版社 2004 年版，第 174 页）。

日本天理图书馆藏西夏文残经：“发愿译者，甘州禅定寺庙口僧正……癸

---

① 邓文宽：《黑城出土〈西夏皇建元年庚午岁（1210 年）具注历日〉残片考》，《文物》2007 年第 8 期。

② 陈垣：《二十史朔闰表》，中华书局 1999 年版，第 234 页。

③ 孔庆典、江晓原：《七元甲子术研究》，《上海交通大学学报》2009 年第 2 期。

巳年御　正月十五日。"（题记纪年仅有干支"癸巳"二字，据西夏藏传佛教流行和藏文佛经的翻译时间看，这个"癸巳"很可能是西夏最后一个癸巳年，即仁宗乾祐四年。史金波:《西夏佛教史略》，宁夏人民出版社 1988 年版，第 65 页。）

按：此表明乾祐四年纪年干支为癸巳，可推知夏仁宗乾祐元年纪年干支为庚寅。

1174

Инв.No.1381 验伤单记有"医人康□ ……乾祐五年三月日"（杜建录、史金波:《西夏社会文书研究》，上海古籍出版社 2010 年版，第 52 页）。

1175

西夏首领官印题"乾祐六年"（中国藏西夏文献编号 Nl12・002）。

1176

西夏文谚语集《西夏谚语》题"乾祐丙申七年"（影件《俄藏黑水城文献》第 11 册，上海古籍出版社 1999 年版，第 328—347 页。陈炳应:《西夏谚语——新集锦成对谚语》，山西人民出版社 1993 年版）。

甘肃张掖市博物馆所藏仁宗《黑水建桥碑铭》题"大夏乾祐七年岁次丙申九月二十五日立石"（陈炳应:《西夏文物研究》，宁夏人民出版社 1985 年版，第 139 页）。

按：此表明乾祐七年纪年干支为丙申，可推知夏仁宗乾祐元年纪年干支为庚寅。

1178

《二谛于入顺本母之义解记》题记"乾祐九年三月十五日"（崔红芬:《西夏时期的河西佛教》，兰州大学博士学位论文，2006 年）。

1180

中国藏西夏文献编号 N21・015，宁夏贺兰县拜寺沟方塔废墟出土的仁宗

《三十五佛名礼忏功德文发愿文》题“时大夏乾祐庚子十一年五月初……［日］［奉天显］道耀武宣文神谋睿智制□□□□睦懿恭皇帝 谨施”（聂鸿音:《西夏遗文录》,《西夏学》第2辑，宁夏人民出版社2007年版）。

Инв.No.5949-27黑水城出土西夏粮食借贷契约“乾祐庚子十一年”（杜建录、史金波:《西夏社会文书研究》，上海古籍出版社2010年版，第118页）。

按：此表明乾祐十一年纪年干支为庚子，可推知夏仁宗乾祐元年纪年干支为庚寅。

1181

西夏文本《类林》卷四尾题“乾祐辛丑十二年六月二十日刻字司印”（影件《俄藏黑水城文献》第11册，上海古籍出版社1999年版，第258页。史金波、黄振华、聂鸿音:《类林研究》，宁夏人民出版社1993年版）。

西夏首领官印题“乾祐十二年”（罗福颐:《西夏官印汇考》，宁夏人民出版社1982年版，第79页）。

按：此表明乾祐十二年纪年干支为辛丑，可推知夏仁宗乾祐元年纪年干支为庚寅。

1182

《佛说圣佛母三法藏出生般若波罗蜜多经》第17—18卷中所题汉文年款为“乾祐十三年八月二十二日”（崔红芬:《西夏时期的河西佛教》，兰州大学博士学位论文，2006年）。

西夏文《圣立义海》卷一尾题“乾祐壬寅十三年五月十日刻字司更新行刻印”（影件《俄藏黑水城文献》第10册，上海古籍出版社1999年版，第243页。克恰诺夫、李范文、罗矛昆:《圣立义海研究》，宁夏人民出版社1995年版，第55页。）。

TK297黑水城出土的刻本历书《西夏乾祐十三年壬寅岁（1182）具注历日》，残存正月、四月和五月的历日。可推知正月朔在壬申，四月朔在辛丑，五月朔在庚午。历书“明”字缺笔，避西夏太宗德明的名讳（影件《俄藏黑水城文献》第4册，上海古籍出版社1997年版，第385页。邓文宽:《黑城出土〈宋淳熙九年壬寅岁（1182）具注历日〉考》,《敦煌吐鲁番天文历法研究》，甘肃教育出版社 2002 年版。史金波:《西夏的历法和历书》，《民族语文》2006 年第 4 期）。

按：此表明乾祐十三年纪年干支为壬寅，正月朔在壬申，四月朔在辛丑，五月朔在庚午。可推知夏仁宗乾祐元年纪年干支为庚寅。

1183

西夏安推官文书“乾祐十四年十一月初日安推官（押）”（杜建录、史金波:《西夏社会文书研究》，上海古籍出版社 2010 年版，第 59—60 页）。

1184

汉文本 TK121《佛说圣大乘三归依经》、TK145《圣大乘胜意菩萨经》发愿文题“白高大夏国乾祐十五年岁次甲辰九月十五日”（影件《俄藏黑水城文献》第 3 册，上海古籍出版社 1996 年版，第 53、237 页。聂鸿音:《西夏遗文录》，《西夏学》第 2 辑，宁夏人民出版社 2007 年版）。

西夏文 Инв.No.7577《佛说圣大乘三归依经》发愿文题“[illegible]，[illegible] [illegible]（时大白高国乾祐十五年岁次甲辰九月十五日，奉天显道耀武宣文神谋睿智制义去邪惇睦懿恭皇帝 施）”（孙伯君:《黑水城出土西夏文〈佛说圣大乘三归依经〉译释》，《兰州学刊》2009 年第 7 期）。

TK129、TK130 袁宗鉴等印施《金轮佛顶大威德炽盛光佛如来陀罗尼经发愿文》题“乾祐甲辰十五年八月初一日，重开板印施”（影件《俄藏黑水城文献》第 3 册，上海古籍出版社 1996 年版，第 79 页。聂鸿音:《西夏遗文录》，《西夏学》第 2 辑，宁夏人民出版社 2007 年版）。

按：此表明乾祐十五年纪年干支为甲辰，可推知夏仁宗乾祐元年纪年干支为庚寅。

1185

Инв.No.121 西夏文刻本《诗集》题“乾祐乙巳十六年四月一日，刻字司头监前侍金堂管勾御史正番大学士味浪文茂，刻字司头监番三学院百法师傅座主骨勒源，笔受和尚刘法雨”（影件《俄藏黑水城文献》第 10 册，上海古籍出版社 1999 年版，第 268、271、274、278 页。聂鸿音:《西夏译〈诗〉考》,《文学遗产》2003 年第 4 期)。

TK136《六字大明王功德略》题“乾祐乙巳十六年季秋八月十五日，比丘智通施”(宗舜:《〈俄藏黑水城文献〉(汉文部分)佛教题跋汇编》,《敦煌学研究》2007 年第 1 期)。

汉文木板买地券题“维大夏乾祐岁次乙巳六月壬子朔十九日庚午”(陈炳应:《西夏探古》，甘肃文化出版社 2002 年版，第 153—156 页)。

按：此表明乾祐十六年纪年干支为乙巳，可推知夏仁宗乾祐元年纪年干支为庚寅。另据汉文木板买地券，可知乾祐十六年六月朔日为壬子，可以佐证 Инв.No.8085 中的记载。

1187

王仁持《新集锦合辞》题“乾祐丁未十八年”(影件《俄藏黑水城文献》第 10 册，上海古籍出版社 1999 年版，第 328 页。聂鸿音:《西夏遗文录》,《西夏学》第 2 辑，宁夏人民出版社 2007 年版)。

Инв.No.2535V 西夏文初刻本《三才杂字》残存跋尾两行，谓此新刻本为杨山所有，署“□(乾)祐十八年九月”(影件《俄藏黑水城文献》第 10 册，第 39—40 页。聂鸿音:《西夏遗文录》,《西夏学》第 2 辑，宁夏人民出版社 2007 年版)。

1188

西夏文写本《义同》题“乾祐戊申十九年”(史金波:《西夏出版研究》，宁夏人民出版社 2004 年版，第 175 页)。

Инв.No.3706《鲜卑国师劝世集》发愿文题“乾祐戊申十九年二月十五日，雕印发起者僧人杨慧宝，□前面执笔罗瑞忠执写”(史金波:《现存世界上最早的活字印刷品——西夏活字印本考》,《北京图书馆馆刊》1997 年第 1 期)。

西夏文《贤智集》题“夏乾祐十九年沙门宝源撰”(聂鸿音:《西夏文〈贤智集序〉考释》,《固原师专学报》2003 年第 9 期)。

按：此表明乾祐十九年纪年干支为戊申，可推知夏仁宗乾祐元年纪年干支为庚寅。

1189

Инв.No.2535V《观弥勒菩萨上生兜率天经》发愿文题:"感佛奥理，镂板斯经，谨于乾祐己酉二十年九月十五日，恭请宗律国师、净戒国师、大乘玄密国师、禅师、法师、僧众等，请就大度民寺内，具设求修往生兜率内宫弥勒广大法会，烧施道场作广大供养，奉无量施食，并念诵佛名咒语。"（影件《俄藏黑水城文献》第2册，上海古籍出版社1996年版，第47—48页。聂鸿音:《西夏遗文录》,《西夏学》第2辑，宁夏人民出版社2007年版，第158页。）

TK14皇后罗氏印施《金刚般若波罗蜜经》汉文佛经"大夏乾祐二十年岁次己酉三月十五日　正宫　皇后罗氏谨施"（影件《俄藏黑水城文献》第1册，上海古籍出版社1996年版，第309页）。

TK65、TK69《大方广佛华严经入不思议解脱境界普贤行愿品》题"大夏乾祐二十年岁次己酉三月十五日　正宫　皇后罗氏谨施"（影件《俄藏黑水城文献》第2册，上海古籍出版社1996年版，第61、90页。史金波:《西夏社会》下册，上海人民出版社2007年版，第763页）。

按：此表明乾祐二十年纪年干支为己酉，可推知夏仁宗乾祐元年纪年干支为庚寅。

1190

《番汉合时掌中珠》题"乾祐庚戌二十一年"（影件《俄藏黑水城文献》第10册，上海古籍出版社1999年版，第1—37页。（西夏）骨勒茂才著，黄振华、聂鸿音、史金波整理《番汉合时掌中珠》，宁夏人民出版社1989年版）。

Инв.No.1570"黑水城出土西夏粮食借贷契约"题"乾祐庚戌二十一年五月十二日"（杜建录、史金波:《西夏社会文书研究》，上海古籍出版社2010年版，第118页）。

按：此表明乾祐二十一年纪年干支为庚戌，可证夏仁宗乾祐元年纪年干支为庚寅。

1191

Инв.No.5031刻本《大乘默有者道中入顺大宝聚集要论》题"乾祐辛亥

二十二年”（史金波:《西夏出版研究》，宁夏人民出版社 2004 年版，第 131 页）。

按：此表明乾祐二十二年纪年干支为辛亥，可证夏仁宗乾祐元年纪年干支为庚寅。

1192

中国藏西夏文献编号 G32·004“甘肃武威市西郊响水河煤矿家属院出土西夏墓汉文朱书木牍”题“维大夏乾祐廿三年岁次壬子二月甲戌朔二十九日壬寅”（姚永春:《武威西郊西夏墓清理简报》,《陇右文博》2009 年第 2 期。该文误录为“岁次壬午”）。

按：此表明夏仁宗乾祐廿三年纪年干支为壬子，可证乾祐元年纪年干支为庚寅。乾祐廿三年二月朔在甲戌，可以佐证 Инв.No.8085 中的记载。

1193

Инв.No.117《拔济苦难陀罗尼经》题“[illegible]……”，可译为“白高乾祐癸丑二十四年十月八日，西正经略使……”（聂鸿音:《俄藏西夏本〈拔济苦难陀罗尼经〉考释》,《西夏学》第 6 辑，宁夏人民出版社 2010 年版）。

西夏官印题“乾祐二十四年”（罗福颐:《西夏官印汇考》，宁夏人民出版社 1982 年版，第 79 页。中国藏西夏文献编号 N002·027）。

中国藏西夏文献编号 G12·050 榆林窟第 19 窟汉文题记“乾祐廿四年……画师甘州住户高崇德小名那征，到此画秘密堂记之”（史金波、白滨:《莫高窟榆林窟西夏文题记研究》,《考古学报》1982 年第 3 期）。

中国藏西夏文献编号 M21·005［F220:W2］《西夏乾祐二十四年生男命造》:“命男癸丑岁十月二十四夜丑时承庆也，依三命本根四柱：年癸丑木 自身成柱 月癸亥水苗 日戊午火花 时癸丑木果。”(《中国藏西夏文献》第 17 卷，甘肃人民出版社、敦煌文艺出版社 2006 年版，第 154 页）。

按：M21·005［F220:W2］中一个人出生年、月、日、时的干支“八字”排出后，就可以根据八字之间五行生克等千变万化的关系，来推论他一生的吉凶祸福了。与此同时，这排好的“八字”里面也承载了不少历学上的信息。本件文书所承载的历学信息如下：

（1）纪年干支为“癸丑”。

（2）该年十月的朔日。根据十月二十四日的干支为戊午，可以推出十月初一的干支为乙未。

（3）该年十月的节气分布情况。二十四节气是：立春、雨水、惊蛰、春分、清明、谷雨、立夏、小满、芒种、夏至、小暑、大暑、立秋、处暑、白露、秋分、寒露、霜降、立冬、小雪、大雪、冬至、小寒、大寒。每个节气约间隔半个月的时间，分列在十二个月里面。在月首的叫作“节”，在月中的叫“中”，又叫作“中气”。星命家的“月”不是从本月朔日算起的，而是从节气中的“节”算起的。关于“年上起月法”的口诀是：

甲己之年丙作首，乙庚之岁戊为头，
丙辛之岁寻庚上，丁壬壬位顺行流，
更有戊癸何处起？甲寅之上好追求。

命主癸丑年出生，根据“更有戊癸何处起？甲寅之上好追求”，可知该年正月为甲寅月。命主如果在十月节前生的，就用九月的干支壬戌。如果在十月下一个节后生的，也就是说下一个月的节提前来到本月，就得用十一月的干支甲子。文中“月癸亥水苗”，用的是十月的干支癸亥，表明这个癸丑年的“立冬”一定在十月，且在命主出生的十月二十四日之前，“大雪”一定在命主出生日十月二十四日之后。

查陈垣《二十史朔闰表》，在公元 1038—1502 年，共有 8 个癸丑年，分别是公元 1073 年、1133 年、1193 年、1253 年、1313 年、1373 年、1433 年、1493 年。[①] 各癸丑年十月朔日情况如下：

1038—1502 年各癸丑年十月朔日表

宋神宗熙宁六年（1073 年）	宋高宗绍兴三年（1133 年）	宋光宗绍熙四年（1193 年）	宋理宗宝祐元年（1253 年）	元仁宗皇庆二年（1313 年）	明太祖洪武六年（1373 年）	明宣宗宣德八年（1433 年）	明孝宗弘治六年（1493 年）
庚午	壬午	甲午	丙午	丁巳	己巳	庚戌	壬戌

① 陈垣：《二十史朔闰表》，中华书局 1999 年版。

已知命主生于癸丑岁，该年十月朔日为乙未。经过比对，只有宋光宗绍熙四年（1193 年）癸丑与之相近，相当于西夏仁宗乾祐二十四年。该年宋历十月朔日为甲午，早一天而已。在辽宋西夏金时期，各政权之间的历日朔日、节气对比有一二日之差是常见的事。如《宋史》记载，苏颂“使契丹，遇冬至，其国历后宋一日。北人问孰为是，颂曰：‘历家算术小异，迟速不同，如亥时节气交，犹是今夕，若逾数刻，则属子时，为明日矣。或先或后，各从其历可也。’北人以为然，使还以奏，神宗嘉曰：‘朕尝思之，此最难处，卿所对殊善’”。[①] 在敦煌历日与中原历日的对比中也多存在此类现象。据邓文宽先生研究，“敦煌历日的朔日与同一时期的中原历不尽一致，常有一到二日的差别；闰月也很少一致，比中原历或早或晚一二月”。[②]

我们再利用节气对求出的年代加以验证。查张培瑜的《三千五百年历日天象》“历代颁行历书摘要”，可得宋光宗绍熙四年之月大小、朔日和二十四节气。

正月，朔日己巳，小，十日雨水，二十五日惊蛰。

二月，朔日戊戌，大，十二日春分，二十七日清明。

三月，朔日戊辰，小，十二日谷雨，二十七日立夏。

四月，朔日丁酉，小，十四日小满，二十九日芒种。

五月，朔日丙寅，大，十五日夏至，三十日小暑。

六月，朔日丙申，小，十五日大暑。

七月，朔日乙丑，大，二日立秋，十七日处暑。

八月，朔日乙未，小，二日白露，十七日秋分。

九月，朔日甲子，大，三日寒露，十九日霜降。

十月，朔日甲午，大，四日立冬，十九日小雪。

十一月，朔日甲子，大，四日大雪，二十日冬至。

十二月，朔日乙丑，小，五日小寒，二十日大寒。[③]

---

① 《宋史》卷 99《苏颂传》。

② 邓文宽：《敦煌文献中的天文历法》，《敦煌吐鲁番天文历法研究》，甘肃教育出版社 2002 年版，第 4 页。

③ 张培瑜：《三千五百年历日天象》，河南教育出版社 1990 年版，第 294 页。

宋光宗绍熙四年十月四日立冬，十九日小雪，十一月四日大雪。再看我们上文的推论“癸丑年的‘立冬’一定在十月，且在命主出生的十月二十四日之前，‘大雪’一定在命主出生日十月二十四日之后”，二者并不冲突。

总之，M21 · 005［F220:W2］西夏文星命占卜文书、Инв.No.117《拔济苦难陀罗尼经》题款告诉我们：西夏仁宗乾祐二十四年为癸丑年，十月朔日为乙未，比宋历晚了一天，[①] 可以佐证 Инв.No.8085 中的记载。

1194

甘肃武威西郊林场出土的刘仲达《刘庆寿母李氏墓葬题记》题：“彭城刘庆寿母李氏，殖天庆元年正月卅日讫”，“彭城刘庆寿母李氏顺娇，殖大夏天庆元年正月卅日身殁，夫刘仲达讫”（陈炳应:《西夏文物研究》，宁夏人民出版社 1985 年版，第 190 页）。

Инв.No.683、Инв.No.592《仁王护国般若波罗蜜多经》题“[illegible]，[illegible]（天庆元年岁次甲寅九月二十日，皇太后梁氏谨施）”（聂鸿音:《〈仁王经〉的西夏译本》，《民族研究》2010 年第 3 期）。

Инв.No.5124 包租地契“寅年正月二十九日”“寅年二月一日”（史金波:《黑水城出土西夏文租地契约研究》，载《吴天墀教授百年诞辰纪念文集》，四川人民出版社 2013 年版，第 89—92 页）。

Инв.No.4762-6 西夏粮食借贷契约记“天庆寅年正月二十九日文状为者梁功……知人梁生□（押）”（杜建录、史金波:《西夏社会文书研究》，上海古籍出版社 2010 年版，第 137—139 页）。

Инв.No.4762-11 西夏文借粮契约：“天庆寅年正月二十九日立契约者梁功铁，今从普亥寺中持粮人梁任麻等处借十石麦、十石大麦”（史金波:《西夏贷粮契约简论》，载林英津等编《汉藏语研究——龚煌城先生七秩寿庆论文集》，台北“中央研究院”语言学研究所 2004 年版）。

中国藏西夏文献编号 B11 · 016 天庆甲寅年黑水监军司诉讼文书“天庆甲

① 杜建录、彭向前:《所谓“大轮七年星占书”考释》，《薪火相传——史金波先生七十寿辰西夏学国际学术研讨会论文集》，中国社会科学出版社 2012 年版。

寅年”（史金波:《国家图书馆藏西夏文社会文书残页考》,《文献季刊》2004年第2期）。

中国藏西夏文献编号G21·003会款单“天庆虎年正月七五日，于讹命犬宝处汇集，集出者数……入众钱中”（陈炳应:《西夏文物研究》，宁夏人民出版社1985年版，第282页）。

按：此表明天庆元年纪年干支为甲寅，且该年正月为大月，可补Инв. No.8085之缺。

1195

Инв.No.4696-1西夏粮食借贷契约“天庆乙卯二年”（杜建录、史金波:《西夏社会文书研究》，上海古籍出版社2010年版，第119页）。

TK12太后罗氏《佛说转女身经发愿文》题“天庆乙卯二年九月二十日，皇太后罗氏发愿谨施”（值仁宗去世“二周之忌辰”。影件《俄藏黑水城文献》第1册，上海古籍出版社1996年版，第224页。宗舜:《〈俄藏黑水城文献〉（汉文部分）佛教题跋汇编》,《敦煌学研究》2007年第1期）。

按：此表明天庆二年纪年干支为乙卯，可证天庆元年纪年干支为甲寅。

1196

Инв.No.5949西夏买卖人口契约“乾祐甲辰二十七年三月二十日”（史金波:《西夏社会》上册，上海人民出版社2007年版，第149—150页）。

TK98太后罗氏《大方广佛华严经入不思议解脱境界普贤行愿品发愿文》“天庆三年九月二十日”（皇太后罗氏为仁宗去世三周年所作。影件《俄藏黑水城文献》第2册，上海古籍出版社1996年版，第372—373页）。

俄藏Φ214《亲诵仪》题“天庆丙辰三年十二月廿五日写，勘了”（影件《俄藏黑水城文献》第6册，上海古籍出版社2000年版，第72页。宗舜:《〈俄藏黑水城文献〉（汉文部分）佛教题跋汇编》,《敦煌学研究》2007年第1期）。

按：此表明天庆三年纪年干支为丙辰，可证天庆元年纪年干支为甲寅。需要指出的是，“乾祐甲辰二十七年”，或为“乾祐丙辰二十七年”，此时已改元，为天庆三年，写契约者不知，仍沿用旧年号。又把丙辰误书为“甲辰”。

1197

Инв.No.6966《发菩提心及常作法事注》题“天庆丁巳四年……刻”（史金波:《西夏社会》下册，上海人民出版社 2007 年版，第 754 页）。

莫高窟第 229 窟汉文题记“天庆四年七月廿一……石公义到……”（史金波:《西夏佛教史略》，宁夏人民出版社 1988 年版，第 293 页）。

按：此表明天庆四年纪年干支为丁巳，可证天庆元年纪年干支为甲寅。

1198

Инв.No.4193 西夏社会买卖文书题“天庆戊午五年正月五日”（史金波:《西夏社会》上册，上海人民出版社 2007 年版，第 152 页）。

Инв.No.8371 西夏文军抄文书“天庆戊午五年六月”（史金波:《西夏社会》上册，上海人民出版社 2007 年版，第 326 页）。

敦煌莫高窟第 61 窟东壁门南北向第一身供养人前，有汉文题记 3 行，字迹模糊，尚可辨识“天庆五年”“巡礼”等字（中国藏西夏文献编号 G12・030）。

甘肃武威西郊林场出土的西夏二号墓题记“天庆五年岁次戊午年四月十六日亡殁”（陈炳应:《西夏文物研究》，宁夏人民出版社 1985 年版，第 190 页）。

按：此表明天庆五年纪年干支为戊午，可证天庆元年纪年干支为甲寅。

1199

买卖牲畜契约“天庆六年”（史金波:《西夏社会》上册，上海人民出版社 2007 年版，第 175 页）。

TK49P 黑水城出土的典粮文契“天庆六年四月十六日立文人胡住儿□……裴松寿处取到大麦六斗加五利，共本利（九斗），其大麦限至来八月初一日交还。如限日不见交还时，每一斗倍罚一斗……”(《俄藏黑水城文献》第 2 册，上海古籍出版社 1996 年版，第 37 页。杜建录、史金波:《西夏社会文书研究》，上海古籍出版社 2010 年版，第 34 页）。

1200

TK271 汉文《密咒圆因往生集序》题“时大夏天庆七年岁次庚申孟秋望

日，中书相贺宗寿谨序”（聂鸿音:《西夏遗文录》,《西夏学》第 2 辑，宁夏人民出版社 2007 年版）。

TK135《圣六字增寿大明陀罗尼经》发愿文“时大夏天庆七年七月十五日哀子仇彦忠谨施”（影件《俄藏黑水城文献》第 3 册，上海古籍出版社 1996 年版，第 173 页。聂鸿音:《西夏遗文录》,《西夏学》第 2 辑，宁夏人民出版社 2007 年版）。

中国藏西夏文献编号 G32・002 刘庆寿《刘德仁墓葬题记》:“故考妣西经略司都案刘德仁，寿六旬有八，于天庆五年岁次戊午四月十六日亡殁，至天庆七年岁次庚申十五日兴工建缘塔仁，至中秋十三日入课讫”（陈炳应:《西夏文物研究》，宁夏人民出版社 1985 年版，第 190 页）。

按：此表明天庆七年纪年干支为庚申，可证天庆元年纪年干支为甲寅。

1201

西夏首领官印题“天庆八年”（罗福颐:《西夏官印汇考》，宁夏人民出版社 1982 年版，第 80 页。中国藏西夏文献编号 T22・003）。

“武威西夏墓木缘塔”题“天庆八年岁次辛酉”（陈炳应:《西夏文物研究》，宁夏人民出版社 1985 年版，第 464 页）。

甘肃武威西郊林场出土的《刘仲达墓葬题记》:“故亡考任西路经略司兼安排官□两处都案刘仲达灵匣，时大夏天庆八年岁次辛酉仲春二十三日百五侵晨葬讫。长男刘元秀请记。”（陈炳应:《西夏文物研究》，宁夏人民出版社 1985 年版，第 190 页。）

按：此表明天庆八年纪年干支为辛酉，可证天庆元年纪年干支为甲寅。

1202

莫高窟第 205 窟东壁南侧观音菩萨像左侧汉文题记“天庆九年”（中国藏西夏文献编号 G12・032。史金波、白滨:《莫高窟榆林窟西夏文题记研究》,《考古学报》1982 年第 3 期）。

1203

Инв.No.2546 买卖牲畜契约“天庆十年二月十四日”（史金波:《西夏社

会》上册，上海人民出版社 2007 年版，第 153 页）。

Инв.No.2546-1 卖畜契“天庆猪年二月三十日”（影件《俄藏黑水城文献》第 13 册，上海古籍出版社 2007 年版，第 84 页）。

按：此表明天庆十年纪年地支为亥。

1204

黑水城出土的汉文典当契约：“（天庆十一年五月）初三日，立文人兀女浪粟，今（将自己）□□袄子裘一领，于裴处（典到大麦五）斗加三利，小麦五斗加四利，共本利大麦（一石三）斗五升。”（陈国灿：《西夏天盛典当残契的复原》，《中国史研究》1980 年第 1 期。）

Инв.No.5120 黑水城出土的典当契约“天庆十一年二月二十四日”（史金波：《西夏社会》上册，上海人民出版社 2007 年版，第 185 页）。

TK49P 黑水城出土的汉文典粮文契“天庆十一年五月廿四日立文约人夜夷讹令嵬……”（影件《俄藏黑水城文献》第 2 册，上海古籍出版社 1996 年版，第 37 页。杜建录、史金波：《西夏社会文书研究》，上海古籍出版社 2010 年版，第 34 页）。

Or.8212/727K.K.II.0253（a）黑水城出土的西夏天庆年间裴松寿典卖契“天庆十一年五月初六日立文人……裴处……”（杜建录、史金波：《西夏社会文书研究》，上海古籍出版社 2010 年版，第 203 页）。

1205

Инв.No.5227“黑水城出土西夏粮食借贷契约”题“天庆乙丑十二年”（杜建录、史金波：《西夏社会文书研究》，上海古籍出版社 2010 年版，第 119 页）。

Инв.No.2858-1《天庆丑年卖畜契》题“天庆丑年腊月三十日”（影件《俄藏黑水城文献》第 13 册，上海古籍出版社 2007 年版，第 136 页上、第 141 页下。史金波：《西夏出版研究》，宁夏人民出版社 2004 年版，第 175 页）

按：此表明天庆十二年纪年干支为乙丑，该年十二月为大月，可补 Инв.No.8085 之缺。可推知天庆元年纪年干支为甲寅。

1206

Инв.No.4196《黑水城出土军抄人马装备军籍文书》：“黑水属军首领律移

吉祥有……应天丙寅元年六月　吉［祥有］）。”（杜建录、史金波:《西夏社会文书研究》，上海古籍出版社 2010 年版，第 157—159 页。）

按：此表明应天元年纪年干支为丙寅。

二　西夏历与宋历朔闰对照表（1120—1207 年）

从夏历与宋历对比上来看，夏历的朔日与宋历或同，或前后相差一日，没有相差二日或二日以上者。夏历的闰月与宋历或同，或前后相差一月，没有与宋历相差二月以上者。这表明西夏历是承袭宋历而来的。

西夏历与宋历朔闰对照表（1120—1207 年）

年份			宋历			西夏历			二历异同	文献
年号纪年	公元纪年	干支	月序	月大小	朔日干支	月序	月大小	朔日干支		
夏崇宗元德二年	1120	庚子	正月	大	壬寅	正月	大	壬寅	朔同	Инв.No.8085
			二月	小	壬申	二月	小	壬申	朔同	Инв.No.8085
			三月	大	辛丑	三月	大	辛丑	朔同	Инв.No.8085
			四月	小	辛未	四月	小	辛未	朔同	Инв.No.8085
			五月	大	庚子	五月	大	庚子	朔同	Инв.No.8085
			六月	小	庚午	六月	小	庚午	朔同	Инв.No.8085
			七月	大	己亥	七月	大	己亥	朔同	Инв.No.8085
			八月	大	己巳	八月	大	己巳	朔同	Инв.No.8085
			九月	小	己亥	九月	小	己亥	朔同	Инв.No.8085
			十月	大	戊辰	十月	大	戊辰	朔同	Инв.No.8085
			十一月	小	戊戌	十一月	小	戊戌	朔同	Инв.No.8085
			十二月	大	丁卯	十二月	大	丁卯	朔同	Инв.No.8085
元德三年	1121	辛丑	正月	小	丁酉	正月	小	丁酉	朔同	Инв.No.8085
			二月	大	丙寅	二月	大	丙寅	朔同	Инв.No.8085
			三月	小	丙申	三月	小	丙申	朔同	Инв.No.8085
			四月	小	乙丑	四月	小	乙丑	朔同	Инв.No.8085
			五月	大	甲午	五月	大	甲午	朔同	Инв.No.8085
			闰五月	小	甲子	闰五月	小	甲子	闰同、朔同	Инв.No.8085
			六月	大	癸巳	六月	大	癸巳	朔同	Инв.No.8085
			七月	大	癸亥	七月	大	癸亥	朔同	Инв.No.8085

续表

年份			宋历			西夏历			二历异同	文献
年号纪年	公元纪年	干支	月序	月大小	朔日干支	月序	月大小	朔日干支		
元德三年	1121	辛丑	八月	小	癸巳	八月	小	癸巳	朔同	Инв.No.8085
			九月	大	壬戌	九月	大	壬戌	朔同	Инв.No.8085
			十月	大	壬辰	十月	大	壬辰	朔同	Инв.No.8085
			十一月	小	壬戌	十一月	小	壬戌	朔同	Инв.No.8085
			十二月	大	辛卯	十二月	大	辛卯	朔同	Инв.No.8085
元德四年	1122	壬寅	正月	小	辛酉	正月	小	辛酉	朔同	Инв.No.8085
			二月	大	庚寅	二月	大	庚寅	朔同	Инв.No.8085
			三月	小	庚申	三月	小	庚申	朔同	Инв.No.8085
			四月	小	己丑	四月	小	己丑	朔同	Инв.No.8085
			五月	大	戊午	五月	大	戊午	朔同	Инв.No.8085
			六月	小	戊子	六月	小	戊子	朔同	Инв.No.8085
			七月	大	丁巳	七月	大	丁巳	朔同	Инв.No.8085
			八月	大	丁亥	八月	大	丁亥	朔同	Инв.No.8085
			九月	小	丁巳	九月	小	丁巳	朔同	Инв.No.8085
			十月	大	丙戌	十月	大	丙戌	朔同	Инв.No.8085
			十一月	大	丙辰	十一月	大	丙辰	朔同	Инв.No.8085
			十二月	小	丙戌	十二月	小	丙戌	朔同	Инв.No.8085
元德五年	1123	癸卯	正月	大	乙卯	正月	大	乙卯	朔同	Инв.No.8085
			二月	小	乙酉	二月	小	乙酉	朔同	Инв.No.8085
			三月	大	甲寅	三月	大	甲寅	朔同	Инв.No.8085
			四月	小	甲申	四月	小	甲申	朔同	Инв.No.8085
			五月	小	癸丑	五月	小	癸丑	朔同	Инв.No.8085
			六月	大	壬午	六月	大	壬午	朔同	Инв.No.8085
			七月	小	壬子	七月	小	壬子	朔同	Инв.No.8085
			八月	大	辛巳	八月	大	辛巳	朔同	Инв.No.8085
			九月	小	辛亥	九月	小	辛亥	朔同	Инв.No.8085
			十月	大	庚辰	十月	大	庚辰	朔同	Инв.No.8085
			十一月	大	庚戌	十一月	大	庚戌	朔同	Инв.No.8085
			十二月	大	庚辰	十二月	大	庚辰	朔同	Инв.No.8085

续表

年份			宋历			西夏历			二历异同	文献
年号纪年	公元纪年	干支	月序	月大小	朔日干支	月序	月大小	朔日干支		
元德六年	1124	甲辰	正月	小	庚戌	正月	小	庚戌	朔同	Инв.No.8085
			二月	大	己卯	二月	大	己卯	朔同	Инв.No.8085
			三月	小	己酉	三月	小	己酉	朔同	Инв.No.8085
			闰三月	大	戊寅	闰三月	大	戊寅	朔同、闰同	Инв.No.8085
			四月	小	戊申	四月	小	戊申	朔同	Инв.No.8085
			五月	小	丁丑	五月	小	丁丑	朔同	Инв.No.8085
			六月	大	丙午	六月	大	丙午	朔同	Инв.No.8085
			七月	小	丙子	七月	小	丙子	朔同	Инв.No.8085
			八月	小	乙巳	八月	小	乙巳	朔同	Инв.No.8085
			九月	大	甲戌	九月	大	甲戌	朔同	Инв.No.8085
			十月	大	甲辰	十月	大	甲辰	朔同	Инв.No.8085
			十一月	大	甲戌	十一月	大	甲戌	朔同	Инв.No.8085
			十二月	小	甲辰	十二月	小	甲辰	朔同	Инв.No.8085
元德七年	1125	乙巳	正月	大	癸酉	正月	大	癸酉	朔同	Инв.No.8085
			二月	大	癸卯	二月	大	癸卯	朔同	Инв.No.8085
			三月	小	癸酉	三月	小	癸酉	朔同	Инв.No.8085
			四月	大	壬寅	四月	大	壬寅	朔同	Инв.No.8085
			五月	小	壬申	五月	小	壬申	朔同	Инв.No.8085
			六月	小	辛丑	六月	小	辛丑	朔同	Инв.No.8085
			七月	大	庚午	七月	大	庚午	朔同	Инв.No.8085
			八月	小	庚子	八月	小	庚子	朔同	Инв.No.8085
			九月	小	己巳	九月	小	己巳	朔同	Инв.No.8085
			十月	大	戊戌	十月	大	戊戌	朔同	Инв.No.8085
			十一月	大	戊辰	十一月	大	戊辰	朔同	Инв.No.8085
			十二月	小	戊戌	十二月	小	戊戌	朔同	Инв.No.8085

续表

年份			宋历			西夏历			二历异同	文献
年号纪年	公元纪年	干支	月序	月大小	朔日干支	月序	月大小	朔日干支		
元德八年	1126	丙午	正月	大	丁卯	正月	大	丁卯	朔同	Инв.No.8085
			二月	大	丁酉	二月	大	丁酉	朔同	Инв.No.8085
			三月	大	丁卯	三月	大	丁卯	朔同	Инв.No.8085
			四月	小	丁酉	四月	小	丁酉	朔同	Инв.No.8085
			五月	大	丙寅	五月	大	丙寅	朔同	Инв.No.8085
			六月	小	丙申	六月	小	丙申	朔同	Инв.No.8085
			七月	小	乙丑	七月	小	乙丑	朔同	Инв.No.8085
			八月	大	甲午	八月	大	甲午	朔同	Инв.No.8085
			九月	小	甲子	九月	小	甲子	朔同	Инв.No.8085
			十月	小	癸巳	十月	小	癸巳	朔同	Инв.No.8085
			十一月	大	壬戌	十一月	大	壬戌	朔同	Инв.No.8085
			闰十一月	大	壬辰	闰十一月	大	壬辰	朔同、闰同	Инв.No.8085
			十二月	小	壬戌	十二月	小	壬戌	朔同	Инв.No.8085
元德九年	1127	丁未	正月	大	辛卯	正月	大	辛卯	朔同	Инв.No.8085
			二月	大	辛酉	二月	大	辛酉	朔同	Инв.No.8085
			三月	小	辛卯	三月	小	辛卯	朔同	Инв.No.8085
			四月	大	庚申	四月	大	庚申	朔同	Инв.No.8085
			五月	小	庚寅	五月	小	庚寅	朔同	Инв.No.8085
			六月	大	己未	六月	大	己未	朔同	Инв.No.8085
			七月	小	己丑	七月	小	己丑	朔同	Инв.No.8085
			八月	大	戊午	八月	大	戊午	朔同	Инв.No.8085
			九月	小	戊子	九月	小	戊子	朔同	Инв.No.8085
			十月	大	丁巳	十月	大	丁巳	朔同	Инв.No.8085
			十一月	小	丁亥	十一月	小	丁亥	朔同	Инв.No.8085
			十二月	大	丙辰	十二月	大	丙辰	朔同	Инв.No.8085

续表

年份			宋历			西夏历			二历异同	文献
年号纪年	公元纪年	干支	月序	月大小	朔日干支	月序	月大小	朔日干支		
正德二年	1128	戊申	正月	小	丙戌	正月	小	丙戌	朔同	Инв.No.8085
			二月	大	乙卯	二月	大	乙卯	朔同	Инв.No.8085
			三月	小	乙酉	三月	小	乙酉	朔同	Инв.No.8085
			四月	大	甲寅	四月	大	甲寅	朔同	Инв.No.8085
			五月	大	甲申	五月	大	甲申	朔同	Инв.No.8085
			六月	小	甲寅	六月	小	甲寅	朔同	Инв.No.8085
			七月	大	癸未	七月	大	癸未	朔同	Инв.No.8085
			八月	小	癸丑	八月	小	癸丑	朔同	Инв.No.8085
			九月	大	壬午	九月	大	壬午	朔同	Инв.No.8085
			十月	小	壬子	十月	小	壬子	朔同	Инв.No.8085
			十一月	大	辛巳	十一月	大	辛巳	朔同	Инв.No.8085
			十二月	小	辛亥	十二月	小	辛亥	朔同	Инв.No.8085
正德三年	1129	己酉	正月	大	庚辰	正月	大	庚辰	朔同	Инв.No.8085、Инв.No.5282-1 残历
			二月	小	庚戌	二月	小	庚戌	朔同	Инв.No.8085、Инв.No.5282-1 残历
			三月	小	己卯	三月	大	己卯	朔同	Инв.No.8085、Инв.No.5282-1 残历
			四月	大	戊申	四月	小	己酉	夏历朔晚一天	Инв.No.8085、Инв.No.5282-1 残历
			五月	大	戊寅	五月	大	戊寅	朔同	Инв.No.8085、Инв.No.5282-1 残历
			六月	小	戊申	六月	小	戊申	朔同	Инв.No.8085、Инв.No.5282-1 残历
			七月	大	丁丑	七月	大	丁丑	朔同	Инв.No.8085
			八月	大	丁未	八月	大	丁未	朔同	Инв.No.8085
			闰八月	小	丁丑	闰八月	小	丁丑	朔同、闰同	Инв.No.8085
			九月	大	丙午	九月	大	丙午	朔同	Инв.No.8085
			十月	小	丙子	十月	小	丙子	朔同	Инв.No.8085
			十一月	大	乙巳	十一月	大	乙巳	朔同	Инв.No.8085
			十二月	小	乙亥	十二月	小	乙亥	朔同	Инв.No.8085

续表

年份			宋历			西夏历			二历异同	文献
年号纪年	公元纪年	干支	月序	月大小	朔日干支	月序	月大小	朔日干支		
正德四年	1130	庚戌	正月	大	甲辰	正月	大	甲辰	朔同	Инв.No.8085
			二月	小	甲戌	二月	小	甲戌	朔同	Инв.No.8085
			三月	小	癸卯	三月	小	癸卯	朔同	Инв.No.8085
			四月	大	壬申	四月	大	壬申	朔同	Инв.No.8085
			五月	小	壬寅	五月	小	壬寅	朔同	Инв.No.8085
			六月	大	辛未	六月	大	辛未	朔同	Инв.No.8085
			七月	大	辛丑	七月	大	辛丑	朔同	Инв.No.8085
			八月	小	辛未	八月	小	辛未	朔同	Инв.No.8085
			九月	大	庚子	九月	大	庚子	朔同	Инв.No.8085
			十月	大	庚午	十月	大	庚午	朔同	Инв.No.8085
			十一月	小	庚子	十一月	小	庚子	朔同	Инв.No.8085
			十二月	大	己巳	十二月	大	己巳	朔同	Инв.No.8085
正德五年	1131	辛亥	正月	小	己亥	正月	小	己亥	朔同	Инв.No.8085
			二月	大	戊辰	二月	大	戊辰	朔同	Инв.No.8085
			三月	小	戊戌	三月	小	戊戌	朔同	Инв.No.8085
			四月	小	丁卯	四月	小	丁卯	朔同	Инв.No.8085
			五月	大	丙申	五月	大	丙申	朔同	Инв.No.8085
			六月	小	丙寅	六月	小	丙寅	朔同	Инв.No.8085
			七月	大	乙未	七月	大	乙未	朔同	Инв.No.8085
			八月	小	乙丑	八月	小	乙丑	朔同	Инв.No.8085
			九月	大	甲午	九月	大	甲午	朔同	Инв.No.8085
			十月	大	甲子	十月	大	甲子	朔同	Инв.No.8085
			十一月	大	甲午	十一月	大	甲午	朔同	Инв.No.8085
			十二月	小	甲子	十二月	小	甲子	朔同	Инв.No.8085

续表

年份			宋历			西夏历			二历异同	文献
年号纪年	公元纪年	干支	月序	月大小	朔日干支	月序	月大小	朔日干支		
正德六年	1132	壬子	正月	大	癸巳	正月	大	癸巳	朔同	Инв.No.8085
			二月	小	癸亥	二月	小	癸亥	朔同	Инв.No.8085
			三月	大	壬辰	三月	大	壬辰	朔同	Инв.No.8085
			四月	小	壬戌	四月	小	壬戌	朔同	Инв.No.8085
			闰四月	小	辛卯	闰四月	小	辛卯	朔同、闰同	Инв.No.8085
			五月	大	庚申	五月	大	庚申	朔同	Инв.No.8085
			六月	小	庚寅	六月	小	庚寅	朔同	Инв.No.8085
			七月	小	己未	七月	小	己未	朔同	Инв.No.8085
			八月	大	戊子	八月	大	戊子	朔同	Инв.No.8085
			九月	大	戊午	九月	大	戊午	朔同	Инв.No.8085
			十月	大	戊子	十月	大	戊子	朔同	Инв.No.8085
			十一月	小	戊午	十一月	小	戊午	朔同	Инв.No.8085
			十二月	大	丁亥	十二月	大	丁亥	朔同	Инв.No.8085
正德七年	1133	癸丑	正月	大	丁巳	正月	大	丁巳	朔同	Инв.No.8085、Or.12380-2058
			二月	小	丁亥	二月	小	丁亥	朔同	Инв.No.8085、Or.12380-2058
			三月	大	丙辰	三月	大	丙辰	朔同	Инв.No.8085
			四月	小	丙戌	四月	小	丙戌	朔同	Инв.No.8085
			五月	小	乙卯	五月	小	乙卯	朔同	Инв.No.8085
			六月	大	甲申	六月	大	甲申	朔同	Инв.No.8085
			七月	小	甲寅	七月	小	甲寅	朔同	Инв.No.8085
			八月	小	癸未	八月	小	癸未	朔同	Инв.No.8085
			九月	大	壬子	九月	大	壬子	朔同	Инв.No.8085
			十月	大	壬午	十月	大	壬午	朔同	Инв.No.8085
			十一月	小	壬子	十一月	小	壬子	朔同	Инв.No.8085
			十二月	大	辛巳	十二月	大	辛巳	朔同	Инв.No.8085

续表

年份			宋历			西夏历			二历异同	文献
年号纪年	公元纪年	干支	月序	月大小	朔日干支	月序	月大小	朔日干支		
正德八年	1134	甲寅	正月	大	辛亥	正月	大	辛亥	朔同	Инв.No.8085
			二月	大	辛巳	二月	大	辛巳	朔同	Инв.No.8085
			三月	小	辛亥	三月	小	辛亥	朔同	Инв.No.8085
			四月	大	庚辰	四月	大	庚辰	朔同	Инв.No.8085
			五月	小	庚戌	五月	小	庚戌	朔同	Инв.No.8085
			六月	小	己卯	六月	小	己卯	朔同	Инв.No.8085
			七月	大	戊申	七月	大	戊申	朔同	Инв.No.8085
			八月	小	戊寅	八月	小	戊寅	朔同	Инв.No.8085
			九月	小	丁未	九月	小	丁未	朔同	Инв.No.8085
			十月	大	丙子	十月	大	丙子	朔同	Инв.No.8085
			十一月	小	丙午	十一月	大	丙午	朔同	Инв.No.8085
			十二月	大	乙亥	十二月	小	丙子	夏历朔晚一天	Инв.No.8085
大德元年	1135	乙卯	正月	大	乙巳	正月	大	乙巳	朔同	Инв.No.8085
			二月	大	乙亥	闰正月	大	乙亥	朔同。夏历闰早一月	Инв.No.8085
			闰二月	小	乙巳	二月	小	乙巳	朔同	Инв.No.8085
			三月	大	甲戌	三月	大	甲戌	朔同	Инв.No.8085
			四月	大	甲辰	四月	小	甲辰	朔同	Инв.No.8085
			五月	小	甲戌	五月	大	癸酉	夏历朔早一天	Инв.No.8085
			六月	小	癸卯	六月	小	癸卯	朔同	Инв.No.8085
			七月	大	壬申	七月	大	壬申	朔同	Инв.No.8085、Инв.No.5282-2
			八月	小	壬寅	八月	小	壬寅	朔同	Инв.No.8085、Инв.No.5282-2
			九月	小	辛未	九月	小	辛未	朔同	Инв.No.8085、Инв.No.5282-2
			十月	大	庚子	十月	大	庚子	朔同	Инв.No.8085、Инв.No.5282-2
			十一月	小	庚午	十一月	小	庚午	朔同	Инв.No.8085、Инв.No.5282-2
			十二月	大	己亥	十二月	大	己亥	朔同	Инв.No.8085、Инв.No.5282-2

续表

年份			宋历			西夏历			二历异同	文献
年号纪年	公元纪年	干支	月序	月大小	朔日干支	月序	月大小	朔日干支		
大德二年	1136	丙辰	正月	大	己巳	正月	大	己巳	朔同	Инв.No.8085
			二月	小	己亥	二月	小	己亥	朔同	Инв.No.8085
			三月	大	戊辰	三月	大	戊辰	朔同	Инв.No.8085
			四月	大	戊戌	四月	大	戊戌	朔同	Инв.No.8085
			五月	小	戊辰	五月	小	戊辰	朔同	Инв.No.8085
			六月	大	丁酉	六月	大	丁酉	朔同	Инв.No.8085
			七月	小	丁卯	七月	小	丁卯	朔同	Инв.No.8085
			八月	大	丙申	八月	大	丙申	朔同	Инв.No.8085
			九月	小	丙寅	九月	小	丙寅	朔同	Инв.No.8085
			十月	大	乙未	十月	大	乙未	朔同	Инв.No.8085
			十一月	小	乙丑	十一月	小	乙丑	朔同	Инв.No.8085
			十二月	小	甲午	十二月	小	甲午	朔同	Инв.No.8085
大德三年	1137	丁巳	正月	大	癸亥	正月	大	癸亥	朔同	Инв.No.8085
			二月	大	癸巳	二月	大	癸巳	朔同	Инв.No.8085
			三月	小	癸亥	三月	小	癸亥	朔同	Инв.No.8085
			四月	大	壬辰	四月	大	壬辰	朔同	Инв.No.8085
			五月	小	壬戌	五月	小	壬戌	朔同	Инв.No.8085
			六月	大	辛卯	六月	大	辛卯	朔同	Инв.No.8085
			七月	大	辛酉	七月	大	辛酉	朔同	Инв.No.8085
			八月	小	辛卯	八月	小	辛卯	朔同	Инв.No.8085
			九月	大	庚申	九月	大	庚申	朔同	Инв.No.8085
			十月	小	庚寅	闰九月	小	庚寅	朔同。夏历闰早一月	Инв.No.8085
			闰十月	大	己未	十月	大	己未	朔同	Инв.No.8085
			十一月	小	己丑	十一月	小	己丑	朔同	Инв.No.8085
			十二月	大	戊午	十二月	大	戊午	朔同	Инв.No.8085

续表

年份			宋历			西夏历			二历异同	文献
年号纪年	公元纪年	干支	月序	月大小	朔日干支	月序	月大小	朔日干支		
大德四年	1138	戊午	正月	小	戊子	正月	小	戊子	朔同	Инв.No.8085
			二月	小	丁巳	二月	小	丁巳	朔同	Инв.No.8085
			三月	大	丙戌	三月	大	丙戌	朔同	Инв.No.8085
			四月	小	丙辰	四月	小	丙辰	朔同	Инв.No.8085
			五月	大	乙酉	五月	大	乙酉	朔同	Инв.No.8085
			六月	大	乙卯	六月	大	乙卯	朔同	Инв.No.8085
			七月	小	乙酉	七月	小	乙酉	朔同	Инв.No.8085
			八月	大	甲寅	八月	大	甲寅	朔同	Инв.No.8085
			九月	大	甲申	九月	大	甲申	朔同	Инв.No.8085
			十月	小	甲寅	十月	小	甲寅	朔同	Инв.No.8085
			十一月	大	癸未	十一月	大	癸未	朔同	Инв.No.8085
			十二月	小	癸丑	十二月	小	癸丑	朔同	Инв.No.8085
大德五年	1139	己未	正月	大	壬午	正月	大	壬午	朔同	Инв.No.8085
			二月	小	壬子	二月	小	壬子	朔同	Инв.No.8085
			三月	小	辛巳	三月	小	辛巳	朔同	Инв.No.8085
			四月	大	庚戌	四月	大	庚戌	朔同	Инв.No.8085
			五月	小	庚辰	五月	小	庚辰	朔同	Инв.No.8085
			六月	大	己酉	六月	大	己酉	朔同	Инв.No.8085
			七月	小	己卯	七月	小	己卯	朔同	Инв.No.8085
			八月	大	戊申	八月	大	戊申	朔同	Инв.No.8085
			九月	大	戊寅	九月	大	戊寅	朔同	Инв.No.8085
			十月	大	戊申	十月	大	戊申	朔同	Инв.No.8085
			十一月	小	戊寅	十一月	小	戊寅	朔同	Инв.No.8085
			十二月	大	丁未	十二月	大	丁未	朔同	Инв.No.8085

续表

年份			宋历			西夏历			二历异同	文献
年号纪年	公元纪年	干支	月序	月大小	朔日干支	月序	月大小	朔日干支		
夏仁宗大庆元年	1140	庚申	正月	小	丁丑	正月	小	丁丑	朔同	Инв.No.8085
			二月	大	丙午	二月	大	丙午	朔同	Инв.No.8085
			三月	小	丙子	三月	小	丙子	朔同	Инв.No.8085
			四月	小	乙巳	四月	小	乙巳	朔同	Инв.No.8085
			五月	大	甲戌	五月	大	甲戌	朔同	Инв.No.8085
			六月	小	甲辰	闰五月	小	甲辰	朔同。夏历闰早一月	Инв.No.8085
			闰六月	大	癸酉	六月	小	癸酉	朔同	Инв.No.8085
			七月	小	癸卯	七月	大	壬寅	夏历朔早一天	Инв.No.8085
			八月	大	壬申	八月	大	壬申	朔同	Инв.No.8085
			九月	大	壬寅	九月	大	壬寅	朔同	Инв.No.8085
			十月	小	壬申	十月	小	壬申	朔同	Инв.No.8085
			十一月	大	辛丑	十一月	大	辛丑	朔同	Инв.No.8085
			十二月	大	辛未	十二月	大	辛未	朔同	Инв.No.8085
大庆二年	1141	辛酉	正月	小	辛丑	正月	小	辛丑	朔同	Инв.No.8085
			二月	大	庚午	二月	大	庚午	朔同	Инв.No.8085
			三月	小	庚子	三月	小	庚子	朔同	Инв.No.8085
			四月	小	己巳	四月	小	己巳	朔同	Инв.No.8085
			五月	大	戊戌	五月	大	戊戌	朔同	Инв.No.8085
			六月	小	戊辰	六月	小	戊辰	朔同	Инв.No.8085
			七月	小	丁酉	七月	小	丁酉	朔同	Инв.No.8085
			八月	大	丙寅	八月	大	丙寅	朔同	Инв.No.8085
			九月	大	丙申	九月	大	丙申	朔同	Инв.No.8085
			十月	小	丙寅	十月	小	丙寅	朔同	Инв.No.8085
			十一月	大	乙未	十一月	大	乙未	朔同	Инв.No.8085
			十二月	大	乙丑	十二月	?	乙丑	朔同	Инв.No.8085

续表

年份			宋历			西夏历			二历异同	文献
年号纪年	公元纪年	干支	月序	月大小	朔日干支	月序	月大小	朔日干支		
大庆三年	1142	壬戌	正月	大	乙未	正月	?	?	朔日原误，待考	Инв.No.8085
			二月	小	乙丑	二月	?	?	朔日原误，待考	Инв.No.8085
			三月	大	甲午	三月	?	?	朔日原误，待考	Инв.No.8085
			四月	小	甲子	四月	?	?	朔日原误，待考	Инв.No.8085
			五月	小	癸巳	五月	小	癸巳	朔同	Инв.No.8085
			六月	大	壬戌	六月	大	壬戌	朔同	Инв.No.8085
			七月	小	壬辰	七月	小	壬辰	朔同	Инв.No.8085
			八月	小	辛酉	八月	小	辛酉	朔同	Инв.No.8085
			九月	大	庚寅	九月	大	庚寅	朔同	Инв.No.8085
			十月	小	庚申	十月	小	庚申	朔同	Инв.No.8085
			十一月	大	己丑	十一月	大	己丑	朔同	Инв.No.8085
			十二月	大	己未	十二月	大	己未	朔同	Инв.No.8085
大庆四年	1143	癸亥	正月	大	己丑	正月	大	己丑	朔同	Инв.No.8085
			二月	小	己未	二月	小	己未	朔同	Инв.No.8085
			三月	大	戊子	三月	大	戊子	朔同	Инв.No.8085
			四月	大	戊午	四月	大	戊午	朔同	Инв.No.8085
			闰四月	小	戊子	闰四月	小	戊子	朔同、闰同	Инв.No.8085
			五月	小	丁巳	五月	小	丁巳	朔同	Инв.No.8085
			六月	大	丙戌	六月	大	丙戌	朔同	Инв.No.8085
			七月	小	丙辰	七月	小	丙辰	朔同	Инв.No.8085
			八月	小	乙酉	八月	小	乙酉	朔同	Инв.No.8085
			九月	大	甲寅	九月	大	甲寅	朔同	Инв.No.8085
			十月	小	甲申	十月	小	甲申	朔同	Инв.No.8085
			十一月	大	癸丑	十一月	大	癸丑	朔同	Инв.No.8085
			十二月	大	癸未	十二月	大	癸未	朔同	Инв.No.8085

续表

年份			宋历			西夏历			二历异同	文献
年号纪年	公元纪年	干支	月序	月大小	朔日干支	月序	月大小	朔日干支		
人庆元年	1144	甲子	正月	小	癸丑	正月	小	癸丑	朔同	Инв.No.8085
			二月	大	壬午	二月	大	壬午	朔同	Инв.No.8085
			三月	大	壬子	三月	大	壬子	朔同	Инв.No.8085
			四月	小	壬午	四月	小	壬午	朔同	Инв.No.8085
			五月	大	辛亥	五月	大	辛亥	朔同	Инв.No.8085
			六月	小	辛巳	六月	小	辛巳	朔同	Инв.No.8085
			七月	大	庚戌	七月	大	庚戌	朔同	Инв.No.8085
			八月	小	庚辰	八月	小	庚辰	朔同	Инв.No.8085
			九月	小	己酉	九月	小	己酉	朔同	Инв.No.8085
			十月	大	戊寅	十月	大	戊寅	朔同	Инв.No.8085
			十一月	小	戊申	十一月	小	戊申	朔同	Инв.No.8085
			十二月	大	丁丑	十二月	大	丁丑	朔同	Инв.No.8085
人庆二年	1145	乙丑	正月	大	丁未	正月	大	丁未	朔同	Инв.No.8085
			二月	小	丁丑	二月	小	丁丑	朔同	Инв.No.8085
			三月	大	丙午	三月	大	丙午	朔同	Инв.No.8085
			四月	大	丙子	四月	大	丙子	朔同	Инв.No.8085
			五月	小	丙午	五月	小	丙午	朔同	Инв.No.8085
			六月	大	乙亥	六月	大	乙亥	朔同	Инв.No.8085、中国藏 G21・028［15541］
			七月	小	乙巳	七月	小	乙巳	朔同	Инв.No.8085、中国藏 G21・028［15541］
			八月	大	甲戌	八月	大	甲戌	朔同	Инв.No.8085、中国藏 G21・028［15541］
			九月	小	甲辰	九月	小	甲辰	朔同	Инв.No.8085、中国藏 G21・028［15541］
			十月	小	癸酉	十月	小	癸酉	朔同	Инв.No.8085、中国藏 G21・028［15541］
			十一月	大	壬寅	十一月	大	壬寅	朔同	Инв.No.8085、中国藏 G21・028［15541］
			闰十一月	小	壬申	闰十一月	小	壬申	朔同、闰同	Инв.No.8085、中国藏 G21・028［15541］
			十二月	大	辛丑	十二月	大	辛丑	朔同	Инв.No.8085、中国藏 G21・028［15541］

续表

年份			宋历			西夏历			二历异同	文献
年号纪年	公元纪年	干支	月序	月大小	朔日干支	月序	月大小	朔日干支		
人庆三年	1146	丙寅	正月	小	辛未	正月	小	辛未	朔同	Инв.No.8085
			二月	大	庚子	二月	大	庚子	朔同	Инв.No.8085
			三月	大	庚午	三月	大	庚午	朔同	Инв.No.8085
			四月	小	庚子	四月	小	庚子	朔同	Инв.No.8085
			五月	大	己巳	五月	大	己巳	朔同	Инв.No.8085
			六月	小	己亥	六月	小	己亥	朔同	Инв.No.8085
			七月	大	戊辰	七月	大	戊辰	朔同	Инв.No.8085
			八月	大	戊戌	八月	大	戊戌	朔同	Инв.No.8085
			九月	小	戊辰	九月	小	戊辰	朔同	Инв.No.8085
			十月	大	丁酉	十月	大	丁酉	朔同	Инв.No.8085
			十一月	小	丁卯	十一月	小	丁卯	朔同	Инв.No.8085
			十二月	小	丙申	十二月	小	丙申	朔同	Инв.No.8085
人庆四年	1147	丁卯	正月	大	乙丑	正月	大	乙丑	朔同	Инв.No.8085
			二月	小	乙未	二月	小	乙未	朔同	Инв.No.8085
			三月	大	甲子	三月	大	甲子	朔同	Инв.No.8085
			四月	小	甲午	四月	小	甲午	朔同	Инв.No.8085
			五月	大	癸亥	五月	大	癸亥	朔同	Инв.No.8085
			六月	小	癸巳	六月	小	癸巳	朔同	Инв.No.8085
			七月	大	壬戌	七月	大	壬戌	朔同	Инв.No.8085
			八月	大	壬辰	八月	大	壬辰	朔同	Инв.No.8085
			九月	小	壬戌	九月	小	壬戌	朔同	Инв.No.8085
			十月	大	辛卯	十月	大	辛卯	朔同	Инв.No.8085
			十一月	大	辛酉	十一月	大	辛酉	朔同	Инв.No.8085
			十二月	小	辛卯	十二月	小	辛卯	朔同	Инв.No.8085

续表

年份			宋历			西夏历			二历异同	文献
年号纪年	公元纪年	干支	月序	月大小	朔日干支	月序	月大小	朔日干支		
人庆五年	1148	戊辰	正月	大	庚申	正月	大	庚申	朔同	Инв.No.8085
			二月	小	庚寅	二月	小	庚寅	朔同	Инв.No.8085
			三月	小	己未	三月	小	己未	朔同	Инв.No.8085
			四月	大	戊子	四月	大	戊子	朔同	Инв.No.8085
			五月	小	戊午	五月	小	戊午	朔同	Инв.No.8085
			六月	大	丁亥	六月	大	丁亥	朔同	Инв.No.8085
			七月	小	丁巳	七月	小	丁巳	朔同	Инв.No.8085
			八月	大	丙戌	八月	大	丙戌	朔同	Инв.No.8085
			闰八月	大	丙辰	闰八月	大	丙辰	朔同、闰同	Инв.No.8085
			九月	小	丙戌	九月	小	丙戌	朔同	Инв.No.8085
			十月	大	乙卯	十月	大	乙卯	朔同	Инв.No.8085
			十一月	大	乙酉	十一月	大	乙酉	朔同	Инв.No.8085
			十二月	小	乙卯	十二月	小	乙卯	朔同	Инв.No.8085
天盛元年	1149	己巳	正月	大	甲申	正月	大	甲申	朔同	Инв.No.8085
			二月	小	甲寅	二月	小	甲寅	朔同	Инв.No.8085
			三月	小	癸未	三月	小	癸未	朔同	Инв.No.8085
			四月	大	壬子	四月	大	壬子	朔同	Инв.No.8085
			五月	小	壬午	五月	小	壬午	朔同	Инв.No.8085
			六月	小	辛亥	六月	小	辛亥	朔同	Инв.No.8085
			七月	大	庚辰	七月	大	庚辰	朔同	Инв.No.8085
			八月	大	庚戌	八月	大	庚戌	朔同	Инв.No.8085
			九月	小	庚辰	九月	小	庚辰	朔同	Инв.No.8085
			十月	大	己酉	十月	大	己酉	朔同	Инв.No.8085
			十一月	大	己卯	十一月	大	己卯	朔同	Инв.No.8085
			十二月	大	己酉	十二月	大	己酉	朔同	Инв.No.8085

续表

年份			宋历			西夏历			二历异同	文献
年号纪年	公元纪年	干支	月序	月大小	朔日干支	月序	月大小	朔日干支		
天盛二年	1150	庚午	正月	小	己卯	正月	小	己卯	朔同	Инв.No.8085
			二月	大	戊申	二月	大	戊申	朔同	Инв.No.8085
			三月	小	戊寅	三月	小	戊寅	朔同	Инв.No.8085
			四月	小	丁未	四月	小	丁未	朔同	Инв.No.8085
			五月	大	丙子	五月	大	丙子	朔同	Инв.No.8085
			六月	小	丙午	六月	小	丙午	朔同	Инв.No.8085
			七月	小	乙亥	七月	小	乙亥	朔同	Инв.No.8085
			八月	大	甲辰	八月	大	甲辰	朔同	Инв.No.8085
			九月	小	甲戌	九月	小	甲戌	朔同	Инв.No.8085
			十月	大	癸卯	十月	大	癸卯	朔同	Инв.No.8085
			十一月	大	癸酉	十一月	大	癸酉	朔同	Инв.No.8085
			十二月	大	癸卯	十二月	大	癸卯	朔同	Инв.No.8085
天盛三年	1151	辛未	正月	小	癸酉	正月	小	癸酉	朔同	Инв.No.8085
			二月	大	壬寅	二月	大	壬寅	朔同	Инв.No.8085
			三月	大	壬申	三月	大	壬申	朔同	Инв.No.8085
			四月	小	壬寅	四月	小	壬寅	朔同	Инв.No.8085
			闰四月	小	辛未	闰四月	小	辛未	朔同、闰同	Инв.No.8085
			五月	大	庚子	五月	大	庚子	朔同	Инв.No.8085
			六月	小	庚午	六月	小	庚午	朔同	Инв.No.8085
			七月	小	己亥	七月	小	己亥	朔同	Инв.No.8085
			八月	大	戊辰	八月	大	戊辰	朔同	Инв.No.8085
			九月	小	戊戌	九月	小	戊戌	朔同	Инв.No.8085
			十月	大	丁卯	十月	大	丁卯	朔同	Инв.No.8085
			十一月	大	丁酉	十一月	大	丁酉	朔同	Инв.No.8085
			十二月	大	丁卯	十二月	大	丁卯	朔同	Инв.No.8085

续表

年份			宋历			西夏历			二历异同	文献
年号纪年	公元纪年	干支	月序	月大小	朔日干支	月序	月大小	朔日干支		
天盛四年	1152	壬申	正月	小	丁酉	正月	小	丁酉	朔同	Инв.No.8085
			二月	大	丙寅	二月	大	丙寅	朔同	Инв.No.8085
			三月	小	丙申	三月	小	丙申	朔同	Инв.No.8085
			四月	大	乙丑	四月	小	乙丑	朔同	Инв.No.8085
			五月	小	乙未	五月	大	甲午	夏历朔早一天	Инв.No.8085
			六月	大	甲子	六月	大	甲子	朔同	Инв.No.8085
			七月	小	甲午	七月	小	甲午	朔同	Инв.No.8085
			八月	小	癸亥	八月	小	癸亥	朔同	Инв.No.8085
			九月	大	壬辰	九月	大	壬辰	朔同	Инв.No.8085
			十月	小	壬戌	十月	小	壬戌	朔同	Инв.No.8085
			十一月	大	辛卯	十一月	大	辛卯	朔同	Инв.No.8085
			十二月	大	辛酉	十二月	大	辛酉	朔同	Инв.No.8085
天盛五年	1153	癸酉	正月	小	辛卯	正月	小	辛卯	朔同	Инв.No.8085
			二月	大	庚申	二月	大	庚申	朔同	Инв.No.8085
			三月	大	庚寅	三月	大	庚寅	朔同	Инв.No.8085
			四月	小	庚申	四月	小	庚申	朔同	Инв.No.8085
			五月	大	己丑	五月	大	己丑	朔同	Инв.No.8085
			六月	小	己未	六月	小	己未	朔同	Инв.No.8085
			七月	大	戊子	七月	大	戊子	朔同	Инв.No.8085
			八月	小	戊午	八月	小	戊午	朔同	Инв.No.8085
			九月	小	丁亥	九月	小	丁亥	朔同	Инв.No.8085
			十月	大	丙辰	十月	大	丙辰	朔同	Инв.No.8085
			十一月	小	丙戌	十一月	小	丙戌	朔同	Инв.No.8085
			十二月	大	乙卯	十二月	大	乙卯	朔同	Инв.No.8085
			闰十二月	小	乙酉	闰十二月	小	乙酉	朔同、闰同	Инв.No.8085

续表

年份			宋历			西夏历			二历异同	文献
年号纪年	公元纪年	干支	月序	月大小	朔日干支	月序	月大小	朔日干支		
天盛六年	1154	甲戌	正月	大	甲寅	正月	大	甲寅	朔同	Инв.No.8085
			二月	大	甲申	二月	大	甲申	朔同	Инв.No.8085
			三月	小	甲寅	三月	小	甲寅	朔同	Инв.No.8085
			四月	大	癸未	四月	大	癸未	朔同	Инв.No.8085
			五月	大	癸丑	五月	大	癸丑	朔同	Инв.No.8085
			六月	小	癸未	六月	小	癸未	朔同	Инв.No.8085
			七月	大	壬子	七月	大	壬子	朔同	Инв.No.8085
			八月	小	壬午	八月	小	壬午	朔同	Инв.No.8085
			九月	小	辛亥	九月	小	辛亥	朔同	Инв.No.8085
			十月	大	庚辰	十月	大	庚辰	朔同	Инв.No.8085
			十一月	小	庚戌	十一月	小	庚戌	朔同	Инв.No.8085
			十二月	大	己卯	十二月	大	己卯	朔同	Инв.No.8085
天盛七年	1155	乙亥	正月	小	己酉	正月	小	己酉	朔同	Инв.No.8085
			二月	大	戊寅	二月	大	戊寅	朔同	Инв.No.8085
			三月	小	戊申	三月	小	戊申	朔同	Инв.No.8085
			四月	大	丁丑	四月	大	丁丑	朔同	Инв.No.8085
			五月	大	丁未	五月	大	丁未	朔同	Инв.No.8085
			六月	小	丁丑	六月	小	丁丑	朔同	Инв.No.8085
			七月	大	丙午	七月	大	丙午	朔同	Инв.No.8085
			八月	小	丙子	八月	小	丙子	朔同	Инв.No.8085
			九月	大	乙巳	九月	大	乙巳	朔同	Инв.No.8085
			十月	大	乙亥	十月	大	乙亥	朔同	Инв.No.8085
			十一月	小	乙巳	十一月	小	乙巳	朔同	Инв.No.8085
			十二月	小	甲戌	十二月	小	甲戌	朔同	Инв.No.8085

续表

年份			宋历			西夏历			二历异同	文献
年号纪年	公元纪年	干支	月序	月大小	朔日干支	月序	月大小	朔日干支		
天盛八年	1156	丙子	正月	大	癸卯	正月	大	癸卯	朔同	Инв.No.8085
			二月	小	癸酉	二月	小	癸酉	朔同	Инв.No.8085
			三月	大	壬寅	三月	大	壬寅	朔同	Инв.No.8085
			四月	小	壬申	四月	小	壬申	朔同	Инв.No.8085
			五月	大	辛丑	五月	大	辛丑	朔同	Инв.No.8085
			六月	小	辛未	六月	小	辛未	朔同	Инв.No.8085
			七月	大	庚子	七月	大	庚子	朔同	Инв.No.8085
			八月	大	庚午	八月	大	庚午	朔同	Инв.No.8085
			九月	小	庚子	九月	小	庚子	朔同	Инв.No.8085
			十月	大	己巳	十月	大	己巳	朔同	Инв.No.8085
			闰十月	大	己亥	闰十月	大	己亥	朔同、闰同	Инв.No.8085
			十一月	小	己巳	十一月	小	己巳	朔同	Инв.No.8085
			十二月	大	戊戌	十二月	大	戊戌	朔同	Инв.No.8085
天盛九年	1157	丁丑	正月	小	戊辰	正月	小	戊辰	朔同	Инв.No.8085
			二月	小	丁酉	二月	小	丁酉	朔同	Инв.No.8085
			三月	大	丙寅	三月	大	丙寅	朔同	Инв.No.8085
			四月	小	丙申	四月	小	丙申	朔同	Инв.No.8085
			五月	小	乙丑	五月	小	乙丑	朔同	Инв.No.8085
			六月	大	甲午	六月	大	甲午	朔同	Инв.No.8085
			七月	大	甲子	七月	大	甲子	朔同	Инв.No.8085
			八月	小	甲午	八月	小	甲午	朔同	Инв.No.8085
			九月	大	癸亥	九月	大	癸亥	朔同	Инв.No.8085
			十月	大	癸巳	十月	大	癸巳	朔同	Инв.No.8085
			十一月	大	癸亥	十一月	大	癸亥	朔同	Инв.No.8085
			十二月	小	癸巳	十二月	小	癸巳	朔同	Инв.No.8085

续表

年份			宋历			西夏历			二历异同	文献
年号纪年	公元纪年	干支	月序	月大小	朔日干支	月序	月大小	朔日干支		
天盛十年	1158	戊寅	正月	大	壬戌	正月	大	壬戌	朔同	Инв.No.8085
			二月	小	壬辰	二月	小	壬辰	朔同	Инв.No.8085
			三月	小	辛酉	三月	小	辛酉	朔同	Инв.No.8085
			四月	大	庚寅	四月	大	庚寅	朔同	Инв.No.8085
			五月	小	庚申	五月	小	庚申	朔同	Инв.No.8085
			六月	小	己丑	六月	小	己丑	朔同	Инв.No.8085
			七月	大	戊午	七月	大	己未	夏历朔晚一天	Инв.No.8085
			八月	小	戊子	八月	小	戊子	朔同	Инв.No.8085
			九月	大	丁巳	九月	大	丁巳	朔同	Инв.No.8085
			十月	大	丁亥	十月	大	丁亥	朔同	Инв.No.8085
			十一月	大	丁巳	十一月	大	丁巳	朔同	Инв.No.8085
			十二月	小	丁亥	十二月	小	丁亥	朔同	Инв.No.8085
天盛十一年	1159	己卯	正月	大	丙辰	正月	大	丙辰	朔同	Инв.No.8085
			二月	大	丙戌	二月	大	丙戌	朔同	Инв.No.8085
			三月	小	丙辰	三月	小	丙辰	朔同	Инв.No.8085
			四月	小	乙酉	四月	小	乙酉	朔同	Инв.No.8085
			五月	大	甲寅	五月	大	甲寅	朔同	Инв.No.8085
			六月	小	甲申	六月	?	甲申	朔同	Инв.No.8085
			闰六月	小	癸丑	闰六月	?	?	闰同。朔日原误，待考	Инв.No.8085
			七月	大	壬午	七月	?	?	朔日原误，待考	Инв.No.8085
			八月	小	壬子	八月	?	?	朔日原误，待考	Инв.No.8085
			九月	大	辛巳	九月	?	?	朔日原误，待考	Инв.No.8085
			十月	大	辛亥	十月	?	?	朔日原误，待考	Инв.No.8085
			十一月	大	辛巳	十一月	?	?	朔日原误，待考	Инв.No.8085
			十二月	小	辛亥	十二月	?	?	朔日原误，待考	Инв.No.8085

续表

年份			宋历			西夏历			二历异同	文献
年号纪年	公元纪年	干支	月序	月大小	朔日干支	月序	月大小	朔日干支		
天盛十二年	1160	庚辰	正月	大	庚辰	正月	大	庚辰	朔同	Инв.No.8085
			二月	大	庚戌	二月	大	庚戌	朔同	Инв.No.8085
			三月	小	庚辰	三月	小	庚辰	朔同	Инв.No.8085
			四月	小	己酉	四月	小	己酉	朔同	Инв.No.8085
			五月	大	戊寅	五月	大	戊寅	朔同	Инв.No.8085
			六月	小	戊申	六月	小	戊申	朔同	Инв.No.8085
			七月	小	丁丑	七月	小	丁丑	朔同	Инв.No.8085
			八月	大	丙午	八月	大	丙午	朔同	Инв.No.8085
			九月	小	丙子	九月	小	丙子	朔同	Инв.No.8085
			十月	大	乙巳	十月	大	乙巳	朔同	Инв.No.8085
			十一月	大	乙亥	十一月	大	乙亥	朔同	Инв.No.8085
			十二月	小	乙巳	十二月	?	乙巳	朔同	Инв.No.8085
天盛十三年	1161	辛巳	正月	大	甲戌	正月	?	?	朔日原误，待考	Инв.No.8085
			二月	大	甲辰	二月	?	?	朔日原误，待考	Инв.No.8085
			三月	小	甲戌	三月	?	?	朔日原误，待考	Инв.No.8085
			四月	大	癸卯	四月	?	?	朔日原误，待考	Инв.No.8085
			五月	小	癸酉	五月	?	?	朔日原误，待考	Инв.No.8085
			六月	大	壬寅	六月	大	壬寅	朔同	Инв.No.8085
			七月	小	壬申	七月	小	壬申	朔同	Инв.No.8085
			八月	小	辛丑	八月	小	辛丑	朔同	Инв.No.8085
			九月	大	庚午	九月	大	庚午	朔同	Инв.No.8085
			十月	小	庚子	十月	小	庚子	朔同	Инв.No.8085
			十一月	大	己巳	十一月	大	己巳	朔同	Инв.No.8085
			十二月	小	己亥	十二月	小	己亥	朔同	Инв.No.8085

续表

年份			宋历			西夏历			二历异同	文献
年号纪年	公元纪年	干支	月序	月大小	朔日干支	月序	月大小	朔日干支		
天盛十四年	1162	壬午	正月	大	戊辰	正月	大	戊辰	朔同	Инв.No.8085
			二月	大	戊戌	二月	大	戊戌	朔同	Инв.No.8085
			闰二月	小	戊辰	闰二月	小	戊辰	朔同、闰同	Инв.No.8085
			三月	大	丁酉	三月	大	丁酉	朔同	Инв.No.8085
			四月	大	丁卯	四月	大	丁卯	朔同	Инв.No.8085
			五月	小	丁酉	五月	小	丁酉	朔同	Инв.No.8085
			六月	大	丙寅	六月	大	丙寅	朔同	Инв.No.8085
			七月	小	丙申	七月	小	丙申	朔同	Инв.No.8085
			八月	小	乙丑	八月	小	乙丑	朔同	Инв.No.8085
			九月	大	甲午	九月	大	甲午	朔同	Инв.No.8085
			十月	小	甲子	十月	小	甲子	朔同	Инв.No.8085
			十一月	大	癸巳	十一月	大	癸巳	朔同	Инв.No.8085
			十二月	小	癸亥	十二月	小	癸亥	朔同	Инв.No.8085
天盛十五年	1163	癸未	正月	大	壬辰	正月	大	壬辰	朔同	Инв.No.8085
			二月	大	壬戌	二月	小	壬戌	朔同	Инв.No.8085
			三月	小	壬辰	三月	大	辛卯	夏历朔早一天	Инв.No.8085
			四月	大	辛酉	四月	大	辛酉	朔同	Инв.No.8085
			五月	小	辛卯	五月	小	辛卯	朔同	Инв.No.8085
			六月	大	庚申	六月	大	庚申	朔同	Инв.No.8085
			七月	小	庚寅	七月	小	庚寅	朔同	Инв.No.8085
			八月	大	己未	八月	大	己未	朔同	Инв.No.8085
			九月	小	己丑	九月	小	己丑	朔同	Инв.No.8085
			十月	大	戊午	十月	大	戊午	朔同	Инв.No.8085
			十一月	小	戊子	十一月	小	戊子	朔同	Инв.No.8085
			十二月	大	丁巳	十二月	大	丁巳	朔同	Инв.No.8085

续表

年份			宋历			西夏历			二历异同	文献
年号纪年	公元纪年	干支	月序	月大小	朔日干支	月序	月大小	朔日干支		
天盛十六年	1164	甲申	正月	小	丁亥	正月	小	丁亥	朔同	Инв.No.8085
			二月	大	丙辰	二月	大	丙辰	朔同	Инв.No.8085
			三月	小	丙戌	三月	小	丙戌	朔同	Инв.No.8085
			四月	大	乙卯	四月	大	乙卯	朔同	Инв.No.8085
			五月	小	乙酉	五月	小	乙酉	朔同	Инв.No.8085
			六月	大	甲寅	六月	大	甲寅	朔同	Инв.No.8085
			七月	大	甲申	七月	大	甲申	朔同	Инв.No.8085
			八月	小	甲寅	八月	小	甲寅	朔同	Инв.No.8085
			九月	大	癸未	九月	大	癸未	朔同	Инв.No.8085
			十月	小	癸丑	十月	小	癸丑	朔同	Инв.No.8085
			十一月	大	壬午	十一月	大	壬午	朔同	Инв.No.8085
			闰十一月	小	壬子	闰十一月	小	壬子	朔同、闰同	Инв.No.8085
			十二月	大	辛巳	十二月	大	辛巳	朔同	Инв.No.8085
天盛十七年	1165	乙酉	正月	小	辛亥	正月	小	辛亥	朔同	Инв.No.8085
			二月	大	庚辰	二月	大	庚辰	朔同	Инв.No.8085
			三月	小	庚戌	三月	小	庚戌	朔同	Инв.No.8085
			四月	大	己卯	四月	大	己卯	朔同	Инв.No.8085
			五月	小	己酉	五月	小	己酉	朔同	Инв.No.8085
			六月	大	戊寅	六月	大	戊寅	朔同	Инв.No.8085
			七月	小	戊申	七月	小	戊申	朔同	Инв.No.8085
			八月	大	丁丑	八月	大	丁丑	朔同	Инв.No.8085
			九月	大	丁未	九月	大	丁未	朔同	Инв.No.8085
			十月	小	丁丑	十月	小	丁丑	朔同	Инв.No.8085
			十一月	大	丙午	十一月	大	丙午	朔同	Инв.No.8085
			十二月	大	丙子	十二月	大	丙子	朔同	Инв.No.8085

续表

年份			宋历			西夏历			二历异同	文献
年号纪年	公元纪年	干支	月序	月大小	朔日干支	月序	月大小	朔日干支		
天盛十八年	1166	丙戌	正月	小	丙午	正月	小	丙午	朔同	Инв.No.8085
			二月	小	乙亥	二月	小	乙亥	朔同	Инв.No.8085
			三月	大	甲辰	三月	大	甲辰	朔同	Инв.No.8085
			四月	小	甲戌	四月	小	甲戌	朔同	Инв.No.8085
			五月	小	癸卯	五月	小	癸卯	朔同	Инв.No.8085
			六月	大	壬申	六月	大	壬申	朔同	Инв.No.8085
			七月	小	壬寅	七月	小	壬寅	朔同	Инв.No.8085
			八月	大	辛未	八月	大	辛未	朔同	Инв.No.8085
			九月	大	辛丑	九月	大	辛丑	朔同	Инв.No.8085
			十月	大	辛未	十月	大	辛未	朔同	Инв.No.8085
			十一月	小	辛丑	十一月	小	辛丑	朔同	Инв.No.8085
			十二月	大	庚午	十二月	大	庚午	朔同	Инв.No.8085
天盛十九年	1167	丁亥	正月	大	庚子	正月	大	庚子	朔同	Инв.No.8085
			二月	小	庚午	二月	小	庚午	朔同	Инв.No.8085
			三月	小	己亥	三月	小	己亥	朔同	Инв.No.8085
			四月	大	戊辰	四月	大	戊辰	朔同	Инв.No.8085
			五月	小	戊戌	五月	小	戊戌	朔同	Инв.No.8085
			六月	小	丁卯	六月	小	丁卯	朔同	Инв.No.8085
			七月	大	丙申	七月	大	丙申	朔同	Инв.No.8085
			闰七月	小	丙寅	闰七月	小	丙寅	朔同、闰同	Инв.No.8085
			八月	大	乙未	八月	大	乙未	朔同	Инв.No.8085
			九月	大	乙丑	九月	大	乙丑	朔同	Инв.No.8085
			十月	大	乙未	十月	小	乙未	朔同	Инв.No.8085
			十一月	小	乙丑	十一月	大	甲子	夏历朔早一天	Инв.No.8085
			十二月	大	甲午	十二月	大	甲午	朔同	Инв.No.8085

续表

年份			宋历			西夏历			二历异同	文献
年号纪年	公元纪年	干支	月序	月大小	朔日干支	月序	月大小	朔日干支		
天盛二十年	1168	戊子	正月	大	甲子	正月	大	甲子	朔同	Инв.No.8085
			二月	小	甲午	二月	小	甲午	朔同	Инв.No.8085
			三月	小	癸亥	三月	小	癸亥	朔同	Инв.No.8085
			四月	大	壬辰	四月	大	壬辰	朔同	Инв.No.8085
			五月	小	壬戌	五月	小	壬戌	朔同	Инв.No.8085
			六月	小	辛卯	六月	小	辛卯	朔同	Инв.No.8085
			七月	大	庚申	七月	大	庚申	朔同	Инв.No.8085
			八月	小	庚寅	八月	小	庚寅	朔同	Инв.No.8085
			九月	小	己未	九月	大	己未	朔同	Инв.No.8085
			十月	大	戊子	十月	小	己丑	夏历朔晚一天	Инв.No.8085
			十一月	大	戊午	十一月	大	戊子	朔同	Инв.No.8085
			十二月	大	戊子	十二月	大	戊子	朔同	Инв.No.8085
天盛二十一年	1169	己丑	正月	大	戊午	正月	大	戊午	朔同	Инв.No.8085
			二月	小	戊子	二月	小	戊子	朔同	Инв.No.8085
			三月	大	丁巳	三月	大	丁巳	朔同	Инв.No.8085
			四月	小	丁亥	四月	小	丁亥	朔同	Инв.No.8085
			五月	大	丙辰	五月	大	丙辰	朔同	Инв.No.8085
			六月	小	丙戌	六月	小	丙戌	朔同	Инв.No.8085
			七月	小	乙卯	七月	小	乙卯	朔同	Инв.No.8085
			八月	大	甲申	八月	大	甲申	朔同	Инв.No.8085
			九月	小	甲寅	九月	小	甲寅	朔同	Инв.No.8085
			十月	大	癸未	十月	大	癸未	朔同	Инв.No.8085
			十一月	小	癸丑	十一月	小	癸丑	朔同	Инв.No.8085
			十二月	大	壬午	十二月	大	壬午	朔同	Инв.No.8085

续表

年份			宋历			西夏历			二历异同	文献
年号纪年	公元纪年	干支	月序	月大小	朔日干支	月序	月大小	朔日干支		
乾祐元年	1170	庚寅	正月	大	壬子	正月	大	壬子	朔同	Инв.No.8085
			二月	大	壬午	二月	大	壬午	朔同	Инв.No.8085
			三月	小	壬子	三月	小	壬子	朔同	Инв.No.8085
			四月	大	辛巳	四月	大	辛巳	朔同	Инв.No.8085
			五月	小	辛亥	五月	小	辛亥	朔同	Инв.No.8085
			闰五月	大	庚辰	闰五月	大	庚辰	朔同、闰同	Инв.No.8085
			六月	小	庚戌	六月	小	庚戌	朔同	Инв.No.8085
			七月	小	己卯	七月	小	己卯	朔同	Инв.No.8085
			八月	大	戊申	八月	大	戊申	朔同	Инв.No.8085
			九月	小	戊寅	九月	小	戊寅	朔同	Инв.No.8085、Инв.No.5022“谨算”
			十月	大	丁未	十月	大	丁未	朔同	Инв.No.8085
			十一月	小	丁丑	十一月	小	丁丑	朔同	Инв.No.8085
			十二月	大	丙午	十二月	大	丙午	朔同	Инв.No.8085
乾祐二年	1171	辛卯	正月	大	丙子	正月	大	丙子	朔同	Инв.No.8085
			二月	小	丙午	二月	小	丙午	朔同	Инв.No.8085
			三月	大	乙亥	三月	大	乙亥	朔同	Инв.No.8085
			四月	大	乙巳	四月	大	乙巳	朔同	Инв.No.8085
			五月	小	乙亥	五月	小	乙亥	朔同	Инв.No.8085
			六月	大	甲辰	六月	大	甲辰	朔同	Инв.No.8085、英藏Or.12380-3947残历
			七月	小	甲戌	七月	小	甲戌	朔同	Инв.No.8085、英藏Or.12380-3947残历
			八月	小	癸卯	八月	小	癸卯	朔同	Инв.No.8085、英藏Or.12380-3947残历
			九月	大	壬申	九月	大	壬申	朔同	Инв.No.8085、英藏Or.12380-3947残历
			十月	小	壬寅	十月	小	壬寅	朔同	Инв.No.8085、英藏Or.12380-3947残历
			十一月	大	辛未	十一月	大	辛未	朔同	Инв.No.8085、英藏Or.12380-3947残历
			十二月	小	辛丑	十二月	小	辛丑	朔同	Инв.No.8085、英藏Or.12380-3947残历

续表

年份			宋历			西夏历			二历异同	文献
年号纪年	公元纪年	干支	月序	月大小	朔日干支	月序	月大小	朔日干支		
乾祐三年	1172	壬辰	正月	大	庚午	正月	大	庚午	朔同	Инв.No.8085
			二月	小	庚子	二月	小	庚子	朔同	Инв.No.8085
			三月	大	己巳	三月	大	己巳	朔同	Инв.No.8085
			四月	大	己亥	四月	大	己亥	朔同	Инв.No.8085
			五月	小	己巳	五月	小	己巳	朔同	Инв.No.8085
			六月	大	戊戌	六月	大	戊戌	朔同	Инв.No.8085
			七月	小	戊辰	七月	小	戊辰	朔同	Инв.No.8085
			八月	大	丁酉	八月	大	丁酉	朔同	Инв.No.8085
			九月	小	丁卯	九月	小	丁卯	朔同	Инв.No.8085
			十月	大	丙申	十月	大	丙申	朔同	Инв.No.8085
			十一月	小	丙寅	十一月	小	丙寅	朔同	Инв.No.8085
			十二月	大	乙未	十二月	大	乙未	朔同	Инв.No.8085
乾祐四年	1173	癸巳	正月	小	乙丑	正月	小	乙丑	朔同	Инв.No.8085
			闰正月	大	甲午	闰正月	大	甲午	朔同、闰同	Инв.No.8085
			二月	小	甲子	二月	小	甲子	朔同	Инв.No.8085
			三月	大	癸巳	三月	大	癸巳	朔同	Инв.No.8085
			四月	小	癸亥	四月	小	癸亥	朔同	Инв.No.8085
			五月	大	壬辰	五月	?	壬辰	朔同	Инв.No.8085
			六月	大	壬戌	六月	?	?	朔日原误，待考	Инв.No.8085
			七月	小	壬辰	七月	?	?	朔日原误，待考	Инв.No.8085
			八月	大	辛酉	八月	?	?	朔日原误，待考	Инв.No.8085
			九月	小	辛卯	九月	?	?	朔日原误，待考	Инв.No.8085
			十月	大	庚申	十月	?	?	朔日原误，待考	Инв.No.8085
			十一月	小	庚寅	十一月	?	?	朔日原误，待考	Инв.No.8085
			十二月	大	己未	十二月	?	?	朔日原误，待考	Инв.No.8085

续表

<table>
<tr><th colspan="3">年份</th><th colspan="3">宋历</th><th colspan="3">西夏历</th><th rowspan="2">二历异同</th><th rowspan="2">文献</th></tr>
<tr><th>年号纪年</th><th>公元纪年</th><th>干支</th><th>月序</th><th>月大小</th><th>朔日干支</th><th>月序</th><th>月大小</th><th>朔日干支</th></tr>
<tr><td rowspan="12">乾祐五年</td><td rowspan="12">1174</td><td rowspan="12">甲午</td><td>正月</td><td>小</td><td>己丑</td><td>正月</td><td>小</td><td>己丑</td><td>朔同</td><td>Инв.No.8085</td></tr>
<tr><td>二月</td><td>大</td><td>戊午</td><td>二月</td><td>大</td><td>戊午</td><td>朔同</td><td>Инв.No.8085</td></tr>
<tr><td>三月</td><td>小</td><td>戊子</td><td>三月</td><td>小</td><td>戊子</td><td>朔同</td><td>Инв.No.8085</td></tr>
<tr><td>四月</td><td>小</td><td>丁巳</td><td>四月</td><td>小</td><td>丁巳</td><td>朔同</td><td>Инв.No.8085</td></tr>
<tr><td>五月</td><td>大</td><td>丙戌</td><td>五月</td><td>大</td><td>丙戌</td><td>朔同</td><td>Инв.No.8085</td></tr>
<tr><td>六月</td><td>大</td><td>丙辰</td><td>六月</td><td>大</td><td>丙辰</td><td>朔同</td><td>Инв.No.8085</td></tr>
<tr><td>七月</td><td>小</td><td>丙戌</td><td>七月</td><td>小</td><td>丙戌</td><td>朔同</td><td>Инв.No.8085</td></tr>
<tr><td>八月</td><td>大</td><td>乙卯</td><td>八月</td><td>大</td><td>乙卯</td><td>朔同</td><td>Инв.No.8085</td></tr>
<tr><td>九月</td><td>大</td><td>乙酉</td><td>九月</td><td>大</td><td>乙酉</td><td>朔同</td><td>Инв.No.8085</td></tr>
<tr><td>十月</td><td>小</td><td>乙卯</td><td>十月</td><td>小</td><td>乙卯</td><td>朔同</td><td>Инв.No.8085</td></tr>
<tr><td>十一月</td><td>大</td><td>甲申</td><td>十一月</td><td>大</td><td>甲申</td><td>朔同</td><td>Инв.No.8085</td></tr>
<tr><td>十二月</td><td>大</td><td>甲寅</td><td>十二月</td><td>小</td><td>甲寅</td><td>朔同</td><td>Инв.No.8085</td></tr>
<tr><td rowspan="13">乾祐六年</td><td rowspan="13">1175</td><td rowspan="13">乙未</td><td>正月</td><td>小</td><td>甲申</td><td>正月</td><td>大</td><td>癸未</td><td>夏历朔早一天</td><td>Инв.No.8085</td></tr>
<tr><td>二月</td><td>小</td><td>癸丑</td><td>二月</td><td>小</td><td>癸丑</td><td>朔同</td><td>Инв.No.8085</td></tr>
<tr><td>三月</td><td>大</td><td>壬午</td><td>三月</td><td>大</td><td>壬午</td><td>朔同</td><td>Инв.No.8085</td></tr>
<tr><td>四月</td><td>小</td><td>壬子</td><td>四月</td><td>小</td><td>壬子</td><td>朔同</td><td>Инв.No.8085</td></tr>
<tr><td>五月</td><td>小</td><td>辛巳</td><td>五月</td><td>小</td><td>辛巳</td><td>朔同</td><td>Инв.No.8085</td></tr>
<tr><td>六月</td><td>大</td><td>庚戌</td><td>六月</td><td>大</td><td>庚戌</td><td>朔同</td><td>Инв.No.8085</td></tr>
<tr><td>七月</td><td>小</td><td>庚辰</td><td>七月</td><td>小</td><td>庚辰</td><td>朔同</td><td>Инв.No.8085</td></tr>
<tr><td>八月</td><td>大</td><td>己酉</td><td>八月</td><td>大</td><td>己酉</td><td>朔同</td><td>Инв.No.8085</td></tr>
<tr><td>九月</td><td>大</td><td>己卯</td><td>九月</td><td>小</td><td>己卯</td><td>朔同</td><td>Инв.No.8085</td></tr>
<tr><td>闰九月</td><td>小</td><td>己酉</td><td>闰九月</td><td>大</td><td>戊申</td><td>闰同。夏历朔早一天</td><td>Инв.No.8085</td></tr>
<tr><td>十月</td><td>大</td><td>戊寅</td><td>十月</td><td>大</td><td>戊寅</td><td>朔同</td><td>Инв.No.8085</td></tr>
<tr><td>十一月</td><td>大</td><td>戊申</td><td>十一月</td><td>大</td><td>戊申</td><td>朔同</td><td>Инв.No.8085</td></tr>
<tr><td>十二月</td><td>小</td><td>戊寅</td><td>十二月</td><td>小</td><td>戊寅</td><td>朔同</td><td>Инв.No.8085</td></tr>
</table>

续表

年份			宋历			西夏历			二历异同	文献
年号纪年	公元纪年	干支	月序	月大小	朔日干支	月序	月大小	朔日干支		
乾祐七年	1176	丙申	正月	大	丁未	正月	大	丁未	朔同	Инв.No.8085
			二月	小	丁丑	二月	小	丁丑	朔同	Инв.No.8085
			三月	大	丙午	三月	大	丙午	朔同	Инв.No.8085
			四月	小	丙子	四月	小	丙子	朔同	Инв.No.8085
			五月	小	乙巳	五月	小	乙巳	朔同	Инв.No.8085
			六月	大	甲戌	六月	大	甲戌	朔同	Инв.No.8085
			七月	小	甲辰	七月	小	甲辰	朔同	Инв.No.8085
			八月	大	癸酉	八月	大	癸酉	朔同	Инв.No.8085
			九月	小	癸卯	九月	小	癸卯	朔同	Инв.No.8085
			十月	大	壬申	十月	大	壬申	朔同	Инв.No.8085
			十一月	大	壬寅	十一月	大	壬寅	朔同	Инв.No.8085
			十二月	大	壬申	十二月	大	壬申	朔同	Инв.No.8085
乾祐八年	1177	丁酉	正月	小	壬寅	正月	小	壬寅	朔同	Инв.No.8085
			二月	大	辛未	二月	大	辛未	朔同	Инв.No.8085
			三月	小	辛丑	三月	小	辛丑	朔同	Инв.No.8085
			四月	大	庚午	四月	大	庚午	朔同	Инв.No.8085
			五月	小	庚子	五月	小	庚子	朔同	Инв.No.8085
			六月	小	己巳	六月	小	己巳	朔同	Инв.No.8085
			七月	大	戊戌	七月	大	戊戌	朔同	Инв.No.8085
			八月	小	戊辰	八月	小	戊辰	朔同	Инв.No.8085
			九月	大	丁酉	九月	大	丁酉	朔同	Инв.No.8085
			十月	小	丁卯	十月	小	丁卯	朔同	Инв.No.8085
			十一月	大	丙申	十一月	大	丙申	朔同	Инв.No.8085
			十二月	大	丙寅	十二月	大	丙寅	朔同	Инв.No.8085

续表

年份			宋历			西夏历			二历异同	文献
年号纪年	公元纪年	干支	月序	月大小	朔日干支	月序	月大小	朔日干支		
乾祐九年	1178	戊戌	正月	大	丙申	正月	大	丙申	朔同	Инв.No.8085
			二月	小	丙寅	二月	小	丙寅	朔同	Инв.No.8085
			三月	大	乙未	三月	大	乙未	朔同	Инв.No.8085
			四月	小	乙丑	四月	小	乙丑	朔同	Инв.No.8085
			五月	大	甲午	五月	大	甲午	朔同	Инв.No.8085
			六月	小	甲子	六月	小	甲子	朔同	Инв.No.8085
			闰六月	小	癸巳	闰六月	小	癸巳	朔同、闰同	Инв.No.8085
			七月	大	壬戌	七月	大	壬戌	朔同	Инв.No.8085
			八月	小	壬辰	八月	小	壬辰	朔同	Инв.No.8085
			九月	大	辛酉	九月	大	辛酉	朔同	Инв.No.8085
			十月	小	辛卯	十月	小	辛卯	朔同	Инв.No.8085
			十一月	大	庚申	十一月	大	庚申	朔同	Инв.No.8085
			十二月	大	庚寅	十二月	大	庚寅	朔同	Инв.No.8085
乾祐十年	1179	己亥	正月	小	庚申	正月	小	庚申	朔同	Инв.No.8085
			二月	大	己丑	二月	大	己丑	朔同	Инв.No.8085
			三月	大	己未	三月	大	己未	朔同	Инв.No.8085
			四月	小	己丑	四月	小	己丑	朔同	Инв.No.8085
			五月	大	戊午	五月	大	戊午	朔同	Инв.No.8085
			六月	小	戊子	六月	小	戊子	朔同	Инв.No.8085
			七月	小	丁巳	七月	大	丁巳	朔同	Инв.No.8085
			八月	大	丙戌	八月	?	丁亥	夏历朔晚一天	Инв.No.8085
			九月	小	丙辰	九月	?	?	朔日原误，待考	Инв.No.8085
			十月	大	乙酉	十月	?	?	朔日原误，待考	Инв.No.8085
			十一月	小	乙卯	十一月	?	?	朔日原误，待考	Инв.No.8085
			十二月	大	甲申	十二月	?	?	朔日原误，待考	Инв.No.8085

续表

年份			宋历			西夏历			二历异同	文献
年号纪年	公元纪年	干支	月序	月大小	朔日干支	月序	月大小	朔日干支		
乾祐十一年	1180	庚子	正月	小	甲寅	正月	小	甲寅	朔同	Инв.No.8085
			二月	大	癸未	二月	大	癸未	朔同	Инв.No.8085
			三月	大	癸丑	三月	大	癸丑	朔同	Инв.No.8085
			四月	小	癸未	四月	小	癸未	朔同	Инв.No.8085
			五月	大	壬子	五月	大	壬子	朔同	Инв.No.8085
			六月	小	壬午	六月	小	壬午	朔同	Инв.No.8085
			七月	大	辛亥	七月	小	辛亥	朔同	Инв.No.8085
			八月	小	辛巳	八月	大	庚辰	夏历朔早一天	Инв.No.8085
			九月	大	庚戌	九月	大	庚戌	朔同	Инв.No.8085
			十月	小	庚辰	十月	大	庚辰	朔同	Инв.No.8085
			十一月	大	己酉	十一月	小	庚戌	夏历朔晚一天	Инв.No.8085
			十二月	小	己卯	十二月	小	己卯	朔同	Инв.No.8085
乾祐十二年	1181	辛丑	正月	大	戊申	正月	大	戊申	朔同	Инв.No.8085
			二月	小	戊寅	二月	小	戊寅	朔同	Инв.No.8085
			三月	大	丁未	三月	大	丁未	朔同	Инв.No.8085
			闰三月	小	丁丑	闰三月	小	丁丑	朔同、闰同	Инв.No.8085
			四月	大	丙午	四月	大	丙午	朔同	Инв.No.8085
			五月	大	丙子	五月	大	丙子	朔同	Инв.No.8085
			六月	小	丙午	六月	小	丙午	朔同	Инв.No.8085
			七月	大	乙亥	七月	大	乙亥	朔同	Инв.No.8085
			八月	小	乙巳	八月	小	乙巳	朔同	Инв.No.8085
			九月	大	甲戌	九月	大	甲戌	朔同	Инв.No.8085
			十月	小	甲辰	十月	小	甲辰	朔同	Инв.No.8085
			十一月	大	癸酉	十一月	大	癸酉	朔同	Инв.No.8085
			十二月	小	癸卯	十二月	小	癸卯	朔同	Инв.No.8085

续表

年份			宋历			西夏历			二历异同	文献
年号纪年	公元纪年	干支	月序	月大小	朔日干支	月序	月大小	朔日干支		
乾祐十三年	1182	壬寅	正月	大	壬申	正月	大	壬申	朔同	Инв.No.8085、TK297刻本历书
			二月	小	壬寅	二月	小	壬寅	朔同	Инв.No.8085
			三月	大	辛未	三月	大	辛未	朔同	Инв.No.8085
			四月	小	辛丑	四月	小	辛丑	朔同	Инв.No.8085、TK297刻本历书
			五月	大	庚午	五月	大	庚午	朔同	Инв.No.8085、TK297刻本历书
			六月	小	庚子	六月	小	庚子	朔同	Инв.No.8085
			七月	大	己巳	七月	大	己巳	朔同	Инв.No.8085
			八月	大	己亥	八月	大	己亥	朔同	Инв.No.8085
			九月	小	己巳	九月	小	己巳	朔同	Инв.No.8085
			十月	大	戊戌	十月	大	戊戌	朔同	Инв.No.8085
			十一月	小	戊辰	十一月	小	戊辰	朔同	Инв.No.8085
			十二月	大	丁酉	十二月	大	丁酉	朔同	Инв.No.8085
乾祐十四年	1183	癸卯	正月	小	丁卯	正月	小	丁卯	朔同	Инв.No.8085
			二月	大	丙申	二月	大	丙申	朔同	Инв.No.8085
			三月	小	丙寅	三月	小	丙寅	朔同	Инв.No.8085
			四月	小	乙未	四月	小	乙未	朔同	Инв.No.8085
			五月	大	甲子	五月	大	甲子	朔同	Инв.No.8085
			六月	小	甲午	六月	小	甲午	朔同	Инв.No.8085
			七月	大	癸亥	七月	大	癸亥	朔同	Инв.No.8085
			八月	大	癸巳	八月	大	癸巳	朔同	Инв.No.8085
			九月	小	癸亥	九月	大	癸亥	朔同	Инв.No.8085
			十月	大	壬辰	十月	小	癸巳	夏历朔晚一天	Инв.No.8085
			十一月	大	壬戌	十一月	大	壬戌	朔同	Инв.No.8085
			闰十一月	小	壬辰	闰十一月	大	壬辰	朔同、闰同	Инв.No.8085
			十二月	大	辛酉	十二月	小	壬戌	夏历朔晚一天	Инв.No.8085

续表

年份			宋历			西夏历			二历异同	文献
年号纪年	公元纪年	干支	月序	月大小	朔日干支	月序	月大小	朔日干支		
乾祐十五年	1184	甲辰	正月	小	辛卯	正月	小	辛卯	朔同	Инв.No.8085
			二月	大	庚申	二月	大	庚申	朔同	Инв.No.8085
			三月	小	庚寅	三月	小	庚寅	朔同	Инв.No.8085
			四月	小	己未	四月	小	己未	朔同	Инв.No.8085
			五月	大	戊子	五月	大	戊子	朔同	Инв.No.8085
			六月	小	戊午	六月	小	戊午	朔同	Инв.No.8085
			七月	大	丁亥	七月	大	丁亥	朔同	Инв.No.8085
			八月	小	丁巳	八月	小	丁巳	朔同	Инв.No.8085
			九月	大	丙戌	九月	大	丙戌	朔同	Инв.No.8085
			十月	大	丙辰	十月	大	丙辰	朔同	Инв.No.8085
			十一月	大	丙戌	十一月	大	丙戌	朔同	Инв.No.8085
			十二月	小	丙辰	十二月	小	丙辰	朔同	Инв.No.8085
乾祐十六年	1185	乙巳	正月	大	乙酉	正月	大	乙酉	朔同	Инв.No.8085
			二月	小	乙卯	二月	小	乙卯	朔同	Инв.No.8085
			三月	大	甲申	三月	大	甲申	朔同	Инв.No.8085
			四月	小	甲寅	四月	小	甲寅	朔同	Инв.No.8085
			五月	小	癸未	五月	小	癸未	朔同	Инв.No.8085
			六月	大	壬子	六月	大	壬子	朔同	Инв.No.8085、汉文木板买地券题“维大夏乾祐岁次乙巳六月壬子朔十九日庚午”
			七月	小	壬午	七月	小	壬午	朔同	Инв.No.8085
			八月	大	辛亥	八月	大	辛亥	朔同	Инв.No.8085
			九月	小	辛巳	九月	小	辛巳	朔同	Инв.No.8085
			十月	大	庚戌	十月	大	庚戌	朔同	Инв.No.8085
			十一月	大	庚辰	十一月	大	庚辰	朔同	Инв.No.8085
			十二月	大	庚戌	十二月	大	庚戌	朔同	Инв.No.8085

续表

年份			宋历			西夏历			二历异同	文献
年号纪年	公元纪年	干支	月序	月大小	朔日干支	月序	月大小	朔日干支		
乾祐十七年	1186	丙午	正月	小	庚辰	正月	小	庚辰	朔同	Инв.No.8085
			二月	大	己酉	二月	大	己酉	朔同	Инв.No.8085
			三月	小	己卯	三月	小	己卯	朔同	Инв.No.8085
			四月	大	戊申	四月	大	戊申	朔同	Инв.No.8085
			五月	小	戊寅	五月	小	戊寅	朔同	Инв.No.8085
			六月	小	丁未	六月	小	丁未	朔同	Инв.No.8085
			七月	大	丙子	七月	大	丙子	朔同	Инв.No.8085
			闰七月	小	丙午	闰七月	小	丙午	朔同、闰同	Инв.No.8085
			八月	小	乙亥	八月	小	乙亥	朔同	Инв.No.8085
			九月	大	甲辰	九月	大	甲辰	朔同	Инв.No.8085
			十月	大	甲戌	十月	大	甲戌	朔同	Инв.No.8085
			十一月	大	甲辰	十一月	大	甲辰	朔同	Инв.No.8085
			十二月	小	甲戌	十二月	小	甲戌	朔同	Инв.No.8085
乾祐十八年	1187	丁未	正月	大	癸卯	正月	大	癸卯	朔同	Инв.No.8085
			二月	大	癸酉	二月	大	癸酉	朔同	Инв.No.8085
			三月	小	癸卯	三月	小	癸卯	朔同	Инв.No.8085
			四月	大	壬申	四月	大	壬申	朔同	Инв.No.8085
			五月	小	壬寅	五月	小	壬寅	朔同	Инв.No.8085
			六月	小	辛未	六月	小	辛未	朔同	Инв.No.8085
			七月	大	庚子	七月	大	庚子	朔同	Инв.No.8085
			八月	小	庚午	八月	小	庚午	朔同	Инв.No.8085
			九月	小	己亥	九月	小	己亥	朔同	Инв.No.8085
			十月	大	戊辰	十月	大	戊辰	朔同	Инв.No.8085
			十一月	大	戊戌	十一月	小	戊戌	朔同	Инв.No.8085
			十二月	小	戊辰	十二月	大	丁卯	夏历朔早一天	Инв.No.8085

续表

年份			宋历			西夏历			二历异同	文献
年号纪年	公元纪年	干支	月序	月大小	朔日干支	月序	月大小	朔日干支		
乾祐十九年	1188	戊申	正月	大	丁酉	正月	大	丁酉	朔同	Инв.No.8085
			二月	大	丁卯	二月	大	丁卯	朔同	Инв.No.8085
			三月	大	丁酉	三月	大	丁酉	朔同	Инв.No.8085
			四月	小	丁卯	四月	小	丁卯	朔同	Инв.No.8085
			五月	大	丙申	五月	大	丙申	朔同	Инв.No.8085
			六月	小	丙寅	六月	小	丙寅	朔同	Инв.No.8085
			七月	小	乙未	七月	小	乙未	朔同	Инв.No.8085
			八月	大	甲子	八月	大	甲子	朔同	Инв.No.8085
			九月	小	甲午	九月	小	甲午	朔同	Инв.No.8085
			十月	小	癸亥	十月	小	癸亥	朔同	Инв.No.8085
			十一月	大	壬辰	十一月	大	壬辰	朔同	Инв.No.8085
			十二月	大	壬戌	十二月	大	壬戌	朔同	Инв.No.8085
乾祐二十年	1189	己酉	正月	小	壬辰	正月	小	壬辰	朔同	Инв.No.8085
			二月	大	辛酉	二月	大	辛酉	朔同	Инв.No.8085
			三月	大	辛卯	三月	大	辛卯	朔同	Инв.No.8085
			四月	小	辛酉	四月	小	辛酉	朔同	Инв.No.8085
			五月	大	庚寅	五月	大	庚寅	朔同	Инв.No.8085
			闰五月	小	庚申	闰五月	小	庚申	朔同、闰同	Инв.No.8085
			六月	大	己丑	六月	大	己丑	朔同	Инв.No.8085
			七月	小	己未	七月	小	己未	朔同	Инв.No.8085
			八月	大	戊子	八月	大	戊子	朔同	Инв.No.8085
			九月	小	戊午	九月	小	戊午	朔同	Инв.No.8085
			十月	大	丁亥	十月	大	丁亥	朔同	Инв.No.8085
			十一月	小	丁巳	十一月	小	丁巳	朔同	Инв.No.8085
			十二月	大	丙戌	十二月	大	丙戌	朔同	Инв.No.8085

续表

年份			宋历			西夏历			二历异同	文献
年号纪年	公元纪年	干支	月序	月大小	朔日干支	月序	月大小	朔日干支		
乾祐二十一年	1190	庚戌	正月	小	丙辰	正月	小	丙辰	朔同	Инв.No.8085
			二月	大	乙酉	二月	大	乙酉	朔同	Инв.No.8085
			三月	小	乙卯	三月	小	乙卯	朔同	Инв.No.8085
			四月	大	甲申	四月	大	甲申	朔同	Инв.No.8085
			五月	大	甲寅	五月	大	甲寅	朔同	Инв.No.8085
			六月	小	甲申	六月	小	甲申	朔同	Инв.No.8085
			七月	大	癸丑	七月	大	癸丑	朔同	Инв.No.8085
			八月	小	癸未	八月	小	癸未	朔同	Инв.No.8085
			九月	大	壬子	九月	大	壬子	朔同	Инв.No.8085
			十月	小	壬午	十月	小	壬午	朔同	Инв.No.8085
			十一月	大	辛亥	十一月	大	辛亥	朔同	Инв.No.8085
			十二月	小	辛巳	十二月	?	辛巳	朔同	Инв.No.8085
乾祐二十二年	1191	辛亥	正月	大	庚戌	正月	?	?	朔日原缺，待考	Инв.No.8085
			二月	小	庚辰	二月	?	?	朔日原缺，待考	Инв.No.8085
			三月	小	己酉	三月	?	?	朔日原缺，待考	Инв.No.8085
			四月	大	戊寅	四月	?	?	朔日原缺，待考	Инв.No.8085
			五月	大	戊申	五月	?	?	朔日原缺，待考	Инв.No.8085
			六月	小	戊寅	六月	?	?	朔日原缺，待考	Инв.No.8085
			七月	大	丁未	七月	?	?	朔日原缺，待考	Инв.No.8085
			八月	大	丁丑	八月	?	?	朔日原缺，待考	Инв.No.8085
			九月	小	丁未	九月	?	?	朔日原缺，待考	Инв.No.8085
			十月	大	丙子	十月	?	?	朔日原缺，待考	Инв.No.8085
			十一月	小	丙午	十一月	?	?	朔日原缺，待考	Инв.No.8085
			十二月	大	乙亥	十二月	?	?	朔日原缺，待考	Инв.No.8085

续表

年份			宋历			西夏历			二历异同	文献
年号纪年	公元纪年	干支	月序	月大小	朔日干支	月序	月大小	朔日干支		
乾祐二十三年	1192	壬子	正月	小	乙巳	正月	小	乙巳	朔同	Инв.No.8085
			二月	大	甲戌	二月	大	甲戌	朔同	Инв.No.8085、中国藏西夏文献编号G32·004“甘肃武威市西郊响水河煤矿家属院出土西夏墓汉文朱书木牍”
			闰二月	小	甲辰	闰二月	小	甲辰	朔同、闰同	Инв.No.8085
			三月	小	癸酉	三月	小	癸酉	朔同	Инв.No.8085
			四月	大	壬寅	四月	大	壬寅	朔同	Инв.No.8085
			五月	小	壬申	五月	小	壬申	朔同	Инв.No.8085
			六月	大	辛丑	六月	大	辛丑	朔同	Инв.No.8085
			七月	大	辛未	七月	大	辛未	朔同	Инв.No.8085
			八月	小	辛丑	八月	小	辛丑	朔同	Инв.No.8085
			九月	大	庚午	九月	大	庚午	朔同	Инв.No.8085
			十月	大	庚子	十月	大	庚子	朔同	Инв.No.8085
			十一	小	庚午	十一	小	庚午	朔同	Инв.No.8085
			十二	大	己亥	十二	?	己亥	朔同	Инв.No.8085
乾祐二十四年	1193	癸丑	正月	小	己巳	正月	?	?	朔日原缺，待考	Инв.No.8085
			二月	大	戊戌	二月	?	?	朔日原缺，待考	Инв.No.8085
			三月	小	戊辰	三月	?	?	朔日原缺，待考	Инв.No.8085
			四月	小	丁酉	四月	?	?	朔日原缺，待考	Инв.No.8085
			五月	大	丙寅	五月	?	?	朔日原缺，待考	Инв.No.8085
			六月	小	丙申	六月	?	?	朔日原缺，待考	Инв.No.8085
			七月	大	乙丑	七月	?	?	朔日原缺，待考	Инв.No.8085
			八月	小	乙未	八月	?	?	朔日原缺，待考	Инв.No.8085

续表

年份			宋历			西夏历			二历异同	文献
年号纪年	公元纪年	干支	月序	月大小	朔日干支	月序	月大小	朔日干支		
乾祐二十四年	1193	癸丑	九月	大	甲子	九月	?	?	朔日原缺，待考	Инв.No.8085
			十月	大	甲午	十月	?	乙未	夏历朔晚一天	俄 Инв.No.8085、中国藏西夏文献编号 M21·005［F220:W2］《西夏乾祐二十四年生男命造》
			十一	大	甲子	十一	?	?	朔日原缺，待考	Инв.No.8085
			十二	小	甲午	十二	?	?	朔日原缺，待考	Инв.No.8085
夏桓宗天庆元年	1194	甲寅	正月	大	癸亥	正月	大	?	朔日原缺，待考	Инв.No.8085、甘肃武威西郊林场出土《刘庆寿母李氏墓葬题记》
			二月	小	癸巳	二月	?	?	朔日原缺，待考	Инв.No.8085
			三月	大	壬戌	三月	?	?	朔日原缺，待考	Инв.No.8085
			四月	小	壬辰	四月	?	?	朔日原缺，待考	Инв.No.8085
			五月	小	辛酉	五月	?	?	朔日原缺，待考	Инв.No.8085
			六月	大	庚寅	六月	?	?	朔日原缺，待考	Инв.No.8085
			七月	小	庚申	七月	?	?	朔日原缺，待考	Инв.No.8085
			八月	小	己丑	八月	?	?	朔日原缺，待考	Инв.No.8085
			九月	大	戊午	九月	?	?	朔日原缺，待考	Инв.No.8085
			十月	大	戊子	闰九月	?	?	朔日原缺，待考。夏历闰早一月	Инв.No.8085
			闰十月	大	戊午	十月	?	?	朔日原缺，待考	Инв.No.8085
			十一月	小	戊子	十一月	?	?	朔日原缺，待考	Инв.No.8085
			十二月	大	丁巳	十二月	?	?	朔日原缺，待考	Инв.No.8085

续表

年份			宋历			西夏历			二历异同	文献
年号纪年	公元纪年	干支	月序	月大小	朔日干支	月序	月大小	朔日干支		
天庆二年	1195	乙卯	正月	大	丁亥	正月	?	?	朔日原缺，待考	Инв.No.8085
			二月	小	丁巳	二月	?	?	朔日原缺，待考	Инв.No.8085
			三月	大	丙戌	三月	?	?	朔日原缺，待考	Инв.No.8085
			四月	小	丙辰	四月	?	?	朔日原缺，待考	Инв.No.8085
			五月	小	乙酉	五月	?	?	朔日原缺，待考	Инв.No.8085
			六月	大	甲寅	六月	?	?	朔日原缺，待考	Инв.No.8085
			七月	小	甲申	七月	?	?	朔日原缺，待考	Инв.No.8085
			八月	小	癸丑	八月	?	?	朔日原缺，待考	Инв.No.8085
			九月	大	壬午	九月	?	?	朔日原缺，待考	Инв.No.8085
			十月	大	壬子	十月	?	?	朔日原缺，待考	Инв.No.8085
			十一月	小	壬午	十一月	?	?	朔日原缺，待考	Инв.No.8085
			十二月	大	辛亥	十二月	?	?	朔日原缺，待考	Инв.No.8085
天庆三年	1196	丙辰	正月	大	辛巳	正月	大	?	朔日原缺，待考	Инв.No.8085
			二月	大	辛亥	二月	?	?	朔日原缺，待考	Инв.No.8085
			三月	小	辛巳	三月	?	?	朔日原缺，待考	Инв.No.8085
			四月	大	庚戌	四月	?	?	朔日原缺，待考	Инв.No.8085
			五月	小	庚辰	五月	?	?	朔日原缺，待考	Инв.No.8085

续表

年份			宋历			西夏历			二历异同	文献
年号纪年	公元纪年	干支	月序	月大小	朔日干支	月序	月大小	朔日干支		
天庆三年	1196	丙辰	六月	小	己酉	六月	?	?	朔日原缺，待考	Инв.No.8085
			七月	大	戊寅	七月	?	?	朔日原缺，待考	Инв.No.8085
			八月	小	戊申	八月	?	?	朔日原缺，待考	Инв.No.8085
			九月	小	丁丑	九月	?	?	朔日原缺，待考	Инв.No.8085
			十月	大	丙午	十月	?	?	朔日原缺，待考	Инв.No.8085
			十一	大	丙子	十一	?	?	朔日原缺，待考	Инв.No.8085
			十二	小	丙午	十二	?	?	朔日原缺，待考	Инв.No.8085
天庆四年	1197	丁巳	正月	大	乙亥	正月	大	乙亥	朔同	Инв.No.8085
			二月	大	乙巳	二月	大	乙巳	朔同	Инв.No.8085
			三月	小	乙亥	三月	小	乙亥	朔同	Инв.No.8085
			四月	大	甲辰	四月	大	甲辰	朔同	Инв.No.8085
			五月	小	甲戌	五月	?	甲戌	朔同	Инв.No.8085
			六月	大	癸卯	六月	?	?	朔日原缺，待考	Инв.No.8085
			闰六月	小	癸酉	闰六月	?	?	闰同。朔日原缺，待考	Инв.No.8085
			七月	大	壬寅	七月	大	壬寅	朔同	Инв.No.8085
			八月	小	壬申	八月	小	壬申	朔同	Инв.No.8085
			九月	小	辛丑	九月	小	辛丑	朔同	Инв.No.8085
			十月	大	庚午	十月	大	庚午	朔同	Инв.No.8085
			十一月	小	庚子	十一月	小	庚子	朔同	Инв.No.8085
			十二月	大	己巳	十二月	大	己巳	朔同	Инв.No.8085

续表

年份			宋历			西夏历			二历异同	文献
年号纪年	公元纪年	干支	月序	月大小	朔日干支	月序	月大小	朔日干支		
天庆五年	1198	戊午	正月	大	己亥	正月	大	己亥	朔同	Инв.No.8085
			二月	小	己巳	二月	小	己巳	朔同	Инв.No.8085
			三月	大	戊戌	三月	大	戊戌	朔同	Инв.No.8085
			四月	大	戊辰	四月	?	戊辰	朔同	Инв.No.8085
			五月	小	戊戌	五月	?	?	朔日原缺，待考	Инв.No.8085
			六月	大	丁卯	六月	?	?	朔日原缺，待考	Инв.No.8085
			七月	小	丁酉	七月	小	丁酉	朔同	Инв.No.8085
			八月	大	丙寅	八月	大	丙寅	朔同	Инв.No.8085
			九月	小	丙申	九月	小	丙申	朔同	Инв.No.8085
			十月	小	乙丑	十月	小	乙丑	朔同	Инв.No.8085
			十一月	大	甲午	十一月	大	甲午	朔同	Инв.No.8085
			十二月	小	甲子	十二月	小	甲子	朔同	Инв.No.8085
天庆六年	1199	己未	正月	大	癸巳	正月	大	癸巳	朔同	Инв.No.8085
			二月	大	癸亥	二月	大	癸亥	朔同	Инв.No.8085
			三月	小	癸巳	三月	小	癸巳	朔同	Инв.No.8085
			四月	大	壬戌	四月	?	壬戌	朔同	Инв.No.8085
			五月	小	壬辰	五月	?	?	朔日原缺，待考	Инв.No.8085
			六月	大	辛酉	六月	?	?	朔日原缺，待考	Инв.No.8085
			七月	大	辛卯	七月	大	辛卯	朔同	Инв.No.8085
			八月	小	辛酉	八月	小	辛酉	朔同	Инв.No.8085
			九月	大	庚寅	九月	大	庚寅	朔同	Инв.No.8085
			十月	小	庚申	十月	小	庚申	朔同	Инв.No.8085
			十一月	大	己丑	十一月	大	己丑	朔同	Инв.No.8085
			十二月	小	己未	十二月	小	己未	朔同	Инв.No.8085

续表

年份			宋历			西夏历			二历异同	文献
年号纪年	公元纪年	干支	月序	月大小	朔日干支	月序	月大小	朔日干支		
天庆七年	1200	庚申	正月	小	戊子	正月	小	戊子	朔同	Инв.No.8085
			二月	大	丁巳	二月	大	丁巳	朔同	Инв.No.8085
			闰二月	小	丁亥	闰二月	小	丁亥	朔同、闰同	Инв.No.8085
			三月	大	丙辰	三月	大	丙辰	朔同	Инв.No.8085
			四月	小	丙戌	四月	?	丙戌	朔同	Инв.No.8085
			五月	大	乙卯	五月	?	?	朔日原缺，待考	Инв.No.8085
			六月	大	乙酉	六月	?	?	朔日原缺，待考	Инв.No.8085
			七月	小	乙卯	七月	小	乙卯	朔同	Инв.No.8085
			八月	大	甲申	八月	大	甲申	朔同	Инв.No.8085
			九月	大	甲寅	九月	大	甲寅	朔同	Инв.No.8085
			十月	小	甲申	十月	小	甲申	朔同	Инв.No.8085
			十一月	大	癸丑	十一月	大	癸丑	朔同	Инв.No.8085
			十二月	小	癸未	十二月	小	癸未	朔同	Инв.No.8085
天庆八年	1201	辛酉	正月	大	壬子	正月	大	壬子	朔同	Инв.No.8085
			二月	小	壬午	二月	小	壬午	朔同	Инв.No.8085
			三月	小	辛亥	三月	小	辛亥	朔同	Инв.No.8085
			四月	大	庚辰	四月	大	庚辰	朔同	Инв.No.8085
			五月	小	庚戌	五月	小	庚戌	朔同	Инв.No.8085
			六月	大	己卯	六月	大	己卯	朔同	Инв.No.8085
			七月	小	己酉	七月	小	己酉	朔同	Инв.No.8085
			八月	大	戊寅	八月	大	戊寅	朔同	Инв.No.8085
			九月	大	戊申	九月	大	戊申	朔同	Инв.No.8085
			十月	大	戊寅	十月	大	戊寅	朔同	Инв.No.8085
			十一月	小	戊申	十一月	小	戊申	朔同	Инв.No.8085
			十二月	大	丁丑	十二月	大	丁丑	朔同	Инв.No.8085

续表

年份			宋历			西夏历			二历异同	文献
年号纪年	公元纪年	干支	月序	月大小	朔日干支	月序	月大小	朔日干支		
天庆九年	1202	壬戌	正月	小	丁未	正月	小	丁未	朔同	Инв.No.8085
			二月	大	丙子	二月	大	丙子	朔同	Инв.No.8085
			三月	小	丙午	三月	小	丙午	朔同	Инв.No.8085
			四月	小	乙亥	四月	?	乙亥	朔同	Инв.No.8085
			五月	大	甲辰	五月	?	?	朔日原缺，待考	Инв.No.8085
			六月	小	甲戌	六月	?	?	朔日原缺，待考	Инв.No.8085
			七月	小	癸卯	七月	?	?	朔日原缺，待考	Инв.No.8085
			八月	大	壬申	八月	?	?	朔日原缺，待考	Инв.No.8085
			九月	大	壬寅	九月	大	壬寅	朔同	Инв.No.8085
			十月	大	壬申	十月	大	壬申	朔同	Инв.No.8085
			十一月	小	壬寅	十一月	小	壬寅	朔同	Инв.No.8085
			十二月	大	辛未	十二月	大	辛未	朔同	Инв.No.8085
			闰十二月	大	辛丑	闰十二月	大	辛丑	朔同、闰同	Инв.No.8085
天庆十年	1203	癸亥	正月	小	辛未	正月	小	辛未	朔同	Инв.No.8085
			二月	大	庚子	二月	大	庚子	朔同	Инв.No.8085
			三月	小	庚午	三月	小	庚午	朔同	Инв.No.8085
			四月	小	己亥	四月	小	己亥	朔同	Инв.No.8085
			五月	大	戊辰	五月	大	戊辰	朔同	Инв.No.8085
			六月	小	戊戌	六月	小	戊戌	朔同	Инв.No.8085
			七月	小	丁卯	七月	小	丁卯	朔同	Инв.No.8085
			八月	大	丙申	八月	大	丙申	朔同	Инв.No.8085
			九月	大	丙寅	九月	大	丙寅	朔同	Инв.No.8085
			十月	小	丙申	十月	小	丙申	朔同	Инв.No.8085
			十一月	大	乙丑	十一月	大	乙丑	朔同	Инв.No.8085
			十二月	大	乙未	十二月	大	乙未	朔同	Инв.No.8085

续表

年份			宋历			西夏历			二历异同	文献
年号纪年	公元纪年	干支	月序	月大小	朔日干支	月序	月大小	朔日干支		
天庆十一年	1204	甲子	正月	大	乙丑	正月	大	乙丑	朔同	Инв.No.8085
			二月	小	乙未	二月	小	乙未	朔同	Инв.No.8085
			三月	大	甲子	三月	大	甲子	朔同	Инв.No.8085
			四月	小	甲午	四月	小	甲午	朔同	Инв.No.8085
			五月	小	癸亥	五月	小	癸亥	朔同	Инв.No.8085
			六月	大	壬辰	六月	大	壬辰	朔同	Инв.No.8085
			七月	小	壬戌	七月	小	壬戌	朔同	Инв.No.8085
			八月	小	辛卯	八月	小	辛卯	朔同	Инв.No.8085
			九月	大	庚申	九月	大	庚申	朔同	Инв.No.8085
			十月	小	庚寅	十月	小	庚寅	朔同	Инв.No.8085
			十一月	大	己未	十一月	大	己未	朔同	Инв.No.8085
			十二月	大	己丑	十二月	大	己丑	朔同	Инв.No.8085
天庆十二年	1205	乙丑	正月	大	己未	正月	小	己未	朔同	Инв.No.8085
			二月	小	己丑	二月	大	戊子	夏历朔早一天	Инв.No.8085
			三月	大	戊午	三月	大	戊午	朔同	Инв.No.8085
			四月	小	戊子	四月	大	戊子	朔同	Инв.No.8085
			五月	大	丁巳	五月	小	戊午	夏历朔晚一天	Инв.No.8085
			六月	小	丁亥	六月	小	丁亥	朔同	Инв.No.8085
			七月	大	丙辰	七月	大	丙辰	朔同	Инв.No.8085
			八月	小	丙戌	八月	小	丙戌	朔同	Инв.No.8085
			闰八月	小	乙卯	九月	小	乙卯	朔同	
			九月	大	甲申	闰九月	大	甲申	朔同。夏历闰晚一月	Инв.No.8085
			十月	小	甲寅	十月	小	甲寅	朔同	Инв.No.8085
			十一	大	癸未	十一	大	癸未	朔同	Инв.No.8085
			十二	大	癸丑	十二	大	癸丑	朔同	Инв.No.8085、Инв.No.5227“黑水城出土西夏粮食借贷契约”

续表

年份			宋历			西夏历			二历异同	文献
年号纪年	公元纪年	干支	月序	月大小	朔日干支	月序	月大小	朔日干支		
天庆十三年	1206	丙寅	正月	小	癸未	正月	?	癸未	朔同	Инв.No.8085、Инв.No.5227“黑水城出土西夏粮食借贷契约”
			二月	大	壬子	二月	?	?	朔日原缺，待考	Инв.No.8085
			三月	大	壬午	三月	?	?	朔日原缺，待考	Инв.No.8085
			四月	小	壬子	四月	?	?	朔日原缺，待考	Инв.No.8085
			五月	大	辛巳	五月	?	?	朔日原缺，待考	Инв.No.8085
			六月	小	辛亥	六月	?	?	朔日原缺，待考	Инв.No.8085
			七月	大	庚辰	七月	?	?	朔日原缺，待考	Инв.No.8085
			八月	小	庚戌	八月	?	?	朔日原缺，待考	Инв.No.8085
			九月	小	己卯	九月	?	?	朔日原缺，待考	Инв.No.8085
			十月	大	戊申	十月	?	?	朔日原缺，待考	Инв.No.8085
			十一月	小	戊寅	十一月	?	?	朔日原缺，待考	Инв.No.8085
			十二月	大	丁未	十二月	?	?	朔日原缺，待考	Инв.No.8085
夏襄宗应天二年	1207	丁卯	正月	大	丁丑	正月	?	丁丑	朔同	Инв.No.8085
			二月	小	丁未	二月	?	?	朔日原缺，待考	Инв.No.8085
			三月	大	丙子	三月	?	?	朔日原缺，待考	Инв.No.8085
			四月	大	丙午	四月	?	?	朔日原缺，待考	Инв.No.8085
			五月	小	丙子	五月	?	?	朔日原缺，待考	Инв.No.8085

续表

年份			宋历			西夏历			二历异同	文献
年号纪年	公元纪年	干支	月序	月大小	朔日干支	月序	月大小	朔日干支		
夏襄宗应天二年	1207	丁卯	六月	大	乙巳	六月	?	?	朔日原缺，待考	Инв.No.8085
			七月	小	乙亥	七月	?	?	朔日原缺，待考	Инв.No.8085
			八月	大	甲辰	八月	?	?	朔日原缺，待考	Инв.No.8085
			九月	小	甲戌	九月	?	?	朔日原缺，待考	Инв.No.8085
			十月	大	癸卯	十月	小	癸卯	朔同	Инв.No.8085
			十一月	小	癸酉	十一月	小	壬申	夏历朔早一天	Инв.No.8085
			十二月	小	壬寅	十二月	?	辛丑	夏历朔早一天	Инв.No.8085

参考文献

（汉）许慎:《说文解字》，中华书局 2004 年影印本。

（汉）何休撰,（唐）陆德明音义《春秋公羊传注疏》。

（宋）张邦基:《墨庄漫录》，台湾商务印书馆影印文渊阁四库全书本。

（宋）李焘:《续资治通鉴长编》，中华书局 2004 年版。

（宋）沈括著，胡道静校证《梦溪笔谈校证》，上海古籍出版社 1987 年版。

（宋）释文莹:《湘山野录》，台湾商务印书馆影印文渊阁四库全书本。

（西夏）骨勒茂才著，黄振华、聂鸿音、史金波整理《番汉合时掌中珠》，宁夏人民出版社 1989 年版。

（元）马端临:《文献通考》，中华书局影印本 1986 年版。

（元）王恽:《秋涧集》，台湾商务印书馆影印文渊阁四库全书本。

（元）脱脱等:《宋史》，中华书局标点本 1977 年版。

（元）脱脱等:《金史》，中华书局标点本 1975 年版。

（元）陶宗:《南村辍耕录》，台湾商务印书馆影印文渊阁四库全书本。

（明）万民英:《三命通会》，台湾商务印书馆影印文渊阁四库全书本。

（明）唐顺之:《稗编》。

（清）允禄、梅瑴成、何国栋等:《钦定协纪辨方书》，台湾商务印书馆影印文渊阁四库全书本。

（清）徐松:《宋会要辑稿》，中华书局影印本 1957 年版。

（清）康熙:《御定星历考原》，台湾商务印书馆影印文渊阁四库全书本。

Grinstead, “Tangut Fragments in the British Museum,” *The British Museum Quarterly* 24(1961):3-4.

Willy Hartner, “The Pseudo Planetary Nodes of the Moon’s Orbitin Hindu and Islamic Iconographies," *Oriens-Occidens* Ⅰ (1968).

З.И.Горбачеваи Е.И.Кычанов, *Тангутские рукописи и ксилографы*, Москва：Издательство восточной литературы，1963。

月波康赖撰，高文铸等校注《医心方》，华夏出版社 1996 年版。

宁夏大学西夏学研究院、中国国家图书馆、甘肃省古籍文献整理编译中心编《中国藏西夏文献》(第 1—20 册)，甘肃人民出版社、敦煌文艺出版社 2005—2007 年版。

西北第二民族学院、英国国家图书馆、上海古籍出版社编《英藏黑水城文献》(第 1—4 册)，上海古籍出版社 2005 年版；北方民族大学、英国国家图书馆、上海古籍出版社编《英藏黑水城文献》第 5 册，上海古籍出版社 2010 年版。

俄罗斯科学院东方研究所圣彼得堡分所、中国社会科学院民族研究所、上海古籍出版社:《俄藏黑水城文献》(第 1—13 册)，上海古籍出版社 1996—2007 年版。

丁声树编《古今字音对照手册》，科学出版社 1958 年版。

孔庆典、江晓原:《七元甲子术研究》,《上海交通大学学报》2009 年第 2 期。

牛达生:《〈嘉靖宁夏新志〉中的两篇西夏佚文》,《宁夏大学学报》1980 年第 4 期。

邓文宽:《两篇敦煌具注历日残文新考》，饶宗颐主编《敦煌吐鲁番研究》第 13 卷，上海古籍出版社 2013 年版。

邓文宽:《敦煌天文历法文献辑校》，江苏古籍出版社 1996 年版。

邓文宽:《敦煌吐鲁番天文历法研究》，甘肃教育出版社 2002 年版。

邓文宽:《黑城出土〈西夏皇建元年庚午岁（1210 年）具注历日〉残片考》,《文物》2007 年第 8 期。

韦兵:《星占、历法与宋夏关系》,《四川大学学报》2007 年第 4 期。

史金波、黄振华、聂鸿音:《类林研究》，宁夏人民出版社 1993 年版。

史金波、黄振华:《西夏文字典〈音同〉序跋考释》，宁夏文物管理委员会办公室、宁夏文化厅文物处编《西夏文史论丛》，宁夏人民出版社 1992 年版。

史金波:《中国藏西夏文献新探》，杜建录主编《西夏学》(第 2 辑)，宁夏人民出版社 2007 年版。

史金波:《西夏“秦晋国王”考论》,《宁夏社会科学》1987 年第 3 期。

史金波:《西夏出版研究》，宁夏人民出版社 2004 年版。

史金波:《西夏社会》，上海人民出版社 2007 年版。

史金波:《西夏的历法和历书》,《民族语文》2006 年第 4 期。

史金波:《西夏贷粮契约简论》，林英津等编《汉藏语研究——龚煌城先生七秩寿庆论文集》，台北“中央研究院”语言学研究所 2004 年版。

史金波:《国家图书馆藏西夏文社会文书残页考》,《文献季刊》2004 年 4 月第 2 期。

史金波:《现存世界上最早的活字印刷品——西夏活字印本考》,《北京图书馆馆刊》1997 年第 1 期。

史金波:《黑水城出土西夏文租地契约研究》,《吴天墀教授百年诞辰纪念文集》，四川人民出版社 2013 年版。

史金波:《黑水城出土活字版汉文历书考》,《文物》2001 年第 10 期。

白滨:《西夏雕版印刷初探》,《文献》1996 年第 4 期。

刘永明:《散见敦煌历朔闰辑考》,《敦煌研究》2002 年第 6 期。

刘国忠:《五行大义研究》，辽宁教育出版社 1999 年版。

孙伯君:《黑水城出土西夏文〈佛说圣大乘三归依经〉译释》,《兰州学刊》2009 年第 7 期。

曲安京:《中国古代的行星运动理论》,《自然科学史研究》2006 年第 1 期。

克恰诺夫、李范文、罗矛昆:《圣立义海研究》，宁夏人民出版社 1995 年版。

张闻玉:《古代天王历法讲座》，广西师范大学出版社 2008 年版。

张涌泉:《敦煌俗字研究》，上海教育出版社 1996 年版。

张培瑜:《三千五百年历日天象》，河南教育出版社 1990 年版。

李华瑞:《二十世纪党项拓跋部族属与西夏国名研究》，杜建录主编《二十世纪西夏学》，宁夏人民出版社 2004 年版。

李华瑞:《西夏纪年综考》,《国家图书馆学刊》“西夏研究专号”, 2002 年。

李范文:《西夏研究论文集》，宁夏人民出版社 1983 年版。

李范文:《夏汉字典》，中国社会科学出版社 2008 年版。

杜建录、史金波:《西夏社会文书研究》,上海古籍出版社 2010 年版。

杜建录、彭向前:《所谓“大轮七年星占书”考释》,《薪火相传——史金波先生七十寿辰西夏学国际学术研讨会论文集》,中国社会科学出版社 2012 年版。

陈国灿:《西夏天盛典当残契的复原》,《中国史研究》1980 年第 1 期。

陈垣:《二十史朔闰表》,中华书局 1999 年版。

陈炳应:《西夏文物研究》,宁夏人民出版社 1988 年版。

陈炳应:《西夏探古》,甘肃文化出版社 2002 年版。

陈炳应:《西夏谚语——新集锦成对谚语》,山西人民出版社 1993 年版。

陈于柱:《敦煌写本〈禄命书·推人游年八卦图(法)〉研究》,《天水师范学院学报》2008 年第 6 期。

宗舜:《〈俄藏黑水城文献〉(汉文部分)佛教题跋汇编》,《敦煌学研究》2007 年第 1 期。

罗福颐:《西夏官印汇考》,宁夏人民出版社 1982 年版。

姚永春:《武威西郊西夏墓清理简报》,《陇右文博》2009 年第 2 期。

聂鸿音:《〈仁王经〉的西夏译本》,《民族研究》2010 年第 3 期。

聂鸿音:《西夏文〈阿弥陀经发愿文〉考释》,《宁夏社会科学》2009 年第 5 期。

聂鸿音:《西夏文〈贤智集序〉考释》,《固原师专学报》2003 年第 9 期。

聂鸿音:《西夏译〈诗〉考》,《文学遗产》2003 年第 4 期。

聂鸿音:《西夏的佛教术语》,《宁夏社会科学》2005 年第 6 期。

聂鸿音:《西夏遗文录》,《西夏学》第 2 辑,宁夏人民出版社 2007 年版。

聂鸿音:《论西夏本〈佛说父母恩重经〉》,高国祥主编《文献研究》第 1 辑,学苑出版社 2010 年版。

聂鸿音:《粟特语对音资料和唐代汉语西北方言》,《语言研究》2006 年第 2 期。

崔红芬:《再论西夏帝师》,《中国藏学》2008 年第 1 期。

萨莫秀克:《西夏艺术作品中的肖像研究及历史》,《国家图书馆学刊》(西夏研究专号),2002 年。

黄振华、聂鸿音、史金波:《番汉合时掌中珠》,宁夏人民出版社 1989 年版。

黄振华:《西夏天盛二十二年卖地文契考释》，白滨编《西夏史论文集》，宁夏人民出版社 1984 年版。

龚煌城:《十二世纪末汉语的西北方音（声母部分）》，龚煌城著《西夏语言文字研究论集》，民族出版社 2005 年版。

彭向前、李晓玉:《一件黑水城出土夏汉合璧历日考释》，杜建录主编《西夏学》第 4 辑，宁夏人民出版社 2009 年版。

彭向前:《几件黑水城出土残历日新考》,《中国科技史杂志》2015 年第 2 期。

彭向前:《西夏历日文献中关于长期观察行星运行的记录》，杜建录主编《西夏学》(第 11 辑)，上海古籍出版社 2015 年版。

彭向前:《试论西夏“以十二月为岁首”》,《兰州学刊》2009 年第 12 期。

彭向前:《俄藏 Инв.No.8085 西夏历日目验记》，杜建录主编《西夏学》第 9 辑，上海古籍出版社 2014 年版。

彭向前:《胡语考释四则》,《青海民族大学学报》2012 年第 3 期。

彭向前:《黑水城出土汉文写本〈六十四卦图歌〉初探》,《西夏研究》2010 年第 2 期。

韩小忙:《〈同音文海宝韵合编〉整理与研究》，中国社会科学出版社 2008 年版。

滕艳辉、袁学义:《宋代历法沿革》,《咸阳师范学院学报》2012 年第 4 期。

魏静:《敦煌占卜文书中有关游年八卦部分的几个问题》,《敦煌学辑刊》2008 年第 2 期。

索　引

B

C

D

E

F

G

H

J

K

L

M

N

P

Q

R

S

T

W

X

Y

Z

后　　记

从 2009 年我申请获得国家社科基金项目《西夏历法研究》，到 2016 年以《俄藏 Инв.No.8085 西夏历日文献整理研究》为最终成果，顺利获得结项证书，本课题前后历时 8 年之久。整理研究西夏历书，除需具备合格的西夏文译释专业水准外，还需要比较广博的社会科学知识，需要自然科学方面有关历法的专门知识。其工作难度之大，探索过程之艰辛，远远超出我当初设计课题时的想象。令人欣慰的是，2017 年该项成果以“俄藏西夏历日文献整理研究”为题，成功入选国家哲学社会科学成果文库，正所谓“一分耕耘一分收获”，所有的付出终将得到回报！

我之所以选择西夏历法作为研究对象，说起来也算是“家学渊源有自”。还在十几岁的时候，祖父就教我如何在指掌上算人属相。听祖父讲，我曾祖父曾建坛收徒，以符水咒说为人治病，在方圆百余里小有名气。可惜我没见过我的曾祖父，他于 1959 年去世。及至年长，负笈河北大学攻读中国古代史专业研究生，免不了要阅读《长编》之类的编年体史书，小时候不经意学到的那点儿知识才派上用场。干支纪年法是我国独创的一种十分重要的纪年法。不论过去、现在和将来，它在历史研究中都起着很大的作用。我们在史书中最常见的是干支纪日，因纪日干支是按顺序排列的，所以只要知道某月朔日的干支，则可推知全月的干支。在推算中，十二地支在手指掌面各个位置固定，十天干则无固定的位置，根据干支配合，随手指掌面地支运转推算，以拇指尖在手指上按指节点数。往往先从 1 推出 11、21 来，这样可以极大地提高计算速度。记得当时老师在给我们授课的时候，要带一把自制的“干支纪日推算尺”，由定尺和滑尺构成，但终不如我随时随地摊开手掌掐指计算方便。

我博士毕业后，因缘际会，来到西夏故地银川，正式成为宁夏大学西夏学研究院的一名专职科研人员。如所周知，囿于狭隘的民族观和封建正统思想，辽、宋、金、元诸朝无不摆出一副居天下之正的模样，视偏居西北的西夏王朝为“僭伪”，致使西夏灭亡后，竟无一部纪传体“正史”流传后世。有关西夏王朝的记录简略，在纪年方面抵牾和错讹之处比比皆是。年代和目录、地理、职官一样，同为历史科学基本支柱，一向并称为治史“四把钥匙”。在从事西夏学研究活动的实践中，我深感有必要利用自己熟悉“干支纪年法”的优势，加强对西夏历法的研究，进而复原西夏历谱，编制西夏朔闰表，建立起一个最大限度真实反映西夏历史的时间坐标，使有年可稽的史料各就其位，无年可稽而有事可附者可进入相对乃至绝对的时间坐标位置。这样可以极大地提高西夏纪年的精确性，解决以往学界无法解决的西夏纪年中的疑难问题，对西夏文物、文献的定年，乃至对西夏历史的科学研究具有十分重要的意义。这正是我当年以“西夏历法研究”为题申请国家社科基金项目的初衷。

课题获批后，由于西夏历法研究资料的主体部分 Инв.No.8085 号尚未刊布，研究工作一度陷入停滞状态。该件历经西夏崇宗、仁宗、桓宗、襄宗四朝，连续 88 年，是所有西夏历日文献中时间跨度最长者，也是目前所知中国保存至今历时最长的古历书，在中国古代史上绝无仅有。出于科研工作上的需要，我不惜离妻别子，远涉重洋，去俄罗斯圣彼得堡披览西夏文献。早在 2010 年，我就申请并获得国家留学基金资助赴俄留学资格。鉴于俄语对西夏学研究的重要性，我选择前往教育部指定的出国留学人员培训部从零开始学习俄语。2011 年上半年在北京语言大学出国培训部学习初级俄语，2012 年上半年进入四川大学出国培训部学习中级俄语。出国人员俄语培训，带有速成的性质，由于时间短，任务重，老师只好采用“填鸭式”教学，“全天候”上课。尤其是进入中级班后，“听、说、读、写”一齐上，学习负担异常繁重，学员们几无喘息之机。经受了两个年头的“煎熬”，我最终按照国家留学基金委的要求拿到俄语中级证书，顺利地过了语言这一关。2013 年 6 月，满怀憧憬踏上了前往俄罗斯圣彼得堡的寻梦之旅。在俄罗斯科学院东方文献研究所“绿厅”阅览室，我终于见到了那件让我朝思暮想的 Инв.No.8085 号西夏历日文献。它装在一个不大的白色硬纸盒里，上书 Танг.44，Инв.8085（175л.+56фр.），即该件文书有 175 面，另有 56 个残片。打开盒子，除历日文书本身外，还有一片西夏文《天盛律令》印本文献，用作封皮。另有一小团细线，被包在纸内，系装订线。通过目验，在装帧方式、年代跨度、九曜运行周期等方面纠正了以往错误的认识，当即撰写《俄藏 Инв.No.8085 西夏历日目验记》一文。在为期半年的留学期间，除周六、周日外，我几乎每天都在阅览室伏案工作，沉浸在对西夏文献的搜集和整理中。为了挤出更多的时间，往往早出晚归，一天只能吃两顿饭。

Инв.No.8085 是一部富含学术价值而又充满谜团的古代文献，相信任何一位学者都会为在自己的学术生涯中能够见到这样一部文献而感到庆幸。回国后我即全身心投入对这部文献的整理研究之中。寒来暑往，朝夕相对，反复排比考校，仔细推敲验证，渐渐地由模糊而清晰，这部文献的本来面目和诸多细节最终呈现在我的眼前。这时为国家社科基金结项所迫，我不得不改变原有的研究计划，把课题名称更改为“俄藏 Инв.No.8085 西夏历日文献整理研究”，向全国哲学社会科学规划办申请结项。后在申请入选国家哲学社会科学成果文库时，又采纳杜建录先生的建议，再度改名为《俄藏西夏历日文献整理研究》。可以这样说，本书只是笔者围绕西夏历法开展系列研究取得的阶段性成果而已。

本书是通过地方社科规划办申请入选国家哲学社会科学成果文库的，入选后交由社会科学文献出版社出版，宁夏社科规划办理论处白超处长、宁夏大学科技处赵军处长、社会科学文献出版社责任编辑韩莹莹女士，为拙稿的申报和编校出版付出了辛勤的劳动。文库评审专家对拙稿提出了中肯的修改意见。邓文宽先生以擅长中国古代历学研究而著称，他的《敦煌吐鲁番天文历法研究》和《敦煌天文历法文献辑校》是我研究西夏历法时的案头必备之书，从中受到很多启发。虽未曾与邓文宽先生谋面，但心下每以其私淑弟子自居。本书在研究过程中还得到邵鸿先生、史金波先生、聂鸿音先生、杜建录先生、韩小忙先生等的鼓励和指导。特此致谢！

赴俄留学期间，我的访问学者导师、俄罗斯科学院东方文献研究所所长波波娃（И.Ф.Попова）教授，圣彼得堡大学东方系尤丽娅（Ю.С.Мыльникова）博士，东方文献研究所手稿部的 Амалия Станиславовна、Алла、Анна 女士，在我查阅西夏文献时为我提供了力所能及的帮助。北京语言大学和四川大学出国培训部俄语教研室主任佟颖贤老师和王燕老师，对工作极其认真负责，使我们得以接受严格的俄语培训，出国后无论在工作中还是在生活中都能够与俄罗斯人顺畅沟通。俄罗斯科学院东方文献研究所、中国社会科学院民族学与人类学研究所、上海古籍出版社合作整理、出版《俄藏黑水城文献》课题组，本着推动西夏学学科发展的理念，同意提供Инв.No.8085西夏历日文献图版复印件在本书发表。课题顺利结项后，《中国社会科学报》的张春海先生以新闻记者敏锐的洞察力，率先以《复原一部弥足珍贵的西夏历书》为题对之做了报道。中国社科院主办、中国社会科学杂志社推出的综合性学术新闻网络电视节目"社科播报"以《一部保存至今历时最长的中国古历书》为题作了播报。在此一并致以衷心的感谢！

书成之后，又蒙史金波先生和邓文宽先生慨然作序，使拙作大为增色。西夏历法的综合性研究由西夏学泰斗史金波先生肇开其端，邓文宽先生则是敦煌历学研究的大家，二位先生提携晚进、奖掖后学之情，使我备受鼓舞。未来打算在西夏历法这一领域作穷尽式的研究，力争做到收集完整、考证详尽，为深入研究打下坚实的基础，期以全面总结西夏历日中的编排规则，系统归纳西夏历法自身的特点，进而确定西夏历法在中国古代历法史上的地位。

该项成果属于跨学科研究，涉及西夏学、文献学、历法学、术数学、历史学等多个领域，内容复杂，专业性强。褚小怀大，汲深绠短，错讹之处，在所难免，诚望方家不吝指正！

彭向前

2018年3月于银川

图书在版编目(CIP)数据

俄藏西夏历日文献整理研究 / 彭向前著. -- 北京:
社会科学文献出版社, 2018.3
（国家哲学社会科学成果文库）
ISBN 978-7-5201-2402-7

Ⅰ. ①俄… Ⅱ. ①彭… Ⅲ. ①古历法 - 研究 - 中国 -
西夏 Ⅳ. ①P194.3

中国版本图书馆CIP数据核字（2018）第048762号

· 国家哲学社会科学成果文库 ·
俄藏西夏历日文献整理研究

著　　者 / 彭向前

出 版 人 / 谢寿光
项目统筹 / 宋月华　韩莹莹
责任编辑 / 韩莹莹　周志静　胡百涛　赵晶华

出　　版 / 社会科学文献出版社 · 人文分社（010）59367215
地址：北京市北三环中路甲29号院华龙大厦　邮编：100029
网址：www.ssap.com.cn
发　　行 / 市场营销中心（010）59367081　59367018
印　　装 / 三河市东方印刷有限公司

规　　格 / 开　本：787mm×1092mm 1/16
印　张：36.25　字　数：606千字
版　　次 / 2018年3月第1版　2018年3月第1次印刷
书　　号 / ISBN 978-7-5201-2402-7
定　　价 / 268.00元